冶金工业出版社

冶金专业教材和工具书经典传承国际传播工程

Project of the Inheritance and International Dissemination
of Classical Metallurgical Textbooks & Reference Books

高 职 高 专 “十 四 五” 规 划 教 材

传感器技术与检测仪表

主　编　张　旭　李传鸿

副主编　许　进　杨志强　姜海龙

秦　萍　张达鑫　王　强

扫码输入刮刮卡密码

查看数字资源

北　京

冶 金 工 业 出 版 社

2024

内 容 提 要

本书主要介绍了传感器和仪表检测技术的原理和应用。全书共 17 章，分为传感器基础和检测仪表进阶上、下两篇。上篇传感器基础包括检测技术基础、应变电阻式传感器、压电式传感器、电感式传感器、磁电式传感器、电容式传感器、超声波传感器、热电偶、热电阻、光电式传感器、光电编码器和气敏传感器等内容；下篇检测仪表进阶包括变送器、温度检测仪表、压力检测仪表、物位检测仪表和流量检测仪表等内容。

本书可作为高职高专院校机电一体化、电气自动化、工业过程自动化技术等机电设备和自动化类相关专业教材和企业培训教材，也可供有关工程技术人员参考。

图书在版编目(CIP)数据

传感器技术与检测仪表/张旭，李传鸿主编．北京：冶金工业出版社，2024. 12. --（高职高专“十四五”规划教材）. --ISBN 978-7-5240-0056-3

Ⅰ. TP212；TH89

中国国家版本馆 CIP 数据核字第 2024AJ1243 号

传感器技术与检测仪表

出版发行	冶金工业出版社	**电　　话**	(010)64027926
地　　址	北京市东城区嵩祝院北巷 39 号	**邮　　编**	100009
网　　址	www. mip1953. com	**电子信箱**	service@ mip1953. com

策划编辑　杜婷婷　责任编辑　杜婷婷　美术编辑　吕欣童

版式设计　郑小利　责任校对　葛新霞　责任印制　窦　唯

三河市双峰印刷装订有限公司印刷

2024 年 12 月第 1 版，2024 年 12 月第 1 次印刷

787mm×1092mm　1/16；17. 75 印张；398 千字；266 页

定价 59. 00 元

投稿电话　(010)64027932　投稿信箱　tougao@cnmip. com. cn

营销中心电话　(010)64044283

冶金工业出版社天猫旗舰店　yjgycbs. tmall. com

（本书如有印装质量问题，本社营销中心负责退换）

冶金专业教材和工具书
经典传承国际传播工程
总　　序

钢铁工业是国民经济的重要基础产业，为我国经济的持续快速增长和国防现代化建设提供了重要支撑，做出了卓越贡献。当前，新一轮科技革命和产业变革深入发展，中国经济已进入高质量发展新时代，中国钢铁工业也进入了高质量发展的新时代。

高质量发展关键在科技创新，科技创新离不开高素质人才。党的二十大报告指出："教育、科技、人才是全面建设社会主义现代化国家的基础性、战略性支撑。必须坚持科技是第一生产力、人才是第一资源、创新是第一动力，深入实施科教兴国战略、人才强国战略、创新驱动发展战略，开辟发展新领域新赛道，不断塑造发展新动能新优势。"加强人才队伍建设，培养和造就一大批高素质、高水平人才是钢铁行业未来发展的一项重要任务。

随着社会的发展和时代的进步，钢铁技术创新和产业变革的步伐也一直在加速，不断推出的新产品、新技术、新流程、新业态已经彻底改变了钢铁业的面貌。钢铁行业必须加强对科技进步、教育发展及人才成长的趋势研判、规律认识和需求把握，深化人才培养体制机制改革，进一步完善相应的条件支撑，持续增强"第一资源"的保障能力。中国钢铁工业协会《"十四五"钢铁行业人力资源规划指导意见》提出，要重视创新型、复合型人才培养，重视企业家培养，重视钢铁上下游复合型人才培养。同时要科学管理，丰富绩效体系，进一步优化人才成长环境，造就一支能够支撑未来钢铁行业高质量发展的人才队伍。

高素质人才来源于高水平的教育和培训，并在丰富多彩的创新实践中历练成长。以科技创新为第一动力的发展模式，需要科技人才保持知识的更新频率，站在钢铁发展新前沿去思考未来，系统性地将基础理论学习和应用实践学习体系相结合。要深入推进职普融通、产教融合、科教融汇，建立高等教育+职业教育+继续教育和培训一体化行业人才培养体制机制，及时把钢铁科技创新成果转化为钢铁从业人员的知识和技能。

一流的专业教材是高水平教育培训的基础，做好专业知识的传承传播是当代中国钢铁人的使命。20世纪80年代，冶金工业出版社在原冶金工业部的领导支持下，组织出版了一批优秀的专业教材和工具书，代表了当时冶金科技的水平，形成了比较完备的知识体系，成为一个时代的经典。但是由于多方面的原因，这些专业教材和工具书没能及时修订，导致内容陈旧，跟不上新时代的要求。反映钢铁科技最新进展和教育教学最新要求的新经典教材的缺失，已经成为当前钢铁专业人才培养最明显的短板和痛点。

为总结、提炼、传播最新冶金科技成果，完成行业知识传承传播的历史任务，推动钢铁强国、教育强国、人才强国建设，中国钢铁工业协会、中国金属学会、冶金工业出版社于2022年7月发起了“冶金专业教材和工具书经典传承国际传播工程”（简称“经典工程”），组织相关高校、钢铁企业、科研单位参加，计划用5年左右时间，分批次完成约300种教材和工具书的修订再版和新编，以及部分教材和工具书的对外翻译出版工作。2022年11月15日在东北大学召开了工程启动会，率先启动了高等教育和职业教育教材部分工作。

“经典工程”得到了东北大学、北京科技大学、河北工业职业技术大学、山东工业职业学院等高校，中国宝武钢铁集团有限公司、鞍钢集团有限公司、首钢集团有限公司、河钢集团有限公司、江苏沙钢集团有限公司、中信泰富特钢集团股份有限公司、湖南钢铁集团有限公司、包头钢铁（集团）有限责任公司、安阳钢铁集团有限责任公司、中国五矿集团公司、北京建龙重工集团有限公司、福建省三钢（集团）有限责任公司、陕西钢铁集团有限公司、酒泉钢铁（集团）有限责任公司、中冶赛迪集团有限公司、连平县昕隆实业有限公司等单位的大力支持和资助。在各冶金院校和相关钢铁企业积极参与支持下，工程相关工作正在稳步推进。

征程万里，重任千钧。做好专业科技图书的传承传播，正是钢铁行业落实习近平总书记给北京科技大学老教授回信的重要指示精神，培养更多钢筋铁骨高素质人才，铸就科技强国、制造强国钢铁脊梁的一项重要举措，既是我国钢铁产业国际化发展的内在要求，也有助于我国国际传播能力建设、打造文化软实力。

让我们以党的二十大精神为指引，以党的二十大精神为强大动力，善始善终，慎终如始，做好工程相关工作，完成行业知识传承传播的使命任务，支撑中国钢铁工业高质量发展，为世界钢铁工业发展做出应有的贡献。

中国钢铁工业协会党委书记、执行会长

2023年11月

前　言

随着智能制造产业的升级，检测对象的组成变得复杂，传感器技术与检测仪表已经广泛应用于智能检测与控制领域，其理论和实践结合十分密切。

本书依托智能钢铁冶金技术高水平专业群建设项目，与建龙西林钢铁有限公司一线工程师双元合作开发，使学习者能够获得生产一线必须掌握的传感器和检测仪表方面的知识和技能，并实现从知识到技能的有效过渡。

本书既有一定的理论性，又有较强的实践性和应用性，将常见的传感器原理、常用的检测方法和检测仪表有机融合，将复杂问题简单化，注重理论联系实际，更利于学习者掌握相关知识和操作要领。本书分为传感器基础篇和检测仪表进阶篇，避免了只注重知识讲解、学习者到工作岗位感觉学到的传感器知识与生产一线使用的仪表没有必然联系的弊端，使学习者就业时能够从容上手。

本书在“智慧树”“超星学习通”平台上均配有在线课程，提供微课、动画、电子课件及在线题库等丰富的教学资源，使教材的知识结构体系更为完善，有利于开展混合式协作教学。此外，本书通过“素养提升”板块有机融入了课程思政内容，力图提升学习者的综合素养。

编者从事传感器技术教学十余年，从教前一直扎根在生产一线，从教后经常利用课余时间对企业进行深入调研，分析相关岗位需要的工作能力和典型工作任务，对本书的编写始终遵从“从企业中来，再回到企业中去”的原则，充分发挥企业在本书设计与开发中的作用，切实提高内容的实用性。

本书入选中国钢铁工业协会、中国金属学会和冶金工业出版社组织的“冶金专业教材和工具书经典传承国际传播工程”第一批立项教材。

本书由伊春职业学院张旭、李传鸿担任主编，伊春职业学院许进、杨志强和建龙西林钢铁有限公司姜海龙、秦萍、张达鑫、王强担任副主编，参与编写人员有伊春职业学院李志民、中国铁路哈尔滨局集团有限公司哈尔滨工务段李理想和建龙西林钢铁有限公司刘亚洲、牛振伟、徐超、咸楠、丛晓月、卢远华。具体编写分工为：第 1、2、4、6、13、15 和 16 章由张旭编写；第 3、7、8、9、14 章由李传鸿编写；第 10～12 章由许进编写；第 5、17 章由杨志强编写；第 14.6 节和第 15.8 节由姜海龙编写；秦萍、张达鑫、王强、李志民、李理想、刘亚洲、牛振伟、徐超、咸楠、丛晓月、卢远华编写了思考和练习，并制作了课件，完成了资料的收集整理工作；全书由张旭策划并统稿，李传鸿教授审阅了全书并提出了合理化建议。

本书在编写过程中，参考了有关文献资料，在此向文献资料的作者表示感谢。

由于编者水平所限，书中不妥之处，敬请广大读者批评指正，并希望得到兄弟院校同行的宝贵意见。

编　者

2024 年 2 月

课件下载

目　　录

上篇　传感器基础

下篇 检测仪表进阶

上篇　传感器基础

1　检测技术基础

第1章　课件

素养提升

坚持采用普遍联系的观点看问题。

事物是普遍联系的，任何事物都与周围其他事物有着这样或那样的联系，没有任何一个事物是孤立存在的。传感器是检测系统与被测对象直接联系的部件，检测系统获取信息的质量往往是由传感器的性能决定的。

1.1　检测系统和测量概述

1.1.1　检测及自动检测系统

1.1.1.1　检测技术的概念与作用

检测技术是人们为了对被测对象所包含的信息进行定性的了解和定量的掌握所采取的一系列技术措施。在自动化系统中，首先需要通过检测获取生产流程中的各种有关信息，然后对它们进行分析、判断，以便进行自动控制。

1.1.1.2　自动检测系统

自动检测系统是指在物理量的测试中，能自动地按照一定的程序选择测量对象，获得测量数据，并对数据进行分析和处理，最后将结果显示或记录下来的系统。一个完整的检测系统通常由传感器、测量电路、显示记录装置、数据处理装置和执行机构等几部分组成，分别完成信息获取、转换、显示、处理和控制等功能。自动检测系统组成如图 1-1 所示。

（1）传感器：传感器是把被测量转换成为与之有确定对应关系，且便于应用的某些物理量（通常为电量）的测量装置。传感器是检测系统与被测对象直接发生联系的部件，也是检测系统最重要的环节，检测系统获取信息的质量往往是由传感器的性能确定的。

（2）测量电路：测量电路的作用是将传感器的输出信号转换成易于测量的电压或电流信号。通常传感器输出信号是微弱的，就需要由测量电路加以放大，以满足显示记录装置

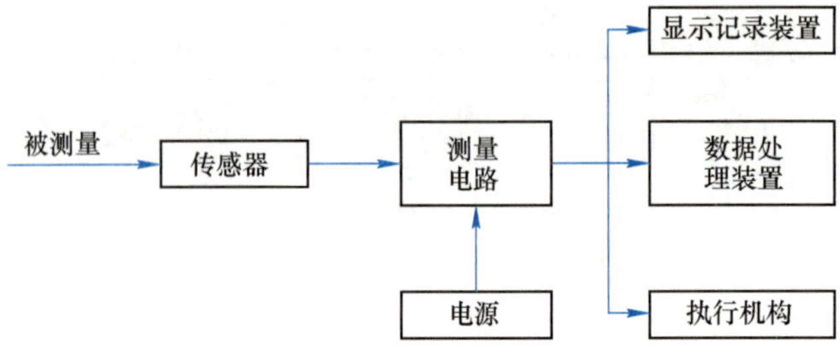

图 1-1 自动检测系统框图

的要求，根据需要测量电路还具有进行阻抗匹配、微分、积分、线性化补偿等信号处理功能。

（3）显示记录装置：显示记录装置是检测人员和检测系统联系的主要环节，主要作用是使人们了解被测量的大小或变化的过程。常用的显示方法有模拟显示、数字显示和图像显示三种。

（4）数据处理装置：数据处理装置是用来对测试所得的实验数据进行处理、运算、分析，对动态测试结果做频谱分析、相关分析等，完成这些任务需要采用计算机技术。

（5）执行机构：执行机构是运动部件，通常采用电力驱动、气压驱动和液压驱动等几种方式。电力执行器包括各种继电器、接触器、电磁铁、电磁阀门、电磁调节阀、伺服电动机等；气动执行器包括汽缸、气动阀门等；液压执行器包括液压缸、液压马达等。许多检测系统能输出与被测量相关的电流或电压信号，作为自动控制系统的控制信号来驱动这些执行机构。

1.1.2 测量及测量方法

1.1.2.1 测量的定义

测量就是借助于专门的技术工具或手段，通过实验的方法把被测量与同性质的标准量进行比较，求取二者比值，从而得到被测量数值大小的过程。

1.1.2.2 测量的方法及分类

测量方法是指将被测量与其单位值进行比较的实验方法，按不同的分类方法进行分类可得到不同的分类结果。

（1）根据测量的手段分类，可分为直接测量和间接测量。直接测量就是用仪表测量，测量值就是被测值。例如，用电流表测量电流、用电桥测量电阻等。这种方式简单方便，但它的准确程度受所用仪器误差的限制。如果被测量不能直接测量，或直接测量该被测量的仪器不够准确，那么利用被测量与某种中间量之间的函数关系，先测出中间量，然后通过计算公式，计算出被测量的值，这种方式称为间接测量。例如，用伏安法测电阻，就是利用测出的电压值与电流值，通过欧姆定律间接计算出电阻值。

（2）根据被测量是否随时间变化，可分为静态测量和动态测量。静态测量是指被测对象处于稳定情况下的测量，此时被测量是恒定的，如测物体的质量就属于静态测量。动态测量是指被测对象处于不稳定情况下的测量，此时被测量随时间变化而变化。例如，用光导纤维陀螺仪测量火箭的飞行速度、方向就属于动态测量。

(3) 根据被测量结果的显示方式，可分为模拟式测量和数字式测量。模拟式测量是指被测量连续变化的量是模拟量，模拟式测量易受噪声和外界干扰的影响。数字式测量是用数字式仪器数码显示结果，读数方便，不易读错，要求精密测量时绝大多数采用数字式测量。

(4) 根据测量时是否与被测对象接触，可分为接触式测量和非接触式测量。接触式测量是指传感器直接与被测对象接触，承受被测参数的作用，感受其变化，从而获得信号，并测量其信号大小的测量方法。例如，用体温计测体温。非接触式测量是指传感器不与被测对象直接接触，而是间接承受被测参数的作用，感受其变化，从而获得信号，并测量其信号大小的测量方法。例如，用辐射式温度计测量温度、用光电转速表测量转速等。

(5) 根据是否在生产线上检测，可分为在线检测和离线检测。在线检测即实时检测。例如，在加工过程中实时对刀具进行检测，并依据测量的结果做出相应的处理。离线检测无法实时监控生产质量。

1.1.2.3 测量方法的选择

在选择测量方法时，要综合考虑下列主要因素：

(1) 从被测量本身的特点来考虑。被测量的性质不同，采用的测量仪器和测量方法当然不同。

(2) 从被测量的精确度和灵敏度来考虑。工程测量和精密测量对这两者的要求有所不同，要注意选择仪器、仪表的准确度等级，还要选择满足测量误差要求的测量技术。如果属于精密测量，还要按照误差理论的要求进行比较严格的数据处理。

(3) 考虑测量环境是否符合测量设备和测量技术的要求，尽量减少仪器、仪表对被测电路状态的影响。

(4) 测量方法简单可靠，测量原理科学，尽量减少原理性误差。

1.1.3 测量误差及分析

在实际的工业环境中，由于种种原因，如传感器本身性能不十分优良、测量方法不十分完善、外界干扰的影响等，造成被测量的测得值与真实值不一致，使测量中总是存在误差。由于真值未知，所以在实际测量中，有时用约定值代替真值，常用被测量的多次测量结果来确定约定真值，或用精度高的仪器示值代替约定真值。

1.1.3.1 测量误差表示的方法

A 绝对误差

绝对误差也称示值误差，是测量仪器的示值 x 与被测量的真值 A_0 之差，则绝对误差 Δx 为：

$$\Delta x = x - A_0 \tag{1-1}$$

由于一般无法求得真值 A_0，在实际应用时常用精度高一级的标准器具的示值，即实际值 A 代替真值 A_0。x 与 A 之差称为测量器具的示值误差，记为：

$$\Delta x = x - A \tag{1-2}$$

采用绝对误差（示值误差）表示测量误差，可以比较客观地反映测量的准确性。

B 相对误差

相对误差是绝对误差与被测量的约定值的百分比值。在实际测量中，相对误差有实际相对误差、示值相对误差和满度（引用）相对误差。

（1）实际相对误差 γ_A 。实际相对误差 γ_A 用绝对误差 Δx 与约定真值 A 的百分比表示：

$$\gamma_A = \frac{\Delta x}{A} \times 100\% \tag{1-3}$$

（2）示值相对误差 γ_x 。示值相对误差 γ_x 用绝对误差 Δx 与示值 x 的百分比表示，也称为标称相对误差。

$$\gamma_x = \frac{\Delta x}{x} \times 100\% \tag{1-4}$$

（3）满度（引用）相对误差 γ_m 。满度相对误差 γ_m 用绝对误差 Δx 与仪表量程值 A_m（测量上限减去测量下限，$A_{max} - A_{min}$）的百分比表示：

$$\gamma_m = \frac{\Delta x}{A_m} \times 100\% \tag{1-5}$$

当绝对误差 Δx 取最大值（Δx_m）时，其满度相对误差 γ_m 常用来确定仪表的精度等级 S，有时也称为准确度等级 S，即：

$$S = \left|\frac{\Delta x_m}{A_m}\right| \times 100 \tag{1-6}$$

例如，0.5 级仪表的引用误差的最大值不超过 ±0.5%，1.0 级仪表的引用误差的最大值不超过 ±1%。我国的工业模拟仪表有下列常用的 7 种等级：0.1、0.2、0.5、1.0、1.5、2.5、5.0。仪表常用准确度等级和引用误差对照见表 1-1，它们分别表示对应仪表的满度相对误差不应超过的百分比。从图 1-2 所示的电压表右侧，可以看到该仪表的准确度等级为 5.0 级。同类仪表的准确度等级数值越小，准确度越高，价格就越贵。

表 1-1 仪表常用准确度等级和引用误差对照

准确度等级 S	0.1	0.2	0.5	1.0	1.5	2.5	5.0
引用误差 γ_m	±0.1%	±0.2%	±0.5%	±1.0%	±1.5%	±2.5%	±5.0%

随着测量技术的进步，目前部分行业的仪表还增加了几种准确度等级：0.005、0.01、0.02、（0.03）、0.05、0.2、（0.25）、（0.3）、（0.35）、（0.4）、（0.75）、（1.35）、（2.0）、4.0 等。只有在必要时，才可采用括号内的准确度等级。

在使用仪表测量时，应选择适当的量程，使示值尽可能接近于满量程，指针最好能偏

图 1-2 从电压表上读取准确度等级

转在不小于满度值 2/3 以上的区域。

例 1-1 某温度计的量程范围为 0~500 ℃，校验时该仪表的最大绝对误差为 6 ℃，试确定该仪表的精度等级。

解： 根据题意得 $\Delta x_m = 6$ ℃，将 $A_m = 500$ ℃，代入式（1-5），则有：

$$\gamma_m = \frac{\Delta x_m}{A_m} \times 100\% = \frac{6}{500} \times 100\% = 1.2\%$$

该温度计的基本误差在 1.0%~1.5%，因此该仪表的精度等级为 1.5 级。

例 1-2 用 0.5 级、量程为-50~150 ℃的温度仪表来测量温度时，可能产生的最大绝对误差是多少？

解： $\Delta_m = \pm \frac{S}{100} \times (A_{max} - A_{min}) = \pm 0.5\% \times [150 - (-50)]℃ = \pm 1.0$ ℃

仪表的最大绝对误差在多数情况下是不变的，而示值相对误差 γ_x 随示值的减小而增大。例如，用图 1-2 所示的电压表来测量 220 V 电压时，可能产生的最大示值相对误差 $\gamma_{x220} = [(\pm 5.0\% \times 300\ \text{V}) \div 220\ \text{V}] \times 100\% = \pm 6.82\%$，而用它来测量 22 V 电压时，可能产生的最大示值相对误差 $\gamma_{x22} = [(\pm 5.0\% \times 300\ \text{V}) \div 22\ \text{V}] \times 100\% = \pm 68.2\%$。

例 1-3 某压力表的准确度为 2.5 级，量程为 0~1.5 MPa，求：

（1）可能出现的引用误差 γ_m。

（2）可能出现的最大绝对误差 Δ_m 为多少千帕？

（3）测量结果显示为 0.70 MPa 时，可能出现的最大示值相对误差 γ_x。

解：（1）可能出现的引用相对误差（最大满度相对误差）可以从准确度等级直接得到，即 $\gamma_m = \pm 2.5\%$。

(2) $\Delta_m = \gamma_m A_m = \pm 2.5\% \times 1.5\ \text{MPa} = \pm 0.0375\ \text{MPa} = \pm 37.5\text{kPa}$

(3) $\gamma_x = \frac{\Delta_m}{A_x} \times 100\% = \frac{\pm 0.0375\ \text{MPa}}{0.70\ \text{MPa}} \times 100\% = \pm 5.36\%$

由例 1-3 可知，γ_x（示值相对误差）的绝对值总是大于 γ_m（满度相对误差），被测值与满度值的差距越大，示值相对误差就越大。

例 1-4 准确度为 0.5 级、测量范围为 0～300 ℃和准确度为 1.0 级、测量范围为 0～100 ℃的两个温度计，用于测量 80 ℃的温度，试问采用哪一个温度计好？

解：根据式（1-5）、式（1-6）计算最大绝对误差，用 0.5 级量程为 0～300 ℃的温度计和 1.0 级量程为 0～100 ℃的温度计测量时，可能出现的最大绝对误差分别为±1.5 ℃及±1.0 ℃；测量 80 ℃的温度，最大示值相对误差分别为±1.88%和±1.25%。计算结果表明，用上述 1.0 级温度计比用 0.5 级温度计测量，示值相对误差的绝对值反而小，所以选用量程稍大于被测量示值的温度计更合适。

在选用仪表时应兼顾准确度等级和量程，通常希望示值落在仪表满度值的 2/3 左右。

1.1.3.2 测量误差分析

根据测量数据中的误差所呈现的规律及产生原因，可将其分为系统误差、随机误差和粗大误差。

A 系统误差

在相同条件下多次测量同一量值时，误差值保持恒定；或者当条件改变时，其值按某一确定的规律变化的误差，统称为系统误差。系统误差按出现的规律又可分为定值系统误差和变值系统误差。

系统误差表征测量的准确度，可以通过实验的方法或引入修正值的方法计算修正，也可以通过重新调整测量仪表的有关部件予以消除。

B 随机误差

在相同条件下，以不可预知的方式变化的测量误差称为随机误差。在一定测量条件下对同一量值进行大量重复测量时，总体随机误差的产生满足统计规律，即具有有界性、对称性、抵偿性、单峰性。因此，可以分析和估算误差值的变动范围，并通过取平均值的办法来减小对测量结果的影响。

随机误差 δ_i 的表达式为：

$$\delta_i = x_i - \bar{x} \tag{1-7}$$

式中 x_i——被测量的某一个测量值；

$\bar{x}$——重复性条件下无限多次测量值的平均值。

$$\bar{x} = \frac{x_1 + x_2 + \cdots + x_n}{n} \tag{1-8}$$

随机误差表征测量的精密度，从理论上讲，随着测量次数 n 的增加，随机误差 δ_i 将逐渐变小，但不能通过实验的办法消除。

如果一个测量数据的准确度和精密度都很高，就称此测量的精确度很高，其测量误差也一定很小。为加深对精密度、准确度和精确度的理解，可以用图 1-3 所示射击的例子来加以说明。

图 1-3（a）的弹着点很分散，表明它的精密度低；图 1-3（b）的弹着点集中，但偏

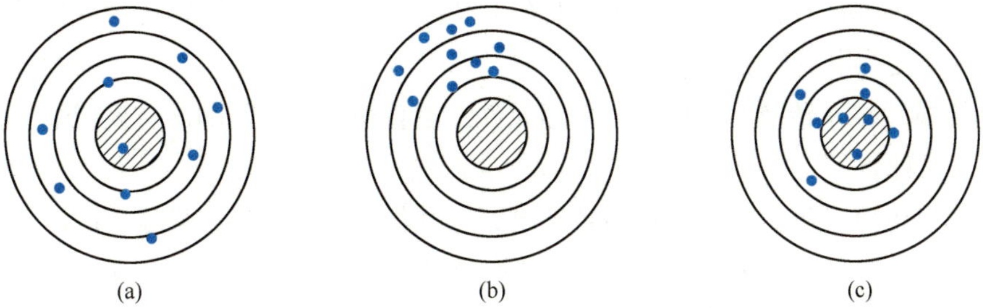

图 1-3 射击结果模拟

（a）弹着点很分散；（b）弹着点集中，但偏向一方；（c）弹着点集中靶心

向一方，表明精密度虽高，但准确度低；图 1-3（c）的弹着点集中靶心，表明既精密又准确，即精确度高。

C 粗大误差

超出在规定条件下预期的误差称为粗大误差，粗大误差又称疏忽误差。粗大误差的出现具有突然性，它是由某些偶尔发生的反常因素造成的。这种显著歪曲测量值的粗大误差应尽量避免，且在一系列测量值中按一定的判别准则予以剔除。

在数据处理时，要采用的测量值不应该包含有粗大误差，即所有的坏值都应当剔除。所以进行误差分析时，要估计的误差只有系统误差和随机误差两类。

1.2 传感器的认知及选用

1.2.1 传感器的定义与组成

1.2.1.1 传感器的定义

传感器是指能够感受规定的被测量，并按照一定的规律转换成可输出信号的器件或装置。

从传感器的定义可知，传感器是一种测量装置，能够完成信号获取的任务。传感器的输入量就是被测量，被测量可以是物理量、生物量、化学量等各种形式。传感器的输出量是某种物理量，通常情况下传感器以电信号的形式进行输出，如电压、电流、频率等。传感器的输入输出具有对应的关系，并有一定的精度要求。

1.2.1.2 传感器的组成

传感器通常由敏感元件、转换元件及测量电路三部分组成，如图 1-4 所示。

图 1-4 传感器组成框图

（1）敏感元件。敏感元件是指传感器中直接感受被测量的部分，在完成非电量到电量

的变换时，并非所有的非电量都能利用现有手段直接转成电量，敏感元件在接受被测量后输出一种易于变为电量的非电量。

（2）转换元件。转换元件也称为传感元件，是将敏感元件的输出转换成适于传输或测量的电信号元件。

（3）测量电路。测量电路又称为转换电路，其作用是将转换元件输出的电信号进行处理，如放大、滤波、线性化和补偿等，以转换成易于处理的电压、电流或频率参量等。

例如，图 1-5 为一种气体压力传感器的示意图。膜盒 2 下半部与壳体 1 固定连接，上半部通过连杆与磁芯 4 相连，磁芯 4 置于两个电感线圈 3 中，后者接入转换电路 5。膜盒外部与大气压力 p_a 相通，内部感受被测压力 p。当 p 变化时，引起膜盒上半部移动，即输出相应的位移量。这里的膜盒就是敏感元件，转换元件为可变电感线圈，将电路参数接入转换电路 5，便可转换成电量输出。

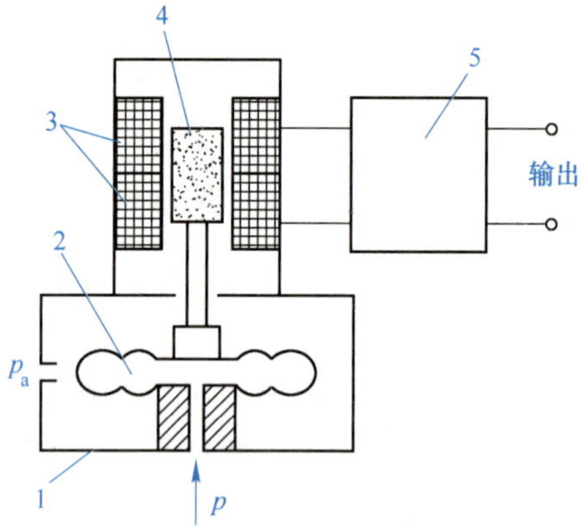

图 1-5 压力传感器的示意图

1—壳体；2—膜盒；3—电感线圈；4—磁芯；5—转换电路

1.2.2 传感器的种类

（1）按被测量的量可分为位移、力、力矩、转速、振动、加速度、温度、压力、流量、流速等传感器。

（2）按测量原理可分为电阻、电容、电感、光栅、热电偶、超声波、激光、红外、光导纤维等传感器。

（3）按传感器能量转换情况可分为能量变换型（发电型）和能量控制型（参量型）两种。能量变换型传感器在进行信号转换时不需要另外提供能量，可将输入信号能量变换为另一种形式能量输出，如热电偶传感器、压电式传感器等。能量控制型传感器在工作时必须有外加电源，如电阻、电感、电容等传感器。

（4）按传感器工作原理可分为结构型传感器和物性型传感器等。结构型传感器是指被测量变化时引起传感器的结构发生变化，从而引起输出电量变化。物性型传感器是利用物质的物理或化学特性随被测参数变化的原理构成的，一般没有可动结构部分，易小型化，如各种半导体传感器。

1.2.3 传感器的基本特性

对传感器的输出量与输入量之间对应关系的描述称为传感器的特性。它分为静态特性和动态特性两种。输入量恒定或缓慢变化的传感器特性称为静态特性；输入量变化较快的传感器特性称为动态特性。

1.2.3.1 传感器的静态特性

A 灵敏度

传感器的灵敏度 S 是指达到稳定工作状态时，输出变化量与引起此变化的输入变化量之比。它可表示为：

$$S = \frac{\Delta y}{\Delta x} \tag{1-9}$$

式中 Δx——输入变化量；

Δy——输出变化量。

如图 1-6 所示，输入输出为线性关系的传感器，其灵敏度为一常数，灵敏度为直线的斜率。若传感器的输入输出为非线性关系，其灵敏度为工作点处的切线斜率。

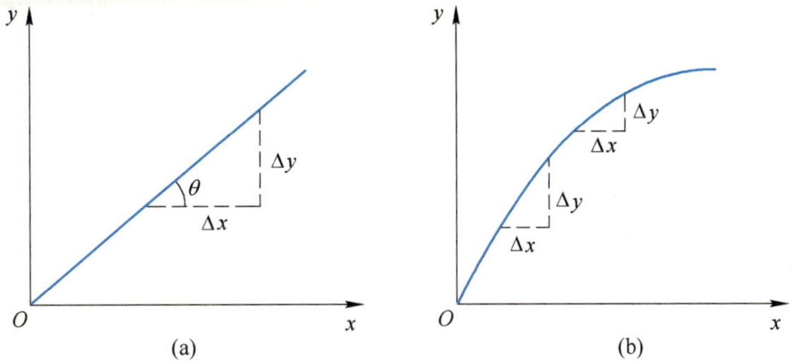

图 1-6 传感器的灵敏度示意图

(a) 输入输出为线性；(b) 输入输出为非线性

灵敏度表示单位输入量的变化所引起传感器输出量的变化，灵敏度值越高表示传感器越灵敏。

例 1-5 有一个位移传感器，当位移变化为 0.5 mm 时，输出电压变化为 150 mV，则灵敏度是多少？

解：灵敏度为：

$$S = \frac{\Delta y}{\Delta x} = \frac{150\ \text{mV}}{0.5\ \text{mm}} = 300\ \text{mV/mm}$$

例 1-6 有一压力传感器，测量范围为 50~300 kPa，输出特性如图 1-7 所示，请用作图法求该压力传感器在输入为 250 kPa 时的灵敏度 K_{250}，并比较在输入为 70 kPa 时灵敏度的大小。

解：按照题意，在该压力传感器的输出特性曲线上横坐标为 250 kPa 的位置做切线，使之与 x 轴及通过 20 mA 与横轴平行的虚线相

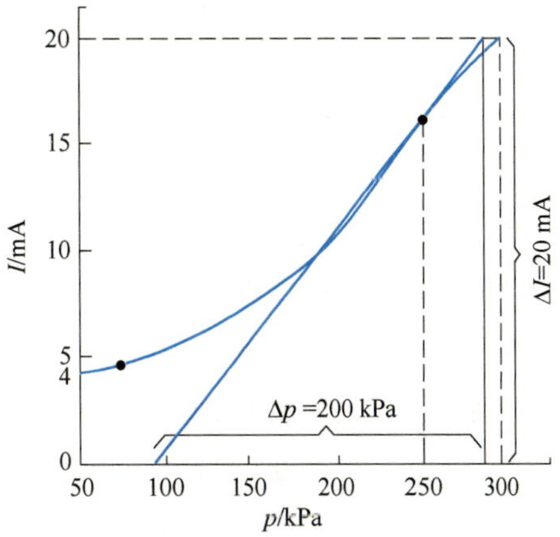

图 1-7 用作图法求某压力传感器不同输入点的灵敏度

交，形成直角三角形。从图 1-7 可以看到，三角形的斜边与 x 轴的交点为 90 kPa。从输出曲线与通过 20 mA 虚线的交点向下作垂线，与 x 轴的交点为 290 kPa，该三角形的两个直角边的长度分别为：

$$\Delta p = 290\ \text{kPa} - 90\ \text{kPa} = 200\ \text{kPa},\ \Delta I = 20\ \text{mA} - 0\ \text{mA} = 20\ \text{mA}。$$

根据式（1-9），输入 250 kPa 时的灵敏度为：

$$K_{250} \approx \frac{\Delta I}{\Delta p} = \frac{20\ \text{mA}}{290\ \text{kPa} - 90\ \text{kPa}} = 0.1\ \text{mA/kPa}$$

从输出特性曲线可以看出，$p=70$ kPa 时的曲线斜率小于 $p=250$ kPa 时的曲线斜率，因此，$K_{70}<K_{250}$。输出特性曲线上各点的斜率不相同，灵敏度也就不同。

B 线性度

线性度又称为非线性误差，是指传感器实际特性曲线与拟合直线（也称理论直线）之间的最大偏差与传感器满量程输出的百分数，如图 1-8 所示。

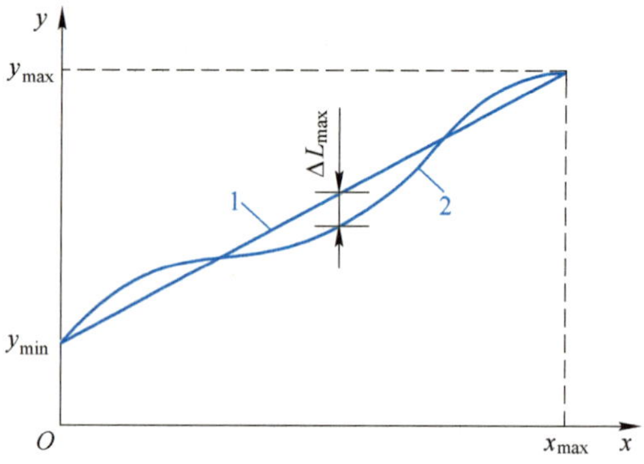

图 1-8 传感器的线性度曲线

1—拟合直线 $y=ax+b$；2—实际输出特性曲线

线性度常用相对误差 γ_L 表示，即：

$$\gamma_L = \frac{\Delta L_{max}}{y_{max} - y_{min}} \times 100\% \qquad (1\text{-}10)$$

式中 ΔL_{max}——非线性最大误差；

$y_{max}-y_{min}$——输出范围。

拟合直线的选取有多种方法，常用的拟合方法有理论拟合、过零旋转拟合、端点拟合、端点平移拟合和最小二乘法拟合等。选择拟合直线的主要出发点是既考虑获得最小的非线性误差，还要考虑使用是否方便、计算是否简便。图 1-8 为选取端点拟合方法，即将传感器输出起始点与满量程点连接起来的直线作为拟合直线，因而得出的线性度称为端点线性度。

C 迟滞误差

迟滞误差又称为回差或变差，是指传感器在正（输入量增大）、反（输入量减小）行程中输入输出曲线不重合的现象，称为迟滞误差，其特性如图 1-9 所示。其中，正向特性曲线是指输入量 x 从最小值 x_{min} 开始，逐渐增大到满量程 x_{max} 时所得的曲线；而反向特性曲线则与之相反。正向特性曲线与反向特性曲线不重合，且反向特性曲线的终点与正向特性曲线的起点也不重合。

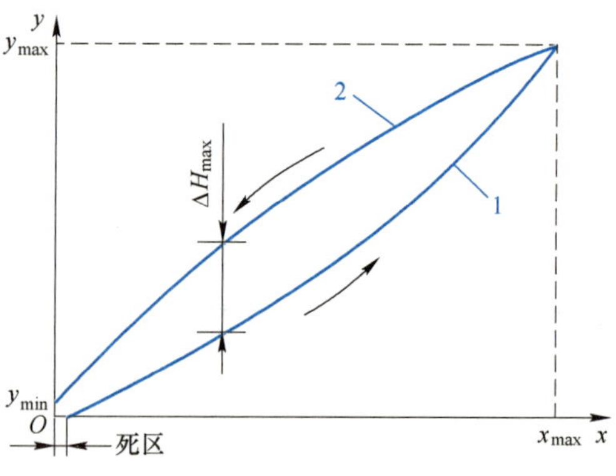

图 1-9 迟滞特性曲线

1—正行程曲线；2—反行程曲线

迟滞误差的表达式为：

$$\gamma_H = \frac{\Delta H_{max}}{y_{max} - y_{min}} \times 100\% \qquad (1\text{-}11)$$

式中 ΔH_{max}——正、反行程间输出的最大差值；

$y_{max}-y_{min}$——量程范围。

迟滞会引起仪表的重复性、分辨力变差，或造成测量盲区（死区），故一般希望迟滞误差越小越好。

D 重复性

重复性是指传感器在输入按同一方向做全量程连续多次变动时所得特性曲线不一致的程度。如图 1-10 所示，正行程的最大重复性偏差为 ΔR_{max1}，反行程的最大重复性偏差为 ΔR_{max2}。重复性误差取这两个最大偏差中较大的一个（即 ΔR_{max}），再与满量程输出 y_{max} 的百分比表示，即有：

$$\gamma_R = \frac{\Delta R_{max}}{\Delta y} \times 100\% \qquad (1\text{-}12)$$

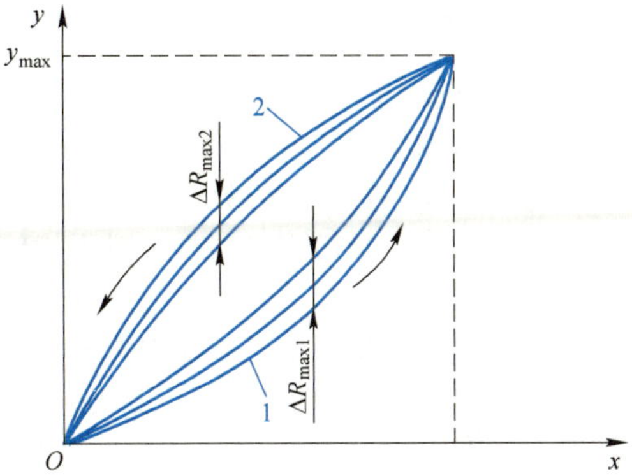

图 1-10 重复性特性曲线

1—正行程曲线；2—反行程曲线

E 分辨力

分辨力是指传感器能检出被测信号的最小变化量。当被测量的变化小于分辨力时，传感器对输入量的变化无任何反应。对数字仪表而言，如果没有其他附加说明，可以认为该仪表的最后一位所表示的数值就是它的分辨力。

一般情况下，分辨力的数值小于仪表的最大绝对误差。例如，某数字式温度表的量程为 0~199.9 ℃，则分辨力为 0.1 ℃。若该仪表的准确度为 1.0 级，则最大绝对误差将达到 ±2.0 ℃，比分辨力大得多。

仪表或传感器中，还经常涉及“分辨率”的概念。将分辨力除以仪表的量程就是仪表的分辨率，分辨率常以百分比或几分之一表示，量纲为 1。例如，上述温度表的分辨率=0.1 ℃/199.9 ℃ ≈0.05%。

F 稳定性

稳定性是指在规定条件下，传感器保持其特性恒定不变的能力，通常是对时间而言的。理想情况下，传感器的特性参数是不随时间变化的。但实际上，随着时间的推移，大多数传感器的特性会发生缓慢的改变。这是因为敏感元件或构成传感器的部件，其特性会随时间发生变化，从而影响了传感器的稳定性。

稳定性一般以室温条件下经过一个规定时间间隔后，传感器的输出值与起始标定时的输出值之间的差异来表示，称为稳定性误差。稳定性误差可用相对误差表示，也可用绝对误差来表示。

1.2.3.2 传感器的动态特性

传感器的动态特性是指输入量随时间变化时传感器的响应特性。传感器要检测的输入信号是随时间而变化的，传感器的特性应能跟踪输入信号的变化，这样才可以获得准确的输出信号。如果输入信号变化太快，传感器就可能跟不上。因此，动态特性是传感器的重要特性之一，传感器主要有固有频率、时间常数、频率范围、响应时间、阻尼系数、临界速度等动态技术指标。

1.2.4 传感器的选用

传感器的选用主要考虑静态特性、动态响应特性和测量方式等方面的问题，而静态特性包括灵敏度、线性度、精度等指标，动态响应特性包括稳定性、快速性等指标。

（1）灵敏度。在确定灵敏度时，还要考虑以下问题：

1）当传感器的灵敏度过高时，对干扰信号也会很敏感；

2）与灵敏度紧密相关的是量程范围，过高的灵敏度会影响其适用的测量范围；

3）如果是一个单向量，就要求传感器纵向灵敏度越高越好，而横向灵敏度越低越好；如果被测量是二维或三维的向量，那么还要求传感器的交叉灵敏度越小越好。

（2）准确度和精密度。在选用传感器时，要着重考虑精密度，这是因为准确度可用某种方法进行补偿，而精密度是传感器本身固有的。

（3）动态范围和线性度。若配用一般测量电路，线性很重要；若用微型计算机进行数据处理，则动态范围需要重点考虑。即使非线性很严重，也可用计算机等对其进行线性化处理。

（4）响应速度和滞后性。对所使用的传感器，希望其动态响应快、时间滞后少，但这类传感器的价格相应就会偏高一些。

（5）测量方式。传感器在实际条件下的工作方式，也是选择传感器时应考虑的重要因素。

（6）其他方面。例如，传感器的安装现场条件、使用环境、信号传输距离等因素。

例如：要实时监测一个加热炉的温度，测量温度范围为50~80 ℃，检测结果的精度要求达到1 ℃。现有三种带数字显示表的温度传感器，它们的量程分别是0~500 ℃、0~300 ℃、0~100 ℃，精度等级分别是0.2级、0.5级、1.0级。为了满足测量需要，选择合适的传感器，主要从技术指标和成本两个方面进行考虑。

1.2.4.1 技术指标分析

技术指标以测量精度为主要因素，分别计算各自的最大相对误差，然后进行比较。

（1）若选用量程为0~500 ℃、精度等级为0.2级的温度传感器，则它的最大示值相对误差为：

$$\gamma_x = \frac{\Delta x}{x} \times 100\% = \pm \frac{500 \times 0.2\%}{80} \times 100\% = \pm 1.25\%$$

（2）若选用量程为0~300 ℃、精度等级为0.5级的温度传感器，则它的最大示值相对误差为：

$$\gamma_x = \frac{\Delta x}{x} \times 100\% = \pm \frac{300 \times 0.5\%}{80} \times 100\% = \pm 1.857\%$$

（3）若选用量程为 0~100 ℃、精度等级为 1.0 级的温度传感器，则它的最大示值相对误差为：

$$\gamma_x = \frac{\Delta x}{x} \times 100\% = \pm \frac{100 \times 1.0\%}{80} \times 100\% = \pm 1.25\%$$

由精度计算可见，量程为 0~300 ℃、精度等级为 0.5 级温度传感器的示值相对误差较大，精度低；量程为 0~500 ℃、精度等级为 0.2 级和量程为 0~100 ℃、精度等级为 1.0 级温度传感器的示值相对误差相同。

1.2.4.2 综合分析与选择

从成本考虑，量程为 0~500 ℃、精度等级为 0.2 级的温度传感器在测量 80 ℃时，灵敏度较小，且 0.2 级精度的仪表价格较高。综合以上分析，选用量程为 0~100 ℃、精度等级为 1.0 级的温度传感器比较合适。

知识拓展

传感器中的弹性元件是指能够因外力作用而改变形状或尺寸，而外力撤除后能完全恢复其原形的物体，在传感器中应用的弹性元件称为弹性敏感元件。

弹性敏感元件在形式上基本分为两大类：力变换成应变或者位移的变换力弹性敏感元件和压力变换成应变或位移的变换压力的弹性敏感元件。

（1）变换力的弹性敏感元件。在力变换中，弹性敏感元件的形式有实心圆柱、空心圆柱、矩形柱、等截面圆环、等截面悬臂梁、等强度悬臂梁、扭转轴等，如图 1-11 所示。

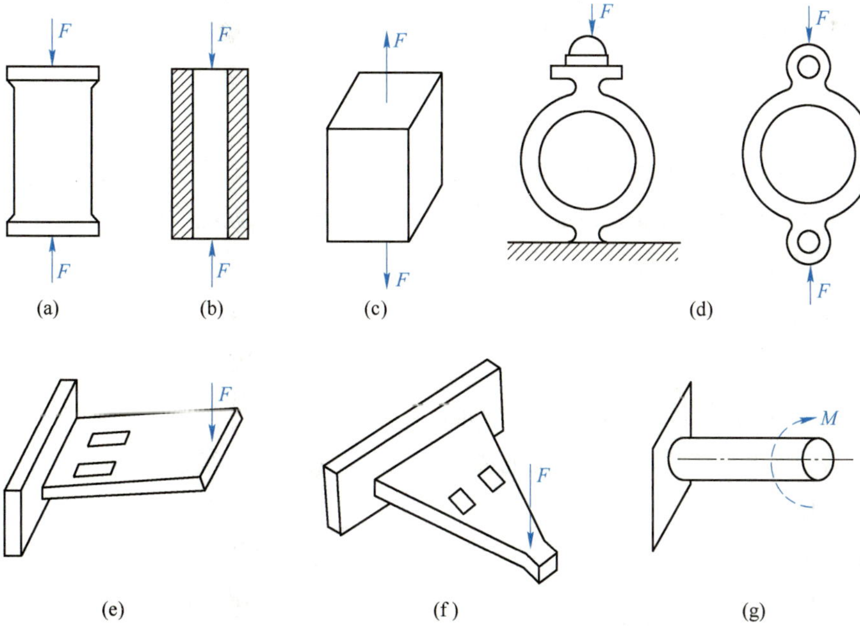

图 1-11 变换力的弹性敏感元件

（a）实心圆柱；（b）空心圆柱；（c）矩形柱；（d）等截面圆环；（e）等截面悬臂梁；（f）等强度悬臂梁；（g）扭转轴

动画 柱形弹性元件受力应变演示

动画 双孔型悬臂梁受力

动画 悬臂梁应变演示

（2）变换压力的弹性敏感元件。在工业生产中，经常需要测量流体（气体或液体）产生的压力。变换压力的弹性敏感元件形式很多，通常是等截面平膜片、膜盒、波纹管、弹簧管等，如图 1-12 所示。

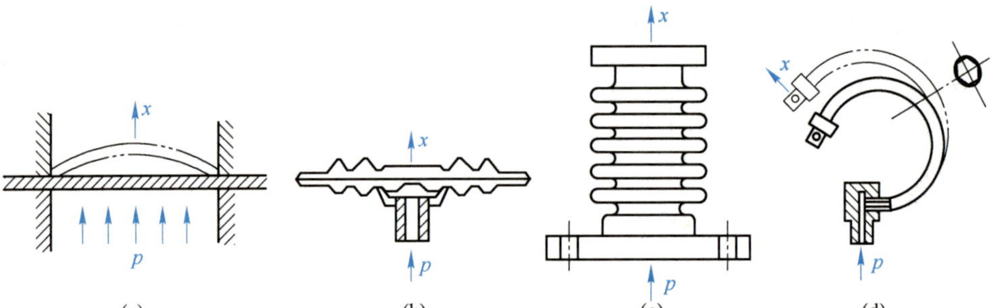

图 1-12　变换压力的弹性敏感元件

（a）等截面平膜片；（b）膜盒；（c）波纹管；（d）弹簧管

1.3 常用转换电路

被测非电量经过传感器变换之后，往往成为电阻、电容、电感或电荷、电压、电流等微小电参量。这些电参量尚需经过中间转换装置予以变换、放大、运算、调整，转换为适合于进一步处理的形式后，才能送入显示仪表、记录器、控制器或输入电子计算机进行最后处理。这里常用转换电路主要介绍电桥电路、调制电路、滤波电路等。

1.3.1 电桥电路

电桥的主要作用是把被测的非电量或者电量转换成电阻、电感、电容的变化，再转变成电流或电压的变化。在传感器测量应用中主要使用不平衡电桥。根据电桥的供电电源不同，可分为直流电桥和交流电桥两种。

1.3.1.1　直流电桥

A　直流电桥平衡条件

图 1-13 为直流电桥基本电路，电桥各臂的电阻值分别为 R_1、R_2、R_3 及 R_4。U_i 为电桥直流电源电压，U_o 为电桥输出电压。

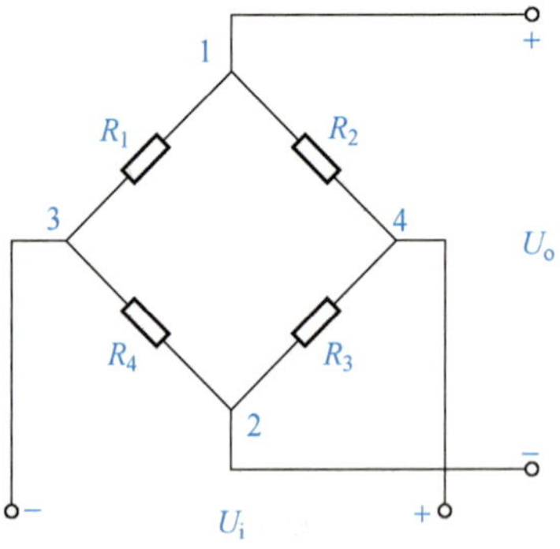

图 1-13　直流电桥基本电路

电桥的其输出电压 U_o 为：

$$U_o = \left(\frac{R_1}{R_1 + R_2} - \frac{R_4}{R_3 + R_4}\right) U_i = \frac{R_1 R_3 - R_2 R_4}{(R_1 + R_2)(R_3 + R_4)} U_i \qquad (1\text{-}13)$$

由式（1-13）可见：若 $R_1R_3=R_2R_4$，则输出电压 U_o 为零，称为电桥处于平衡状态，因而把 $R_1R_3=R_2R_4$ 或 $R_1/R_2=R_4/R_3$ 称为直流电桥的平衡条件。这说明欲使电桥平衡，其相对两臂电阻的乘积相等，或相邻两臂电阻的比值应相等。

B 单臂电桥

当电桥中 R_1 为电阻应变片，R_2、R_3、R_4 为电桥固定电阻，这就构成了单臂电桥，如图 1-14 所示。

$$U_o=\left(\frac{R_1+\Delta R}{R_1+\Delta R+R_2}-\frac{R_4}{R_3+R_4}\right)U_i \tag{1-14}$$

$$R_1=R_2=R_3=R_4=R_0 \tag{1-15}$$

$$U_o\approx\frac{\Delta R}{4R_0}U_i \tag{1-16}$$

所以，单臂电桥的电压灵敏度为：

$$K_U=\frac{U_o}{\Delta R/R_0}=\frac{U_i}{4} \tag{1-17}$$

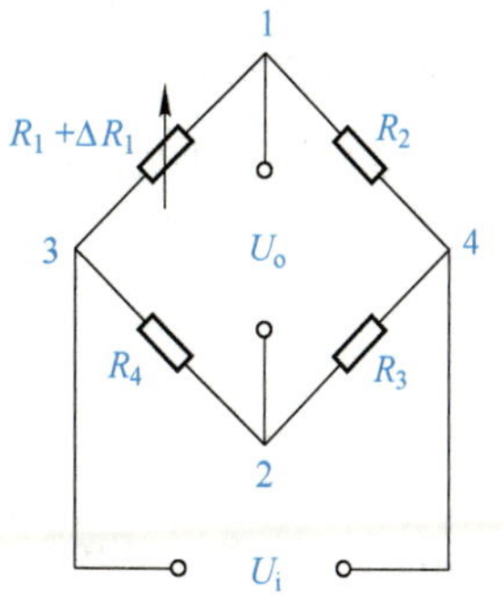

图 1-14 单臂电桥

C 双臂电桥

当电桥中 R_1、R_2 为电阻应变片，R_3、R_4 为电桥固定电阻，这就构成了双臂电桥，如图 1-15 所示。

$$U_o\approx\frac{\Delta R}{2R_0}U_i \tag{1-18}$$

所以，双臂电桥电压的灵敏度为：

$$K_U=\frac{U_i}{2} \tag{1-19}$$

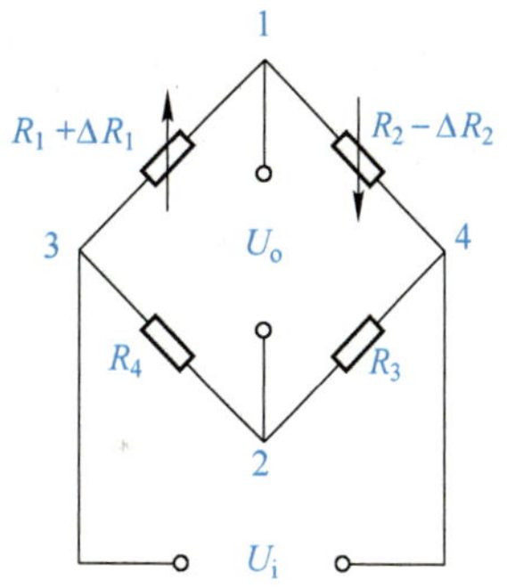

图 1-15 双臂电桥

D 四臂全桥

应变片全桥是指四个桥臂均接有应变片，即四个桥臂电阻都发生变化，如图 1-16 所示。

$$U_o\approx\frac{\Delta R}{R_0}U_i$$

因此，四臂全桥电压的灵敏度为：

$$K_U=U_i \tag{1-20}$$

上述三种工作方式中，四臂全桥工作方式的灵敏度最高，双臂半桥次之，单臂半桥灵敏度最低。采用四臂全桥（或双臂半桥）还能实现温度自补偿。

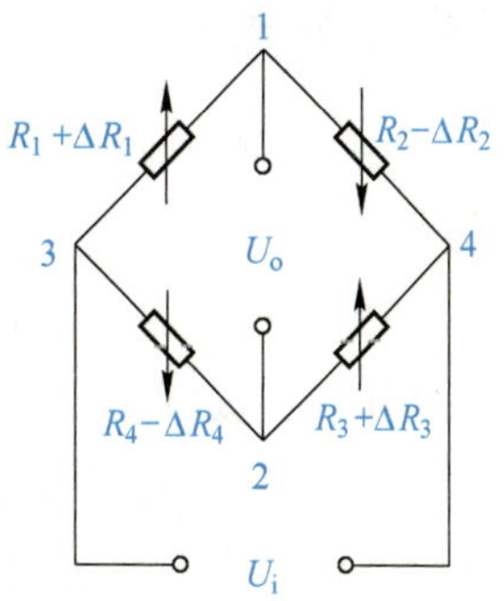

图 1-16 四臂全桥

1.3.1.2 交流电桥

根据直流电桥分析可知，其优点是高稳定直流电源易于获得，电桥调节平衡电路简单；但由于电桥输出电压很小，一般都要加放大器，而直流放大器易产生零漂，而且价格高，因此目前的静动态应变电桥均采用交流放大器进行放大，多采用交流电桥。

采用正弦交流电压作为供电电压的电桥称为交流电桥。一般采用频率较高（音频范围）的交流电源供电。当采用载波调制放大环节时，可采用交流电桥。

交流电桥的结构与直流电桥相同，如图 1-17 所示，各桥臂不是纯电阻，而是由电阻、分布电容构成。

交流电桥与直流电桥的一般规律是相同的，它们的计算公式也相似，因此其输出电压 U_o 为：

$$\Delta U_o = \frac{Z_1Z_3 - Z_2Z_4}{(Z_1 + Z_2)(Z_3 + Z_4)}\Delta U_i \tag{1-21}$$

$$Z_1Z_3 = Z_2Z_4 \tag{1-22}$$

$$Z_i = z_i e^{j\varphi_i} \tag{1-23}$$

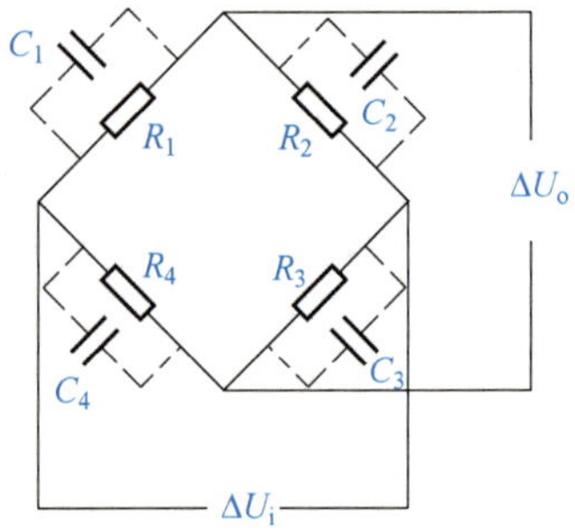

图 1-17 交流电桥

由式（1-23）可导出交流电桥的平衡条件是：

$$\begin{cases} z_1z_3 = z_2z_4 \\ \varphi_1 + \varphi_3 = \varphi_2 + \varphi_4 \end{cases} \tag{1-24}$$

在电阻应变测量中，在正常测量情况下，电桥原始状态处于平衡，分布电容比较小，且在测量过程中不允许变化。此时，用应变片构成的交流应变电桥可以看作纯电阻电桥，这样直流电桥输出电压的基本关系式也适用于交流应变电桥。针对单臂电桥、双臂电桥和四臂电桥，公式分别为：

$$\Delta U_o \approx \frac{\Delta R}{4R_0}\Delta U_i \tag{1-25}$$

$$\Delta U_o \approx \frac{\Delta R}{2R_0}\Delta U_i \tag{1-26}$$

$$\Delta U_o \approx \frac{\Delta R}{R_0}\Delta U_i \tag{1-27}$$

1.3.2 调制电路

工程中被测物理量，如力、位移、温度、流量等，经过传感器变换后，经常是一些缓变的微小电信号。从放大处理来看，直流放大有零漂和级间耦合等问题，为此，往往把缓慢变化的信号先变成频率适当的交流信号，然后利用交流放大器放大，最后再恢复为原信号，这样的变化过程称为信号的调制与解调，它广泛用于传感器的调理电路中。

调制是指利用被测缓变信号来控制或改变高频振荡波的某个参数（幅值、频率或相位），使其按被测信号的规律变化，以利于信号的放大与传输。若控制量是高频振荡波的幅值，则称为调幅（AM）；若控制量是高频振荡波的频率或相位，则称为调频（FM）或调相（PM）。

一般把控制高频振荡波的缓变信号称为调制波，载送缓变信号的高频振荡波称为载波，经过调制的高频振荡波称为已调波。根据调制原理不同，分别称为调幅波、调频波，如图 1-18 所示。解调是对已调波进行鉴别，以恢复缓变的测量信号。

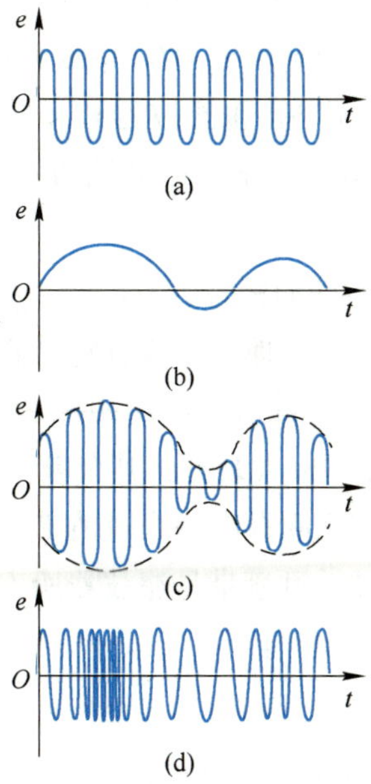

图 1-18 载波、调制波及已调波

(a) 载波；(b) 调制波；(c) 调幅波；(d) 调频波

1.3.3 滤波电路

滤波是测量系统排除干扰、抑制噪声常用的方法，滤波技术分为硬件滤波和软件滤波。硬件滤波器是一种选频电路，它的功能是让指定频段的信号以固定增益通过，而将其余频段的信号加以抑制或使其极大地衰减；软件滤波是通过计算机程序，采用某些算法对传感器信号进行处理。滤波电路在测控系统中的作用：一方面是滤除噪声；另一方面是分离各种不同的信号。

1.3.3.1 滤波器的分类

根据滤波器处理信号的频带，滤波器可分为低通滤波器、高通滤波器、带通滤波器、带阻滤波器四种，滤波电路理想的幅频特性如图 1-19 所示。

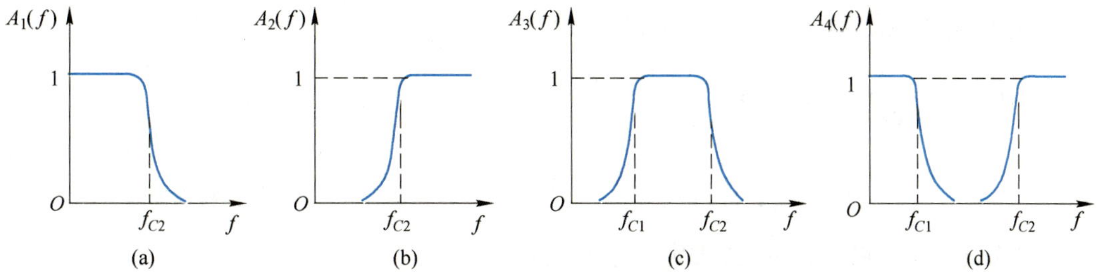

图 1-19 四类滤波器的幅频特性

(a) 低通滤波器；(b) 高通滤波器；(c) 带通滤波器；(d) 带阻滤波器

（1）低通滤波器。低通滤波器频率为 $0 \sim f_{C2}$，幅频特性平直。它可以使信号中低于 f_{C2} 的频率成分几乎不受衰减地通过，而高于 f_{C2} 的频率成分将受到极大衰减。

（2）高通滤波器。高通滤波器与低通滤波器相反，频率为 $f_{C2} \sim \infty$，幅频特性平直。它可以使信号中高于 f_{C2} 的频率成分几乎不受衰减地通过，而低于 f_{C2} 的频率成分将受到极大衰减。

（3）带通滤波器。带通滤波器的通频带为 $f_{C1} \sim f_{C2}$，它可以使信号中高于 f_{C1} 而低于 f_{C2} 的频率成分几乎不受衰减地通过，而其他频率成分将受到极大衰减。

（4）带阻滤波器。带阻滤波器与带通滤波器相反，阻带在频率为 $f_{C1} \sim f_{C2}$。它使信号中高于 f_{C1} 而低于 f_{C2} 的频率成分受到极大衰减，其余频率成分几乎不受衰减地通过。

上述滤波器中，在通带和阻带之间存在一个过渡带，其幅频特性是一条斜线，在此频带内，信号将受到不同程度的衰减，过渡带是滤波器所不希望的，但也是不可避免的。

1.3.3.2 RC 滤波器的原理及特性

A RC 低通滤波器

RC 低通滤波器的典型电路及其幅频、相频特性如图 1-20 所示，这是一个典型的一阶系统。输入和输出信号分别为 u_i、u_o，电路时间常数 $\tau = RC$。

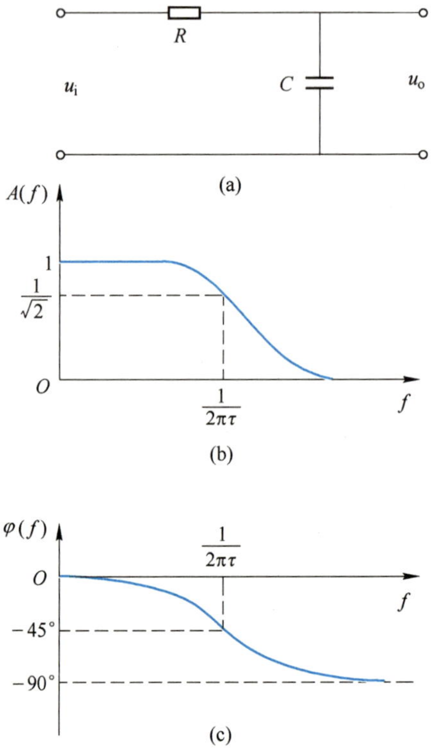

图 1-20 RC 低通滤波器的典型电路（a）、幅频（b）及其相频特性曲线（c）

幅频特性为：

$$A(f) = \frac{1}{\sqrt{1 + (2\pi f\tau)^2}} \tag{1-28}$$

相频特性为：

$$\varphi(f) = -\operatorname{arctg}(2\pi f\tau) \tag{1-29}$$

分析该系统特性可知：

（1）当 $f \ll \frac{1}{2\pi\tau}$ 时，则 $A(f) = 1$，此时信号几乎不受衰减地通过，并且相频特性近似为一条通过原点的直线。因此，可以认为在此情况下，RC 低通滤波器是一个不失真的传输系统。

（2）当 $f = \frac{1}{2\pi\tau}$ 时，则 $A(f) = \frac{1}{\sqrt{2}}$，即有：

$$f_{C2} = \frac{1}{2\pi\tau} \tag{1-30}$$

由式（1-30）可知，RC 值决定着上截止频率。因此，适当的改变 RC，可以改变滤波器的截止频率。

（3）当 $f \gg \frac{1}{2\pi\tau}$ 时，则输出 u_o 与输入 u_i 的积分成正比，即有：

$$u_o = \frac{1}{\tau}\int u_i \mathrm{d}t \tag{1-31}$$

此时 RC 低通滤波器起着积分器的作用，对高频成分的衰减率为-20 dB/10 倍频程。

B RC 高通滤波器

高通滤波器的典型电路及其幅频、相频特性如图 1-21 所示。

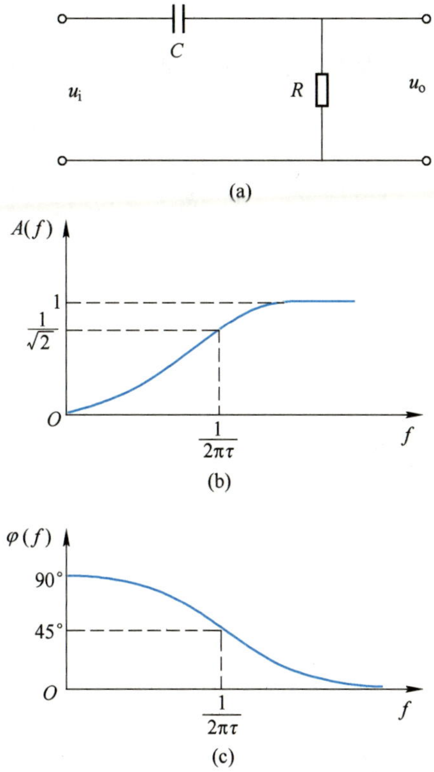

图 1-21 RC 高通滤波器的典型电路（a）、幅频（b）及其相频特性曲线（c）

幅频特性为：

$$A(f) = \frac{2\pi f\tau}{\sqrt{1 + (2\pi f\tau)^2}} \tag{1-32}$$

相频特性为：

$$\varphi(f) = \arctan\left(\frac{1}{2\pi f\tau}\right) \tag{1-33}$$

分析该系统特性可知：

（1）当 $f \gg \frac{1}{2\pi\tau}$ 时，则幅频特性接近于 1，相移趋于 0，此时 RC 高通滤波器可视为不失真的传输系统。

（2）当$f=\frac{1}{2\pi\tau}$时，则$A(f)=\frac{1}{\sqrt{2}}$，即滤波器的−3 dB截止频率为：

$$f_{C1}=\frac{1}{2\pi\tau} \tag{1-34}$$

（3）当$f \ll \frac{1}{2\pi\tau}$时，RC高通滤波器的输出与输入的微分成正比，起到微分器的作用。

C RC带通滤波器

RC带通滤波电路可以看成是由RC低通滤波电路和高通滤波电路串联组成的，如图1-22所示。

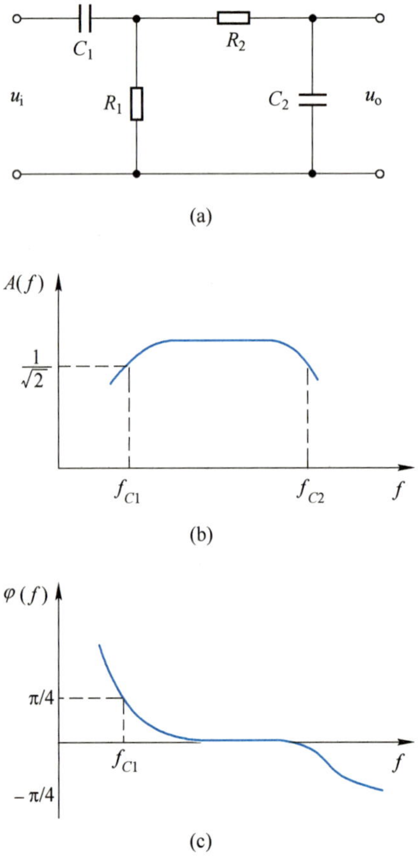

图1-22 一阶*RC*带通滤波器（a）、幅频（b）及其相频特性曲线（c）

在$R_2 \gg R_1$时，低通滤波电路对前面的高通滤波电路影响极小。设$H_1(s)$为高通滤波器的传递函数，$H_2(s)$为低通滤波器的传递函数，则串联之后，带通滤波电路的传递函数为：

$$H(s)=H_1(s)\cdot H_2(s) \tag{1-35}$$

幅频特性为：

$$A(f)=\frac{2\pi f\tau_1}{\sqrt{1+(2\pi f\tau_1)^2}}\cdot\frac{1}{\sqrt{1+(2\pi f\tau_2)^2}} \tag{1-36}$$

相频特性为：

$$\varphi(f)=\operatorname{arccot}\left(\frac{1}{2\pi f\tau_1}\right)-\operatorname{arccot}(2\pi f\tau_2) \tag{1-37}$$

串联后所得带通滤波电路以原有高通滤波电路的截止频率为下截止频率，即有：

$$f_{C1}=\frac{1}{2\pi\tau_1} \tag{1-38}$$

相应的其上截止频率为原低通滤波电路的−3 dB 截止频率，即有：

$$f_{C2}=\frac{1}{2\pi\tau_2} \tag{1-39}$$

这时极低和极高的频率成分都完全被阻挡，不能通过；只有位于频率通带内的信号频率成分能通过。

注意：当高通滤波电路、低通滤波电路两级串联时，应消除两级耦合时的相互影响，这是因为后一级成为前一级的“负载”，而前一级又是后一级的信号源内阻。实际上它们两级电路串联之间常用射极输出器或者运算放大器进行隔离，因此实际的带通滤波器常常是有源的。有源滤波器由 RC 调谐网络和运算放大器组成，运算放大器既可作为级间隔离作用，又可起信号幅值的放大作用。

思考与练习

1-1 有三台测温仪表，量程均为 0~800 ℃，精度等级分别为 2.5 级、2.0 级和 1.5 级，现要测量 500 ℃ 的温度，要求相对误差不超过 2.5%，选哪台仪表合理？

1-2 已知某位移传感器的位移测量值见表 1-2，其拟合直线为 $y=-2.2+6.8x$，试问：此拟合直线能否满足线性误差小于 5%的要求？

表 1-2 题 1-2

y/mm	x/mV
0	0.00
10	1.85
20	3.45
30	4.92
40	6.22
50	7.37

1-3 现欲测量 240 V 左右的电压，要求测量示值相对误差的绝对值不大于 0.6%，问：若选用量程为 250 V的电压表，其精度应选哪一级？若选用量程为 500 V 的电压表，其精度又应选哪一级？

1-4 已知待测拉力约为 70 N，现有两只测力仪表，一只为 0.5 级，测量范围为 0~500 N；另一只为 1.0

级，测量范围为0~100 N，问选用哪一只测力仪表较好，为什么？

1-5 某线性位移测量仪，当被测位移由4.5 mm增加到5.0 mm时，位移测量仪的输出电压由3.5 V减至2.5 V，求该仪器的灵敏度。

1-6 某测温系统由以下四个环节组成，各自的灵敏度为：铂电阻温度传感器0.45 Ω/℃，电桥0.02 V/Ω，放大器100（放大倍数），笔式记录仪0.2 cm/V。

求：(1) 测温系统的总灵敏度；

(2) 记录仪笔尖位移4 cm时，所对应的温度变化值是多少？

1-7 试分析图1-23所示的电阻电桥，它的四个桥臂由电阻 R_1、R_2、R_3、R_4 组成，E 为直流电源。求输出电压为 U_o。

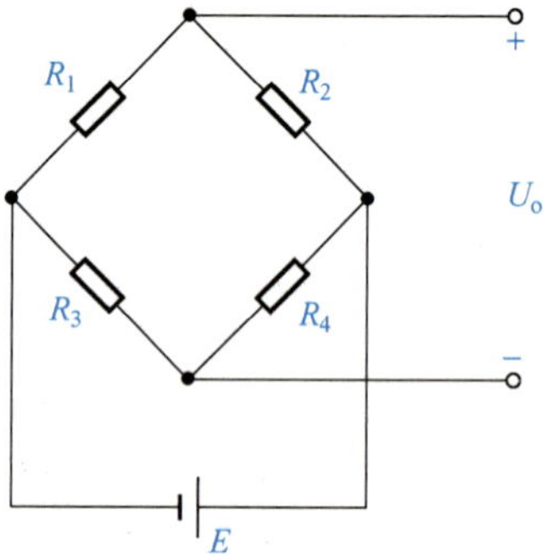

图1-23 题1-7

2 应变电阻式传感器

第2章 课件

素养提升

运动是绝对的，静止是相对的。

牛顿：任何物体都要保持匀速直线运动或静止状态，直到外力迫使它改变运动状态为止。

外力除了能使物体改变运动状态外，还能使物体发生形变。

2.1 应变电阻式传感器概述

应变（stress）是物体在外部压力或拉力作用下发生形变的现象。当外力去除后物体又能完全恢复其原来的尺寸和形状的应变称为弹性应变。具有弹性应变特性的物体称为弹性元件。

应变电阻式传感器是利用电阻应变片将应变转换为电阻变化的传感器。应变电阻式传感器由弹性元件（感知与力相关的量并产生应变）上粘贴的电阻应变片（作为应变敏感元件或转换元件将应变转换为电阻变化）构成。应变电阻式传感器工作时引起的电阻值变化很小，但其测量灵敏度较高，它在力、力矩、压力、加速度、质量等参数的测量中得到了广泛的应用。

应变电阻式传感器的基本工作原理：当被测物理量作用在弹性元件上，弹性元件在力、力矩或压力等的作用下发生形变，产生相应的应变或位移，然后传递给与之相连的电阻应变片，引起应变敏感元件的电阻值发生变化，通过测量电路变成电压等电量输出，输出的电压大小反映了被测物理量的大小。

2.2 电阻应变片的原理、类型及特性

2.2.1 应变效应

动画 应变效应

电阻应变片的工作原理是基于应变效应，即金属或半导体材料在外界力的作用下产生机械变形时，它的电阻值相应发生变化。

一根金属电阻丝，在其未受外力时，原始电阻值为：

$$R = \rho \frac{L}{S} \tag{2-1}$$

式中 ρ——金属电阻丝的电阻率，$\Omega \cdot m$；

L——金属电阻丝的长度，m；

S——金属电阻丝的截面积，m^2。

如图2-1所示，当金属电阻丝受到拉力F作用时，将伸长ΔL，横截面积相应减小ΔS，电阻率将因晶格发生变形等因素而改变$\Delta\rho$，故引起电阻值相对变化量为：

$$\frac{\Delta R}{R} = \frac{\Delta L}{L} - \frac{\Delta S}{S} + \frac{\Delta \rho}{\rho} \tag{2-2}$$

式中 $\Delta L/L$——圆形金属电阻丝轴向（长度）相对变化量，即轴向应变，用应变ε表示；

$\Delta S/S$——圆形金属丝的截面积相对变化量；

$\Delta\rho/\rho$——圆形金属丝的电阻率相对变化量。

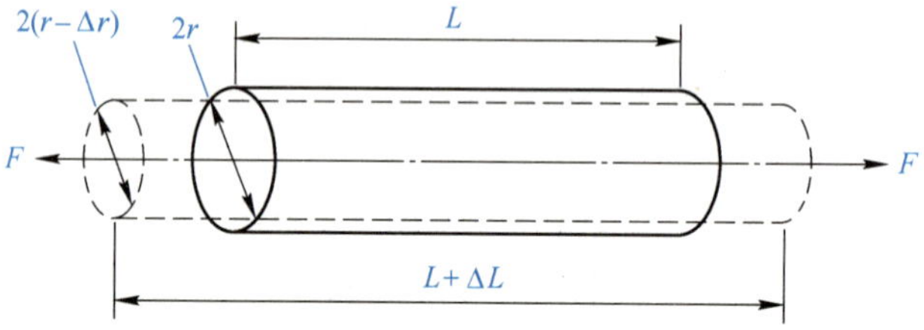

图2-1 金属电阻丝的应变效应

圆形金属电阻丝的截面积相对变化量转换成半径的相对变化量（径向应变）为：

$$\frac{\Delta S}{S} = \frac{2\pi r \cdot \Delta r}{\pi r^2} = \frac{2\Delta r}{r} \tag{2-3}$$

基于材料力学相关知识，径向应变与轴向应变的关系为：

$$\frac{\Delta r}{r} = -\mu \frac{\Delta L}{L} = -\mu\varepsilon \tag{2-4}$$

式中 μ——金属电阻丝材料的泊松比；

-(负号)——径向应变与轴向应变方向相反，即金属电阻丝受拉力时，沿轴向伸长，沿径向缩短。

由以上分析可得：

$$\frac{\Delta R}{R} = \frac{\Delta \rho}{\rho} + (1 + 2\mu)\varepsilon \tag{2-5}$$

$$\frac{\frac{\Delta R}{R}}{\varepsilon} = (1 + 2\mu) + \frac{\frac{\Delta \rho}{\rho}}{\varepsilon} \tag{2-6}$$

通常把单位应变引起的电阻值相对变化量称为金属电阻丝的灵敏度系数K。其物理意义是单位应变所引起的电阻相对变化量，表达式为：

$$K = \frac{\frac{\Delta R}{R}}{\varepsilon} = (1 + 2\mu) + \frac{\frac{\Delta \rho}{\rho}}{\varepsilon} \tag{2-7}$$

由式（2-7）可知，金属电阻丝的灵敏度系数 K 受两个因素的影响：一个是受力后材料几何尺寸的变化，即（$1+2\mu$），对于确定的材料，（$1+2\mu$）是常数，其值为 1~2；另一个是受力后材料的电阻率变化，即（$\Delta\rho/\rho$）$/\varepsilon$。

对于大多数金属材料电阻丝而言，则有：

$$1 + 2\mu \gg \frac{\frac{\Delta \rho}{\rho}}{\varepsilon} \tag{2-8}$$

因此，$\frac{\Delta\rho}{\rho\varepsilon}$ 可以忽略不计，则金属电阻丝的灵敏度系数为：

$$K \approx 1 + 2\mu \tag{2-9}$$

大量实验证明：在金属电阻丝拉伸极限内，电阻的相对变化与应变成正比，K 为常数，即有：

$$\frac{\Delta R}{R} = K\varepsilon \tag{2-10}$$

2.2.2 电阻应变片的类型

在外力作用下，电阻应变片产生应变，导致其电阻值发生相应变化。应力（strain）与应变的关系为：

$$\sigma = E \cdot \varepsilon \tag{2-11}$$

式中 σ——被测试件的应力；

E——被测试件的材料弹性模量。

应力 σ 与力 F、受力面积 A 的关系可表示为：

$$\sigma = \frac{F}{A} \tag{2-12}$$

常用的电阻应变片有两种：金属电阻应变片和半导体电阻应变片。

2.2.2.1 金属电阻应变片

金属电阻应变片（以应变效应为主）由引线、覆盖片、基底和敏感栅等部分组成，如图 2-2 所示。图中，l 为应变片的标距或工作基长，b 为应变片的工作宽度，$b \times l$ 为应变片的规格。应变片规格一般以使用面积或电阻值来表示，如 3 mm×10 mm 或 120 Ω。

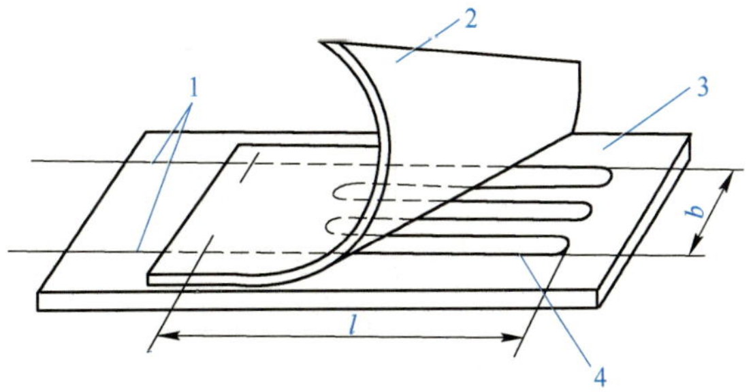

图 2-2 金属电阻丝的应变效应

1—引线；2—覆盖片；3—基底；4—敏感栅

在金属电阻应变片中，基底主要

起固定与绝缘的作用（厚度约为0.03 mm）、敏感栅是应变片的核心部分，它粘贴在绝缘的基底上，其上再粘贴起保护作用的覆盖层，两端焊接引出导线（直径为0.1~0.3 mm）。

金属电阻应变片敏感栅有丝式和箔式等结构形式。丝式电阻应变片如图2-3（a）所示，它是用一根金属细丝按图示形状弯曲后用胶黏剂贴于衬底上，衬底用纸或有机聚合物等材料制成，电阻丝的两端焊有引出线，电阻丝直径为0.012~0.050 mm。

箔式电阻应变片的结构如图2-3（b）所示，它是用光刻、腐蚀等工艺方法制成的一种很薄的金属箔栅，厚度一般为0.003~0.010 mm。它的优点是表面积和截面积之比大，散热条件好，故允许通过较大的电流，并可做成任意的形状，便于大量生产。鉴于这些特点，箔式电阻应变片的使用范围日益广泛，并有逐渐取代丝式电阻应变片的趋势。

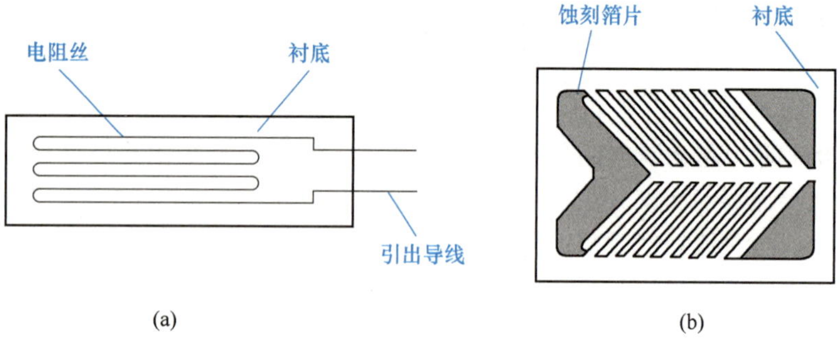

图2-3 金属电阻应变片的结构

（a）丝式；（b）箔式

金属电阻应变片的工作原理主要是基于应变效应导致其材料几何尺寸的变化，因此金属电阻应变片的灵敏度系数为：

$$K \approx 1 + 2\mu\ (常数) \tag{2-13}$$

2.2.2.2 半导体电阻应变片

半导体电阻应变片（以压阻效应为主）由基片、敏感栅和电极引线等部分组成，基片是绝缘胶膜，敏感栅由硅或锗等半导体材料构成，内引线是连接基片和敏感栅的金属线，带状电极引线又称外引线，一般由康铜箔等构成，如图2-4所示。它的使用方法与丝式电阻应变片相同，即粘贴在被测物体上，随被测件的应变，其电阻发生相应的变化。

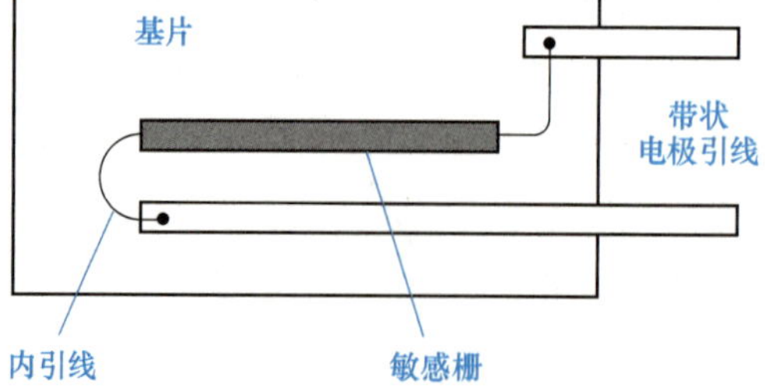

图2-4 半导体电阻应变片的结构

根据敏感栅形成的方法不同，压阻式传感器主要有体型、薄膜型和扩散型三种不同类型。体型半导体电阻应变片是一种将硅或锗晶体按一定方向切割成的片状小条，经腐蚀压焊粘贴在基片上而成应变片；薄膜型半导体电阻应变片是利用真空沉积技术，将半导体材料沉积在带有绝缘层的试件上而制成；扩散型半导体电阻应变片是将P型杂质扩散到N型硅单晶基底上，形成一层极薄的P型导电膜片而制成。

以硅片电阻应变片为例，应变-电阻特性曲线如图2-5所示。由图可知，N型半导体受压时，阻值变小；P型半导体受压时，阻值变大，且在数百微应变内呈线性，在较大的应变范围内则出现非线性。

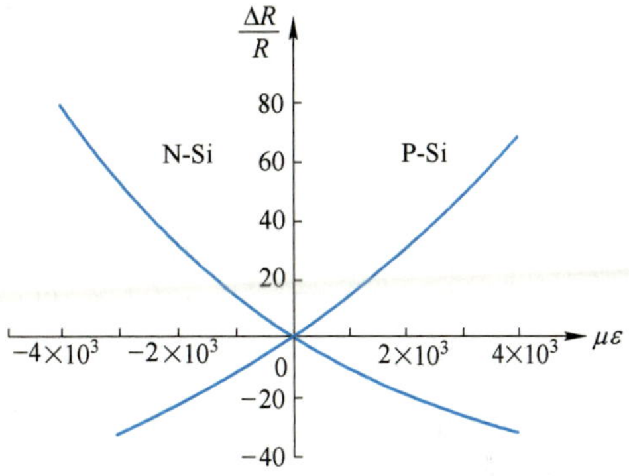

图2-5 硅片的应变-电阻特性曲线

对于半导体电阻应变片而言，在灵敏度系数表达式中有：

$$1+2\mu \ll \frac{\Delta\rho}{\rho\varepsilon} \tag{2-14}$$

因此，$(1+2\mu)$可以忽略不计，则有：

$$K \approx \frac{\Delta\rho}{\rho\varepsilon} \tag{2-15}$$

实际上，半导体电阻应变片的工作原理主要是基于半导体材料的压阻效应，即单晶半导体材料沿某一轴向受到外力作用而产生应变时，其电阻率发生变化的现象。压阻式传感器就是基于半导体材料的压阻效应原理工作的，它也属于一种电阻式传感器。

半导体敏感元件产生压阻效应时，其电阻率的相对变化与应力之间的关系为：

$$\frac{\Delta\rho}{\rho} = \pi_L\sigma = \pi_L \cdot E \cdot \varepsilon \tag{2-16}$$

式中 π_L ——半导体材料的纵向压阻系数。

因此，对于半导体电阻应变片来说，其灵敏度系数为：

$$K = \frac{\Delta R/R}{\varepsilon} \approx \frac{\Delta\rho}{\rho\varepsilon} = \pi_L \cdot E\ (\text{非常数}) \tag{2-17}$$

2.2.3 应变片的主要特性

2.2.3.1 应变片的几何尺寸

应变片的纵轴线称为灵敏轴线，沿着灵敏轴线的方向称为纵向，垂直于灵敏轴线的方向称为横向。如图2-6所示，敏感栅在纵向的长度 l，称为应变片的标距，也称栅长；敏感栅在横向的宽度 b，称为应变片的栅宽；栅长与栅宽的乘积 $b\times l$，称为应变片的工作面积。

一般厂家生产的应变片的标距都有一个系列值，最短为0.2 mm，最长为300 mm。应变片的工作面积小，有利于减小传感器体积及选择贴片位置，但不利于散热。因此，应根据需要选择应变片的几何尺寸。

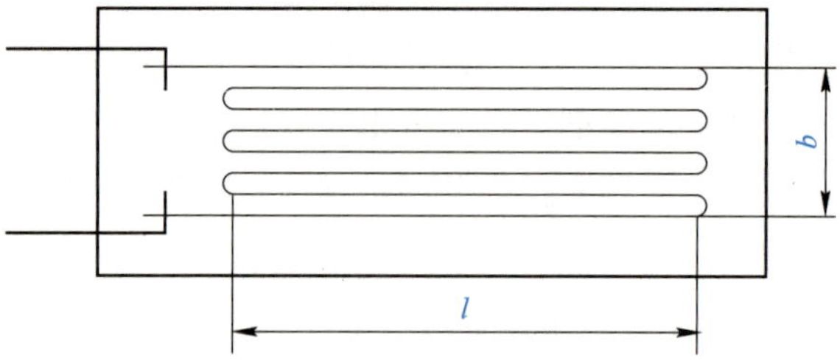

图 2-6 敏感栅的几何尺寸

2.2.3.2 应变片的电阻值（R_0）

应变片在未粘贴及未受外力作用的情况下，在室温条件下测定的电阻值（原始电阻值），称为应变片的电阻值（R_0）。R_0 目前已标准化，常用电阻应变片的电阻值主要有 60 Ω、120 Ω、350 Ω、500 Ω 和 1000 Ω 等多种规格，其中以 120 Ω 最为常用。

应变片的电阻值越大，允许的工作电压就越大，传感器的输出电压也越大，应变片的尺寸也相应增大，在条件许可的情况下应尽量选用高阻值应变片。

2.2.3.3 灵敏度系数（K）

灵敏度系数是指应变片在其轴线方向上应力作用下，应变片的电阻值相对变化与应变区域的轴向应变之比。应变片一般制成丝栅状后，其应变效应与单丝是不同的，即电阻应变片灵敏度系数和金属丝灵敏度系数是不相同的。一般情况，K 不等于金属丝灵敏度系数且恒小于金属丝灵敏度系数。因此电阻应变片灵敏度系数 K 必须通过抽样重新实验测定，取平均 K 值标注在应变片的包装袋上，故又称为标称灵敏度系数。实验证明，在一定的应变范围内，应变片灵敏度系数 K 是一个常数。

2.2.3.4 横向效应

沿应变片轴向的应变必然引起应变片电阻的相应变化，而沿垂直于应变片轴向的横向应变，也会引起其电阻的相应变化，从而使应变片灵敏度系数 K 降低的现象称为横向效应。

当实际使用应变片的条件与其灵敏度系数的标定条件不同时，由于横向效应的影响，实际值要改变。如果仍按标称灵敏度系数来计算，可能造成较大误差；如果不能满足测量精度要求，就要进行必要的修正。为了减小横向效应产生的误差，现在多采用箔式应变片。

2.2.3.5 机械滞后

应变片粘贴在被测试件上，当温度恒定时，其加载特性曲线（正程）和卸载特性曲线（逆程）不重合，即为机械滞后，如图 2-7 所示。产生的原因是应变片在承受机械应变后，其内部会产生残余应变，使敏感栅电阻发生少量不可逆变化。

2.2.3.6 零漂和蠕变

对于已粘贴好的应变片，在温度保持恒定、不承受应变作用时，应变片的电阻值随时间增加而变化的特性，称为应变片的零点漂移，简称为零漂。

在一定温度下，使应变片承受恒定的机械应变，其电阻值随时间增加而变化的特性称为蠕变。

在应变片工作时，零漂和蠕变是同时存在的，在蠕变值中包含着同一时间内的零漂值。这两项指标都用来衡量应变片特性对时间的稳定性，在长时间测量时其意义更为特殊。

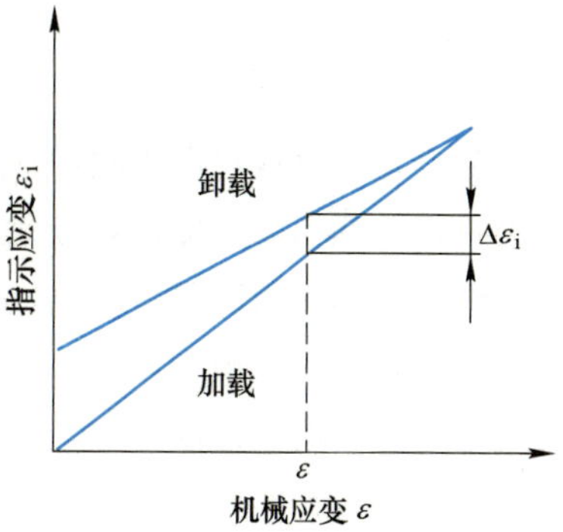

图 2-7 机械滞后

2.2.3.7 温度效应

实际应用中，应变片的阻值受环境温度（包括被测试件的温度）影响很大。这种由温度变化引起的应变片电阻变化，从而产生虚假应变的现象，称为应变片的温度效应。由温度效应给测量带来的附加误差称为应变片的温度误差，又称为热输出。

2.3 应变式传感器的测量电路

2.3.1 金属电阻应变片的测量电路

在压力、力、加速度等非电量的检测中，由其产生的机械应变所引起的金属电阻应变片的电阻变化范围很小，难以直接用电测仪器作精确测量，通常采用电桥电路将电阻变化转换成电压或电流后放大测量。

在金属电阻应变式传感器中，最常用的是桥式电路，电桥电路在 1.3 节中已详细介绍。在三种电桥电路中，四臂全桥工作方式的灵敏度最高，双臂半桥次之，单臂半桥灵敏度最低，采用四臂全桥（或双臂半桥）还能实现温度自补偿。

实际使用中，因为桥式电路四个桥臂电阻 R_1、R_2、R_3、R_4 不可能严格成比例关系，所以即使在未受力时，桥式电路的输出也不一定能严格为零，因此必须设置调零电路。常用的调零电路如图 2-8 所示。

调节 R_P，最终可以使 R_1、R_2 与 R'、R'' 和 R_5（星形接法转变为三角形接法）的并联结果之比等于 R_4/R_3，电桥趋于平衡，U_o 就可被预调到零位，这一过程称为调零，该电路常称为并联电阻调平电路。图 2-8 中的 R_5 用于确定调零范围，R_P 决定调零的线性，R_P 越大，调零线性（均匀性）越好，R_5 和 R_P 通常取相同阻值。

在交流电桥应用中，常用的调零电路还有阻容调平电路。

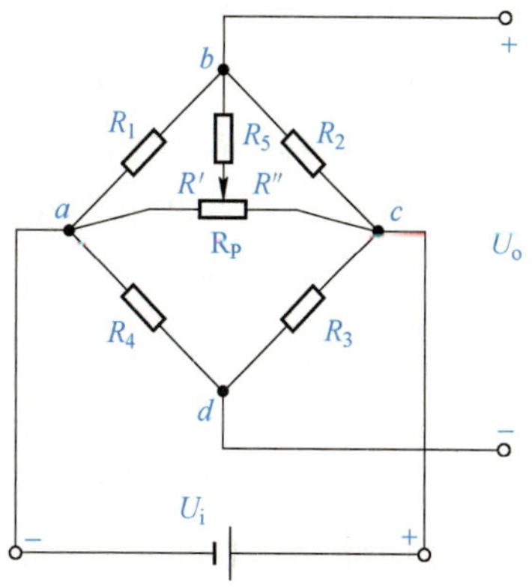

图 2-8 桥式电路的调零原理

2.3.2 压阻式传感器的测量电路

因为半导体材料对温度很敏感，温度稳定性和线性度比金属电阻应变片差很多，因此，压阻式传感器的温度误差较大，必须要有温度补偿。

压阻式传感器的测量电路仍然使用平衡电桥。由于制造、温度影响等原因，电桥存在失调、零位温漂、灵敏度温度系数和非线性等问题，以致影响传感器的准确性，因此必须采取减小与补偿误差措施。

2.3.2.1 恒流源供电电桥

恒流源供电的全桥差动电路如图 2-9 所示。

假设 ΔR_T 为温度引起的电阻变化，则有：

$$I_{ABC} = I_{ADC} = \frac{1}{2}I \tag{2-18}$$

因此，电桥的输出为：

$$\begin{aligned} U_o &= U_{BD} \\ &= \frac{1}{2}I(R + \Delta R + \Delta R_T) - \frac{1}{2}I(R - \Delta R + \Delta R_T) \\ &= I\Delta R \end{aligned} \tag{2-19}$$

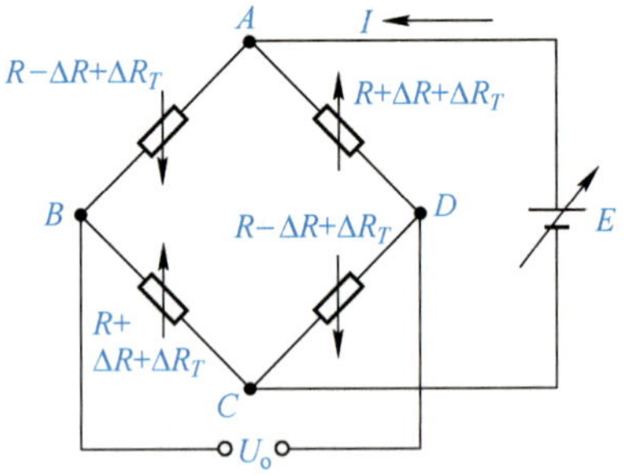

图 2-9 恒流源供电的全桥差动电路

可见，电桥的输出电压与电阻变化成正比，与恒流源电流成正比，但与温度无关，因此测量不受温度的影响。

2.3.2.2 零点与灵敏度温度补偿

由于温度变化，将引起零漂和灵敏度漂移。零漂产生的原因是扩散电阻的阻值随温度变化而变化，灵敏度漂移是由于压阻系数随温度的变化而变化导致的。

采用图 2-10 所示的零漂和灵敏度漂移补偿电路，可以有效地解决零漂和灵敏度漂移问题。

并联电阻 R_P、R_2，串联电阻 R_S、R_1 用于抑制零位温漂，串联电阻 R_S 起调零作用，并联电阻 R_P 起补偿作用。串联二极管 VD 用于灵敏度和温漂补偿。

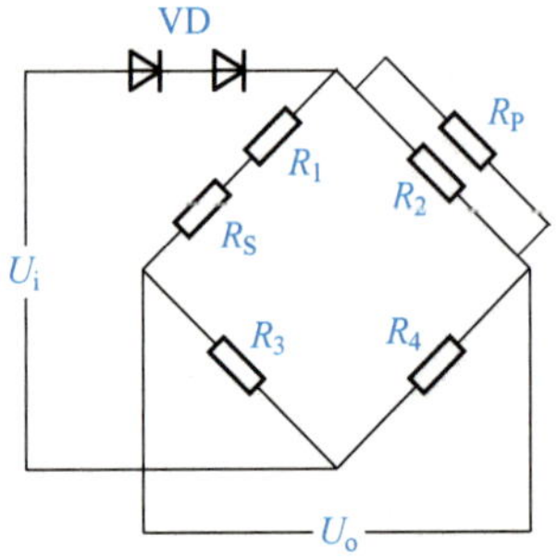

图 2-10 零漂和灵敏度漂移补偿电路

2.4 电阻应变片的温度误差补偿方法

最常用、最有效的电阻应变片温度误差补偿方法是电桥补偿法，其原理如图 2-11 所示。测量应变时，工作应变片 R_1 粘贴在被测试件上，另选一个特性与 R_1 相同的补偿应变片 R_B 粘贴在与被测试件材料完全相同的补偿块（保证线膨胀系数相同）上，且处于同一温度场中，仅工作应变片 R_1 承受应变，补偿应变片 R_B 不承受应变。R_1 与 R_B 接入电桥相邻桥臂上。

根据电路分析可知，电桥输出电压 U_o 与桥臂参数的关系为：

$$U_o = U_a - U_b = \frac{R_1}{R_1 + R_B}U_i - \frac{R_3}{R_3 + R_4}U_i$$
$$= \frac{R_1R_4 - R_BR_3}{(R_1 + R_B)(R_3 + R_4)}U_i \qquad (2\text{-}20)$$

由于温度变化相同致使 R_1 和 R_B 电阻变化相同，R_3 和 R_4 为常数且 $R_3 = R_4$ 时，R_1 和 R_B 对电桥输出电压 U_o 的作用效果相反，电桥输出电压与温度变化无关。

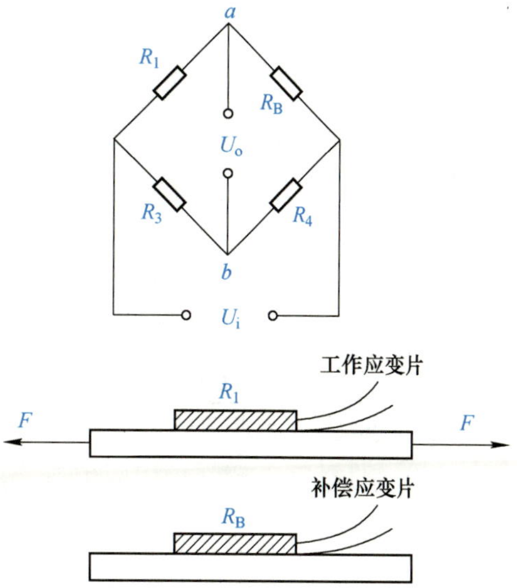

图 2-11 电桥补偿电路和应变片粘贴图

（1）当被测试件不承受应变时，两个电阻应变片因温度引起的电阻变化量相同（$\Delta R_1 = \Delta R_B$），电桥仍处于平衡状态，即 $U_o = 0$。

（2）当被测试件承受应变 ε 时，工作应变片由应变引起的电阻增量 $\Delta R_1' = R_1K\varepsilon$，但补偿应变片不承受应变，不会有电阻增量。此时电桥的输出电压为：

$$U_o \approx \frac{\Delta R_1'}{R_1} \cdot \frac{U_i}{4} = K\varepsilon\frac{U_i}{4} \qquad (2\text{-}21)$$

由式（2-21）可知，在电阻丝灵敏度系数和电桥输入电压一定的条件下，电桥的输出电压 U_o 仅与被测试件的应变 ε 有关，而与环境温度无关，这种单臂工作的测量电桥通常被称为惠斯顿电桥。

2.5 应变片交流全桥处理电路

在交流应变信号用交流电桥测量时，桥路输出的波形为一调制波，不能直接显示其应变值，只有通过移相检波和滤波电路后才能得到变化的应变信号，此信号可以通过示波器来显示。

例如，图 2-12 是应变片交流全桥测量振动的实验原理方框图。当应变梁的振动台受到 $F(t)$ 作用而振动，使粘贴在应变梁上的应变片产生应变信号 dR/R，应变信号 dR/R 由振荡器提供的载波信号经交流电桥调制成微弱调幅波，再经差动放大器放大为 $u_1(t)$，$u_1(t)$ 经相敏检波器检波解调为 $u_2(t)$，$u_2(t)$ 经低通滤波器滤除高频载波成分后输出应变片检测到的振动信号 $u_3(t)$（调幅波的包络线），$u_3(t)$ 可用示波器显示。图 2-12 中，交流电桥就是一个调制电路，W_1、r、W_2、C 是交流电桥的平衡调节网络，移相器为相敏检波器提供同步检波的参考电压，这也是实际应用中的动态应变仪的工作原理。

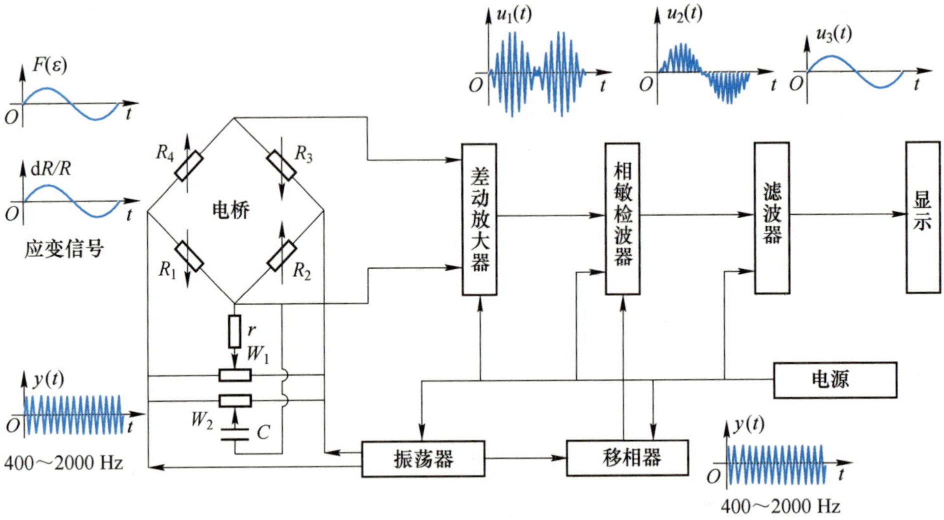

图 2-12 应变片交流全桥测量振动的实验原理方框图

移相器电路如图 2-13 所示，相敏检波器（开关式全波相敏检波电路）模块如图 2-14 所示。

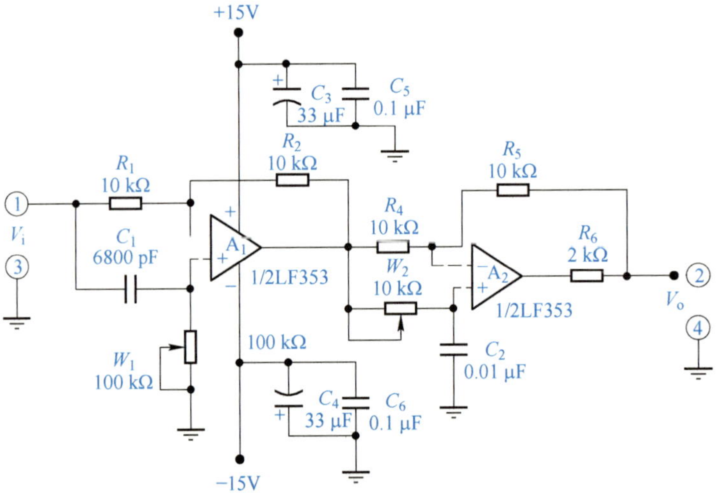

图 2-13 移相器电路

移相器由两级运算放大器构成，其中运算放大器 A_1 与移相网络 R_1、R_2、W_1、C_1 构成微分电路，实现超前 0~180°移相器；运算放大器 A_2 与移相网络 R_4、R_5、W_2、C_2 构成积分电路，实现滞后 0°~180°移相器。可将两级移相电路级联，组成 0°~360°移相电路；改变 W_1 与 W_2 的大小，可以改变输出信号的相位。

相敏检波器模块主要由三部分组成：一是由运算放大器 A_1 构成的比较器整形电路部分，用于对参考信号 $u_r(t)$ 的处理；二是由场效应管构成的电子开关电路部分，控制相敏

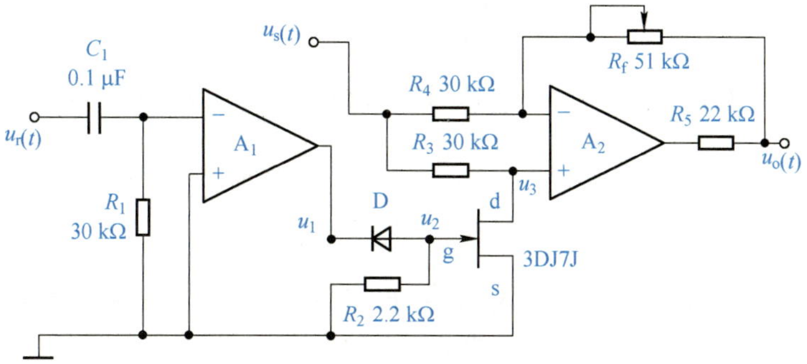

图 2-14 相敏检波器模块

检波器；三是由运算放大器 A_2 构成的相敏检波器部分。

参考信号 $u_r(t)$ 经 A_1 和 D 组成的整形电路后的输出 $u_1(t)$ 是与被测信号 $u_s(t)$ 同频、同相，占空比 1∶1 的方波。此方波信号经过二极管 D 上限幅至 0 V，然后作为控制电路电流流通的开关信号（见图 2-15 中的 u_2），为 N 沟道结型场效应管 3DJ7J 提供栅源偏置电压，控制电子开关的动作，决定场效应管漏极信号 $u_3(t)$ 是否接地，当 $u_1(t)$ 的控制电压为高电平时，二极管 D 截止，场效应管 3DJ7J 的栅极 g 电位（见图 2-15 中的 u_2）为高电平（0 V），3DJ7J 导通，相当于开关接通；当 $u_1(t)$ 的控制电压为低电平时，二极管 D 导通，场效应管 3DJ7J 的栅极 g 电位（见图 2-15 中的 u_2）为低电平，3DJ7J 截止，相当于开关断开。

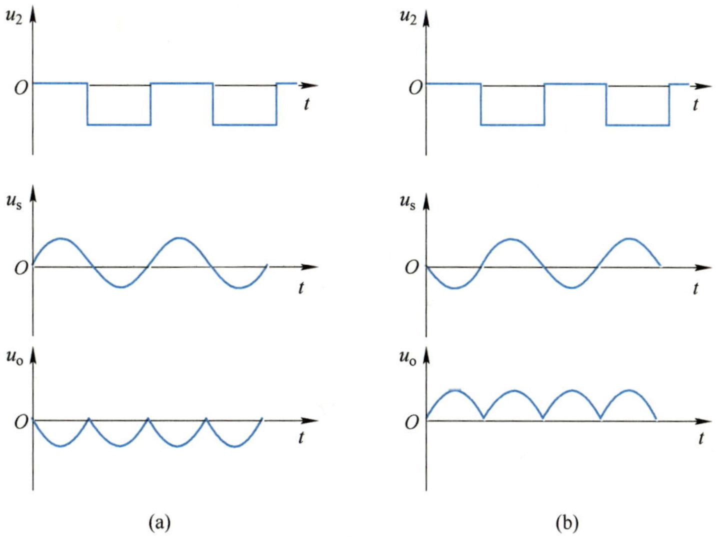

图 2-15 全波相敏检波中的信号波形

（a）u_s 与 u_2 同相；（b）u_s 与 u_2 反相

由场效应管工作原理可知：

$$u_3(t)=\begin{cases}u_s(t) & (0,\ T/2)\\ 0 & (T/2,\ T)\end{cases} \tag{2-22}$$

运算放大器 A_2 对信号 $u_s(t)$ 和 $u_3(t)$ 进行合成，得到相敏检波器输出信号 $u_o(t)$，其表达式为：

$$u_o(t)=-\frac{R_f}{R_4}u_s(t)+\left(1+\frac{R_f}{R_4}\right)u_3(t) \tag{2-23}$$

当场效应管截止时，运算放大器 A_2 工作在跟随状态；当场效应管导通时，A_2 工作在反相放大状态。验证测量时取 $R_f=R_4$，把式（2-22）代入式（2-23）中得：

$$u_o(t)=\begin{cases}u_s(t) & (0,\ T/2)\\ -u_s(t) & (T/2,\ T)\end{cases} \tag{2-24}$$

由式（2-24）可知，从相敏检波器输出信号 $u_o(t)$ 中得到了被测信号 $u_s(t)$，波形如图 2-15 所示。

相敏检波器电路中通过调整 R_f 可以改变运算放大器 A_2 对信号放大的幅度。

思考与练习

2-1 什么是应变效应？试利用应变效应解释金属电阻应变片的工作原理。

2-2 何谓半导体的压阻效应，扩散硅传感器结构有什么特点？

2-3 金属电阻丝应变片与半导体应变片的工作原理是什么？

2-4 应变片产生温度误差的原因及减小或补偿温度误差的方法是什么？

2-5 粘贴到试件上的电阻应变片，环境温度变化会引起电阻的相对变化，产生虚假应变，这种现象称为温度效应，简述产生这种现象的原因。

2-6 单臂工作电桥只有一只应变片 R_1 接入，如图 2-16 所示，测量时应变片的电阻变化为 ΔR。求：（1）电路输出端电压 U_o。（2）设 $\Delta R \ll R$，$\frac{\Delta R}{R}=K\varepsilon$，电路输出端电压 U_o。

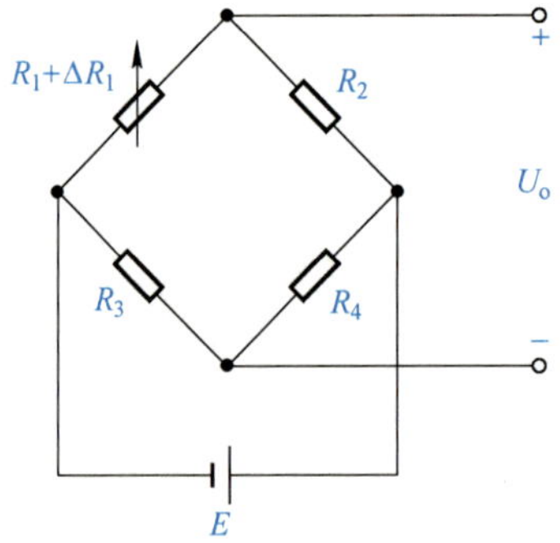

图 2-16 题 2-6

第3章 课件

3 压电式传感器

素养提升

中国研究水晶压电效应第一人——严济慈，物理学家、教育家，中国现代物理学研究创始人之一，中国光学研究和光学仪器研制工作的奠基人。他在我国压电晶体学、光谱学、大气物理学和应用光学等方面做出重要贡献。

3.1 压电式传感器的工作原理

3.1.1 压电效应

动画 压电效应

当某些电介质在一定方向上受到外力作用而发生机械变形时，其内部会产生极化现象，同时在其两个相对表面上产生正负相反的电荷，当外力消失时，电荷也消失，它又重新恢复到原来不带电的状态，这种机械能转换为电能的现象称为正压电效应（顺压电效应），简称压电效应。当作用力方向改变时，电荷极性也随之改变，如图 3-1 所示。

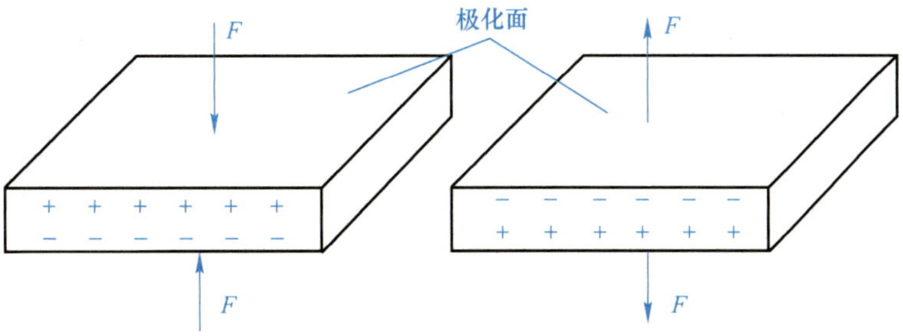

图 3-1 正压电效应示意图

相反，在某些电介质的极化方向上（产生电荷的两个表面）施加电场，它会产生机械变形，当去掉外加电场时，电介质的变形随之消失，这种将电能转换为机械能的现象称为逆压电效应（电致伸缩效应）。

具有压电效应的电介质称为压电材料，压电材料能实现机械能和电能的相互转换，如图 3-2 所示。典型的压电材料有石英晶体、压电陶瓷和高分子压电材料等。

压电式传感器的工作原理是基于某些电介质材料的压电效应，是典型的自发电式传感器。

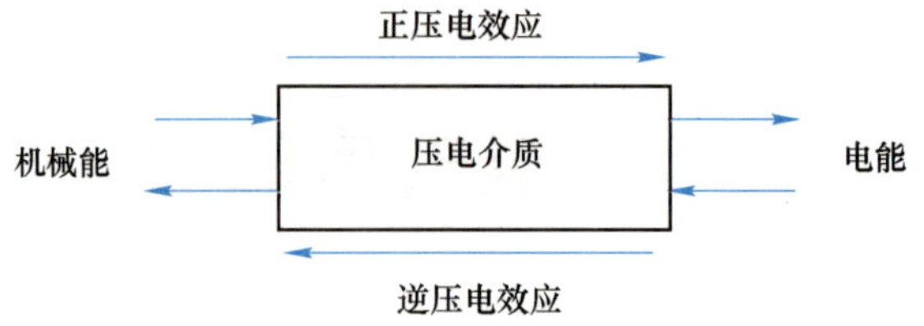

图 3-2 压电效应的可逆性

压电式传感器主要用于与力相关的动态参数测试，如动态力、机械冲击、振动等，它可以把加速度、压力、位移、温度等许多非电量转换为电量。

3.1.2 压电效应机理

具有压电效应的物质很多，如天然形成的石英晶体、人工制造的压电陶瓷和高分子压电材料等。

3.1.2.1 石英晶体

天然结构的石英晶体（单晶体）呈六角形晶柱，如图 3-3（a）所示。石英晶体化学式为 SiO_2，是单晶体结构，它是一个正六面体，截面是一个正六边形。

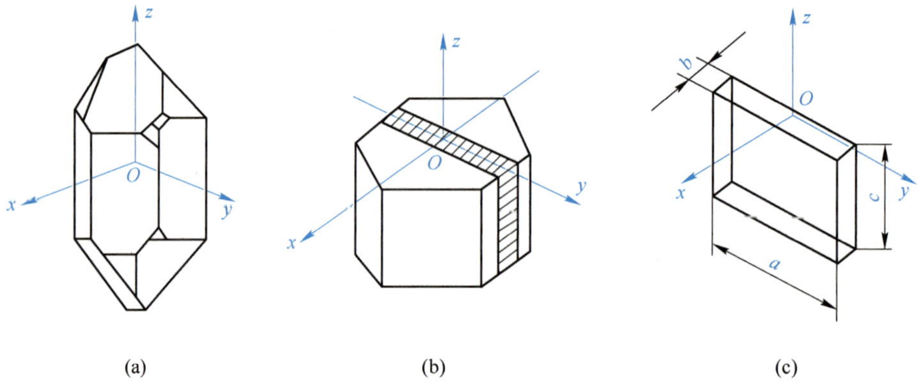

图 3-3 石英晶体

（a）晶体外形；（b）晶体切割；（c）石英晶片

石英晶体各个方向的特性是不同的，在晶体学中可用三个相互垂直的晶轴：x 轴、y 轴、z 轴来表示，如图 3-3（b）所示。z 轴又称为光轴，它与晶体的纵轴线方向一致；x 轴又称为电轴，经过正六面体相对的两个棱线并垂直于光轴；y 轴又称为机械轴，是与 x 轴和 z 轴同时垂直的轴。

从晶体上沿 y 轴方向切下一片平行六面体的薄片称为晶体切片，如图 3-3（c）所示。

沿着 x 轴对晶片施加力时，在垂直于 x 轴的表面上产生电荷的压电效应称为纵向压电效应，如图 3-4（a）和（b）所示。产生的电荷与作用力的大小成正比，与晶片尺寸无关。

沿着 y 轴对晶片施加力时，在垂直于 x 轴的表面上产生电荷的压电效应称为横向压电效应，如图 3-4（c）和（d）所示。产生的电荷与作用力的大小成正比，与晶片尺寸有关。

沿着 z 轴对晶片施加力时，不产生压电效应。

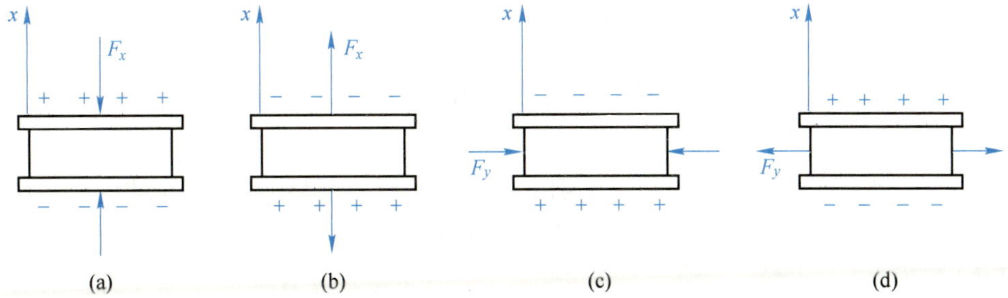

图 3-4 晶片受力方向与电荷极性的关系

（a）x 轴方向受压；（b）x 轴方向受拉；（c）y 轴方向受压；（d）y 轴方向受拉

石英晶体的压电效应与其内部结构有关，产生极化现象的机理如图 3-5 所示。石英晶体的化学式为 SiO_2，它的每个晶胞中有 3 个硅离子和 6 个氧离子，1 个硅离子和 2 个氧离子交替排列（氧原子是成对出现的）。沿光轴 z 看去，可以等效地认为如图 3-5（a）所示的正六边形排列结构。

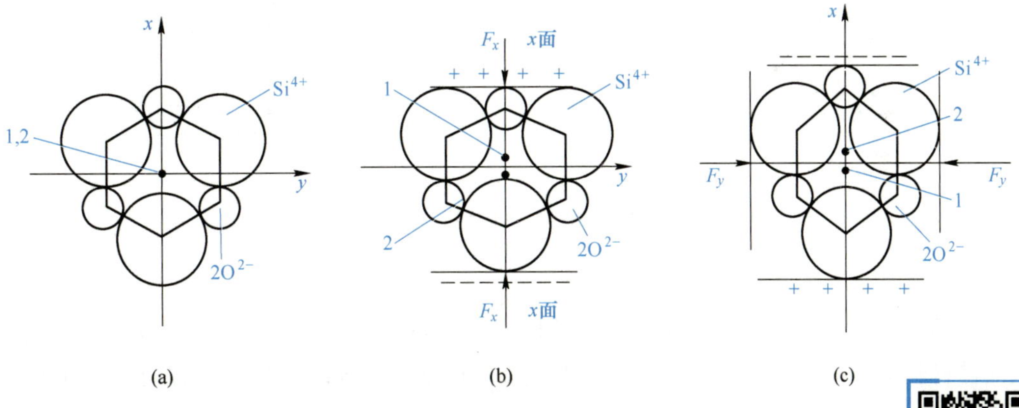

图 3-5 石英晶体压电效应机理

（a）晶体不受力；（b）晶体受 x 轴方向压力；（c）晶体受 y 轴方向压力

动画 石英晶体的压电效应机理

在无外力作用时，如图 3-5（a）所示。硅离子所带正电荷的等效中心 1 与氧离子所带负电荷的等效中心 2 是重合的，即正负电荷中心重合，整个晶胞呈电中性。

当石英晶体受到沿着 x 轴方向的压力作用时，如图 3-5（b）所示，晶体沿着 x 轴方向将产生压缩变形，正负电荷中心 1、中心 2 不再重合，在 x 轴的上方向出现正电荷，下方向出现负电荷；在 y 轴方向上不出现电荷。

当石英晶体受到沿着 y 轴方向的压力作用时，如图 3-5（c）所示，晶体沿着 y 轴方向将产生压缩变形，正负电荷中心 1、中心 2 不再重合，在 x 轴的上方向出现负电荷；下方向出现正电荷；在 y 轴方向上不出现电荷。

综上所述，石英晶体具有以下结构特性：

（1）沿 x 轴、y 轴方向有作用力时，可产生压电效应；沿 z 轴方向有作用力，不产生压电效应。

（2）不论沿 x 轴方向还是 y 轴方向有作用力，正、负电荷等效中心只在 x 轴方向移动，此为极化方向，即电荷只产生在垂直于 x 轴的两平面上。

（3）沿 y 轴方向作用的拉力与沿 x 轴方向作用的压力，晶胞结构变形相同，因而产生的电荷极性相同；同理，沿 x 轴方向作用的拉力与沿 y 轴方向作用的压力，产生的电荷极性也相同。

3.1.2.2 压电陶瓷

压电陶瓷（多晶体）是人工制造的多晶体压电材料，材料内部的晶粒有许多自发极化的电畴，它有一定的极化方向，从而存在电场。在无外电场作用时，电畴在晶体中杂乱分布，它们各自的极化效应被相互抵消，因此原始的压电陶瓷呈中性，不具有压电特性，如图 3-6（a）所示。

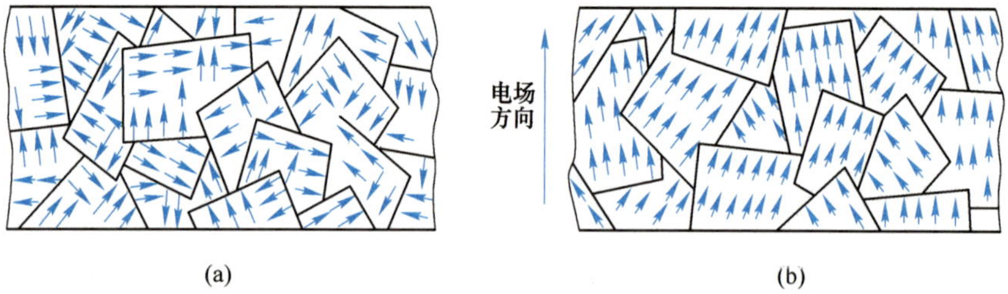

图 3-6 压电陶瓷的极化

（a）未极化；（b）电极化

当压电陶瓷上施加外电场时，电畴的极化方向发生转动，趋向于按外电场方向排列，从而使材料得到极化。外电场越强，就有越多的电畴完全地转向外电场方向。当外电场强度大到使材料的极化达到饱和程度时，即所有的电畴极化方向都整齐地与外电场方向一致，使陶瓷材料得到极化。当外电场去掉后，电畴的极化方向基本不变，即出现剩余极化，这时的压电陶瓷就具有压电特性，未极化时压电陶瓷是非压电体，如图 3-6（b）所示。

极化处理后的压电陶瓷存在很强的剩余极化，当其受到外力作用时，电畴发生移动偏转，从而引起剩余极化强度的变化，将导致在垂直于极化方向（即外电场方向）的平面上出现极化电荷的变化，电荷量的多少与外力成正比关系。这种因受到外力作用而产生的机械能转变为电能的现象就是压电陶瓷的正压电效应。

3.1.2.3 高分子压电材料

高分子压电材料属于有机分子半结晶或结晶聚合物，其压电效应较复杂，不仅要考虑晶格中均匀的内应变对压电效应的贡献，还要考虑高分子材料中非均匀内应变所产生的各种高次效应以及与整个体系平均变形无关的电荷位移而表现出来的压电特性。

3.2 压电材料

3.2.1 压电材料的特性

压电材料的主要特性参数有：

(1) 压电常数 d。它表示压电材料产生电荷与作用力的关系，是衡量材料压电效应强弱的参数，它直接关系到压电输出的灵敏度，单位为 C/N（库仑/牛顿）。

(2) 居里点。压电材料开始丧失压电特性的温度称为居里点或居里点温度。

(3) 介电常数 ε_r。它是决定压电晶体固有电容的主要参数，对于一定形状、尺寸的压电元件，其固有电容与介电常数有关；而固有电容影响传感器工作频率的下限值。

(4) 电阻率。它决定了压电材料的绝缘电阻，而绝缘电阻将减少电荷泄漏，从而改善压电传感器的低频特性。

(5) 弹性常数。压电材料的弹性常数、刚度是决定其固有频率和动态性能的重要参数；刚度大，则机械强度高、固有频率高、线性范围宽、动态性能好。

(6) 机械耦合系数。它是衡量压电材料机电能量转换效率的重要参数，其值等于转换输出能量（如电能）与输入能量（如机械能）之比的平方根。

表 3-1 是一些主要压电材料的性能参数。

表 3-1 主要压电材料的性能参数

性能参数	石英	钛酸钡	锆钛酸铅 PZT-4	锆钛酸铅 PZT-5	锆钛酸铅 PZT-8
压电系数/$(pC \cdot N^{-1})$	$d_{11}=2.31$ $d_{14}=0.73$	$d_{15}=260$ $d_{31}=-78$ $d_{33}=190$	$d_{15}\approx410$ $d_{31}=-100$ $d_{33}=230$	$d_{15}\approx670$ $d_{31}=185$ $d_{33}=600$	$d_{15}=330$ $d_{31}=-90$ $d_{33}=200$
相对介电常数 ε_r	4.5	1200	1050	2100	1000
居里点温度/℃	573	115	310	260	300
密度/$(kg \cdot m^{-3})$	2.65×10^3	5.5×10^3	7.45×10^3	7.5×10^3	7.45×10^3
弹性模量/$(N \cdot m^{-2})$	80×10^9	110×10^9	83.3×10^9	117×10^9	123×10^9
机械品质因数	$10^5\sim10^6$		≥500	80	≥800
最大安全应力/$(N \cdot m^{-2})$	$(95\sim100)\times10^5$	81×10^5	76×10^5	76×10^5	83×10^5
体积电阻率/$(\Omega \cdot m)$	$>10^{12}$	10^{10} (25 ℃)	$>10^{10}$	10^{11} (25 ℃)	

续表 3-1

性能参数	石英	钛酸钡	锆钛酸铅 PZT-4	锆钛酸铅 PZT-5	锆钛酸铅 PZT-8
最高允许温度/℃	550	80	250	250	
最高允许湿度/%	100	100	100	100	

3.2.2 常见的压电材料

石英是较好的单晶体类压电材料，除了压电系数不大、灵敏度低外，其他特性都具有显著优越性：居里点 573 ℃，自振频率高，动态响应好，弹性系数较大，机械强度高，绝缘性能好，迟滞小，重复性好，线性范围宽等。因此，石英晶体大多只在标准传感器、高精度传感器或使用温度较高、测量大量值的力或加速度的传感器中用作压电元件。而在一般要求测量用的压电传感器中，则基本上采用压电陶瓷。

压电陶瓷的压电系数比石英晶体大得多（即压电效应更明显），因此用它做成的压电式传感器的灵敏度较高，但稳定性、机械强度等不如石英晶体。

压电陶瓷材料有多种，最早使用的是钛酸钡（$BaTiO_3$），它是较好的多晶体陶瓷类压电材料，突出的特点：压电系数比石英大几十倍，但居里点温度在 120 ℃左右，使用温度不超过 70 ℃，温度稳定性和机械强度都不如石英，较其他压电陶瓷更容易极化。

目前使用较多的压电陶瓷材料是锆钛酸铅（PZT）系列，它是钛酸铅（$PbTiO_2$）和锆酸铅（$PbZrO_3$）组成的（$Pb(ZrTi)O_3$）；居里点在 300 ℃左右，工作温度较高，性能稳定，有较高的介电常数和压电系数。

典型的高分子压电材料有聚偏二氟乙烯（PVF2 或 PVDF）、聚氟乙烯（PVF）、改性聚氯乙烯（PVC）等。高分子压电材料的工作温度一般低于 100 ℃，温度升高，会导致其灵敏度降低。因此，高分子压电材料常用于对测量精度要求不高的场合，如水声测量、防盗、振动测量等方面。

压电材料不同，它们的特性就不相同，所以用途也不一样。压电晶体主要用于实验室基准传感器；压电陶瓷价格便宜、灵敏度高、机械强度好，常用于测力和振动传感器；而高分子压电材料多用于定性测量。

3.3 压电式传感器的等效电路和测量电路

3.3.1 压电式传感器的等效电路

给压电晶片加上电极就构成了最简单的压电式传感器。当压电传感器受到沿其敏感轴向的外力作用时，就在两电极上产生极性相反的电荷，因此它相当于一个电荷源（静电发生器）。由于压电晶体是绝缘体，当它的两极表面聚集电荷时，因此它又相当于一个电容器，其电容量为：

$$C_a = \frac{\varepsilon_r \varepsilon_0 A}{d} \tag{3-1}$$

式中 A——压电片的面积，m^2；

d——压电片的厚度，m；

ε_r——压电材料的相对介电常数；

ε_0——真空的介电常数，$\varepsilon_0 = 8.85\times10^{-12}$ F/m。

因此，压电式传感器可以等效为一个与电容相串联的电压源。如图 3-7（a）所示，电容器上的电压 U_a、电荷量 q 和电容量 C_a 三者关系为：

$$U_a = \frac{q}{C_a} \tag{3-2}$$

压电式传感器也可以等效为一个电荷源，如图 3-7（b）所示。

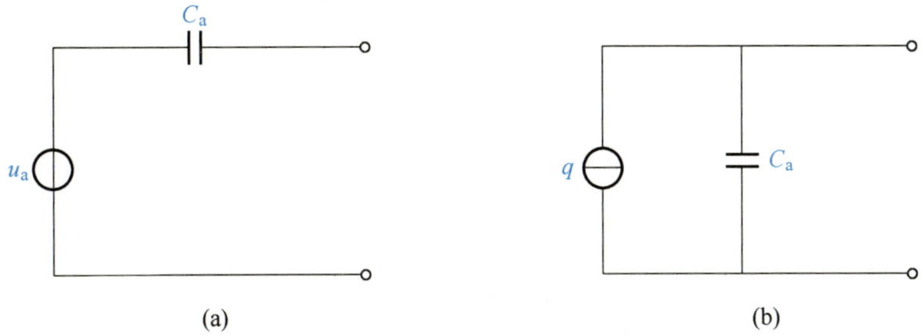

图 3-7 压电式传感器的等效电路

（a）电压源；（b）电荷源

压电式传感器在实际使用时总要与测量仪器或测量电路相连接，因此还需考虑连接电缆的等效电容 C_c、放大器的输入电阻 R_i、输入电容 C_i 以及压电式传感器的泄漏电阻 R_a。这样，压电式传感器在测量系统中的实际等效电路 如图 3-8 所示。

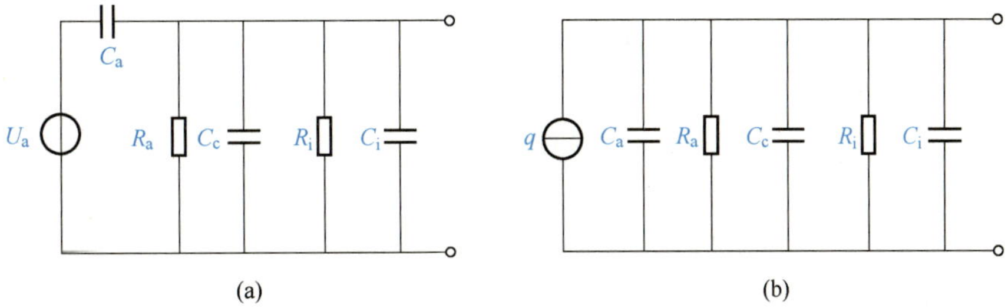

图 3-8 压电式传感器在测量系统中的实际等效电路

（a）电压源；（b）电荷源

3.3.2 压电式传感器的测量电路

由于压电式传感器本身的内阻抗很高（通常在 $10^{10}\ \Omega$ 以上），输出能量较小，因此它的测量电路通常需要接入一个高输入阻抗的前置放大器。其作用为：一是把它的高输入阻抗（一般在 1000 MΩ 以上）变换为低输出阻抗（小于 100 Ω）；二是对传感器输出的微弱信号进行放大。根据压电式传感器的两种等效方式可知，压电式传感器的输出可以是电压信号或电荷信号，因此前置放大器也有电压放大器和电荷放大器两种形式。

3.3.2.1 电压放大器

电压放大器（阻抗变换器）的功能是将压电式传感器的高输出阻抗转变为较低阻抗，并将压电式传感器的微弱电压信号放大。电压放大器电路如图 3-9 所示。

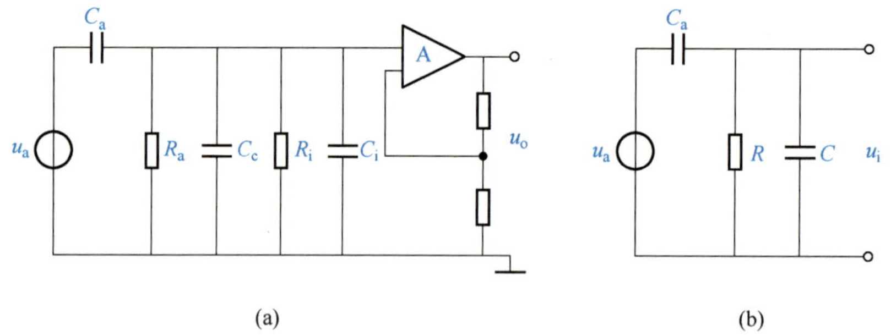

图 3-9 电压放大器电路

（a）原理图；（b）等效电路

在图 3-9 中，R_a、R_i 并联成为等效电阻 R，将 C_c 与 C_i 并联为等效电容 C，于是有：

$$R = \frac{R_a R_i}{R_a + R_i} \tag{3-3}$$

$$C = C_c + C_i \tag{3-4}$$

压电元件受正弦力 $f=F_m\sin\omega t$ 的作用，由 $U_a = \frac{q}{C_a}$ 知，则其电压为：

$$U_a = \frac{dF_m}{C_a}\sin\omega t = U_m\sin\omega t \tag{3-5}$$

式中 U_m——压电元件输出电压幅值，$U_m = dF_m/C_a$；

d——压电系数。

由此可得放大器输入端电压 U_i，其复数形式为：

$$U_i = d\cdot f\frac{j\omega R}{1 + j\omega R(C_a + C)} \tag{3-6}$$

U_i的幅值 U_{in}为：

$$U_{in}(\omega) = \frac{dF_m\omega R}{\sqrt{1 + \omega^2R^2\,(C_a + C_c + C_i)^2}} \tag{3-7}$$

输入电压和作用力之间的相位差为：

$$\Phi(\omega) = \frac{\pi}{2} - \arctan[\omega(C_a + C_c + C_i)R] \tag{3-8}$$

在理想情况下，传感器的 R_a电阻值与前置放大器输入电阻 R_i都为无限大，即 $\omega(C_a+$

$C_c+C_i)R \gg 1$，理想情况下输入电压幅值 U_{in} 为：

$$U_{in} = \frac{dF_m}{C_a + C_c + C_i} \tag{3-9}$$

式（3-9）表明：理想情况下，前置放大器输入电压与频率无关。一般认为 $\omega/\omega_0 > 3$ 时就可认为 U_{in} 与 ω 无关，这也表明压电式传感器有很好的高频响应特性。为了扩展频带的低频段，必须提高回路的时间常数 $R(C_a + C_c + C_i)$ 。ω_0 表示测量回路时间常数 τ 的倒数，即：

$$\omega_0 = \frac{1}{R(C_a + C_c + C_i)} = \frac{1}{\tau} \tag{3-10}$$

如果仅靠增大测量回路电容量的方法影响传感器的灵敏度为：

$$S = \frac{U_{in}}{F_m} = \frac{d}{C_a + C_c + C_i} \tag{3-11}$$

因此，常采用 R_i 很大的前置放大器。

压电式传感器具有很好的高频响应，但是，当作用于压电元件的力为静态力（$\omega=0$）时，前置放大器的输出电压等于零。因为电荷会通过放大器输入电阻和传感器本身漏电阻漏掉，所以压电式传感器不能用于静态力的测量。

3.3.2.2 电荷放大器

由于电压放大器的输出电压与电缆电容有关，故目前多采用电荷放大器。电荷放大器常作为压电式传感器的输入电路，由一个反馈电容 C_f 和高增益运算放大器构成，如图 3-10 所示。由于运算放大器输入阻抗极高，放大器输入端几乎没有分流，故可略去 R_a 和 R_i 并联电阻。

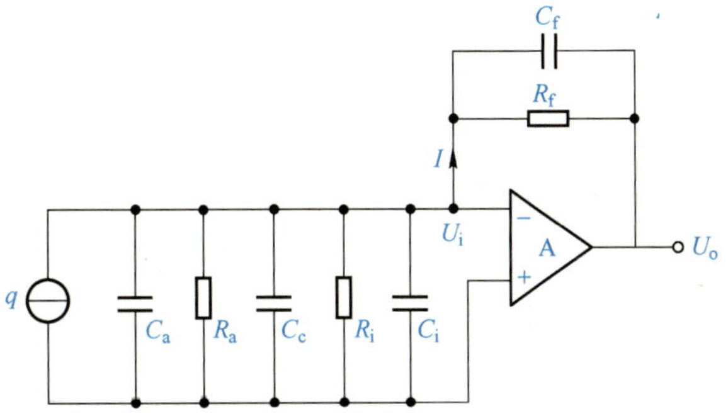

图 3-10 电荷放大器的等效电路

由于负反馈电容工作于直流时相当于开路，对电缆噪声敏感，放大器的零点漂移也较大，因此，一般在反馈电容两端并联一个电阻 R_f；其作用是为了稳定直流工作点，减小零漂；R_f 通常为 $10^{10} \sim 10^{14}\ \Omega$，当工作频率足够高时，$1/R_f \ll \omega C_f$ ，可忽略反馈电阻折合到放大器输入端的等效电阻 $(1 + A)\dfrac{1}{R_f}$ 。反馈电容折合到放大器输入端的等效电容为：

$$C_f' = (1 + A)C_f \tag{3-12}$$

则输出电压为：

$$U_o = -AU_i = -A\frac{q}{C} \tag{3-13}$$

$$U_o = -AU_i = -\frac{qA}{C_a + C_c + C_i + (1 + A)C_f} \tag{3-14}$$

通常运算放大器增益 $A = 10^4 \sim 10^8$，因此有：

$$AC_f \gg C_a + C_c + C_i \tag{3-15}$$

则 U_o可近似表示为 ：

$$U_o \approx -\frac{q}{C_f} = U_{C_f} \tag{3-16}$$

由式（3-16）可见，放大器的输入阻抗极高，输入端几乎没有分流，电荷 q 只对反馈电容 C_f 充电，充电电压 U_{C_f}（反馈电容两端的电压）接近于放大器的输出电压；电荷放大器的输出电压 U_o只取决于输入电荷与反馈电容 C_f，与电缆电容 C_c无关，且与 q 成正比，这是电荷放大器的最大特点。由于 q 与被测压力呈线性关系，因此输出电压与被测压力呈线性关系。

3.4 压电元件的连接形式

单片压电元件产生的电荷量很小，为了提高压电式传感器的输出灵敏度，在实际应用中常采用两片（或两片以上）同型号的压电元件黏结在一起。压电元件产生的电荷具有极性区分，相应的连接方法有两种，如图 3-11 所示。从作用力的角度看，压电元件是串接的，每片受到的作用力相同，产生的变形和电荷量大小也一致。

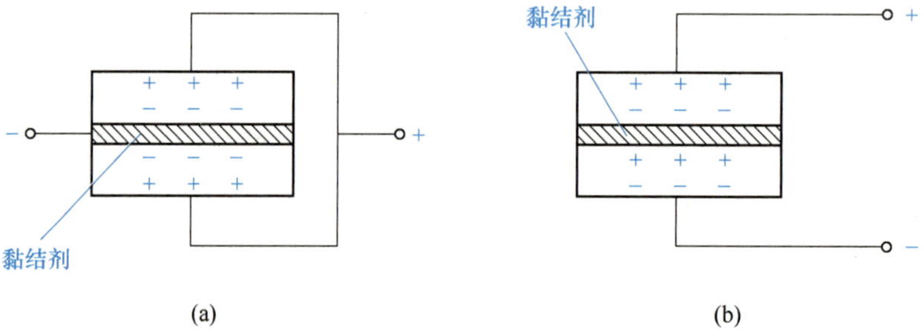

图 3-11 压电元件的连接形式

（a）同极性连接；（b）不同极性连接

从图 3-11（a）中的电路上看是并联接法，类似两个电容的并联。因此，外力作用下正负电极上的电荷量增加了 1 倍，电容量也增加了 1 倍，输出电压与单片时相同。

从图 3-11（b）中的电路上看是串联接法，两个压电片中间黏接处正负电荷中和，上、下极板的电荷量与单片时相同，总电容量为单片的一半，输出电压增大了1倍。

在这两种接法中，并联接法输出电荷量大、本身电容大、时间常数大，适宜测量慢信号并且以电荷作为输出量的情况。而串联接法输出电压大、电容小，适宜以电压作为输出信号，并且测量电路输入阻抗很高的场合。

动画 压电加速度传感器

思考与练习

3-1 什么是压电效应？

3-2 什么是逆压电效应？

3-3 石英晶体是一个正六面体，在晶体学中可以用三个相互垂直的轴 x、y、z 来表示它们的坐标，如图3-3（b）所示。其中 z 轴为________，晶体沿 z 轴方向受力时________压电效应；经过正六面体棱线并垂直于光轴的 x 轴为________，晶体在沿 x 轴方向的力作用下________压电效应；与 z 轴和 x 轴同时垂直的轴为 y 轴称为________，晶体沿 y 轴方向的力作用下________压电效应。

3-4 在压电式传感器中，常将两片或多片压电器件组合在一起使用。由于压电材料是有极性的，因此接法也有两种，如图3-11所示。其中图3-11（a）为________连接，图3-11（b）为________连接。

3-5 压电元件在使用时常采用多片串联或并联的结构形式，试述在不同连接下输出电压、电荷、电容的关系，它们分别适用于何种应用场合？

3-6 压电材料的主要特性参数有哪些？

3-7 为什么压电式传感器通常用来测量动态或瞬态参量？

3-8 压电式传感器的前置放大器的作用是什么，电压式与电荷式前置放大器各有何特点？

4 电感式传感器

第4章 课件

素养提升

事物发展是量变和质变的统一。

量变是质变的必要准备，质变是量变的必然结果。质变又为新的量变开辟道路，使事物在新质的基础上开始新的量变。

从 1821 年到 1831 年，法拉第整整耗费了 10 年时间，从设想到实验，漫长的岁月，失败的痛苦，生活的艰辛，法拉第饱尝了各种辛酸。经过无数次研究实验，终于根据电磁感应现象确定了电磁感应基本定律，取得了利用电磁感应产生电流的重大突破，为直流电机的研制提供了基础。依据电磁感应原理，人们制造出了发电机，使电能的大规模生产和输送成为可能。

人类的智慧是伟大的，而要达到成功不仅需要有扎实的知识功底，还需要孜孜不倦的探索精神以及永不言败的韧劲。

动画 法拉第电磁感应定律

电感式传感器是利用电磁感应原理将被测物理量（如位移、压力、流量、振动等）转换成线圈自感系数 L 或互感系数 M 的变化，再由测量电路转换为电压或电流的变化量输出，实现非电量到电量的转换。

动画 电感式传感器测滚珠直径

电感式传感器种类很多，按照结构的不同，可分为自感式传感器、差动变压器式传感器和电涡流式传感器三种类型。其中，自感式传感器、差动变压器式传感器为接触式测量，电涡流式传感器可实现非接触式测量。

4.1 自感式传感器

4.1.1 工作原理

动画 自感式传感器

自感式传感器又称为变磁阻式传感器，其结构如图 4-1 所示，它由线圈、铁芯和衔铁三部分组成。

根据电感的定义，线圈的电感量 L 可由式（4-1）确定：

$$L = \frac{W\Phi}{I} \tag{4-1}$$

式中 I——通过线圈的电流；

W——线圈的匝数；

Φ——穿过线圈的磁通。

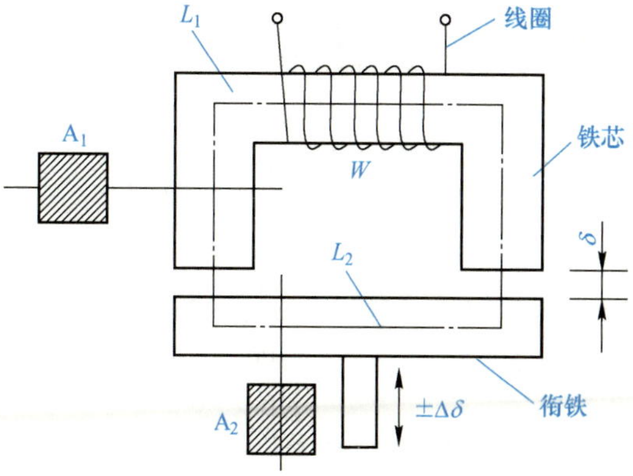

图 4-1 自感式传感器原理图

由磁路欧姆定律，得：

$$\Phi = \frac{IW}{R_m} \tag{4-2}$$

式中 R_m——磁路总磁阻。

所以，线圈的电感量 L 为：

$$L = \frac{W^2}{R_m} \tag{4-3}$$

因为一般气隙磁阻远大于铁芯和衔铁的磁阻，即有：

$$R_m \approx \frac{2\delta}{\mu_0 A_0} \tag{4-4}$$

式中 μ_0——空气的磁导率。

可得：

$$L = \frac{W^2 \mu_0 A_0}{2\delta} \tag{4-5}$$

由式（4-5）表明：当线圈匝数 W 为常数时，电感 L 仅仅是磁路中磁阻 R_m 的函数，改变 δ 或 A_0 均可导致电感变化，因此变磁阻式传感器又可分为变气隙厚度 δ 的传感器和变气隙面积 A_0 的传感器。若线圈中放入圆形衔铁，则又可变为螺管型电感传感器。

4.1.2 结构形式及特性

4.1.2.1 变气隙型电感式传感器

变气隙型电感式传感器使传感器气隙截面积 A_0 保持不变，令磁路气隙厚度 δ 随被测非电量而变，从而电感量 L 发生变化，如图 4-2（a）所示。

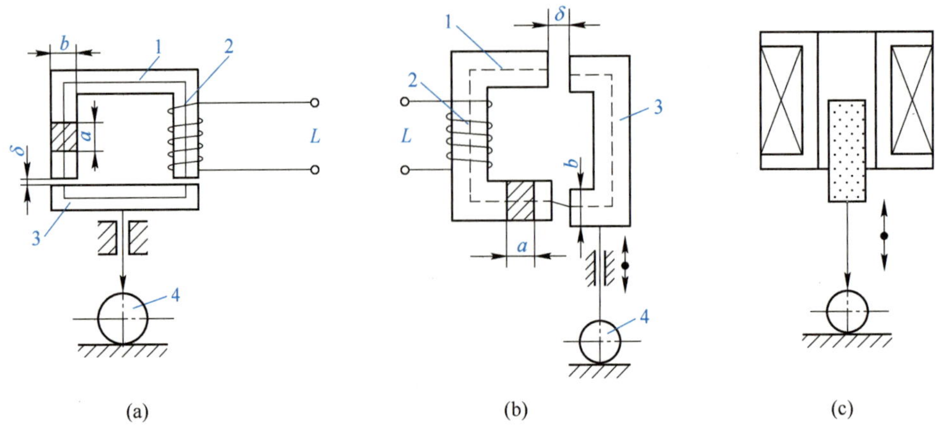

图 4-2 电感式传感器的结构

（a）变气隙型电感式传感器；（b）变面积型电感式传感器；l（c）螺管型电感式传感器

1—铁芯；2—线圈；3—衔铁；4—工件

假设传感器的初始气隙记作 δ_0，衔铁处于起始位置时的电感值 L_0 为：

$$L_0=\frac{W^2\mu_0A_0}{2\delta_0} \tag{4-6}$$

当衔铁随外作用力向上移动 $\Delta\delta$ 时，气隙较少，为 $\delta=\delta_0-\Delta\delta$，与之相对应的自感变化量记作 ΔL，则此时的电感量 L 为：

$$L=\frac{W^2\mu_0A_0}{2(\delta_0-\Delta\delta)} \tag{4-7}$$

则电感的变化量 ΔL 为：

$$\begin{aligned}\Delta L=L-L_0&=\frac{W^2\mu_0A_0}{2(\delta_0-\Delta\delta)}-\frac{W^2\mu_0A_0}{2\delta_0}\\&=L_0\left(\frac{1}{1-\Delta\delta/\delta_0}-1\right)=L_0\frac{\Delta\delta}{\delta_0-\Delta\delta}\end{aligned} \tag{4-8}$$

电感的相对变化量为：

$$\frac{\Delta L}{L_0}=\frac{\Delta\delta}{\delta_0-\Delta\delta}=\frac{\Delta\delta}{\delta_0}\frac{1}{1-\Delta\delta/\delta_0} \tag{4-9}$$

当 $\Delta\delta/\delta_0\ll 1$ 时，则有：

$$\Delta L/L_0\approx\Delta\delta/\delta_0 \tag{4-10}$$

同理，当衔铁随外作用力向下移动时，气隙增大，变为 $\delta=\delta_0+\Delta\delta$，当 $\Delta\delta/\delta_0\ll 1$ 时，电感相对变化量也满足式（4-10），即 ΔL 与 $\Delta\delta$ 成比例关系。

灵敏度为：

$$S=\frac{\dfrac{\Delta L}{L_0}}{\Delta\delta}=\frac{1}{\delta_0} \tag{4-11}$$

由此可见，变气隙型电感传感器的测量范围与灵敏度、线性度相矛盾，因此变气隙型电感传感器适用于测量微小位移的场合。为了减小非线性误差，实际测量中广泛采用差动变气隙型电感传感器。

4.1.2.2 变面积型电感传感器

变面积型电感传感器如图 4-2（b）所示，其气隙厚度 δ 保持不变，令磁通截面积随被测量而变（衔铁沿图示方向移动），即构成变面积型电感传感器。

假设初始磁通截面（即铁芯横截面）的面积为 $A_0 = ab$ ，其中，a 为铁芯截面长、b 为铁芯截面宽。当衔铁随外作用力沿铁芯截面长度方向向下移动 x 时，电感量 L 为：

$$L = \frac{W^2 \mu_0 b}{2\delta}(a - x) \tag{4-12}$$

灵敏度为：

$$S_0 = \frac{\mathrm{d}L}{\mathrm{d}x} = -\frac{W^2 \mu_0 b}{2\delta} \tag{4-13}$$

由式（4-13）可见，变面积型传感器在忽略气隙磁通边缘效应的条件下，输出特性呈线性，因此可望得到较大的线性范围。与变气隙型电感传感器相比较，其灵敏度较低。欲提高其灵敏度，需减小气隙厚度 δ 和增加线圈匝数 W，但同样受到工艺和结构的限制，气隙厚度 δ 的选取与变气隙型电感传感器相同。

4.1.2.3 螺管型电感传感器

螺管型自感传感器如图 4-2（c）所示，属于大气隙型传感器，它由线圈、衔铁和磁性套筒组成。随着铁芯在外力作用下引起的衔铁插入线圈深度的不同，将引起线圈磁力线漏磁路径中的磁阻变化，从而使线圈的电感发生变化。在一定范围内，线圈电感量与衔铁插入深度之间具有对应关系。

单线圈螺管型电感传感器的电感相对变化量为：

$$\frac{\Delta L}{L} = \frac{\Delta l_c}{l_c} \Bigg/ \left[1 + \frac{1}{\mu_m - 1} \cdot \left(\frac{r}{r_c}\right)^2 \cdot \frac{l}{l_c}\right] \tag{4-14}$$

式中 l_c——铁芯插入线圈内的长度；

Δl_c——铁芯插入线圈内的长度变化量；

l——螺管线圈的长度；

r——线圈半径；

r_c——铁芯半径；

μ_m——铁芯材料的磁导率。

4.1.2.4 特性对比

通过以上三种形式的单线圈电感传感器的分析，可得到以下结论。

（1）变气隙型电感传感器：灵敏度最高，非线性误差较大，量程必须限制在较小的范围内，通常为气隙厚度 δ_0 的 1/5 以下；同时，制作装配比较困难。

（2）变面积型电感传感器：灵敏度较变气隙型电感传感器低，线性较好，量程较大，制作装配比较方便。

（3）螺管型电感传感器：灵敏度较变面积型电感传感器还低，量程大、线性较好，结构简单，易于制作和批量生产。

以上三种类型电感传感器均是单线圈传感器，使用时由于线圈电流的存在，它们的衔铁受到单向电磁力作用，易受电源电压和频率的波动与温度变化等外界干扰的影响，因此不适合精密测量，而且变气隙型和螺管型的电感传感器都存在不同程度的非线性。

4.1.2.5 差动式自感传感器

目前多采用差动式结构来改善其性能，即由两个单线圈式结构对称组合，共用一个活动衔铁，构成差动式自感传感器，如图 4-3 所示。

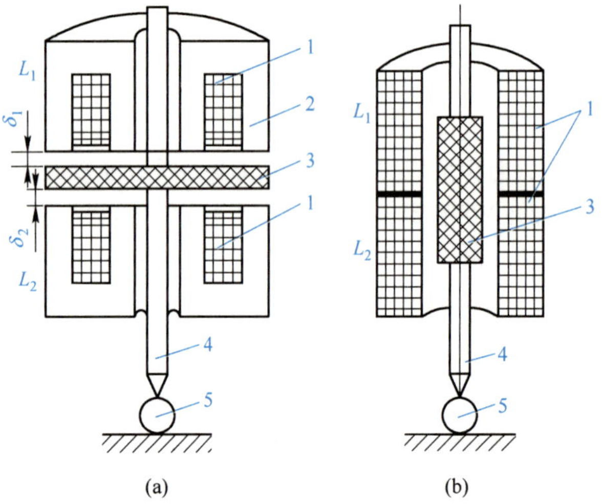

图 4-3 差动式自感传感器的结构

（a）变气隙型差动传感器；（b）螺管型差动传感器

1—差动线圈；2—铁芯；3—衔铁；4—测杆；5—工件

现以变气隙型差动传感器为例来分析差动式自感传感器的输出特性。由图 4-3（a）可知，当衔铁往上移动 $\Delta\delta$ 时，两个线圈的电感变化量 ΔL_1、ΔL_2，其中一个增加一个减少。根据结构对称的关系，其增加和减少的量 ΔL_1、ΔL_2 大小相等，则总的电感变化量为：

$$\Delta L = \Delta L_1 + \Delta L_2 \approx 2L_0 \frac{\Delta\delta}{\delta_0} \tag{4-15}$$

灵敏度为：

$$S = \frac{\frac{\Delta L}{L_0}}{\Delta\delta} = \frac{2}{\delta_0} \tag{4-16}$$

比较单线圈式和差动式的两种变气隙型自感传感器的特性，可以得到如下结论：

（1）差动式比单线圈式的灵敏度高一倍；

（2）差动式的非线性项等于单线圈非线性项乘以（$\Delta\delta/\delta_0$）因子，因为（$\Delta\delta/\delta_0$）$\ll 1$，

所以差动式的线性度得到明显改善；

(3) 温度变化、电源波动、外界干扰等对传感器精度的影响，由于能互相抵消而减小，因此测量精度提高；

(4) 电磁吸力对测力变化的影响，也由于能相互抵消而减小。

4.1.3 测量电路

电感传感器的测量电路主要有交流电桥、变压器式交流电桥以及谐振式测量电路等几种形式。

4.1.3.1 交流电桥

交流电桥一般为了提高灵敏度和改善线性度，电感线圈接成差动形式，如图 4-4 所示。桥臂 Z_1 和 Z_2 是差动传感器的两个线圈，另外两个相邻的桥臂用纯电阻 R 代替。其输出电压为：

$$\begin{aligned} \boldsymbol{U}_O &= \frac{Z_1}{Z_1+Z_2}\boldsymbol{U} - \frac{Z_4}{Z_3+Z_4}\boldsymbol{U} \\ &= \frac{Z_1Z_3 - Z_2Z_4}{(Z_1+Z_2)(Z_3+Z_4)}\boldsymbol{U} \end{aligned} \tag{4-17}$$

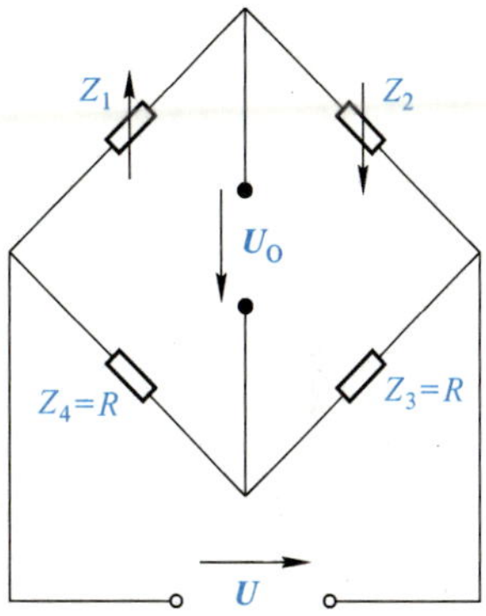

图 4-4 交流电桥

当电桥平衡时，即 $Z_1Z_3=Z_2Z_4$，电桥输出电压 $\boldsymbol{U}_O=0$；当桥臂阻抗发生变化时，引起电桥不平衡，$\boldsymbol{U}_O$ 不再为 0，通过 $\boldsymbol{U}_O$ 的变化，可以确定桥臂阻抗的变化。

现以变气隙型差动传感器为例，假设衔铁上移，则 $Z_1=Z_0+\Delta Z$，$Z_2=Z_0-\Delta Z$，Z 是衔铁在中间位置时单个线圈的复阻抗，ΔZ 是衔铁偏离中心位置时单线圈阻抗的变化量，$Z_3=Z_4=R$，则电桥输出电压为：

$$\boldsymbol{U}_O = \boldsymbol{U}\left(\frac{Z_1}{Z_1+Z_2} - \frac{R}{R+R}\right) = \frac{\boldsymbol{U}}{2}\cdot\frac{Z_1-Z_2}{Z_1+Z_2} = \frac{\boldsymbol{U}}{2}\cdot\frac{\Delta Z}{Z_0} \tag{4-18}$$

则有：

$$\boldsymbol{U}_O = \boldsymbol{U}\frac{\Delta\delta}{\delta_0} \tag{4-19}$$

当传感器衔铁移动方向相反时，即衔铁下移，$Z_1=Z_0-\Delta Z$，$Z_2=Z_0+\Delta Z$，则电桥输出电压为：

$$\boldsymbol{U}_O = -\boldsymbol{U}\frac{\Delta\delta}{\delta_0} \tag{4-20}$$

可见，交流电桥输出电压是 $\Delta\delta$ 的函数，并且为线性关系。

4.1.3.2 变压器式交流电桥

图 4-5 为变压器式交流电桥。Z_1、Z_2 为差动传感器两个线圈的阻抗，另两臂为电源变压器的两个二次线圈。

当负载阻抗为无穷大时，输出空载电压为：

$$\boldsymbol{U}_0 = \boldsymbol{U}\frac{Z_2}{Z_1+Z_2} - \frac{\boldsymbol{U}}{2} = -\frac{\boldsymbol{U}}{2}\cdot\frac{Z_1-Z_2}{Z_1+Z_2} \tag{4-21}$$

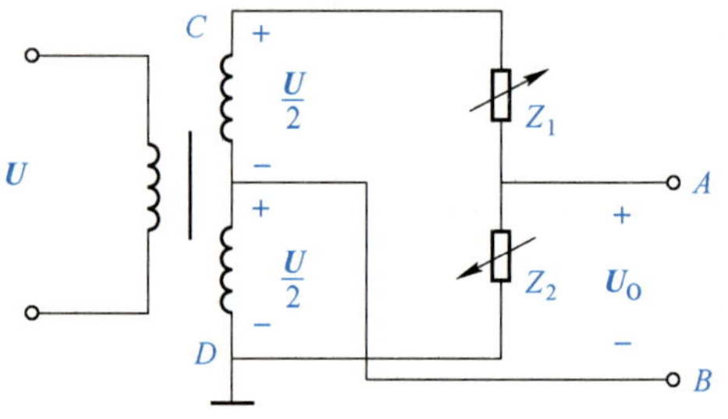

图 4-5 变压器式交流电桥

当传感器的衔铁处于中间位置，即 $Z_1 = Z_2 = Z_0$，此时有 $\boldsymbol{U}_0 = 0$，电桥平衡。当传感器衔铁上移时，$Z_1 = Z_0+\Delta Z$，$Z_2 = Z_0-\Delta Z$，则电桥输出电压为：

$$\boldsymbol{U}_0 = -\frac{\boldsymbol{U}}{2}\cdot\frac{\Delta Z}{Z_0} \tag{4-22}$$

当传感器衔铁下移时，$Z_1 = Z_0-\Delta Z$，$Z_2 = Z_0+\Delta Z$，则电桥输出电压为：

$$\boldsymbol{U}_0 = \frac{\boldsymbol{U}}{2}\cdot\frac{\Delta Z}{Z_0} \tag{4-23}$$

由此可见，衔铁上下移动相同距离时，输出电压相位相反，大小随衔铁的位移而变化。由于 U_0 是交流电压，输出指示无法判断位移方向，必须配合相敏检波电路来解决。

4.1.3.3 谐振式测量电路

谐振式测量电路分为谐振式调幅和谐振式调频电路两种。

A 谐振式调幅电路

在调幅电路图 4-6（a）中，传感器电感 L 与电容 C、变压器原边串联在一起，接入交流电源，变压器副边将有电压 U_0 输出，输出电压的频率与电源频率相同，而幅值随着电感 L 而变化。

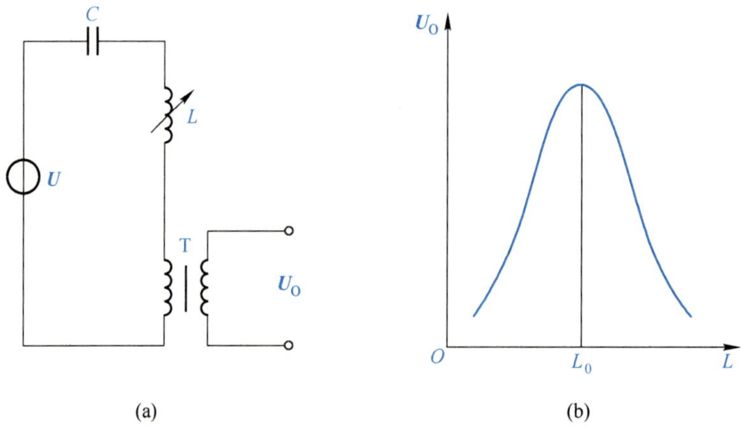

图 4-6 谐振式调幅电路

（a）调幅电路图；（b）U_0 与电感 L 的关系曲线

图 4-6（b）为输出电压 U_0 与电感 L 的关系曲线，其中 L_0 为谐振点的电感值，此电

路灵敏度很高，但线性差，适用于线性要求不高的场合。

B 谐振式调频电路

调频电路的基本原理是传感器电感 L 变化将引起输出电压频率的变化。一般是把传感器电感 L 和电容 C 接入一个振荡回路中，如图 4-7（a）所示。

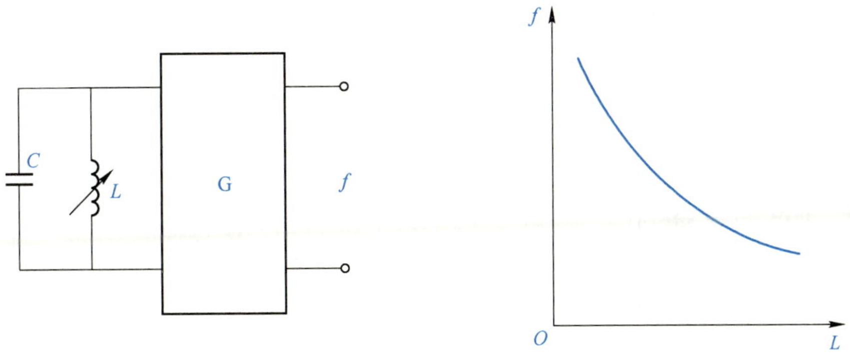

(a) (b)

图 4-7 谐振式调频电路

（a）调频电路图；（b）U_0 与电感 L 的关系曲线

该回路的振荡频率为：

$$f = \frac{1}{2\pi\sqrt{LC}} \tag{4-24}$$

当 L 变化时，振荡频率随之变化，根据 f 的大小即可测出被测量的值。图 4-7（b）表示 f 与 L 的特性，它具有明显的非线性关系。

4.2 差动变压器式传感器

将被测的非电量变化转换为线圈互感系数 M 变化的传感器称为互感式传感器。差动变压器就属于互感式传感器，它是根据变压器的基本原理制成的，并且次级绕组用差动形式连接，故称差动变压器式传感器。

动画 差动变压器式传感器

差动变压器和一般变压器不同之处如下：

（1）差动变压器一般为开磁路，而一般变压器为闭合磁路；

（2）差动变压器初、次级绕组间的互感系数 M 随衔铁移动而变，且两个次级绕组按差动方式工作，而一般变压器初、次级绕组间的互感系数 M 为常数。

差动变压器正是工作在互感系数 M 变化的基础上，其结构形式与自感式传感器类似，也分为变气隙型、变面积型和螺管型等。

4.2.1 工作原理

螺管型差动变压器的结构原理如图 4-8 所示，它主要由一个线框和一个铁芯组成。在线框上绕有一组一次线圈作为输入线圈 N_1（或称初级线圈）。在同一线框上另绕两组完全对称的二次线圈作为输出线圈 N_{21}、N_{22}（或称次级线圈），它们反向串联组成差动输出形式，其等效电路如图 4-9 所示。

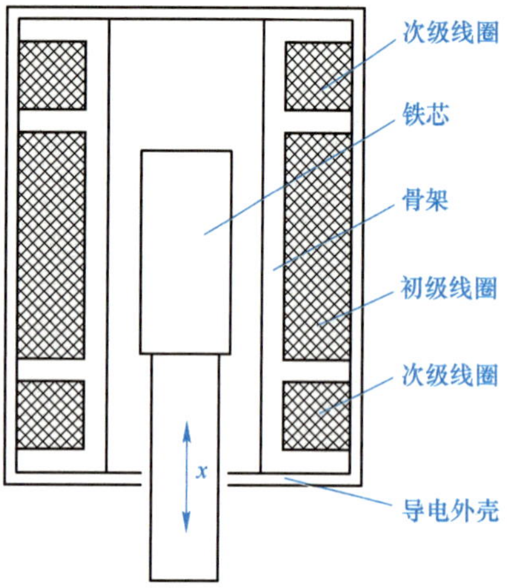

图 4-8 螺管型差动变压器

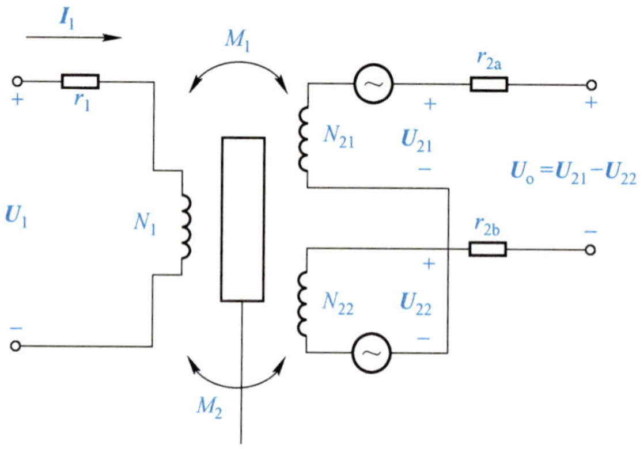

图 4-9 差动变压器的等效电路

当一次线圈加入励磁电源 U_1 后，其二次线圈 N_{21}、N_{22}产生感应电动势 $\boldsymbol{E}_{21}$、$\boldsymbol{E}_{22}$，输出电压分别为 $\boldsymbol{U}_{21}$、$\boldsymbol{U}_{22}$。

因为

$$\boldsymbol{E}_{21}=-j\omega M_1\boldsymbol{I}_1 \tag{4-25}$$

$$\boldsymbol{E}_{22}=-j\omega M_2\boldsymbol{I}_1 \tag{4-26}$$

如果工艺上保证变压器结构完全对称，则当活动衔铁处于初始平衡位置时，必然会使两互感系数 $M_1=M_2$。根据电磁感应原理，将有：

$$\boldsymbol{U}_{21}=\boldsymbol{U}_{22} \tag{4-27}$$

由于变压器两次级绕组反向串联，因而差动变压器的输出电压为：

$$\boldsymbol{U}_o=\boldsymbol{U}_{21}-\boldsymbol{U}_{22}=0 \tag{4-28}$$

如图 4-8 所示，当活动衔铁向上移动时，由于磁阻的影响，N_{21}中磁通将大于 N_{22}，使 $M_1>M_2$，因而 $\boldsymbol{U}_{21}$ 增加，而 $\boldsymbol{U}_{22}$ 减小；反之，$\boldsymbol{U}_{22}$ 增加，$\boldsymbol{U}_{21}$ 减小，是因为：

$$\boldsymbol{U}_o=\boldsymbol{U}_{21}-\boldsymbol{U}_{22} \tag{4-29}$$

当 $\boldsymbol{U}_{21}$、$\boldsymbol{U}_{21}$ 随着衔铁位移 x 发生变化时，$\boldsymbol{U}_o$ 也必将随 x 发生变化。因此，通过差动变压器输出电动势的大小和相位可以得知衔铁位移量的大小和方向。

4.2.2 测量电路

差动变压器随衔铁的位移而输出的是交流电压，使用交流电压表测量，仅仅能反映衔铁位移的大小，而不能反映位移的方向。另外，其测量值中还包含零点残余电压。

实际测量时，为了达到能辨别移动方向及消除零点残余电压的目的，最常采用相敏检波电路和差动整流电路。

4.2.2.1 相敏检波电路

相敏检波电路（相加式）如图 4-10 所示，VD_1、VD_2、VD_3、VD_4为 4 个性能相同的二极管，以同一个方向串联接成一个闭合回路，形成环形电桥。输入信号 u_2 来自差动变压器的输出电压，通过变压器 T_1 加到环形电桥的一条对角线上。参考信号 u_s通过变压器 T_2 加到环形电桥的另一条对角线上。输出信号 u_o从变压器 T_1 和 T_2 的中心抽头引出，相敏检波电路信号波形如图 4-11 所示。

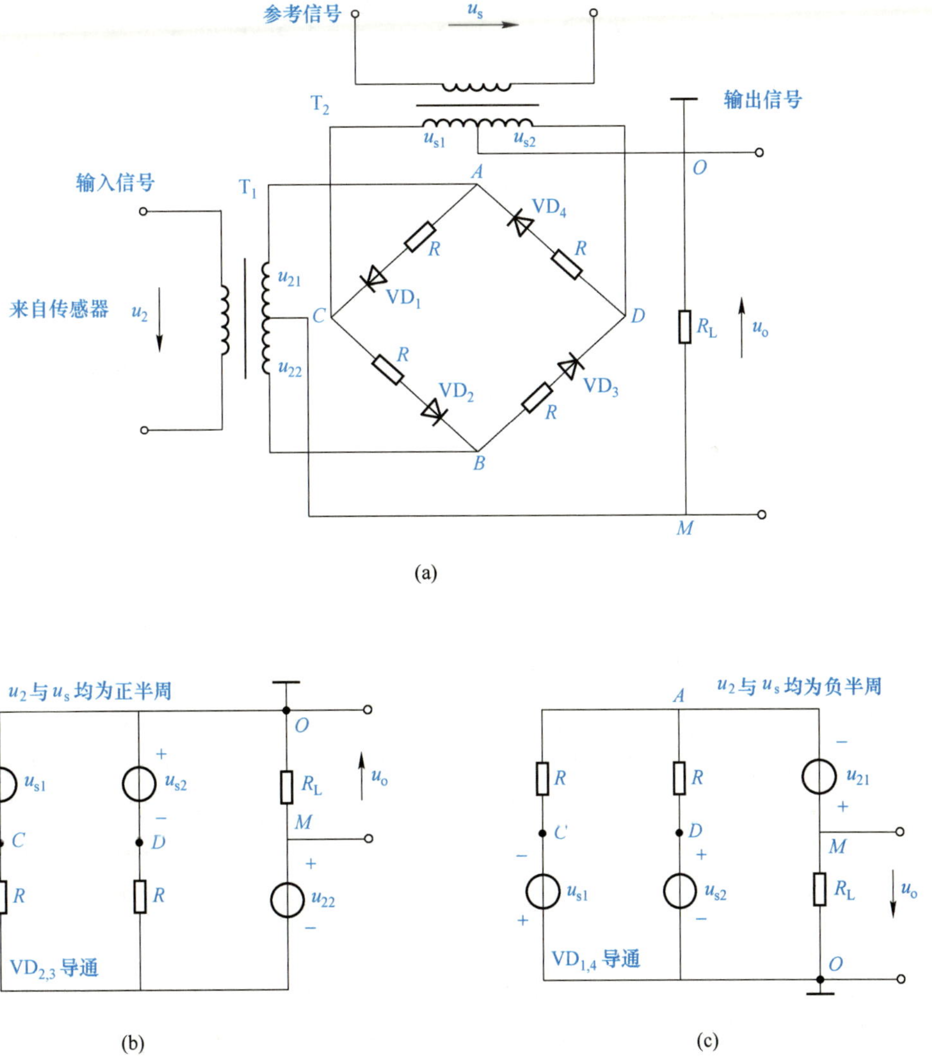

图 4-10 相敏检波电路

(a) 相敏检波电路；(b) 正半周时等效电路；(c) 负半周时等效电路

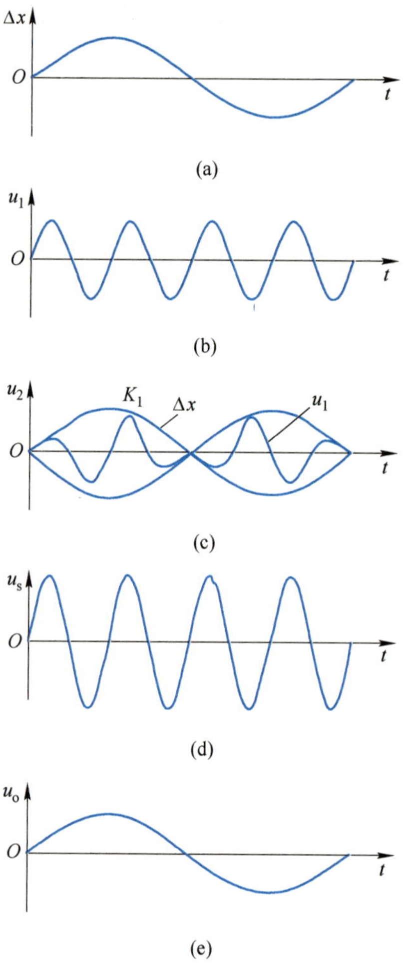

图 4-11 相敏检波电路信号波形图

（a）被测位移变化波形；（b）差动变压器激励电压波形；

（c）差动变压器输出电压波形；（d）相敏检波解调电压波形；（e）相敏检波输出电压波形

图 4-10 中，平衡电阻 R 起限流作用，以避免二极管导通时变压器 T_2 的二次电流过大。R_L为负载电阻。参考信号 u_s的幅值要远大于输入信号 u_2 的幅值，以便有效控制 4 个二极管的导通状态，且 u_s和差动变压器式传感器励磁电压 u_1 由同一振荡器供电，保证二者同频同相（或反相）。

由图 4-11（a）、（c）、（d）可知，当位移 $\Delta x>0$ 时，u_2 与 u_s同频同相，当位移 $\Delta x<0$ 时，u_2与 u_s同频反相。

当位移 $\Delta x>0$ 时，u_2 与 u_s同频同相。若 u_2 与 u_s均为正半周时，如图 4-10（a）所示，环形电桥中二极管 VD_1、VD_4截止，VD_2、VD_3导通，则可得图 4-10（b）的等效电路；同理，当 u_2 与 u_s均为负半周时，环形电桥中二极管 VD_1、VD_4导通，VD_2、VD_3截止，其等效电路如图 4-10（c）所示，输出信号 u_o如图 4-11（e）所示，与图 4-11（a）所示的 Δx 正半周时波形相同，说明只要位移 $\Delta x>0$，不论 u_2 与 u_s是正半周还是负半周，负载电阻

R_L两端得到的输出电压 u_o始终为正。

当位移 $\Delta x<0$ 时，u_2与 u_s同频反相。采用上述相同的分析方法不难得到：当 $\Delta x<0$ 时，不论 u_2 与 u_s是正半周还是负半周，负载电阻 R_L两端得到的输出电压 u_o始终为负。

因此，上述相敏检波电路输出电压 u_o 的变化规律充分反映了被测位移量的变化规律，即 u_o 的值反映位移 Δx 的大小，而 u_o 的极性则反映了位移 Δx 的方向。

4.2.2.2 差动整流电路

差动整流电路如图 4-12 所示，把差动变压器的两个次级输出电压分别整流后，以它们的差为输出（ab）端。

图 4-12（a）和（b）用在联结低阻抗负载的场合，是电流输出型。图 4-12（c）和（d）用在联结高阻抗负载的场合，是电压输出型。

下面以图 4-12（c）为例分析。

差分变压器输出电压：$U_2 = U_{ab} = U_{ac} - U_{bd}$；

当活动衔铁在中间位置时，$U_{ac}=U_{bd}$，则 $U_2=0$；

当活动衔铁向上移动时，$U_{ac}>U_{bd}$，则 $U_2>0$，且正向增加；

当活动衔铁向下移动时，$U_{ac}<U_{bd}$，则 $U_2<0$，且反向增加。

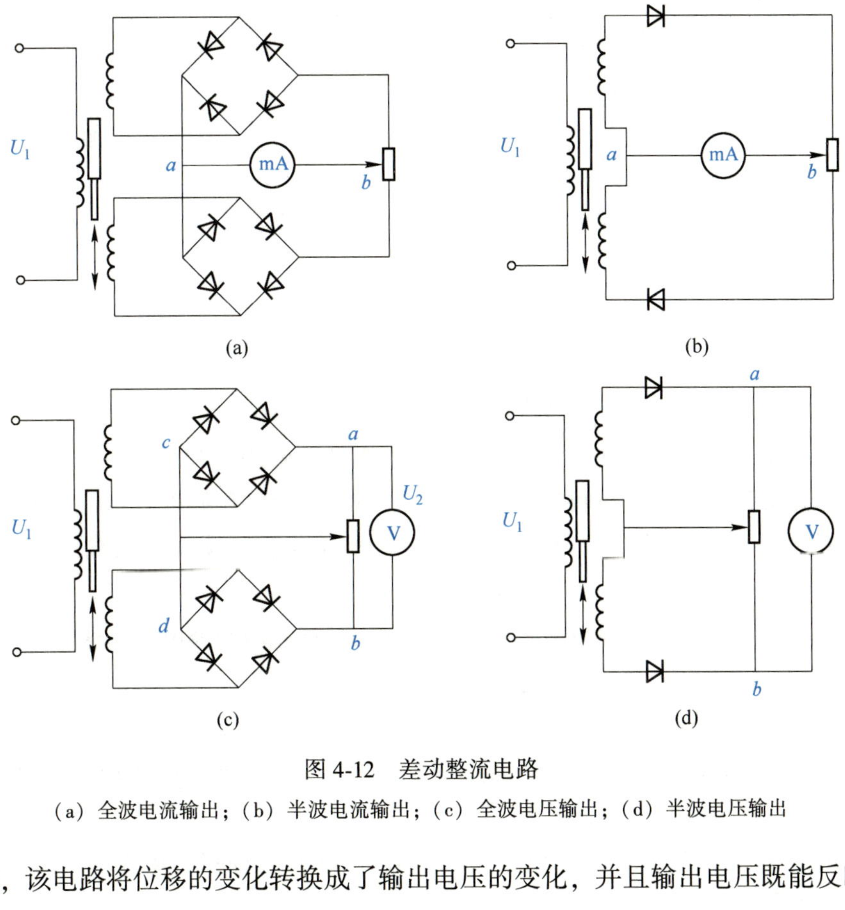

图 4-12 差动整流电路

（a）全波电流输出；（b）半波电流输出；（c）全波电压输出；（d）半波电压输出

因此，该电路将位移的变化转换成了输出电压的变化，并且输出电压既能反映位移的大小，又能反映位移的方向。铁芯在零位以上或以下时，输出电压的极性相反，于是零点残余电压会自动抵消。由此可见，差动整流电路可以不考虑相位调整和零点残余电压的影响。

4.2.3 零点残余电压

从理论上讲，差动变压器式传感器的铁芯处于中间位置时，输出电压应为零，而实际上，差动变压器式传感器的铁芯处于中间位置时，输出电压并不等于零，即 $U_o \neq 0$。理想与实际输出特性曲线比较如图 4-13 所示，在图中零点附近总有一个最小的输出电压 ΔU_o，将这个铁芯处于中间位置时，最小不为零的电压称为零点残余电压。

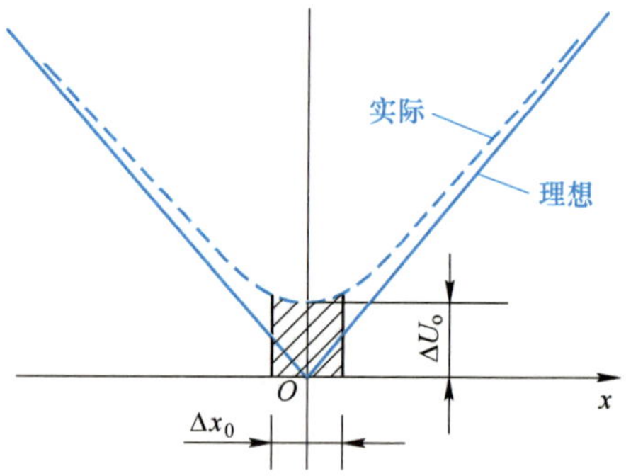

图 4-13 差动变压器理想与实际输出特性比较

零点残余电压过大，会使传感器的灵敏度下降，非线性误差增大，信号在放大器末级饱和而使输出不能真实反映被测量，因此零点残余电压的大小是判别传感器质量的重要指标之一。

4.2.3.1 产生零点残余电压的原因

使用示波器观察零点残余电压的波形成分比较复杂，主要由频率、幅值不同的基波和谐波成分组成，一般在几十毫伏以上。

（1）基波成分主要取决于两个次级线圈绕组的电气参数（如互感 M、电感 L、内阻 R）不完全相同，几何尺寸与工艺上也很难保证完全一致。

（2）高次谐波主要取决于导磁材料磁化曲线的非线性、电源中高次谐波、线圈寄生电容的存在等，也使实际的特性曲线高次谐波不能互相抵消。

4.2.3.2 减小零点残余电压的措施

（1）尽可能保证传感器几何尺寸，线圈电气参数和磁路的对称。

（2）选用导磁性能好的材料制作保护外壳，这同时可起到磁屏蔽罩的作用。

（3）控制铁芯的最大工作磁感强度，以使磁路工作在磁化曲线的线性段，减小高次谐波。

（4）选用合适的测量电路可减小零位电压输出，如相敏检波电路，这样不仅可判别衔铁的移动方向，还可减小零点残余电压。

（5）采用补偿电路。补偿电路基本方法是，串联电阻可以减小零点残余电压的基波分量幅值上的差异；并联电阻电容可以消除基波分量的相位差异，减小谐波分量；一次侧、二次侧加反馈支路可减小谐波分量。

为了减小零点残余电压的影响，一般要用电路进行补偿，电路补偿的方法较多，图 4-14是几个零点残余电压补偿电路。

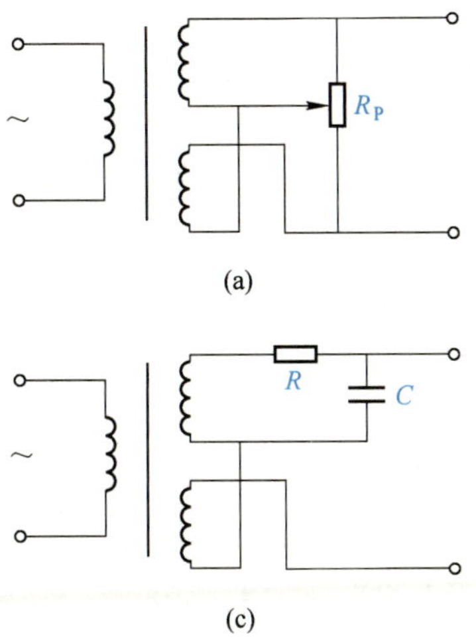

图 4-14 零点残余电压补偿电路

图 4-14（a）中，输出端接入 R_P，电位器的动点接两个次级侧线圈的公共点。调节电位器，可使两个次级线圈输出电压的大小和相位发生变化，从而使零点残余电压为最小值。R_P的电阻一般为 10 kΩ 左右。这种方法对基波正交分量有明显的补偿效果，但对高次谐波无补偿作用。如果并联一只电容 C，就可以有效地补偿高次谐波分量，如图 4-14（b）所示。电容 C 的大小要适当，常在 0.1 μF 以下，要经过实验确定。图 4-14（c）中，串联电阻 R 调整次级线圈的电阻值不平衡，并联电容 C 改变其中一个输出电动势的相位，也能达到良好的零点残余电压补偿作用。图 4-14（d）中，接入电阻 R（几百千欧姆）减轻了两个次级线圈的负载，可以避免外接负载不是纯电阻而引起较大的零点残余电压。

4.3 电涡流式传感器

根据法拉第电磁感应定律，当块状金属导体放置在一变化的磁场中或在磁场中做切割磁力线运动时，导体中产生呈涡旋状的感应电流，这种电流像水中旋涡那样在导体内转圈，称为电涡流或涡流。电涡流效应是指由于电涡流的产生必然要消耗一部分能量，使产生磁场的线圈阻抗发生变化的物理现象。

电涡流式传感器是利用电涡流效应，将非电量转换成阻抗的变化而进行测量的一种传感器。

4.3.1 工作原理

电涡流式传感器在金属导体上产生的涡流，其渗透深度与传感器线圈的励磁电流的频率有关。电涡流式传感器主要可分为高频反射和低频透射两类。

4.3.1.1 高频反射涡流传感器

高频反射涡流传感器的原理如图 4-15 所示，由传感器线圈和被测导体组成一个线圈、导体系统。

根据法拉第电磁感应定律，当传感器线圈通以正弦交变电流 $\boldsymbol{I}_1$ 时，线圈周围空间必然产生正弦交变磁场 H_1，使置于此磁场的金属导体中产生感应电涡流 $\boldsymbol{I}_2$，$\boldsymbol{I}_2$ 又产生新的交变磁场 H_2。根据楞次定律，H_2 的作用将反作用于原磁场 H_1，削弱了原磁场 H_1，从而导致线圈的等效阻抗发生变化。

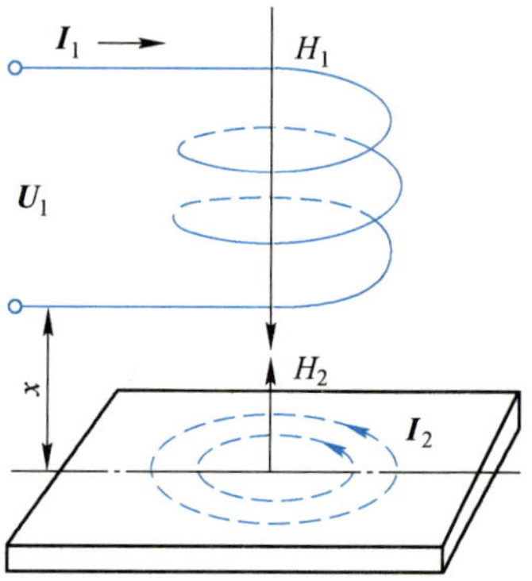

图 4-15 高频反射涡流传感器原理图

线圈的等效阻抗变化与导体的电阻率 ρ、磁导率 μ、线圈励磁电压的频率 f 以及线圈与被测导体之间的距离 x 有关。

$$Z=f(\rho,\ \mu,\ f,\ x) \tag{4-30}$$

若控制式（4-30）参数中仅一个参数不变，其余参数皆不变，就能按电涡流大小测量出该参数。改变线圈和导体之间的距离 x，可以做成测量位移、厚度、振动的传感器；改变导体的电阻率 ρ，可以做成测量表面温度、检测材质的传感器；改变导体的磁导率 μ，可以做成测量应力、硬度的传感器；同时改变 x、ρ 和 μ，可以对导体进行探伤。

4.3.1.2 低频透射涡流传感器

如图 4-16 所示，传感器由两个绕在胶木棒上的线圈组成，一个为发射线圈，一个为接收线圈，分别位于被测金属材料的两侧。由振荡器产生的低频电压 U_1 加到发射线圈 L_1 的两端后，线圈中流过一个同频率的交流电流，并在其周围产生一个交变磁场，如果两个线圈间不存在被测物体，那么 L_1 的磁力线就能直接贯穿接收线圈 L_2，于是 L_2 的两端就会感应出一交变电动势 E，它的大小与 U_1 的幅值、频率以及 L_1、L_2 的匝数、结构和两者间的相对位置有关。

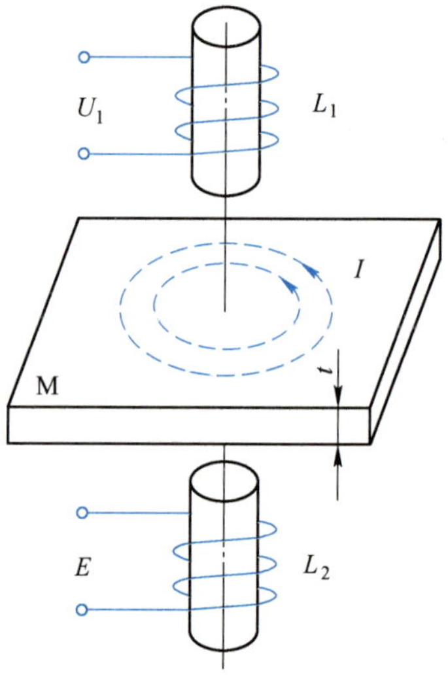

图 4-16 低频透射涡流传感器原理图

当 L_1 和 L_2 之间放入金属板 M 后，金属板内就会产生电涡流 I，电涡流 I 损耗了部分磁场能量，使到达 L_2 上的磁力线减少，从而引起 E 的下降。金属板 M 的厚度 t 越大，产生的电涡流就越大，损耗的磁场能量就越大，E 就越小。因此，可根据 E 的大小得知被测金属板的厚度。

4.3.2 基本特性

高频反射涡流传感器简化模型如图 4-17 所示。在其简化模型中，把被测金属导体上形成的电涡流等效成一个短路环，假设电涡流仅分布在环体之内，模型中电涡流的贯穿深度 h 为：

$$h = 5000\sqrt{\rho/\mu f} \tag{4-31}$$

式（4-31）说明贯穿深度 h 与 $\sqrt{\rho/\mu f}$ 成正比，当被测金属材料确定时，ρ 和 μ 为定值，对于不同的励磁电压频率 f，其贯穿深度 h 不同，产生的电涡流也不同。

根据电涡流式传感器的简化模型，可画出等效电路图，如图 4-18 所示。

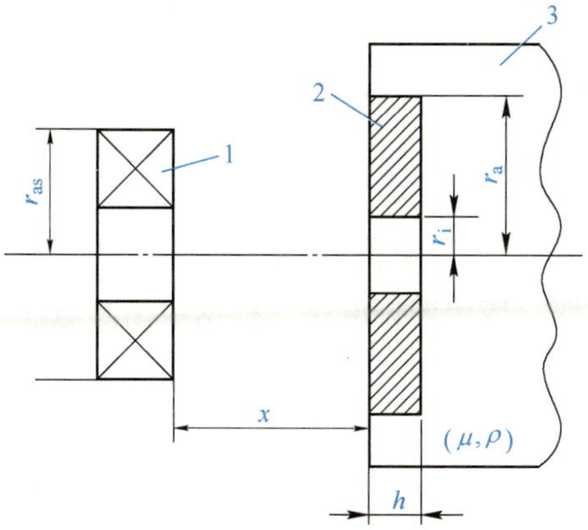

图 4-17　电涡流式传感器简化模型

1—传感器线圈；2—短路环；3—被测金属导体

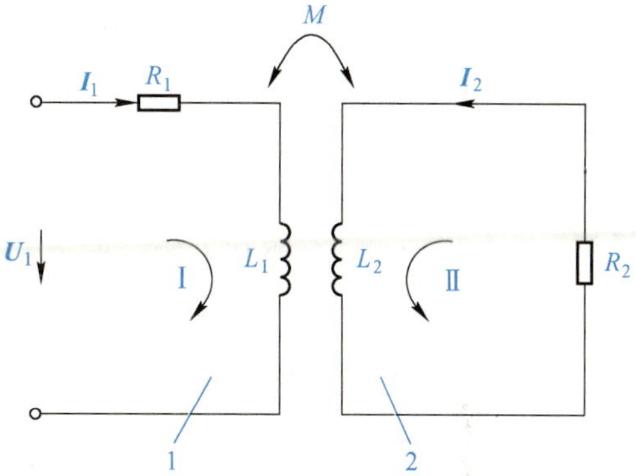

图 4-18　电涡流式传感器的等效电路图

1—传感器线圈；2—电涡流短路环

图 4-18 中传感器线圈与电涡流短路环之间存在着互感 M，其大小取决于金属导体和线圈的靠近程度，M 随着线圈与金属导体之间的距离 x 减小而增大；R_2 为电涡流短路环等效电阻，其表达式为：

$$R_2 = \frac{2\pi\rho}{h\ln\frac{r_a}{r_i}} \tag{4-32}$$

根据基尔霍夫定律，可以列出方程为：

$$\left.\begin{aligned} R_1\boldsymbol{I}_1 + j\omega L_1\boldsymbol{I}_1 - j\omega M\boldsymbol{I}_2 &= \boldsymbol{U}_1 \\ -j\omega M\boldsymbol{I}_1 + R_2\boldsymbol{I}_2 + j\omega L_2\boldsymbol{I}_2 &= 0 \end{aligned}\right\} \tag{4-33}$$

式中　$\boldsymbol{U}_1$，ω ——线圈励磁电源电压和角频率；

R_1，L_1，$\boldsymbol{I}_1$ ——线圈电阻、电感和电流；

R_2，L_2，$\boldsymbol{I}_2$ ——短路环等效电阻、等效电感和电流。

可得等效阻抗 Z 的表达式为：

$$\begin{aligned} Z = \frac{\boldsymbol{U}_1}{\boldsymbol{I}_1} &= R_1 + \frac{\omega^2M^2}{R_2^2+\omega^2L_2^2}R_2 + j\omega\left(L_1 - \frac{\omega^2M^2}{R_2^2+\omega^2L_2^2}L_2\right) \\ &= R_{eq} + j\omega L_{eq} \end{aligned} \tag{4-34}$$

式中　R_{eq}——线圈受电涡流影响后的等效电阻，$R_{eq} = R_1 + \frac{\omega^2M^2}{R_2^2+\omega^2L_2^2}R_2$；

L_{eq}——线圈受电涡流影响后的等效电感，$L_{eq}=L_1-\dfrac{\omega^2M^2}{R_2^2+\omega^2L_2^2}L_2$。

线圈的等效品质因数 Q 值为：

$$Q=\frac{\omega L_{eq}}{R_{eq}} \tag{4-35}$$

综上所述，根据电涡流传感器简化模型和等效电路，运用电路分析的基本方法得到的式（4-34）和式（4-35）即为电涡流传感器的基本特性。

4.3.3 测量电路

电感线圈的阻抗变化还要通过后续的测量电路转换为容易测量的电压的变化。阻抗 Z 的转换电路一般用交流电桥电路，电感 L 的转换电路一般用谐振电路，根据输出是电压幅值还是电压频率，谐振电路又分为调幅和调频两种。

4.3.3.1 交流电桥电路

如图 4-19 所示，L_1、L_2 为差动式电涡流传感器的两个线圈，也可以一个是电涡流传感器、另一个是固定线圈，它们起平衡桥路的作用。由 L_1C_1 并联、L_2C_2 并联及 R_1、R_2 组成电桥的四个桥臂，电源 U_1 由振荡器供给，振荡频率根据电涡流式传感器的需求选择。电桥反映线圈阻抗的变化，线圈阻抗的变化将转换成电压幅值的变化。

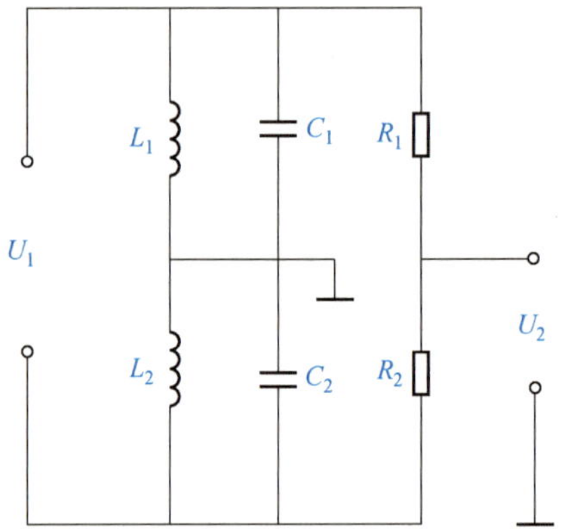

图 4-19 电涡流式传感器的电桥电路

初始状态下电桥平衡，输出电压 $U_2=0$ V。当传感器接近被测金属导体时，传感器线圈的阻抗发生变化，电桥失去平衡，即 $U_2\neq0$ V。U_2 经过线性放大和检波后输出直流电压。显然此直流电压与被测距离成正比，可以实现对位移量的测量。

4.3.3.2 谐振电路

LC 并联谐振回路的谐振频率为：

$$f=\frac{1}{2\pi\sqrt{LC}} \tag{4-36}$$

并联谐振回路的等效阻抗为：

$$Z_0=\frac{L}{R'C} \tag{4-37}$$

谐振时 Z_0 最大。其中，R' 为谐振回路的等效电阻。

当传感器接近被测金属导体时，线圈电感 L 发生变化，回路的等效阻抗和谐振频率将随着 L 的变化而变化。因此，可以利用测量回路阻抗的方法或测量回路谐振频率的方法间接反映出传感器的被测量，相应的就是调幅法和调频法。

A 调幅式电路

如图 4-20 所示，调幅式电路主要由传感器线圈 L、电容器 C 和石英晶体组成，石英晶体振荡器给谐振回路提供一个频率稳定的励磁电流 i_o，则有：

$$Z = j\omega L // \frac{1}{j\omega C} = \frac{j\omega L}{1 - \omega^2 LC} \tag{4-38}$$

LC 回路输出电压 U_o 为：

$$U_o = i_o \cdot Z = i_o \frac{j\omega L}{1 - \omega^2 LC} \tag{4-39}$$

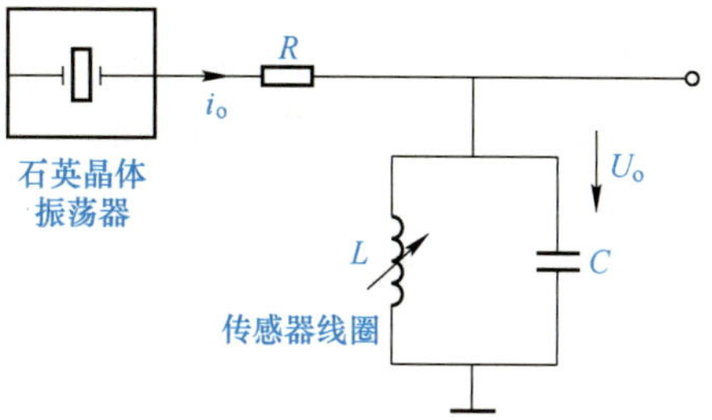

图 4-20 谐振调幅原理

式中 Z——LC 回路的阻抗。

当金属导体远离或去掉时，LC 并联谐振回路的谐振频率即为石英振荡频率 f_0，回路呈现的阻抗最大，谐振回路上的输出电压也最大；当金属导体靠近传感器线圈时，线圈的等效电感 L 发生变化，导致回路失谐，从而使输出电压降低，L 的数值随距离 x 的变化而变化，因此，输出电压也随 x 而变化。输出电压经放大、检波后，由指示仪表直接显示出 x 的大小。

B 调频式电路

如图 4-21 所示，传感器线圈接入 LC 振荡回路，当传感器与被测导体距离 x 改变时，在涡流影响下，传感器的（阻抗）电感变化，将导致振荡频率的变化。该变化的频率是距离 x 的函数 $f=L(x)$，其频率可由数字频率计直接测量，或者通过 f-V 变换，用数字电压表测量对应的电压。

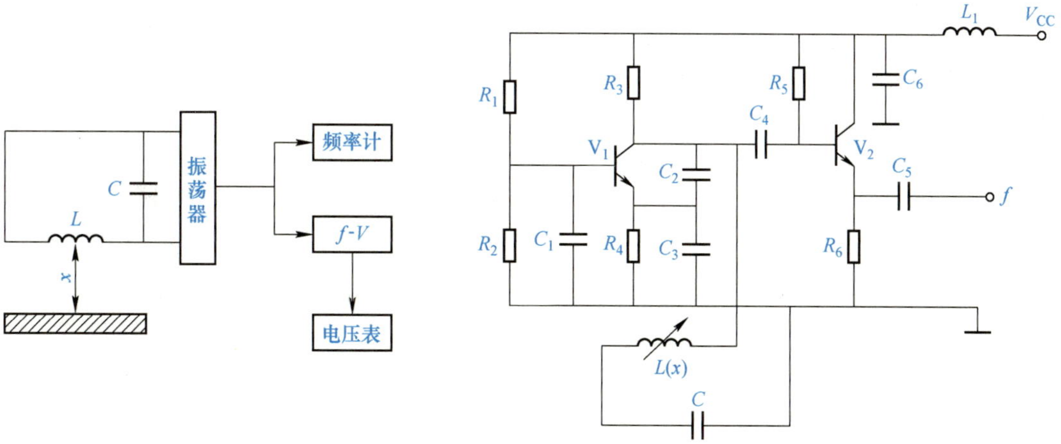

图 4-21 调频电路原理

（a）调频式测量电路框图；（b）调频式电路原理图

调频式电路原理图由电容三点式振荡器和射极输出器两部分组成。

振荡器由晶体管 V_1、电容 C_1、C_2、C_3 和电涡流传感器线圈 L 构成。当被测量变化引起传感器线圈的电感量变化时，振荡器的振荡频率就发生相应变化，从而实现频率调制。射极输出器由晶体管 V_2 和设计电阻 R_6 等元件构成，起阻抗匹配作用。使用这种调频式转换电路，传感器输出电缆对分布电容的影响是不能忽略的，它会使振荡器的频率发生变化，从而影响测量结果。因此，通常将 L、C 安装在传感器内部，这样电缆的分布电容并联在 C_2、C_3 上，因而对振荡频率的影响就大大减小了。

思考与练习

4-1 试述电感式传感器有哪些种类及其工作原理。

4-2 为什么电感式传感器一般都采用差动形式？

4-3 交流电桥的平衡条件是什么？

4-4 试述自感式电感传感器的工作原理。

4-5 什么是电涡流效应？

4-6 什么是零点残余电压，有哪些方法可以进行残余电压补偿？

4-7 电涡流式传感器除了能测量位移外，还能测量哪些非电量？

4-8 图 4-22 是差动电感式传感器的桥式测量电路，L_1、L_2 为传感器的两个差动电感线圈的电感，其初始值均为 L_0。R_1、R_2 为标准电阻，u 为电源电压。试写出输出电压 u_o 与传感器电感变化量 ΔL 间的关系。

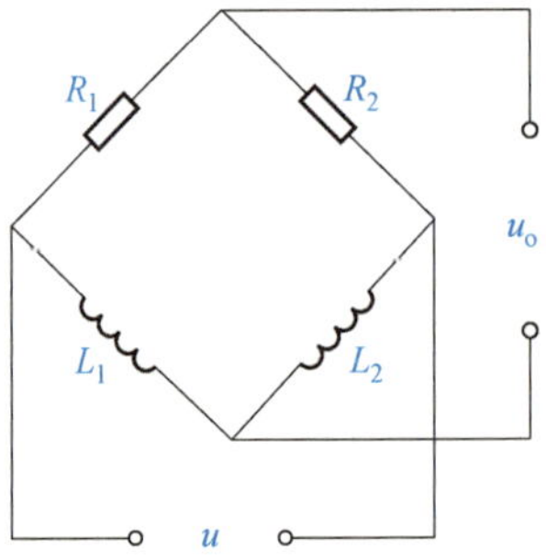

图 4-22 题 4-8

5 磁电式传感器

第5章 课件

素养提升

中国高铁自 2008 年开通第一条高速铁路以来，中国高铁已经发展成为世界上规模最大、速度最快、技术最先进、服务最优质的高速铁路网络，它展示了中国的科技实力和创新能力，推动了中国的社会经济发展和人民生活改善。中国高铁以其庞大的规模和迅猛的速度领先于世界。截至 2023 年底，我国高铁总里程达到 4.5 万公里，比绕地球一圈还多。平均时速达 350 km/h，是世界上运营最快的高铁。高铁上时速的显示，实际上就是利用速度传感器对高铁车轮的转速进行测量，可选用本章的传感器进行测量。

对磁场参量（如磁感应强度 B、磁通量 Φ）敏感，通过磁电作用将被测量（如振动、位移、转速等）转换为电信号的器件或装置称为磁电式传感器。磁电作用主要分为电磁感应和霍尔效应两种情况，相应的磁电式传感器主要有基于电磁感应的磁电感应传感器和基于霍尔效应的霍尔传感器两种。

5.1 磁电感应传感器

磁电感应传感器利用导体和磁场发生相对运动而在导体两端输出感应电动势，简称感应式传感器，也称为电动式传感器。它是一种机-电能量变换型传感器，具有工作时无须外加电源，可直接将被测物体的机械能转换为电量输出，具有电路简单、性能稳定、输出阻抗小等优点，适用于转速、振动、位移、扭矩等测量。

动画 磁电传感器测量转速

5.1.1 磁电感应传感器的工作原理

磁电感应传感器是以电磁感应原理为基础的。根据法拉第电磁感应定律可知，当导体在均匀磁场中运动垂直切割磁力线，或者通过闭合线圈的磁通量发生变化时，在导体两端或线圈内将产生感应电动势。对于一个 N 匝的线圈，设穿过线圈的磁通量为 Φ，则线圈内的感应电动势将与 Φ 的变化速率成正比，即：

$$E = -N\frac{\mathrm{d}\Phi}{\mathrm{d}t} \tag{5-1}$$

式中，“-”表明感应电动势的方向。如果线圈相对于磁场的运动线速度为 v 或角速度 ω，则式（5-1）可改写为：

$$E = -NBLv \tag{5-2}$$

或：

$$E = -NBS\omega \tag{5-3}$$

式中 B——线圈所在磁场的磁感应强度；

L——每匝线圈的平均长度；

S——每匝线圈的平均截面积。

在磁电感应传感器中，当其结构参数确定以后，即 B、L、S、N 均为确定值，则感应电动势 E 与线圈相对于磁场的运动速度 v 或 ω 成正比。根据这一原理，磁电感应传感器有恒磁通式和变磁通式两种结构形式。

动画 磁电传感器振动测量

5.1.2 磁电感应传感器的结构形式

5.1.2.1 恒磁通式磁电感应传感器

恒磁通式磁电感应传感器是指在测量过程中使导体（线圈）位置和恒定磁通量 Φ（永磁铁）之间存在相对运动，而实现测量的一类磁电感应式传感器。图 5-1 为恒磁通式磁电感应传感器的典型结构，它由永磁体、线圈、弹簧、金属壳体等部件组成。磁路系统产生恒定的直流磁场，磁路中的工作气隙固定不变，因此气隙中磁通也是恒定不变的。

根据运动部件的不同，恒磁通式磁电感应传感器分成动圈式和动铁式两种结构类型，分别如图 5-1（a）和（b）所示，适用于线位移情形。动圈式的运动部件是线圈，永磁体和金属壳体固定，线圈和金属骨架（合称线圈组件）用柔软弹簧片支撑；动铁式的运动部件是磁铁，线圈组件和金属壳体固定，永磁体用柔软弹簧支撑。

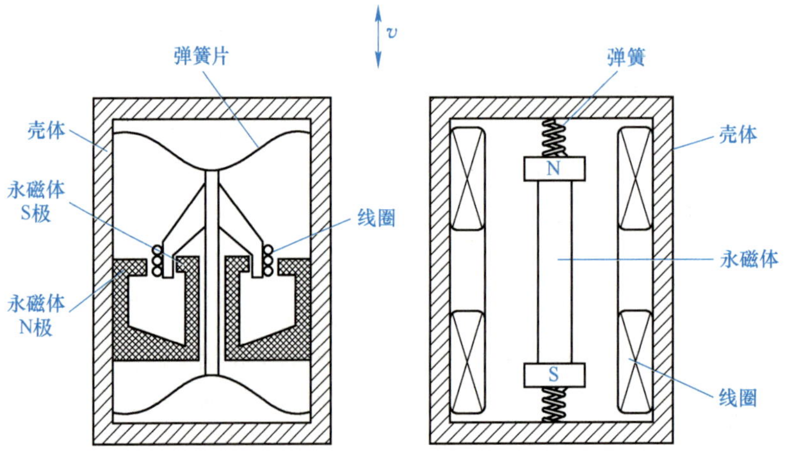

(a) (b)

图 5-1 恒磁通式磁电感应传感器的结构

（a）动圈式；（b）动铁式

动圈式和动铁式恒磁通式磁电感应传感器的工作原理是完全相同的，主要用来测量振动速度。当壳体随被测振动体一起振动时，由于弹簧较软，运动部件质量相对较大，当振动频率足够高（远大于传感器固有频率）时，运动部件会由于惯性很大而来不及跟随振动体一起振动，近乎静止不动，振动能量几乎全被弹簧吸收，于是永久磁铁与线圈之间的相对运动速度接近于振动体振动速度，磁铁与线圈的相对运动切割磁力线，从而产生与运动速度成正比的感应电动势。

动画 动圈式磁电传感器

图 5-2 为适用于动圈式磁电感应传感器的角位移情形。

5.1.2.2 变磁通式磁电感应传感器

如果线圈与磁场没有相对运动，这就是变磁通式磁电感应传感器。

变磁通式磁电感应传感器主要是靠改变磁路的磁通量 Φ 大小来进行测量，即通过改变测量磁路中气隙的大小改变磁路的磁阻，从而改变磁路的磁通量。因此，变磁通式磁电感应传感器又称为变磁阻式磁电感应传感器或变气隙式磁电感应传感器，其结构原理如图 5-3 所示。

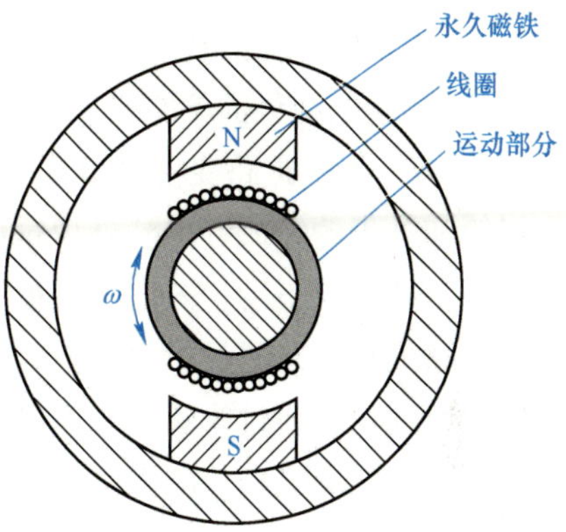

图 5-2 动圈式磁电传感器的角位移型传感器结构

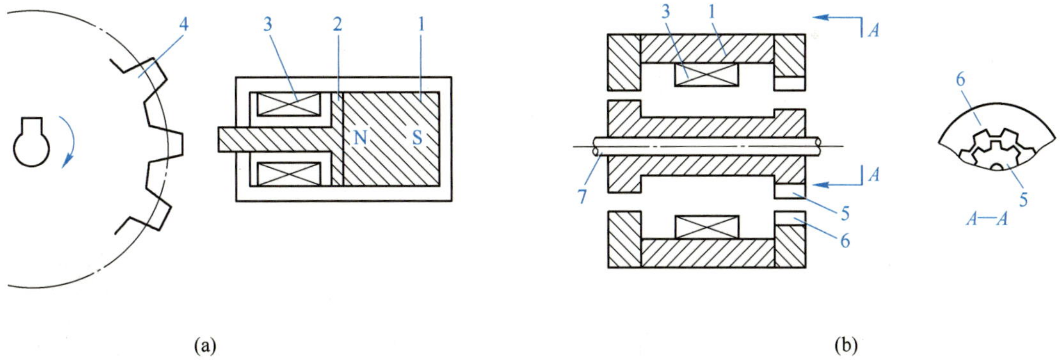

图 5-3 变磁通式磁电感应传感器结构

（a）开磁路；（b）闭磁路

1—永久磁铁；2—软铁；3—感应线圈；4—齿轮；5—内齿轮；6—外齿轮；7—转轴

变磁通式磁电感应传感器的线圈和磁铁部分都是静止的，运动部件安装在被测物体上，是用导磁材料制成的。在被测物体运动过程中，运动部件改变通过线圈的磁感应强度 B，从而使通过线圈的磁通量发生变化，在线圈中产生感应电动势。变磁通式磁电感应传感器的典型应用是转速计，用于测量旋转物体的角速度，线圈中感应电动势的频率作为传感器的输出，它取决于磁通变化的频率。

变磁通式磁电感应式传感器可分为开磁路和闭磁路两种结构。

图 5-3（a）为开磁路变磁通式磁电感应传感器结构示意图，它由永久磁铁、软铁、感应线圈和齿轮组成。传感器的线圈、磁铁都静止不动，测量齿轮安装在被测旋转体上随其一起转动。当齿轮旋转时，齿轮的凹凸引起磁路磁阻变化，通过线圈的磁通量也就变化，在线圈中产生感应电动势，其频率等于被测转速 n 和齿轮上齿数 Z 的乘积，即有：

$$f=\frac{Zn}{60} \tag{5-4}$$

式中 n——被测旋转体的转速，r/min；

f——感应电动势的频率，Hz。

图 5-3（b）为闭磁路变磁通式磁电感应传感器结构示意图，它由永久磁铁、感应线圈、内齿轮和外齿轮组成。内、外齿轮齿数相同，内齿轮安装在转轴上。当转轴连接到被测转轴上时，外齿轮不动，内齿轮随被测转轴一起转动，则内、外齿轮的相对转动，齿凸相对时，气隙最小、磁通量最大；齿凹相对时，气隙最大、磁通量最小。这样引起气隙磁阻产生周期性变化，通过线圈的磁通量也就周期性变化，在线圈中产生周期性变化的感应电动势。显然，感应电动势的频率与被测转速成正比。

当转速太低时，由于输出的感应电动势太小，以致无法测量。所以这种传感器有一个下限工作频率，一般为 50 Hz，而上限可达 100 kHz。

5.2 霍尔传感器

1879 年，美国物理学家霍尔首先在金属材料中发现了霍尔效应，但它的真正应用是随着半导体技术的发展而开始的。霍尔传感器可以将被测量（如电流、磁场、位移、压力、转速等）转换成电动势输出。

5.2.1 霍尔传感器的工作原理

5.2.1.1 霍尔效应

动画 霍尔效应

动画 霍尔效应原理

霍尔效应原理如图 5-4 所示。当把一块金属导体或半导体薄片垂直放在磁感应强度为 B 的磁场中时，沿着垂直于磁场的方向通以电流 I，就会在薄片的另一对侧面间产生电动势 E_H，将这种现象称为霍尔效应。所产生的电动势称为霍尔电动势（金属导体的霍尔电动势远比半导体的霍尔电动势小），这种薄片称为霍尔片或霍尔元件，它是利用霍尔效应制成的磁电转换元件。

当电流 I 通过霍尔片时，如果载流子为带负电的电子，则电子沿电流相反方向运动。设其平均速度为 v，在磁场 B 中运动的电子将受到洛伦兹力 f_L（左手定则）作用，即有：

$$f_L=evB \tag{5-5}$$

式中 e——电子所带电荷量，$e=1.602\times10^{-19}$ C；

v——电子运动速度，m/s；

B——磁感应强度，Wb/m^2。

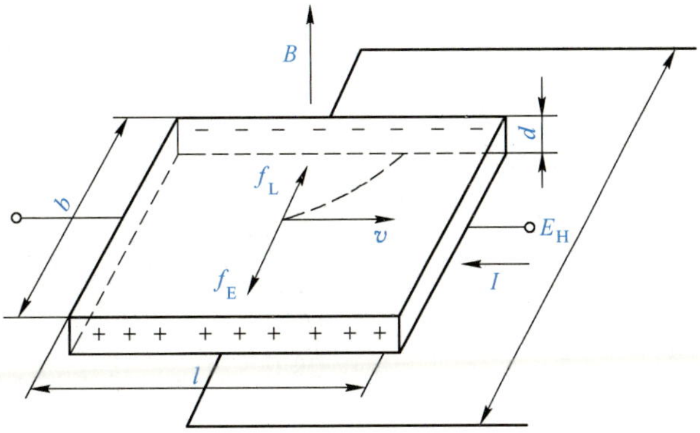

图 5-4 霍尔效应原理

运动电子在洛伦兹力f_L的作用下，以抛物线形式偏转至霍尔片的一侧，并使该侧形成电子积累。同时，使其相对一侧形成正电荷积累，于是建立起一个霍尔电场E_H。该电场对随后的运动电子施加一电场力f_E，即有：

$$f_E = eE_H = e\frac{U_H}{b} \tag{5-6}$$

式中 b——霍尔片的宽度，m；

U_H——霍尔电动势，V。

平衡时，洛伦兹力f_L与电场力f_E相等，由此得：

$$evB = e\frac{U_H}{b} \tag{5-7}$$

由于电流密度为$j=nev$，则电流强度为：

$$I = jbd = nevbd \tag{5-8}$$

可得：

$$U_H = \frac{IB}{ned} = R_H \cdot \frac{IB}{d} = K_H IB \tag{5-9}$$

式中 d——霍尔片的厚度；

n——电子浓度；

R_H——霍尔系数，$R_H = \frac{1}{ne}$；

K_H——霍尔灵敏度，$K_H = \frac{1}{ned}$。

5.2.1.2 霍尔元件的结构

霍尔元件的结构很简单，它由霍尔片、引线和壳体组成。霍尔片是矩形半导体单晶薄片，如图 5-5 所示。霍尔片上引出 4 根引线，1、1′两根引线加激励电压或电流，称为激励电极；2、2′两根引线为霍尔电压输出引线，称为霍尔电极。霍尔元件壳体由非导磁金属、陶瓷或环氧树脂封装而成。

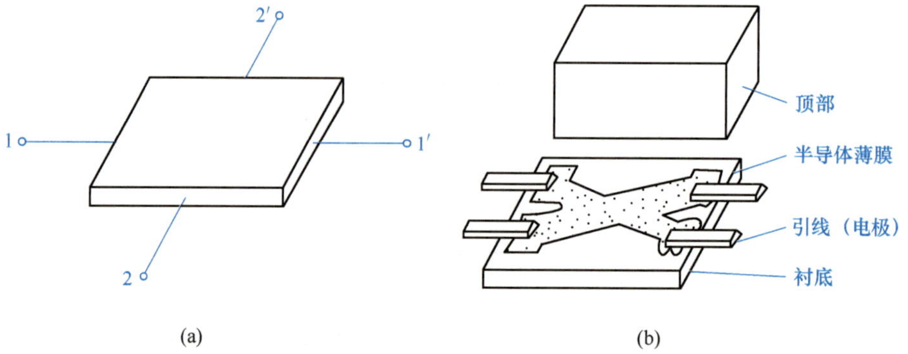

图 5-5 霍尔元件

（a）霍尔元件示意图；（b）霍尔元件内部结构图

国产霍尔元件常见的几种符号如图 5-6 所示，常用 H 代表霍尔元件，后面的字母代表元件的材料，数字代表产品的序号。例如，HZ-1 元件，说明是用锗材料制成的霍尔元件；HT-1 元件，说明是用锑化铟材料制成的元件。

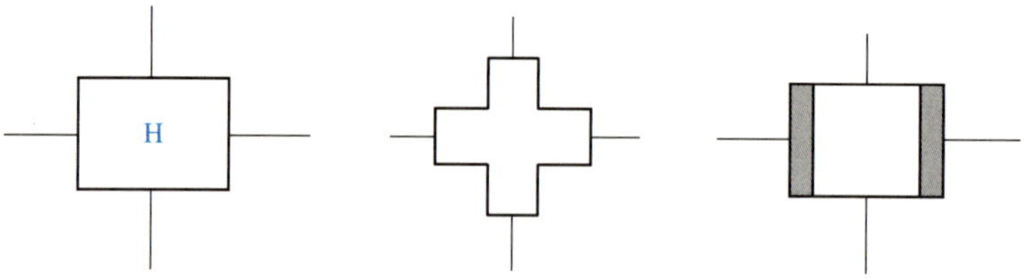

图 5-6 霍尔元件的符号

5.2.1.3 霍尔元件的主要技术参数

（1）输入电阻 R_i。霍尔元件两个激励电流端的直流电阻称为输入电阻，它的数值从几欧到几百欧，视不同型号的元件而定。温度升高输入电阻变小，从而使输入电流变大，最终引起霍尔电压变化。为了减少这种影响，最好采用恒流源作为激励源。

（2）输出电阻 R_o。两个霍尔电压输出端之间的电阻称为输出电阻，它的数值与输入电阻同一数量级，也随温度改变而改变。选择适当的负载电阻与之匹配，可以使由温度引起的霍尔电压的漂移减至最小。

（3）额定激励电流 I_C。在磁感应强度 $B=0$ 时，静止空气中环境温度为 25 ℃条件下，焦耳热所产生的允许温升 $\Delta T=10$ ℃时从霍尔器件电流输入端的电流称额定控制电流 I_C。

（4）灵敏度 K_H。在单位控制电流 I_C 和单位磁感应强度 B 的作用下，霍尔元件输出端开路时测得霍尔电压，称为灵敏度 K_H，其单位为 V/(A·T)，表达式为：

$$K_H = \frac{R_H}{d} \tag{5-10}$$

霍尔元件的材料不同，霍尔系数 R_H 也不同。材料的霍尔系数越大，灵敏度 K_H 越高。霍尔传感器一般采用霍尔系数更大的 N 型半导体材料制作，同时采用溅射薄膜工艺，使半导体材料非常薄，从而提高灵敏度。

（5）不等位电势 U_M。当输入额定的控制电流 I_C 时，即使不外加磁场（$B=0$），由于在生产中材料厚度不均匀或输出电极焊接不良等，造成两个输出电压的电极不在同一等位面上，在输出电压电极之间仍有一定的电位差，这种电位差称为不等位电势。使用时多采用电桥法来补偿不等位电压引起的误差。

（6）寄生直流电势 U_g。在不加外磁场时，交流控制电流通过霍尔元件时，在霍尔电极间产生的直流电势称为寄生直流电势。

（7）霍尔电压温度系数 α。在一定磁场强度和激励电流的作用下，温度每变化 1 ℃时，霍尔电压变化的百分数称为霍尔电压温度系数，它与霍尔元件的材料有关。

（8）电阻温度系数 β。电阻温度系数 β 为温度每变化 1 ℃，霍尔元件材料的电阻变化率。

5.2.2 霍尔传感器的基本测量电路

霍尔元传感器的基本测量电路如图 5-7 所示，电源提供控制电流，R 为调节电阻，用于根据要求调节控制电流的大小。霍尔电势输出端的负载电阻 R_L，可以是放大器的输入电阻或者表头内阻等。所施加的外磁场 B 一般与霍尔元件的平面垂直。在磁场与控制电流的作用下，负载就有电压输出。

在实际应用中，霍尔元件常用到恒流工作电路、恒压工作电路、差分放大电路。其特性不同，要根据实际用途来选择。

（1）恒流工作电路。温度变化引起霍尔元件的输入电阻变化，从而使控制电流发生变化带来误差。为了减少这种误差，常采用恒流源供电，如图 5-8 所示。

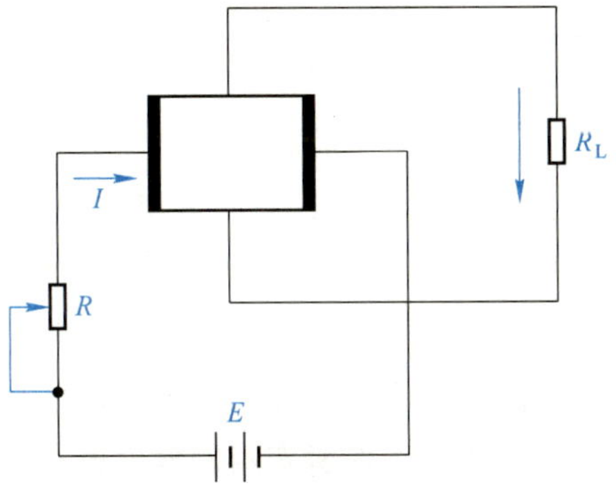

图 5-7　霍尔传感器的基本测量电路

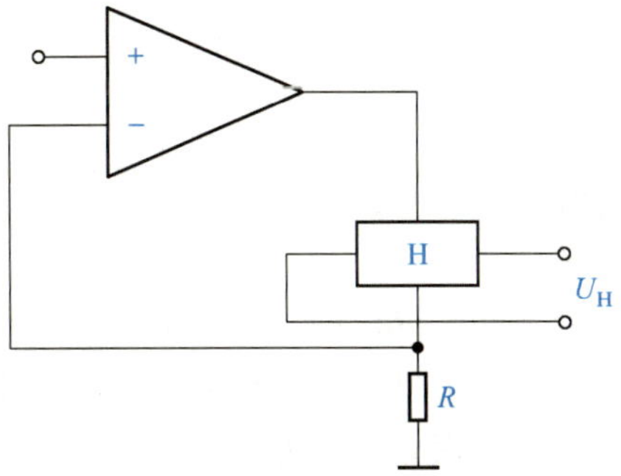

图 5-8　恒流工作的霍尔传感器

（2）恒压工作电路。恒压工作比恒流工作的性能要差些，只适用于精度要求不太高的地方，如图 5-9 所示。

（3）差分放大电路。霍尔元件的输出电压一般较小，需要用放大电路放大其输出电压。使用一个运算放大器时的放大电路如图 5-10 所示。

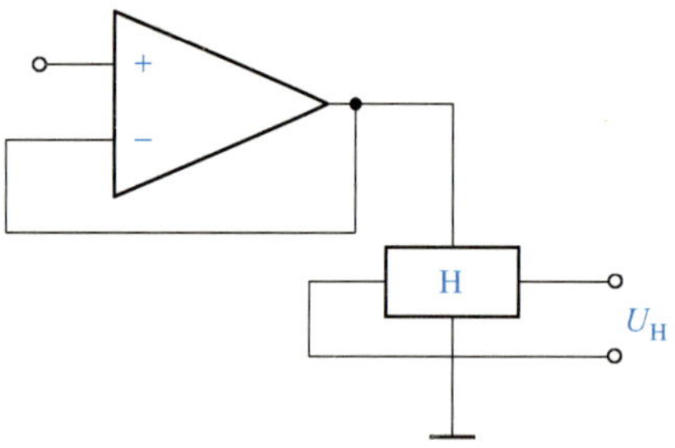

图 5-9 恒压工作的霍尔传感器

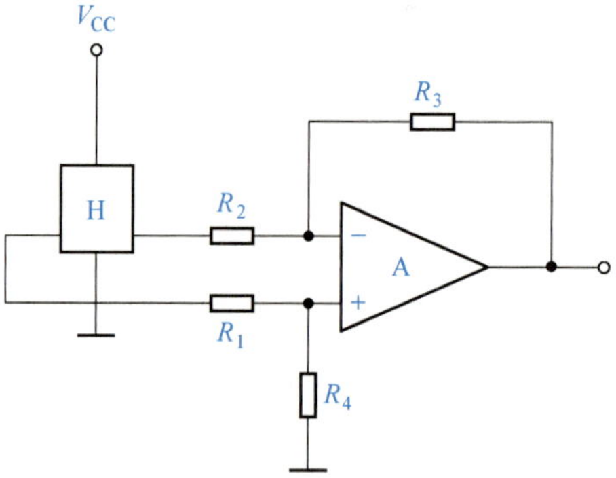

图 5-10 一个运算放大器的放大电路

霍尔元件的输出电阻可能会大于运算放大器的输入电阻，从而产生误差。为了获得较好的放大效果，常采用差分放大电路，如图 5-11 所示。

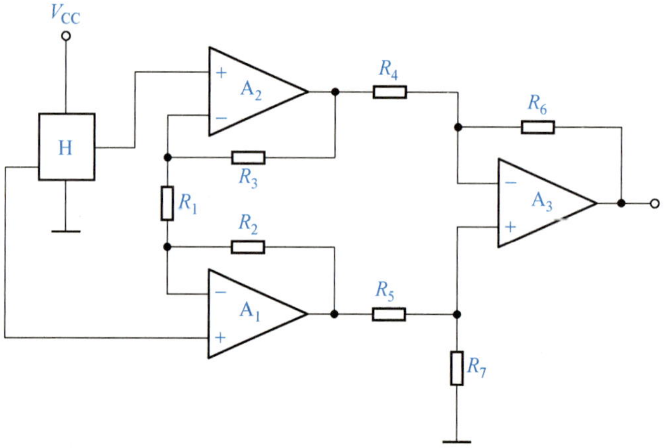

图 5-11 三个运算放大器的放大电路

5.2.3 霍尔集成传感器

利用集成技术，将霍尔元件、放大器、温度补偿电路及稳压电源等集成于一个芯片上构成独立器件，称为霍尔集成传感器。霍尔集成传感器不仅尺寸紧凑，便于使用，而且有利于减少误差，改善稳定性。根据内部测量电路和霍尔元件工作条件的不同，霍尔集成传感器可分为线性输出霍尔集成传感器和开关输出霍尔集成传感器。

5.2.3.1 线性输出霍尔集成传感器

线性输出霍尔集成传感器的输出电压与外加磁场强度在一定范围内呈线性关系，广泛用于位置、力、质量、厚度、速度、磁场、电流等的测量控制。此种传感器有单端输出和双端输出两种电路，典型产品分别为 SL3501T 和 SL3501M，其电路结构如图 5-12 所示。单端输出型是一个三端器件；双端输出型是一个八脚双列直插封装器件，可提供差动跟随输出，图 5-12 中的电位器为失调调整。

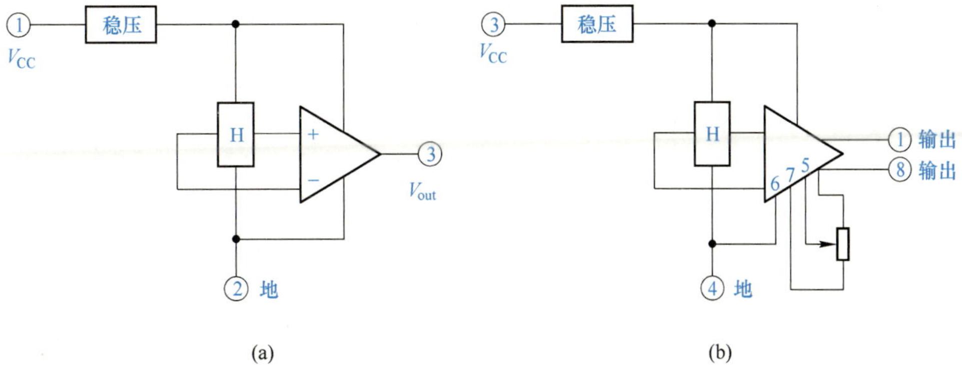

图 5-12 线性输出霍尔集成传感器的结构
（a）单端输出；（b）双端输出

双端差动输出霍尔集成传感器的特性曲线如图 5-13 所示。当磁场强度为零时，它的输出电压等于零；当感受的磁场为正向（磁钢的 S 极对准霍尔器件的正面）时输出为正，磁场反向时输出为负。

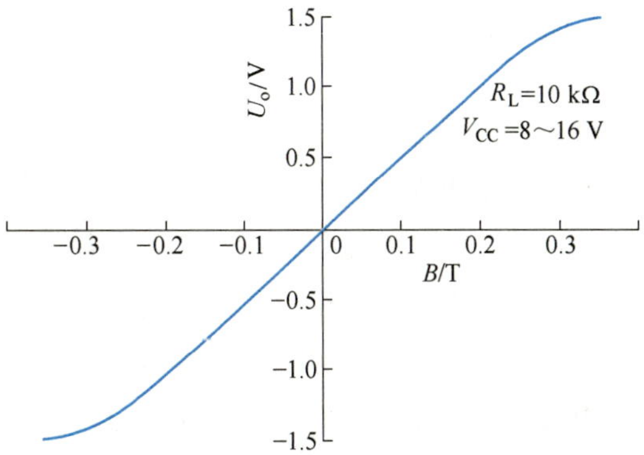

图 5-13 双端差动输出霍尔集成传感器的特性曲线

5.2.3.2 开关输出霍尔集成传感器

开关输出霍尔集成传感器由霍尔元件、放大器、施密特整形电路和开关输出等部分组成，其内部结构框图如图 5-14 所示。

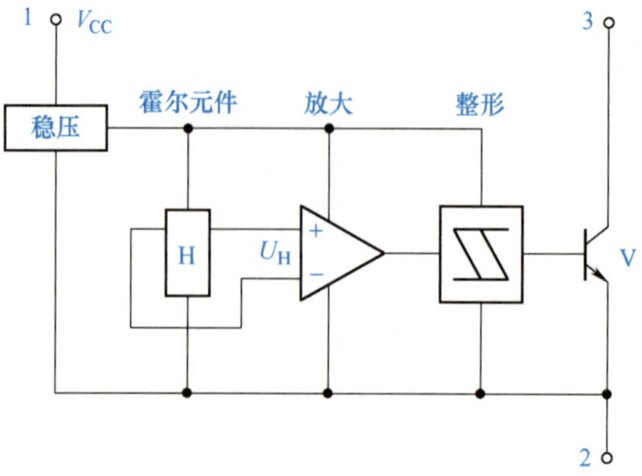

图 5-14 开关输出霍尔集成传感器的内部结构框图

当磁场作用在霍尔开关集成传感器上时，霍尔元件输出霍尔电势 U_H，该电压经放大器放大后，送至施密特整形电路。当放大后的霍尔电势大于“开启”阈值时，施密特电路翻转，输出低电平，使晶体管 V 截止，整个电路处于“开”状态。当磁场强度减弱时，霍尔元件输出的电压很小，经放大器放大后其值仍小于施密特电路的“关闭”阈值时，施密特电路又翻转，输出高电平，使晶体管 V 导通，整个电路处于“关”状态。这样，一次磁场强度的变化，就使传感器完成一次开关动作。

开关输出霍尔集成传感器的工作特性曲线如图 5-15 所示。从工作曲线上看，工作特性有一定的磁滞，这对开关动作的可靠性是非常有利的。图 5-15 中的 B_{OP} 为工作点“开”的磁感应强度，B_{RP} 为释放点“关”的磁感应强度。当外加磁感应强度高于 B_{OP} 时，输出电平由高变低，传感器处于“开”状态。当外加磁感应强度低于 B_{RP} 时，输出电平由低变高，传感器处于“关”状态。

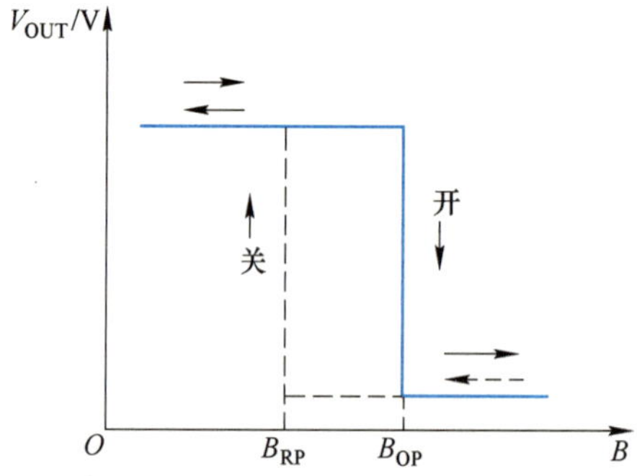

图 5-15 开关输出霍尔集成传感器的工作特性曲线

开关输出霍尔集成传感器常用于点火系统、保安系统、转速测量、里程测量、机械设备限位开关、按钮开关、电流的测量和控制、位置及角度的检测等，常见开关输出霍尔集成传感器型号有 UGN-3020、UGN-3030、UGN-3075 等。

动画 霍尔开关测转速

5.2.4 霍尔元件的误差及其补偿

由于制造工艺问题以及其他各种影响霍尔元件性能的因素，如元件安装不合理、环境温度变化等，都会影响霍尔元件的转换精度，带来测量误差。霍尔元件的主要误差有温度误差和零位误差。为提高测量精度，必须对误差产生的原因进行分析，采取相应措施减小误差。

5.2.4.1 温度误差及其补偿

霍尔元件是采用半导体材料制成的，因此它们的许多参数都具有较大的温度系数。当温度变化时，霍尔元件的载流子浓度、迁移率、电阻率及霍尔系数都将发生变化，从而使霍尔元件产生温度误差。为了减小测量中的温度误差，除了选用温度系数小的霍尔元件，或采取一些恒温措施外，也可使用一些温度补偿方法。

（1）合理选择负载电阻。若霍尔电势输出端接负载电阻 R_L，霍尔元件的输出电阻为 R_0，要使负载上的电压 U_L 不受温度变化的影响，必须满足：

$$R_L = R_0 \frac{\beta - \alpha}{\alpha} \tag{5-11}$$

式中 α——霍尔电势的温度系数；

β——霍尔元件输出电阻的温度系数。

对于一个确定的霍尔元件，可以方便地获得 α、β 和 R_0 的值，因此只要使负载电阻 R_L 满足式（5-11），就可在输出回路实现对温度误差的补偿了。虽然 R_L 通常是放大器的输入电阻或者表头内阻，其值是一定的，但是可以通过串、并联电阻来调整 R_L 的值。

（2）采用恒流源控制电流。温度变化引起霍尔元件输入电阻 R_i 变化，在稳压源供电时，使励磁电流变化，带来误差。为了减小这种误差，一般采用恒流源提供励磁电流，如图 5-16 所示。

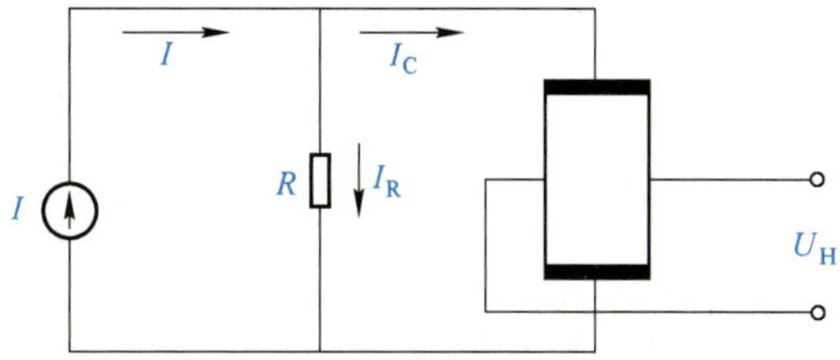

图 5-16 恒流源温度补偿电路

为进一步提高 U_H 的温度稳定性，在图 5-16 所示的恒流源测量电路中并联了一个起分流作用的补偿电阻 R，其值满足：

$$R = R_i \frac{\beta - \alpha - \gamma}{\alpha} \tag{5-12}$$

式中 γ——补偿电阻 R 的温度系数。

对于霍尔元件，α、β、R_i 都为已知值，因此只要选择合适的补偿电阻，使补偿电阻 R 和它的温度系数 γ 满足条件，就可在输入回路中得到温度误差的补偿。

5.2.4.2 不等位电势及其补偿

霍尔元件的零位误差主要有不等位电势和寄生直流电势。不等位电势 U_M 是霍尔误差中最主要的一种，产生不等位电势的原因是制造工艺不可能保证两个霍尔电极绝对对称地焊在霍尔片的两侧，致使两个电极点不能完全位于同一等位面上，此外霍尔片电阻率不均匀或片的厚薄不均匀或控制电流极接触不良将等位面歪斜，致使两个霍尔电极不在同一等位面上而产生不等位电势。

霍尔元件的不等位电势基本补偿电路常用如图 5-17 所示，其中 R_P 是调节电阻。

图 5-17（a）是在不平衡电桥中电阻值较大的一个桥臂上并联 R_P，通过调节 R_P 使电桥达到平衡状态，称为不对称补偿电路；图 5-17（b）则相当于在两个电桥臂上并联调节电阻 R_P，称为对称补偿电路。

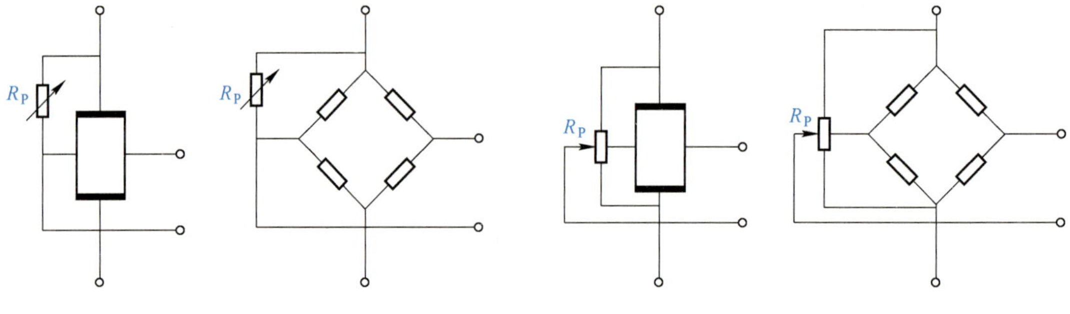

图 5-17 不等位电势的基本补偿电路

（a）不对称补偿电路；（b）对称补偿电路

5.2.5 霍尔传感器的应用实例

5.2.5.1 霍尔式无触点汽车电子点火装置

传统的汽车发动机点火装置采用机械式分电器，它由分电器转轴凸轮来控制合金触点的闭合，存在触点易磨损、烧坏、点火时间不准确、高速时动力不足等缺点，霍尔式无触点电子点火装置能较好地克服上述缺点。

霍尔式无触点电子点火装置安装在分电器壳体中，图 5-18 为它的结构及工作原理，它由触发器叶片、永久磁铁、霍尔 IC 及达林顿晶体管等组成。导磁性良好的触发器叶片

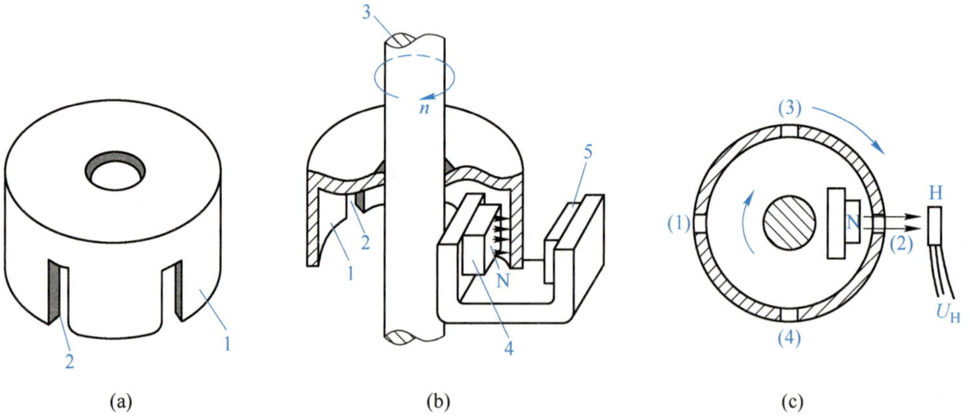

图 5-18 霍尔式无触点汽车电子点火装置的结构及工作原理

（a）带缺口的触发器叶片；（b）触发器叶片与永久磁铁及霍尔集成电路之间的安装关系；

（c）叶片位置与点火正时的关系

1—触发器叶片；2—槽口；3—分电器转轴；4—永久磁铁；5—霍尔集成电路（PNP 型霍尔 IC）

固定在分电器转轴上，并随之转动。在叶片圆周上按气缸数目开出相应的槽口，叶片在永久磁铁和霍尔 IC 之间的缝隙中旋转，起屏蔽磁场和导通磁场的作用。

当叶片遮挡在霍尔 IC 面前时，永久磁铁产生的磁力线被导磁性良好的叶片分流，无法到达霍尔 IC，这种现象称为磁屏蔽，如图 5-19 所示。此时 PNP 型霍尔 IC 的输出 U_H 为低电平，经反相变为高电平，晶体管功率开关处于导通状态，点火线圈低压侧有较大电流通过，并以磁场能量的形式储存在点火线圈的铁芯中。

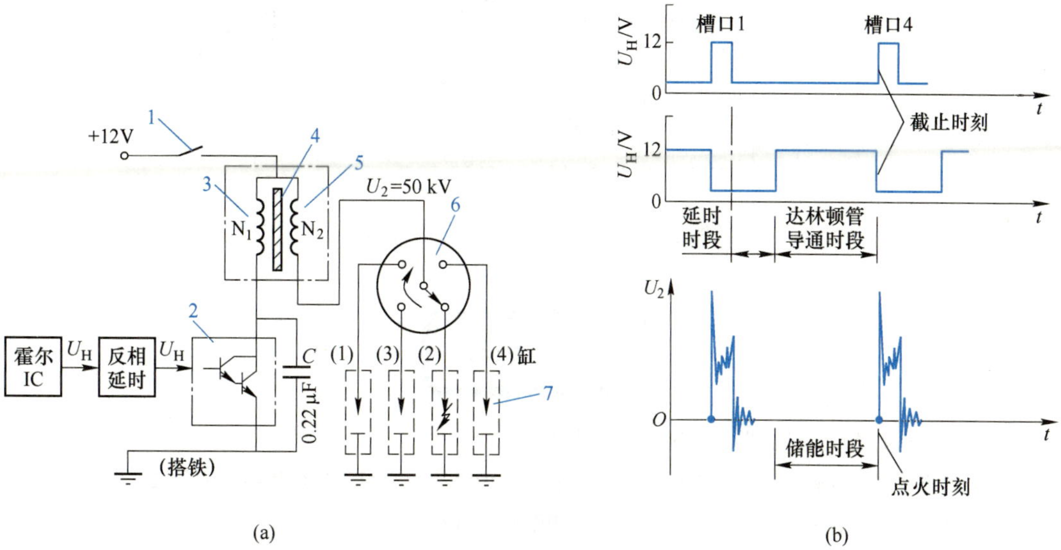

图 5-19 霍尔式无触点汽车电子点火电路及高压侧输出波形

（a）电路；（b）霍尔 IC 及点火线圈高压侧输出波形

1—点火开关；2—达林顿晶体管功率开关；3—点火线圈低压侧；

4—点火线圈铁芯；5—点火线圈高压侧；6—分火头；7—火花塞

当叶片槽口转到霍尔 IC 面前时，霍尔 IC 输出跳变为高电平，经反相变为低电平，使功率输出的达林顿管截止，切断点火线圈的低压侧电流。由于没有续流元件，所以存储在点火线圈铁芯中的磁场能量在高压侧感应出 30~50 kV 的高电压，火花塞产生电火花，依次完成各个气缸的点火过程。

5.2.5.2 金属零件霍尔计数装置

霍尔开关传感器 SL3501 是具有较高灵敏度的集成霍尔元件，能感受到很小的磁场变化，因而可对黑色金属零件进行计数，图 5-20 为霍尔计数装置示意图。

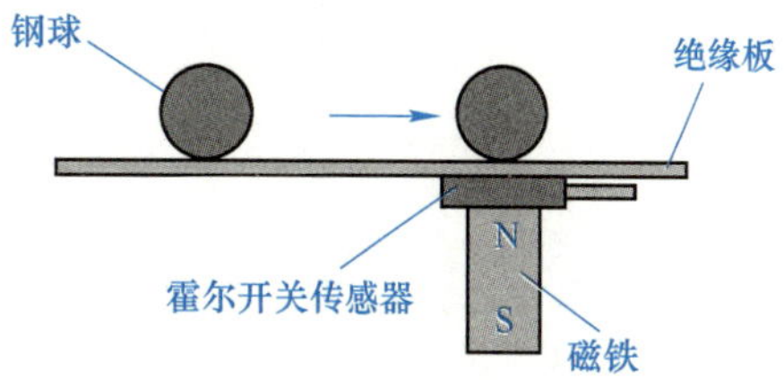

图 5-20 霍尔计数装置示意图

当钢球通过霍尔开关传感器的上方时，传感器可输出峰值 20 mV 的脉冲电压，该电压经运算放大器 A(μA741) 放大后，驱动半导体三极管 VT(2N5812）工作，VT 输出端接计数器进行计数，并通过显示器显示检测数值，如图 5-21 为霍尔计数装置的工作电路。

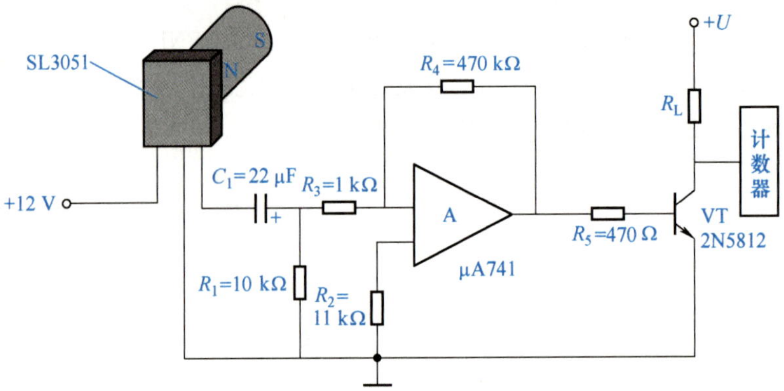

图 5-21 霍尔计数装置的工作电路

思考与练习

5-1 为什么说磁电感应式传感器是一种有源传感器？

5-2 磁电式传感器与电感式传感器有哪些不同，磁电式传感器主要用于测量哪些物理参数？

5-3 变磁阻式传感器有哪几种结构形式，可以检测哪些非电量？

5-4 磁电式传感器是速度传感器，它如何通过测量电路获得相对应的位移和加速度信号？

5-5 什么是霍尔效应？

5-6 为什么霍尔元件一般采用 N 型半导体材料，而不选用导体材料或绝缘体材料？

5-7 什么是霍尔元件的温度特性，有哪些补偿措施？

5-8 集成霍尔传感器有什么特点？

6 电容式传感器

第6章 课件

素养提升

古人言："海纳百川，有容乃大；壁立千仞，无欲则刚"，是对山河雄伟的赞美，说明海的大、山的挺拔，也可比喻人的胸怀宽广、大度，既要有宽容的性格，又要为人正直，不要有任何的私欲，要大公无私，方可站得稳、行得正，无私则无畏。

这里"有容乃大"中的"容"字和本章电容式传感器的"容"字释义相近，一为宽容、包容之意，另一为储存、容纳之意。

电容式传感器利用了将非电量（如尺寸、位移、压力等）的变化转换为电容量变化来实现对物理量的测量，实质上是一个具有可变参数的电容器。它具有高阻抗、小功率，动态范围大、响应速度快，几乎没有零漂，结构简单、适应性强，可在恶劣的环境下使用等优点，但它也具有分布电容影响严重的缺点。

6.1 电容式传感器的工作原理

用两块金属平板作电极可构成平板电容器，如图 6-1 所示。若忽略边缘效应，其电容量为

$$C = \frac{\varepsilon A}{d} \tag{6-1}$$

式中 ε——电容器极板间介质的介电常数，$\varepsilon = \varepsilon_0 \varepsilon_r$，其中 ε_0 为真空介电常数，$\varepsilon_0 = 8.854 \times 10^{-12}$ F/m，ε_r 为极板间介质相对介电常数；

A——两平行板所覆盖的面积，m^2；

d——两平行板之间的距离，m。

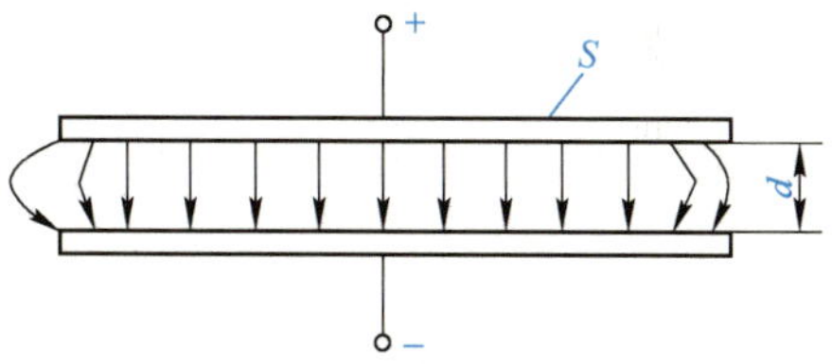

图 6-1 平板电容器

动画 电容式传感器结构

由式（6-1）可知，当 A、d 或 ε 改变时，则电容量 C 也随之改变。若保持其中两个参数不变，通过被测量的变化改变其中一个参数，就可以把被测量的变化转换为电容量的变化，通过测量电路就可转换为电量输出。

6.2 电容式传感器的类型及特性

根据电容式传感器的工作原理，电容传感器可分为变极距型、变面积型和变介质型三种类型。

6.2.1 变极距型电容式传感器

变极距型电容式传感器的原理如图 6-2 所示，平行板电容器的 ε 和 A 不变，只改变电容器两极板间距离 d，称为变极距型电容式传感器，常用于压力的测量。极板 1 固定不动，称为定极板；极板 2 为可动的，称为动极板。电容量 C 与极板间距 d 不是线性关系，而是双曲线关系，如图 6-2（b）所示。

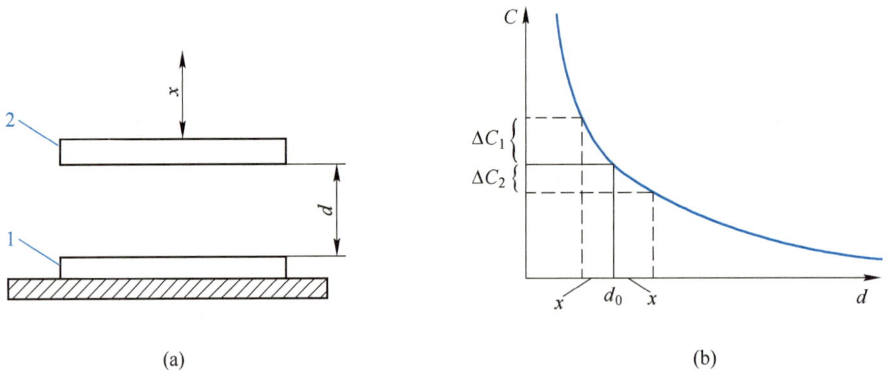

图 6-2 变极距型电容式传感器的原理

（a）结构示意图；（b）C-d 特性曲线

1—动极板；2—定极板

当传感器的 ε_r和 A 为常数、极板间初始距离为 d_0时，其初始电容量 C_0为：

$$C_0 = \frac{\varepsilon_0 \varepsilon_r A}{d_0} \tag{6-2}$$

当动极板 2 向下移动 x 值后，其电容量 C 为：

$$C = C_0 + \Delta C = \frac{\varepsilon_0 \varepsilon_r A}{d_0 - x} = \frac{C_0}{1 - \dfrac{x}{d_0}} = \frac{C_0\left(1 + \dfrac{x}{d_0}\right)}{1 - \left(\dfrac{x}{d_0}\right)^2} \tag{6-3}$$

由式（6-3）可知，电容量 C 与 x 值存在非线性关系，如图 6-2（b）所示。极距变化相同值$\pm x$ 所对应的电容变化量不同，$\Delta C_1 > \Delta C_2$。

当 $x \ll d_0$时，$1-(x/d_0)^2 \approx 1$ ，则式（6-3）可写为：

$$C \approx C_0 + C_0 \frac{x}{d_0} \tag{6-4}$$

由以上分析可知：变极距型电容式传感器只有在 x/d_0很小（即量程远小于极板间初始距离为 d_0）时，电容量 C 与 x 值才近似存在线性关系。

变极距型电容传感器的灵敏度为：

$$K = \frac{\Delta C / C_0}{x} \approx \frac{1}{d_0} \tag{6-5}$$

式（6-5）表明单位极距变化量引起的电容变化量的大小，当 d_0 较小时，该类型传感器灵敏度较高，微小的位移即产生较大的电容变化量。一般电容式传感器的起始电容量在 20~300 pF 之间，极板间距离在 25~200 μm 的范围，最大位移应小于极板间距离的 1/10，故在微位移测量中应用最广。但是，d_0 过小，容易引起电容器击穿或短路。为此，极板间可采用高介电常数的材料（云母、塑料膜等）作为介质。

6.2.2 变面积型电容式传感器

变面积型电容式传感器通常分为板状线位移式、筒状线位移式、角位移式三类，如图 6-3 所示。

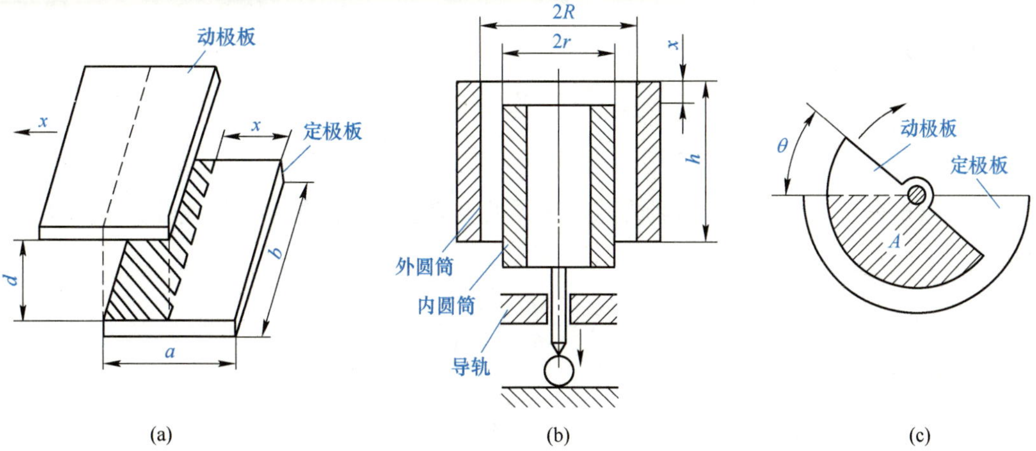

图 6-3 变面积型电容式传感器的结构原理图

（a）板状线位移式；（b）筒状线位移式；（c）角位移式

6.2.2.1 板状线位移式变面积型电容式传感器

板状线位移式变面积型电容式传感器如图 6-3（a）所示。被测量通过动极板移动引起两个极板有效覆盖面积 A 改变，从而得到电容量的变化。当动极板相对于定极板沿长度方向平移 x 距离时，则电容量 C 也随之变化。

$$C = \varepsilon \frac{b(a-x)}{d} = C_0\left(1 - \frac{x}{a}\right) \tag{6-6}$$

式中，C_0 为初始电容，$C_0 = \varepsilon_0\varepsilon_r ab/d$。

则电容变化量为：

$$\Delta C = C - C_0 = -C_0\frac{x}{a} = -\frac{\varepsilon_0\varepsilon_r bx}{d} \tag{6-7}$$

电容相对变化量为：

$$\frac{\Delta C}{C_0} = -\frac{x}{a} \tag{6-8}$$

很显然，这种形式传感器的电容量 C 与水平位移 x 呈线性关系，其灵敏度为：

$$K=\frac{\Delta C}{x}=-\frac{\varepsilon b}{d} \tag{6-9}$$

可见，增加极板宽度 b，减少极板间距 d 都可以提高传感器的灵敏度。但是，d 太小，容易引起电容器击穿或短路。

6.2.2.2 角位移式变面积型电容式传感器

角位移式变面积型电容式传感器如图 6-3（c）所示。当动极板有一个角位移 θ 时，与定极板间的有效覆盖面积就会发生改变，从而改变了两极板间的电容量。当 $\theta=0$ 时，其初始电容为：

$$C_0=\frac{\varepsilon_0\varepsilon_r A}{d} \tag{6-10}$$

改变了角位移 θ 后的电容量 C 为：

$$C=\frac{\varepsilon_0\varepsilon_r A\left(1-\dfrac{\theta}{\pi}\right)}{d}=C_0-C_0\frac{\theta}{\pi} \tag{6-11}$$

从式（6-11）可以看出，这种形式传感器的电容量 C 与角位移 θ 呈线性关系，其灵敏度为：

$$K=\frac{\Delta C}{\theta}=-\frac{C_0}{\pi} \tag{6-12}$$

可见，灵敏度 K 为常数。

6.2.2.3 筒状线位移式变面积型电容式传感器

筒状线位移式变面积型电容式传感器如图 6-3（b）所示。板状线位移式结构对极距变化特别敏感，测量精度会受到影响，而筒状线位移式结构受极板径向变化的影响很小，成为实际中最常采用的结构。当忽略边缘效应时，单组筒状线位移式变面积型电容式传感器的初始电容量 C_0 为：

$$C_0=\frac{2\pi\varepsilon_0\varepsilon_r h}{\ln\dfrac{R}{r}} \tag{6-13}$$

式中 h——外圆筒与内圆筒初始覆盖部分的长度，m；

R，r——外圆筒内半径和内圆筒外半径即它们的工作半径，m。

当两个圆筒相对移动 x 距离时，忽略边缘效应，改变后的电容量 C 为：

$$C=C_0-\Delta C=\frac{2\pi\varepsilon_0\varepsilon_r(h-x)}{\ln\dfrac{R}{r}}=C_0\left(1-\frac{x}{h}\right)=C_0-C_0\frac{x}{h} \tag{6-14}$$

可见，这类传感器具有良好的线性，其灵敏度为：

$$K=\frac{\Delta C}{x}=-\frac{C_0}{h}=-\frac{2\pi\varepsilon}{\ln\dfrac{R}{r}} \tag{6-15}$$

因此，灵敏度 K 为常数。但与板状线位移式结构相比，筒状线位移式结构的电容式传感器灵敏度较低，但其测量范围更大。

6.2.3 变介质型电容式传感器

根据前面的分析可知，介质的介电常数也是影响电容式传感器电容量的一个因素。因为各种介质的介电常数不同，所以在电容器两极板间加以不同介电常数的介质时，电容器的电容量也会随之变化。变介质型电容式传感器大多用来测量介质的厚度、液位，还可以根据极间介质的介电常数随温度、湿度改变而改变来测量介质材料的温度、湿度等，其常用结构有平板形和圆筒形。

6.2.3.1 平板形结构

平板形结构变介质型电容式传感器的原理如图 6-4 所示。由于在两极板间所加介质（其介电常数为 ε_1）的分布位置不同，可分为串联型和并联型两种情况。

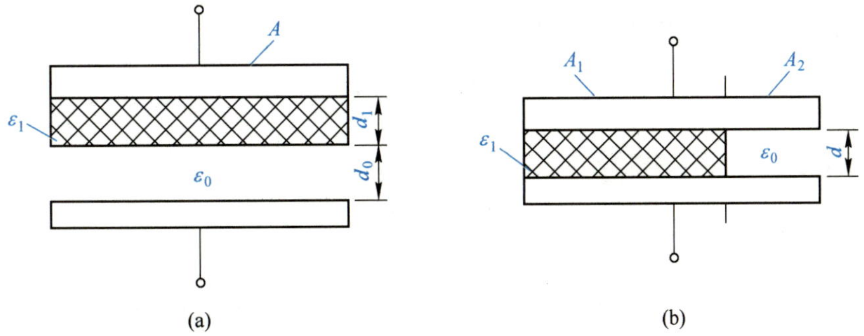

图 6-4 平板结构变介质型电容式传感器的原理图

（a）串联型；（b）并联型

对于串联型结构，可认为是上下两个不同介质（ε_1、ε_0）电容式传感器的串联，此时有：

$$C_1 = \frac{\varepsilon_1 A}{d_1} \tag{6-16}$$

$$C_2 = \frac{\varepsilon_0 A}{d_0} \tag{6-17}$$

故总的电容值为：

$$C = \frac{C_1 \cdot C_2}{C_1 + C_2} = \frac{\varepsilon_0 \varepsilon_1 A}{\varepsilon_1 d_0 + \varepsilon_0 d_1} \tag{6-18}$$

未加入介质 ε_1 时的初始电容值为：

$$C_0 = \frac{\varepsilon_0 A}{d_0 + d_1} \tag{6-19}$$

则介质改变后的电容增量为：

$$\Delta C = C - C_0 = C_0 \cdot \frac{\varepsilon_1 - \varepsilon_0}{\varepsilon_1 \dfrac{d_0}{d_1} + \varepsilon_0} \tag{6-20}$$

可见，介质改变后的电容增量与所加介质的介电常数 ε_1 呈非线性关系。

对于并联型结构，可认为是左右两个不同介质（ε_1、ε_0）电容式传感器的并联，此时有：

$$C_1 = \frac{\varepsilon_1 A_1}{d} \tag{6-21}$$

$$C_2 = \frac{\varepsilon_0 A_2}{d} \tag{6-22}$$

故总的电容值为：

$$C = C_1 + C_2 = \frac{\varepsilon_1 A_1 + \varepsilon_0 A_2}{d} \tag{6-23}$$

未加入介质 ε_1 时的初始电容值为：

$$C_0 = \frac{\varepsilon_0 (A_1 + A_2)}{d} \tag{6-24}$$

则介质改变后的电容增量为：

$$\Delta C = C - C_0 = \frac{A_1 (\varepsilon_1 - \varepsilon_0)}{d} \tag{6-25}$$

可见，介质改变后的电容增量与所加介质的介电常数 ε_1 呈线性关系。

6.2.3.2 圆筒形结构

图 6-5 为圆筒形变介质型电容式传感器用于测量液位高低的结构原理图。

设被测介质的相对介电常数为 ε_1，液面高度为 h，电容式传感器总高度为 H，内筒外径为 d，外筒内径为 D，此时相当于两个电容器的并联。对于圆筒形电容器，如果不考虑端部的边缘效应，它们的电容值分别为：

$$C_1 = \frac{2\pi\varepsilon_0\varepsilon(H - h)}{\ln \dfrac{D}{d}} \tag{6-26}$$

$$C_2 = \frac{2\pi\varepsilon_0\varepsilon_1 h}{\ln \dfrac{D}{d}} \tag{6-27}$$

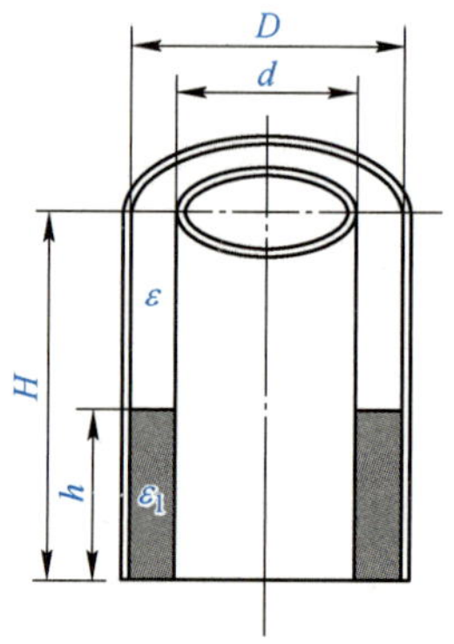

图 6-5 圆筒形变介质型电容式传感器的液位测量原理图

未注入液体时的初始电容为：

$$C_0 = \frac{2\pi\varepsilon_0\varepsilon H}{\ln\frac{D}{d}} \tag{6-28}$$

故总的电容值为：

$$C = C_1 + C_2 = \frac{2\pi\varepsilon_0\varepsilon(H-h)}{\ln\frac{D}{d}} + \frac{2\pi\varepsilon_0\varepsilon_1 h}{\ln\frac{D}{d}}$$

$$= \frac{2\pi\varepsilon_0\varepsilon H}{\ln\frac{D}{d}} + \frac{2\pi\varepsilon_0 h(\varepsilon_1-\varepsilon)}{\ln\frac{D}{d}} = C_0 + \frac{2\pi\varepsilon_0 h(\varepsilon_1-\varepsilon)}{\ln\frac{D}{d}} \tag{6-29}$$

则介质改变后的电容增量为：

$$\Delta C = C - C_0 = \frac{2\pi\varepsilon_0 h(\varepsilon_1-\varepsilon)}{\ln\frac{D}{d}} \tag{6-30}$$

可见，电容增量与被测液位的高度 h 呈线性关系。

6.2.4 差动电容式传感器

在实际应用中，为了既提高灵敏度，又减小非线性误差，通常采用差动结构，如图6-6所示。

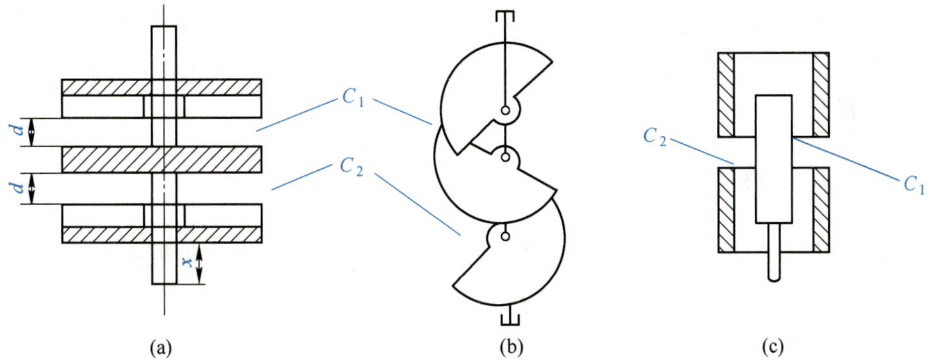

图 6-6 差动电容式传感器的结构示意图

（a）变极距式差动电容式传感器；（b）旋转式变面积差动电容式传感器；（c）圆柱式变面积差动电容式传感器

图 6-6（a）为变极距式差动电容式传感器，中间的极板为动极板，上下两块为定极板。当动极板向上移动距离 x 后，上边的极板间隙变为 d_0-x，而下边的极板间隙则为 d_0+x。电容 C_1 和 C_2 呈差动变化，即其中一个电容量增加，而另一个电容量相应减小。因此有：

$$C_1 = C_0 \frac{1}{1-\frac{x}{d_0}} \tag{6-31}$$

$$C_2 = C_0 \frac{1}{1 + \frac{x}{d_0}} \tag{6-32}$$

当 $x \ll d_0$ 时，$1-(\Delta d/d_0)^2 \approx 1$，两电容的差值为：

$$\Delta C = C_1 - C_2 = \left(C_0 + \frac{C_0 x}{d_0}\right) - \left(C_0 - \frac{C_0 x}{d_0}\right) = \frac{2x}{d_0} C_0 \tag{6-33}$$

灵敏度为：

$$K = \frac{\Delta C / C_0}{x} \approx \frac{2}{d_0} \tag{6-34}$$

因此，将 C_1 和 C_2 差接后，能使灵敏度提高一倍。

图 6-6（b）和（c）为变面积式差动电容式传感器，传感器输出和灵敏度均提高一倍。如图 6-6（c）中圆柱式变面积差动电容式传感器上下两个圆筒为定极筒、中间的为动极筒，当动极筒向上移动时，与上面的定极筒遮盖面积增加，而与下面的定极筒遮盖面积减小，两者变化的数值相等，反之亦然。图 6-6（b）中的旋转式变面积差动电容式传感器的原理与图 6-6（c）的相似。

6.3 电容式传感器的测量转换电路

电容式传感器的电容量以及电容变化量都非常微小，必须借助于信号调节电路才能将微小的电容变化量转换成与其成正比的电压、电流或频率，从而实现显示、记录和传输，相应的测量转换电路有交流电桥电路、调频测量电路、运算放大器电路、脉冲宽度调制电路、双 T 型电桥电路等。

6.3.1 交流电桥电路

电容式传感器的交流电桥测量电路如图 6-7 所示，它可分为单臂接法和差动接法两种。

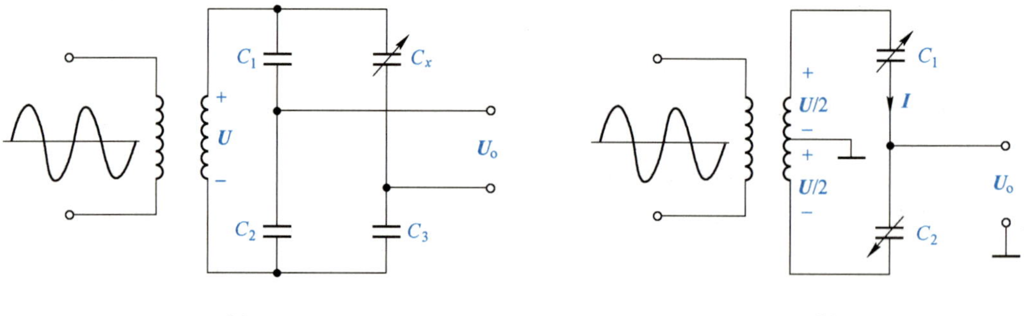

图 6-7 电容式传感器的交流电桥测量电路

（a）单臂接法；（b）差动接法

6.3.1.1 单臂接法

图 6-7（a）为单臂接法的交流电桥测量电路，高频电源经变压器接到电容桥的一条对角线上，电容 C_1、C_2、C_3 和 C_x 构成电桥的四个桥臂，其中 C_x 为电容式传感器，电桥输出电压在电容桥的另一条对角线上引出。

当传感器未工作时，交流电桥处于平衡状态，则有：

$$\frac{C_1}{C_2} = \frac{C_x}{C_3} \tag{6-35}$$

此时，电桥输出电压 $\boldsymbol{U}_o = 0$。

当 C_x 改变时，$\boldsymbol{U}_o \neq 0$，电桥有电压输出，从而可测出电容的变化量。

6.3.1.2 差动接法

差动接法的交流电桥测量电路如图 6-7（b）所示。电桥两臂 C_1、C_2 为差动电容式传感器，另外两臂为交流变压器次级线圈阻抗的一半。当负载阻抗（如放大器）为无穷大时，电桥的输出电压为：

$$\boldsymbol{U}_o = \frac{Z_2\boldsymbol{U}}{Z_1 + Z_2} - \frac{\boldsymbol{U}}{2} = \frac{Z_2 - Z_1}{Z_1 + Z_2} \cdot \frac{\boldsymbol{U}}{2} \tag{6-36}$$

将 $Z_1 = 1/(j\omega C_1)$，$Z_2 = 1/(j\omega C_2)$ 代入式（6-36）可得：

$$\boldsymbol{U}_o = \frac{C_1 - C_2}{C_1 + C_2} \cdot \frac{\boldsymbol{U}}{2} \tag{6-37}$$

如果 C_1、C_2 为变极距型电容式传感器，则有：

$$C_1 = \frac{\varepsilon A}{d_0 \mp x} \tag{6-38}$$

$$C_2 = \frac{\varepsilon A}{d_0 \pm x} \tag{6-39}$$

$$\boldsymbol{U}_o = \pm \frac{x}{d_0} \cdot \frac{\boldsymbol{U}}{2} \tag{6-40}$$

由此可见，在放大器的输入阻抗极大的情况下，输出电压与位移呈线性关系。

6.3.2 调频测量电路

调频测量电路把电容式传感器作为振荡器谐振回路的一部分，当输入量导致传感器电容量发生变化时，振荡器的振荡频率发生变化（Δf），此时虽然频率可以作为测量系统的输出，但系统是非线性的，不易校正，解决的办法是加入鉴频器，将频率的变化转换为振幅的变化（Δu），经过放大后输出到仪表可以显示。调频测量电路原理框图如图 6-8 所示。

调频振荡器的振荡频率为：

$$f = \frac{1}{2\pi\sqrt{LC}} \tag{6-41}$$

式中　L——振荡回路的电感；

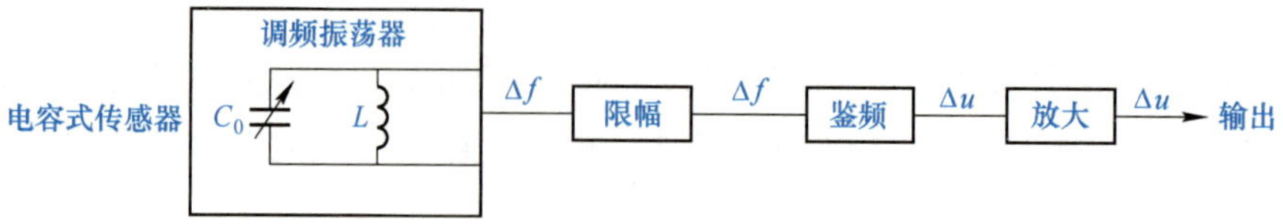

图 6-8 调频测量电路原理框图

C——振荡回路的总电容，$C=C_0\pm\Delta C$，其中，C_0为传感器的初始电容、振荡回路的固有电容、传感器引线分布电容的总和，ΔC 为传感器电容的变化量。

当没有被测信号时，$\Delta C=0$，此时振荡器的固有频率为：

$$f_0=\frac{1}{2\pi\sqrt{LC_0}} \tag{6-42}$$

当有被测信号（被测量改变）时，$\Delta C\neq 0$，此时振荡器的频率发生了变化，有一个相应的改变量 Δf，即有：

$$f'_0=\frac{1}{2\pi\sqrt{L(C_0\pm\Delta C)}}=f_0\mp\Delta f \tag{6-43}$$

6.3.3 运算放大器电路

运算放大器具有放大倍数大、输入阻抗高的特点，测量电路原理如图 6-9 所示，图中 C_x代表电容式传感器。

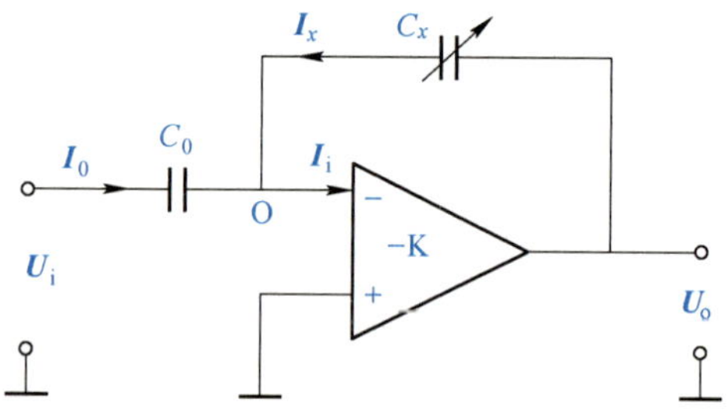

图 6-9 运算放大器电路

由于运算放大器的放大倍数非常高（假设 $K=\infty$），图 6-9 中 O 点为“虚地”，且放大器的输入阻抗很高（假设 $Z_i=\infty$），因此 $\boldsymbol{I}_i=0$，于是有：

$$\boldsymbol{U}_i=Z_{C_0}\cdot\boldsymbol{I}_0=\frac{1}{jwC_0}\cdot\boldsymbol{I}_0 \tag{6-44}$$

$$\boldsymbol{U}_o=Z_{C_x}\cdot\boldsymbol{I}_x=\frac{1}{jwC_x}\cdot\boldsymbol{I}_x \tag{6-45}$$

$$\boldsymbol{I}_0+\boldsymbol{I}_x=0 \tag{6-46}$$

由式（6-44）~式（6-46）联立解得：

$$\boldsymbol{U}_o=-\frac{C_0}{C_x}\boldsymbol{U}_i \tag{6-47}$$

如果传感器是变极距型平板电容器，则有：

$$C_x=\frac{\varepsilon\cdot A}{d} \tag{6-48}$$

将其代入式（6-47），即有：

$$U_o = -\frac{U_i \cdot C_0}{\varepsilon \cdot A} d \tag{6-49}$$

由此可见，输出电压与极板间距呈线性关系。

运算放大器测量电路的最大特点在于，能够克服变极距型电容式传感器的非线性，使其输出电压与输入位移之间呈线性关系。

6.3.4 脉冲宽度调制电路

脉冲宽度调制电路如图 6-10 所示，图中 C_1、C_2 为差动电容式传感器，电阻 $R_1 = R_2$，A_1、A_2 为比较器。双稳态触发器的两个输出 Q、$\overline{Q}$ 产生反向的方波脉冲电压。

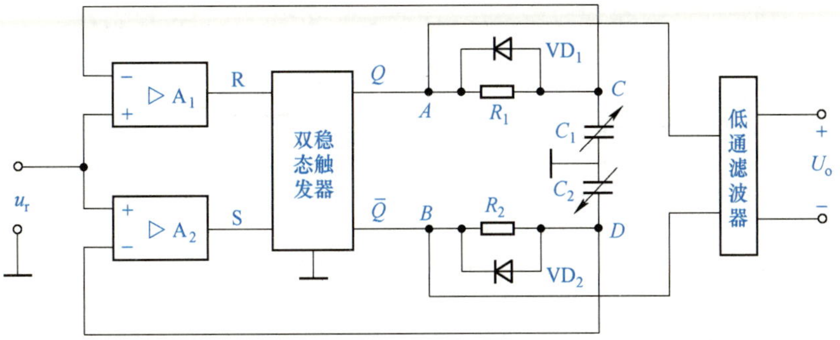

图 6-10 差动脉冲宽度调制电路

双稳态触发器在某一状态有：$Q = 1$（高电平）、$\overline{Q} = 0$（低电平），此时，A 点高电位，u_A（即触发器输出的高电平）经 R_1 对电容 C_1 充电，使 u_C 升高。充电直到 C 点电位高于参比电位 u_r，即 $u_C > u_r$，比较器 A_1 输出负跳变信号，触发双稳态触发器翻转，将使 $Q = 0$（低电平）、$\overline{Q} = 1$（高电平），这时 A 点为低电位，C_1 通过 VD_1 迅速放电至 0 电平；与此同时，B 点为高电位，u_B 通过 R_2 对 C_2 充电，直至 D 点电位高于参比电位 u_r，即 $u_D > u_r$，使比较器 A_2 输出负跳变信号，触发双稳态触发器发生翻转，重复前述过程。如此周而复始，Q 和 $\overline{Q}$ 端（即 A、B 两点间）输出方波。

充电过程可用式（6-50）描述：

$$u_C = u_A\left(1 - e^{-\frac{t}{\tau_1}}\right) \tag{6-50}$$

当忽略双稳态触发器的输出电阻，并认为二极管 VD_1 的反向电阻无穷大时，式（6-50）中的充电时间常数（即达到最终稳态值 63.2%所需的时间）为 $\tau_1 = R_1 C_1$。

可得充电时间为：

$$t = \tau_1 \ln \frac{u_A}{u_A - u_C} = R_1 C_1 \ln \frac{u_A}{u_A - u_C} \tag{6-51}$$

因此，对电容 C_1、C_2 分别充电至 u_r 时所需的时间分别为：

$$T_1 = R_1 C_1 \ln \frac{u_A}{u_A - u_r} \tag{6-52}$$

$$T_2 = R_2 C_2 \ln \frac{u_B}{u_B - u_r} = R_2 C_2 \ln \frac{u_A}{u_A - u_r} \tag{6-53}$$

当差动电容 $C_1 = C_2$ 时（初始平衡状态），由于 $R_1 = R_2$，因此 $T_1 = T_2$，两个电容器的充电过程完全一样。A、B 间的电压 u_{AB} 为对称的方波，其直流分量 U_0（平均电压值）为 0，对应的各点波形如图 6-11（a）所示。

当差动电容 $C_1 \neq C_2$ 时，假设 $C_1 > C_2$，则 C_1 充电过程的时间要延长、C_2 充电过程的时间要缩短，导致时间常数 $\tau_1 > \tau_2$，此时 u_{AB} 的方波不对称，各点的波形如图 6-11（b）所示。

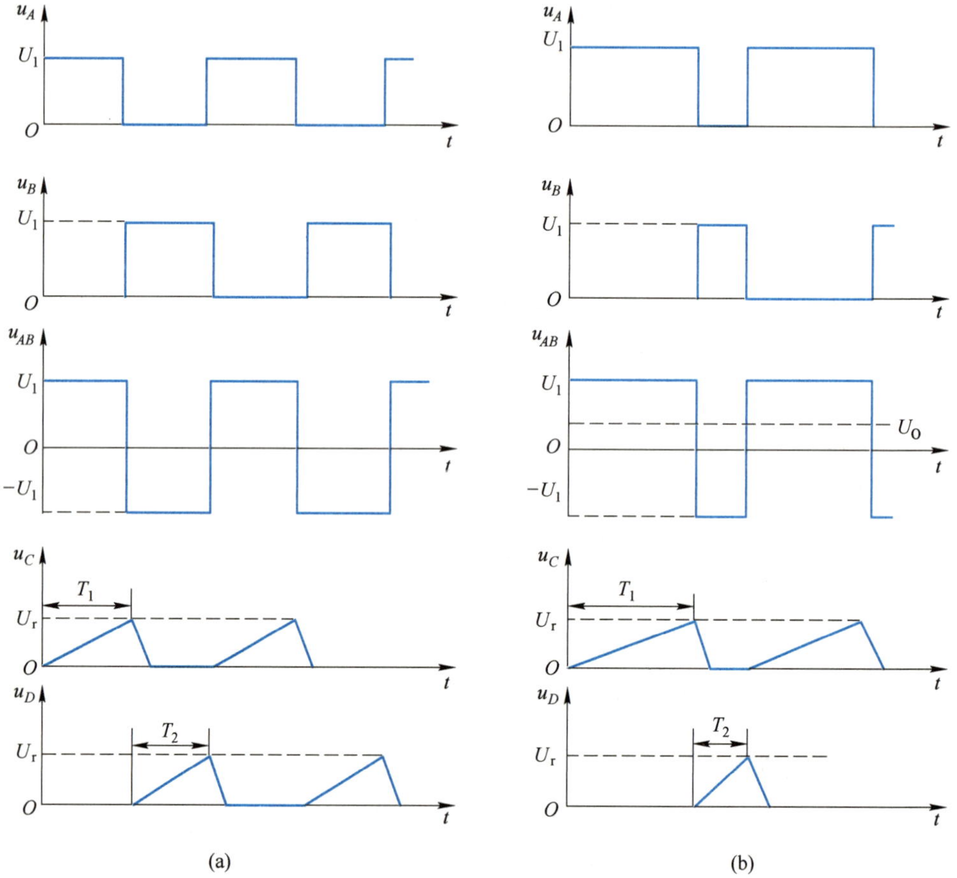

图 6-11 脉冲宽度调制电路中的各点电压波形

（a）$C_1 = C_2$；（b）$C_1 > C_2$

当矩形电压波通过低通滤波器后，可得出 u_{AB} 的直流分量 U_0（平均电压值）不为 0，应为：

$$U_O = (u_{AB})_{DC} = u_A - u_B = \frac{T_1}{T_1 + T_2}U_1 - \frac{T_2}{T_1 + T_2}U_1$$

$$= \frac{T_1 - T_2}{T_1 + T_2}U_1 = \frac{C_1 - C_2}{C_1 + C_2}U_1 \tag{6-54}$$

式中 U_1——u_A、u_B的幅值。

下面分析对于平板电容的情形。

（1）变极距型。如果采用差动电容，无输入时 $C_1 = C_2 = C_0$，即 $d_1 = d_2 = d_0$，$u_0 = 0$；有输入时，假设 $C_1 > C_2$，即 $d_1 = d_0 - x$，$d_2 = d_0 + x$，则有：

$$U_O = +\frac{x}{d_0}U_1 \tag{6-55}$$

对于 $C_1 < C_2$，即 $d_1 = d_0 + x$，$d_2 = d_0 - x$，则有：

$$U_O = -\frac{x}{d_0}U_1 \tag{6-56}$$

可见：U_o与 x 为线性关系（区别于前面分析变极距型电容式传感器得出的 ΔC 与 x 间的非线性关系）。

（2）变面积型。如果 $C_1 > C_2$，即 $A_1 = A_0 + \Delta A$，$A_2 = A_0 - \Delta A$，则有：

$$U_O = +\frac{\Delta A}{A_0}U_1 \tag{6-57}$$

同样地，对于 $C_1 < C_2$，即 $A_1 = A_0 - \Delta A$，$A_2 = A_0 + \Delta A$，则可推得：

$$U_O = -\frac{\Delta A}{A_0}U_1 \tag{6-58}$$

可见：U_O与 ΔA 为线性关系。

综上所述，差动脉冲宽度调制电路适用于变极距型和变面积型的差动电容式传感器，且为线性特性。

6.3.5 双 T 型电桥电路

双 T 型电桥电路如图 6-12 所示，可以测量确定值的高频阻抗和连续变化的阻抗。高频电源 u 提供幅值为 U、周期为 T、占空比为 50%的对称方波，VD_1、VD_2 为两个特性完全相同的二极管，$R_1 = R_2 = R$，R_L 为负载（如电流表或放大器等），C_1、C_2 为两个差动电容式传感器。

6.3.5.1 当传感器没有输入时（$C_1 = C_2$）

电路工作原理：当电源 u 为正半周期时，VD_1 导通、VD_2 截止，即对电容 C_1 充电，其等效电路如图 6-12（b）所示。然后在负半周期时，电容 C_1 上的电荷通过电阻 R_1、负载电阻 R_L 放电，流过负载的电流为 I_1。在负半周期内，VD_2 导通，VD_1 截止，对电容 C_2 充电，其等效电路如图 6-12（c）所示。随后出现正半周期时，C_2 通过电阻 R_2、负载电阻 R_L 放电，流过 R_L 的电流为 I_2。

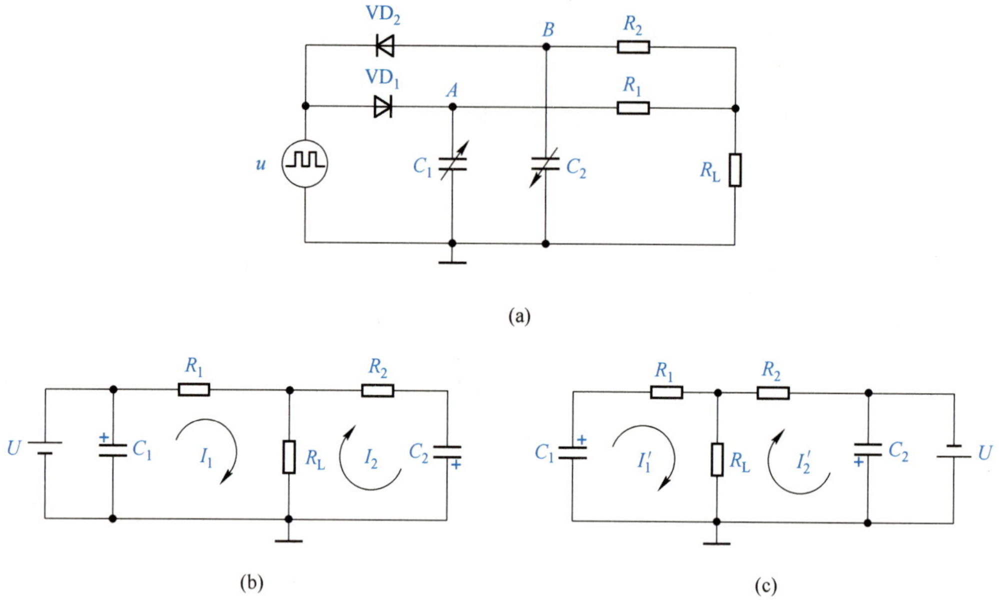

图 6-12 双 T 型电桥电路

（a）电路原理图；（b）u 为正半周期时的等效电路；（c）u 为负半周期时的等效电路

根据上述条件，则有电流 $I_1 = I_2$，且方向相反，在一个周期内流过 R_L 的平均电流为 0。

6.3.5.2 当传感器有输入时（$C_1 \neq C_2$）

此时，$I_1 \neq I_2$，在一个周期内流过 R_L 的平均电流不为 0，有电压信号输出。这种电路最大的优点是线路简单，无须附加相敏检波和整流电路，便可直接得到较高的直流输出电压（因为电源频率 f 很高）。输出电压的上升时间取决于负载电阻 R_L，例如 $R_L = 1\ \mathrm{k\Omega}$ 时，上升时间仅为 20 μs 左右，故它可用来测量高速机械运动。

思考与练习

6-1 根据电容式传感器工作原理，可将其分为几种类型，每种类型各有什么特点，各适用于什么场合？

6-2 为什么电容式传感器通常采用差动形式？

6-3 影响电容传感器精度的因素有哪些，如何消除电容传感器的边缘效应与寄生参量的影响？

6-4 试述电容传感器的特点，它能够测量哪些物理参数？

6-5 电容传感器测量电路的作用是什么？

6-6 某电容传感器（平行极板电容器）的圆形极板半径 $r = 4$ mm，工作初始极板间距离 $\delta_0 = 0.3$ mm，介质为空气。

问：（1）如果极板间距离变化量 $\Delta\delta = \pm 1$ μm，电容的变化量 ΔC 是多少？

（2）如果测量电路的灵敏度 $k_1 = 100$ mV/pF，读数仪表的灵敏度 $k_2 = 5$ 格/mV 在 $\Delta\delta = \pm 1$ μm 时，读数仪表的变化量为多少？

6-7 正方形平板电容器，极板长度 $a=4$ cm，极板间距离 $\Delta=0.2$ mm。若用此变面积型传感器测量位移 x，试计算该传感器的灵敏度？（已知极板间介质为空气，$\varepsilon_0=8.85\times10^{-12}$ F/m）。

6-8 有一变极距型电容传感器，两极板的重合面积为 8 cm^2，两极板间的距离为 1 mm，已知空气的相对介电常数为 1.0006，试计算该传感器的位移灵敏度？

6-9 变间隙电容传感器的测量电路为运算放大器电路，如图 6-13 所示。$C_0=200$ pF，传感器的起始电容量 $C_{x0}=20$ pF，定动极板距离 $d_0=1.5$ mm，运算放大器为理想放大器（即 $K\to\infty$，$Z_i\to\infty$），R_f极大，输入电压 $u_i=5\sin(\omega t)$ V。求当电容传感器动极板上输入一位移量 $\Delta x=0.15$ mm 使 d_0减小时，电路输出电压 u_o为多少？

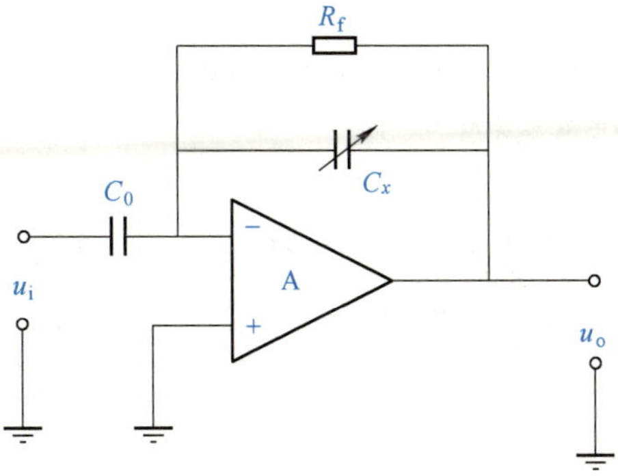

图 6-13 题 6-9

7 超声波传感器

第7章 课件

素养提升

透过现象看本质。

现象是事物的外部联系和表面特征，本质是事物的内在联系和根本性质。本章介绍的最为常用的压电式超声波传感器就是基于压电效应原理工作的。

动画 超声波测量液位原理

例 7-1 超声波式液位计测量原理如图7-1 所示，在显示屏上测得探头从发射至接收到反射小板的反射波时间 $t_0=2$ ms，接收到液面反射波的时间$t_{h1}=5.6$ ms。已知容器底部与探头的安装间距 h_2 为 10 m，反射小板与探头的间距 h_0为 0.5 m，求液位 H。

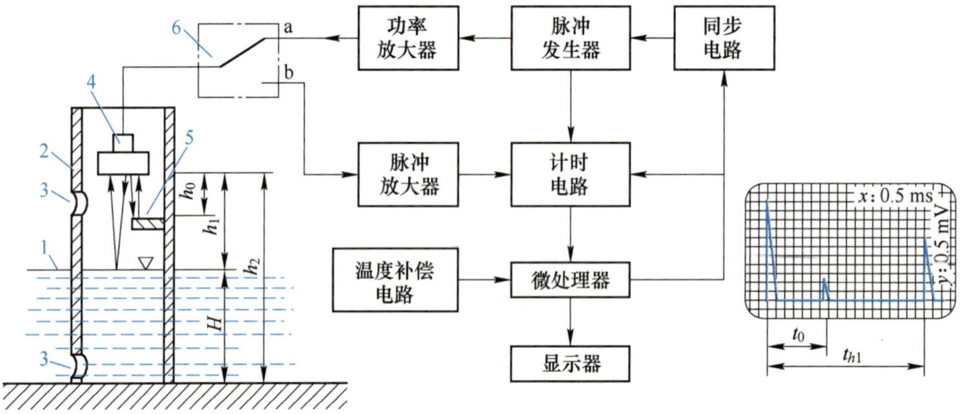

图 7-1 超声波式液位计测量原理

1—液面；2—立管；3—通孔；4—空气超声探头；5—反射小板；6—电子开关

解： 由于 $c=\dfrac{2h_0}{t_0}=\dfrac{2h_1}{t_{h1}}$，所以 $\dfrac{h_0}{t_0}=\dfrac{h_1}{t_{h1}}$，则有：

$$h_1=\frac{t_{h1}}{t_0}\times h_0=\frac{5.6\ \text{ms}}{2.0\ \text{ms}}\times 0.5\ \text{m}=1.4\ \text{m}$$，所以液位 $H=h_2-h_1=10\ \text{m}-1.4\ \text{m}=8.6\ \text{m}$。

超声波是一种机械波，它的方向性好，在液体、固体中衰减很小，穿透力强，遇到杂质或分界面会产生显著的反射和折射。利用这些物理性质，超声波可把一些非电量转换成声学参数，通过压电元件转换成电量，然后通过计算测量出这些非电物理量。

7.1 超声波简介

7.1.1 声波的分类

声波是振动在弹性介质内的传播，称为波动，简称波。声波的振动频率为 20～20 kHz,是人耳可以听到的机械波。人耳听不到的机械波，频率低于20 Hz 的声波称为次声波；频率高于 20 kHz 的声波称为超声波。频率为 $3\times10^{8}\sim3\times10^{11}$ Hz 的波，称为微波。

7.1.2 声波的波形

根据声源在介质中的施力方向与波在介质中传播方向的不同，声波的波形也不同。声波的传播波形主要有横波、纵波和表面波。

（1）横波。横波是指质点的振动方向垂直于传播方向的波，它只能在固体中传播。

（2）纵波。纵波是指质点的振动方向与传播方向一致的波，它能在固体、液体和气体中传播。

（3）表面波。表面波是指质点的振动方向介于纵波与横波之间，沿着固体表面向前传播，振幅随深度的增加而迅速衰减的波，它只能在固体中传播。表面波质点的振动轨迹是椭圆形，质点位移的长轴垂直于传播方向，质点位移的短轴平行于传播方向。

7.2 超声波的传播特性

超声波以直线传播方式，频率越高绕射能力越弱，但反射越强，利用这种性质可以制成超声波测距传感器；超声波在液体、固体中衰减很小，穿透能力强，特别是在不透光的固体中能穿透几十米，利用这种性质可以制成超声波探伤传感器。

7.2.1 声速、声压、声强与指向性

7.2.1.1 声速

超声波可以在气体、液体及固体中传播，并有各自的传播速度，纵波、横波和表面波的传播速度取决于介质的弹性常数、介质的密度以及声阻抗。声阻抗 Z 为介质密度 ρ 与声速 c 的乘积，即有：

$$Z=\rho c \tag{7-1}$$

其中，声速 c 恒等于声波的波长 λ 与频率 f 的乘积，即有：

$$c=\lambda f \tag{7-2}$$

在空气中声速 c(m/s) 为：

$$c=331.5+0.607t \tag{7-3}$$

式中　t——环境温度。

常用材料的密度、声阻抗与声速见表 7-1。

表 7-1 常用材料的密度、声阻抗与声速（环境温度为 0 ℃）

材 料	密度 $\rho/(\mathrm{kg\cdot m^{-3}})$	声阻抗 $Z/(\mathrm{MPa\cdot s^{-1}})$	纵波声速 $c_L/(\mathrm{km\cdot s^{-1}})$	横波声速 $c_S/(\mathrm{km\cdot s^{-1}})$
钢	7.8×10^3	46×10^3	5.9	3.23
铝	2.7×10^3	17×10^3	6.32	3.08
铜	8.9×10^3	42×10^3	4.7	2.05
有机玻璃	1.18×10^3	3.2×10^3	2.73	1.43
甘油	1.26×10^3	2.4×10^3	1.92	—
水（20 ℃）	1×10^3	1.48×10^3	1.48	—
油	0.9×10^3	1.28×10^3	1.4	—
空气	0.0013×10^3	0.0004×10^3	0.34	—

在气体和液体中只能传播纵波，常温下（20 ℃时）气体中声速为 344 m/s、液体中声速为 900~1900 m/s；在固体中，纵波、横波和表面波三者的声速具有一定关系。通常可认为，横波声速为纵波声速的一半，表面波声速约为横波声速的 90%。值得指出的是，介质中的声速受温度影响变化较大，在实际使用中注意采取温度补偿措施。

7.2.1.2 声压

当超声波在介质中传播时，质点所受交变压强与质点静压强之差称为声压 p，即介质中有声场时的压强与没有声场时的压强之差。声压与介质密度 ρ、声速 c、质点的振幅 X 及振动的角频率 ω 成正比，即：

$$p=\rho cX\omega \tag{7-4}$$

7.2.1.3 声强

单位时间内，在垂直于声波传播方向上单位面积 A 内所通过的声能称为声强 I，单位是 $\mathrm{W/m^2}$，声强与声压的平方成正比，即：

$$I=\frac{1}{2}\cdot\frac{p^2}{Z}=\frac{1}{2}\cdot\frac{p^2}{\rho c} \tag{7-5}$$

式中 p——声压的幅值，如果是有效值，没有 1/2 系数。

7.2.1.4 指向性

超声波声源发出的超声波束是以一定的角度向外扩散的，如图 7-2 所示。在声源的中心轴线上声强最大，随着扩散角度的增大声强逐步减小。半扩散角 θ、声源直径 D 及波长 λ 之间的关系为：

$$\sin\theta=1.22\frac{\lambda}{D} \tag{7-6}$$

设超声波波源的直径 D 为 20 mm，射入钢板的超声波（纵波）频率为 5 MHz，则根据式（7-6）可得 $\theta=4°$，可见超声波的指向性是十分尖锐的。

7.2.2 超声波的反射和折射

超声波从一种介质传播到另一种介质时，在两种介质的分界面上，一部分超声波被反射，另一部分则透射过分界面，在另一种介质内部继续传播，这两种情况分别称为超声波的反射和折射，如图 7-3 所示。

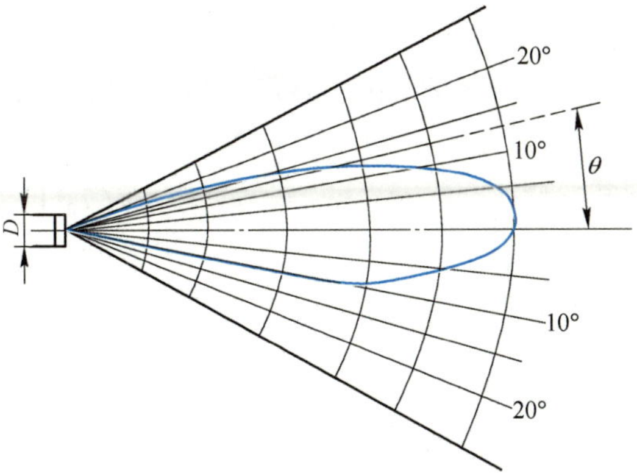

图 7-2 超声波束扩散角

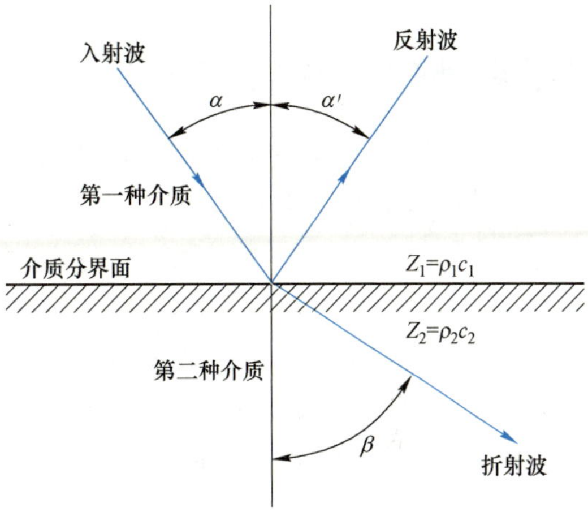

图 7-3 超声波的反射和折射

(1) 反射定律。由物理学知，当波在界面上产生反射时，入射角 α 的正弦与反射角 α' 的正弦之比等于波速之比。超声波在同一介质内的传播速度相等，所以入射角 α 与反射角 α' 相等。

(2) 折射定律。当波在界面处产生折射时，入射角 α 的正弦与折射角 β 的正弦之比，等于入射波在第一种介质中的波速 c_1 与折射波在第二种介质中的波速 c_2 之比，即有：

$$\frac{\sin\alpha}{\sin\beta}=\frac{c_1}{c_2} \tag{7-7}$$

当纵波（或横波）以某一角度倾斜入射在异质界面时，超声波将产生反射纵波（或横波），同时产生反射横波（或纵波）；若第二种介质为固体时，会产生折射纵波和折射横波，它们之间的关系为：

$$\frac{\sin\alpha}{v_{1L}}=\frac{\sin\alpha'}{v_{1L}}=\frac{\sin\beta_L}{v_{2L}}=\frac{\sin\beta_S}{v_{2S}} \tag{7-8}$$

式中 v_{iL}——介质 i 中纵波的传播速度；

v_{iS}——介质 i 中横波的传播速度；

α——纵波入射角；

α'——纵波反射角；

β_L——折射纵波的折射角；

β_S——折射横波的折射角。

当$\beta_L=90°$时，纵波入射角叫作第一临界角，用符号α_{I}表示。

$$\alpha_{\mathrm{I}} = \sin^{-1}\left(\frac{v_{1L}}{v_{2L}}\right) \tag{7-9}$$

当$\beta_S=90°$时，纵波入射角叫作第二临界角，用符号α_{II}表示。

$$\alpha_{\mathrm{II}} = \sin^{-1}\left(\frac{v_{1L}}{v_{2S}}\right) \tag{7-10}$$

7.2.3 超声波的衰减

超声波在介质中传播时，随着传播距离的增加，能量逐渐衰减，其声压和声强的衰减规律满足以下函数关系：

$$p_x = p_0 e^{-\alpha x} \tag{7-11}$$

$$I_x = I_0 e^{-2\alpha x} \tag{7-12}$$

式中　p_x，I_x——距离声源x处的超声波声压和声强；

p_0，I_0——声源处的超声波声压和声强；

x——距离声源处的距离；

α——衰减系数。

在空气中传导的超声波的频率选得较低，为数千赫兹，而在固体、液体中则选较高频率的超声波。超声波在空气中传播衰减较快，而在液体和固体中传播衰减较小，传播较远。

7.3 常用的超声波传感器

超声波传感器是利用超声波的特性，实现自动检测的测量元件。为了以超声波作为检测手段，必须能产生超声波和接收超声波，完成这种功能的装置就是超声波传感器，又称超声波探头。超声波传感器按工作原理，可分为压电式、磁致伸缩式、电磁式等，下面介绍最为常用的压电式超声波传感器。

7.3.1 压电式超声波传感器

压电式超声波传感器是利用压电材料的压电效应原理来工作的，常用的压电材料主要有压电晶体和压电陶瓷。根据正、逆压电效应的不同，压电式超声波传感器分为发生器（发射探头）和接收器（接收探头）两种。逆压电效应将高频电振动转换成高频机械振动，以产生超声波，可作为发射探头。而利用压电效应则将接收的超声振动转换成压电信号，可作为接收探头。

典型的压电式超声波传感器的结构如图7-4所示，主要由压电晶片、吸收块（阻尼块）、保护膜等组成。压电晶片多为圆板形，超声波频率与其厚度成反比。压电晶片的两面镀有银层，作为导电的极板，底面接地，上面接至引出线。为了避免传感器与被测件直接接触而磨损压电晶片，在压电晶片下黏合一层保护膜。阻尼块的作用是降低压电晶片的机械品质，吸收超声波的能量。如果没有阻尼块，当激励的电脉冲信号停止时，晶片将会继续振荡，增加超声波的脉冲宽度，使分辨率变差。

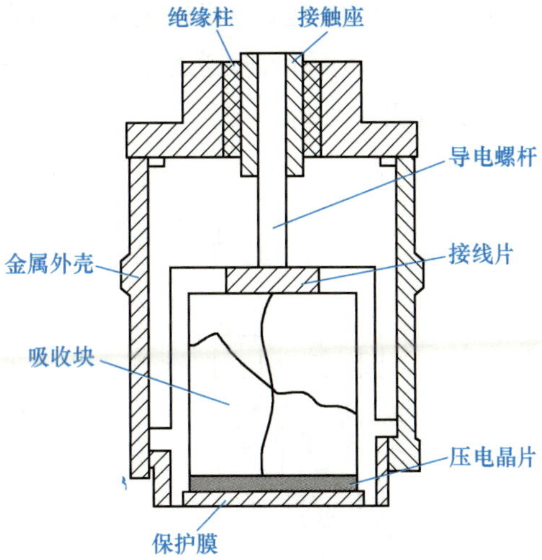

图 7-4　压电式超声波传感器的结构

7.3.2 超声波探头的结构类型

超声波探头根据结构不同分为直探头、斜探头、双探头、表面波探头、聚焦探头、水浸探头、空气传导探头以及其他专用探头等，下面主要介绍单晶直探头、双晶直探头、斜探头和空气传导探头等类型。

7.3.2.1 单晶直探头

用于固体介质的单晶直探头（俗称直探头）的结构如图 7-5（a）所示。压电晶片采用锆钛酸（PZT）压电陶瓷材料制作，外壳使用金属制作，保护膜用于防止压电晶片磨损，改善耦合条件；阻尼吸收块用于吸收压电晶片背面的超声脉冲能量，防止杂乱反射波的产生。

超声波的发射和接收虽然均是利用同一块晶片，但时间上有先后之分，所以单晶直探头是处于分时工作状态，必须用电子开关来切换这两种不同的状态。

7.3.2.2 双晶直探头

双晶直探头的结构如图 7-5（b）所示。它由两个单晶探头组合而成，装配在同一壳体内，在双探头中，一片压电晶片发射超声脉冲，而另一片接收超声脉冲。两个晶片之间用一块吸声性能强、绝缘性能好的薄片加以隔离，使超声波的发射和接收互不干扰。略有倾斜的晶片下方还设有延迟块，它能使超声波延迟一段时间后才入射到试件中，可减小试件接近表面处的盲区，提高分辨能力。双晶直探头的结构虽然复杂，但检测精度比单晶直探头高，而且超声波信号的反射和接收的控制电路较单晶直探头简单。

7.3.2.3 斜探头

有时为了使超声波能倾斜入射到被测介质中，可选用斜探头，斜探头的压电晶片粘贴在与底面成一定角度（如30°、45°等）的有机玻璃斜楔块上，如图7-5（c）所示，压电晶片的上方使用吸声性能强的阻尼吸收块覆盖。当斜楔块与不同材料的被测介质（试件）接触时，超声波产生一定角度的折射，倾斜入射到试件中去，折射角可通过计算求得，可产生多次反射，从而传播到较远处去。

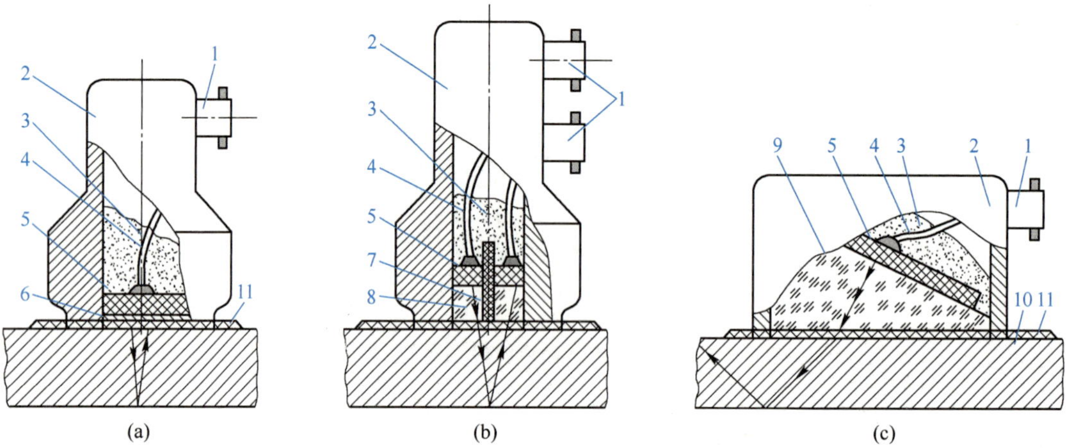

图7-5 超声波探头的结构

（a）单晶直探头；（b）双晶直探头；（c）斜探头

1—接插件；2—外壳；3—阻尼吸收块；4—引线；5—压电晶体；6—保护膜；

7—隔离层；8—延迟块；9—有机玻璃斜楔块；10—试件；11—耦合剂

斜探头用作发射和接收横波，与直探头不同的是它将压电片产生的纵波经波导楔（斜楔块）以一定的角度斜射到被测工件表面，利用纵波的全反射，转换为横波进入工件。当入射角增大到某一角度、使工件中横波的折射角为90°时，在工件上产生表面波，从而形成表面波探头。因此，表面波探头属于斜探头的特例。

7.3.2.4 以空气为传导介质的超声波发射器和接收器

以空气为传导介质的超声波发射器和接收器一般是分开设置的，两者的结构也略有不同。图7-6为空气传导用的超声波发射器和接收器结构图，发射器的压电片上粘贴了一只锥形共振盘，以提高发射效率和方向性。接收器的共振盘上增加了一只阻抗匹配器，以提高接收效率。

该超声波传感器发射的超声波采用固定的中心频率，谐振频率f_0一般为40 kHz，具有单峰特性，即在中心频率f_0处灵敏度最高，输出信号幅值最大，接收器的接收灵敏度最高，而在中心频率两侧则迅速衰减。

超声波发射器（用符号T表示）和接收器（用符号R表示）成对配套使用，常见的T/R40型超声传感器的外形如图7-7所示，尺寸见表7-2。

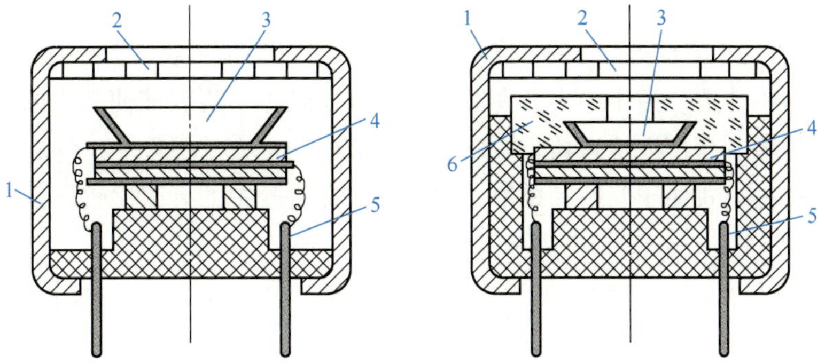

图 7-6 空气传导型超声波发射和接收器的结构

（a）超声波发射器；（b）超声波接收器

1—外壳；2—金属丝网罩；3—锥形共振盘；4—压电晶片；5—引线端子；6—阻抗匹配器

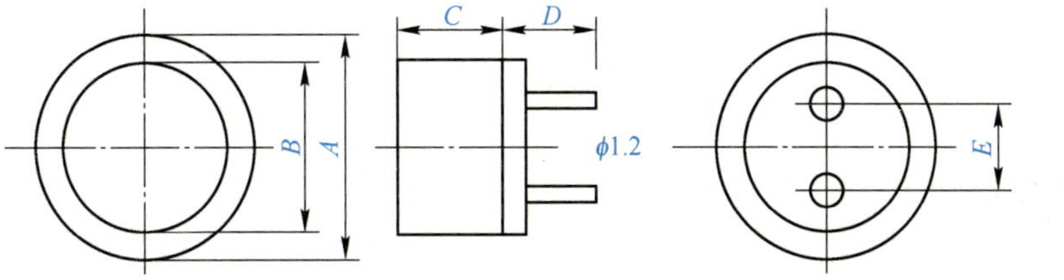

图 7-7 T/R40 型超声传感器的外形

表 7-2 T/R40 型超声传感器的尺寸 （mm）

型号	*A*	*B*	*C*	*D*	*E*
T/R40—12	12.7	10.0	9.5	6.2	8.5
T/R40—16	16.2	13.0	12.2	9.2	10.0
T/R40—18A	18.0	15.0	14.2	10.8	11.8
T/R40—24A	23.8	13.8	14.6	10.2	11.8

7.4 超声波物位传感器

7.4.1 超声波物位传感器的工作原理

将存于各种容器内的液体表面高度及所在的位置称为液位，固体颗粒、粉料、块料的高度或表面所在位置称为料位，两者统称为物位。

超声波测量物位是根据其在两种介质分界面上的反射特性而工作的。根据发射和接收的换能器功能，超声波物位传感器可分为单换能器和双换能器两种。单换能器在发射和接收超声波时均使用同一个换能器，而双换能器对超声波的发射和接收各由一个换能器担任。

图 7-8 为几种超声波检测物位的工作原理图。超声波传感器可放置于水中（见图 7-8（a）），让超声波在液体中传播。由于超声波在液体中衰减比较小，所以即使产生的超声波脉冲幅度较小也可以传播。超声波传感器也可以安装在液面的上方（见图 7-8（b）），让超声波在空气中传播。这种方式便于安装和维修，但超声波在空气中的衰减比较厉害。

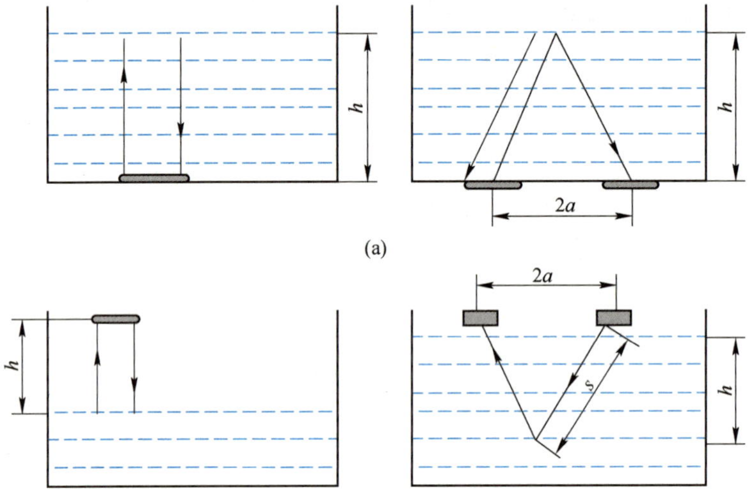

图 7-8 超声波物位检测工作原理

（a）超声波换能器设置在水中；（b）超声波换能器设置在液面上方

对于单换能器来说，超声波从发射到液面，又从液面反射到换能器的时间为：

$$t = \frac{2h}{v} \tag{7-13}$$

则有：

$$h = \frac{vt}{2} \tag{7-14}$$

式中 h——换能器距液面的高度；

v——超声波在介质中传播的速度。

对于双换能器来说，超声波从发射到被接收经过的路程为 2 s，由

$$s = \frac{vt}{2} \tag{7-15}$$

因此，液面高度为：

$$h = \sqrt{s^2 - a^2} \tag{7-16}$$

式中 s——超声波反射点到换能器的距离；

a——两个换能器间距的一半。

7.4.2 超声波液位计

超声波液位计按传声介质不同，可分为气介式、液介式、固介式三种，如图 7-9 所示。

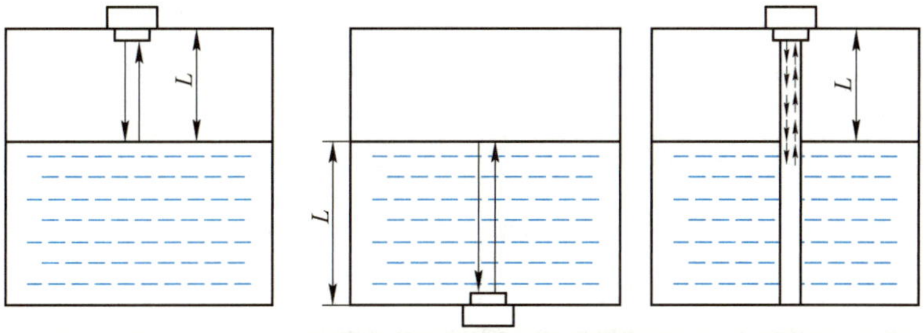

图 7-9 单探头超声波液位计
（a）气介式；（b）液介式；（c）固介式

超声波液位测量的优点：与介质不接触，无可动部件，电子元件只以声频振动，振幅小，仪器寿命长；超声波传播速度比较稳定，光线、介质黏度、湿度、介电常数、电导率、热导率等对检测几乎无影响，因此适用于有毒、腐蚀性或高黏度等特殊场合的液位测量；不仅可进行连续测量和定点测量，还能方便地提供遥测或遥控信号；能测量高速运动或有倾斜晃动的液体的液位，如置于汽车、飞机、轮船中的液位。

实际测量中，有时液面会有气泡、悬浮物、波浪或液体出现沸腾，引起反射混乱，便会有较大的误差，一般复杂情况宜采用超声波在金属波导棒中传播的固介式超声波液位计。

7.5 超声波测量电路设计

7.5.1 超声波发送模块设计

超声波发送器包括超声波的产生电路和发射控制电路两部分，超声波探头可采用软件发生法和硬件发生法产生超声波。前者利用软件产生 40 kHz 的超声波信号，通过输出引脚输入至驱动器（由门电路组成，以提高输出功率），在驱动器的驱动下，探头产生超声波；第二种方法是利用超声波专用发生电路或通用发生电路产生超声波信号，并直接驱动换能器产生超声波。

选用硬件发生法产生超声波的电路如图 7-10 所示，40 kHz 的超声波是利用 555 时基电路组成的振荡器，是通过调整 20 kΩ 电位器产生的。

7.5.2 超声波接收模块设计

超声波接收器包括超声波的接收探头、信号放大电路及波形变换电路三部分，超声波探头必须采用与发射探头对应的型号。

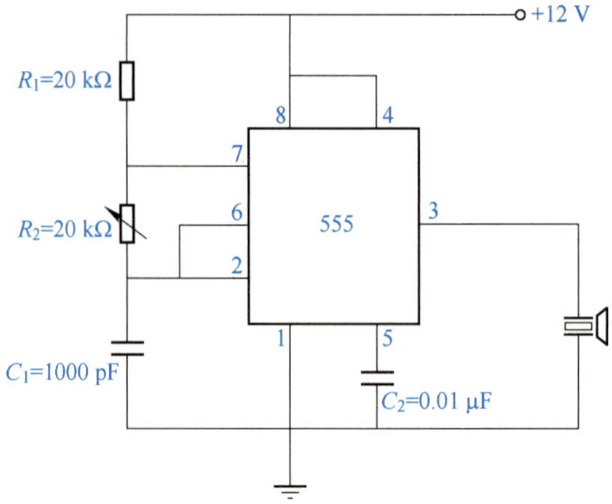

图 7-10 超声波发送电路

超声波接收电路如图 7-11 所示。当没有发射超声波信号时，*A*、*B*、*C* 点的电位是均为低电平，*D* 的电位是高电平。当接收到超声波信号时，经过 LM386 放大，通过电感电容滤波，使其只有 40 kHz 的信号通过，再经过 LM386 进行二次放大，当测量距离远时，二次放大的信号仍然太弱，因此还要进行三次放大；当测量距离近时，二次放大的信号就很强了，但由于第三级的输入电压不能太高，所以需要用二极管 VD_1、VD_2 进行限幅。

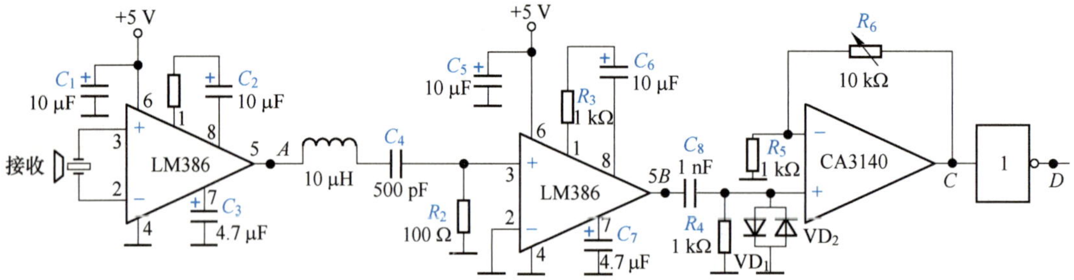

图 7-11 超声波接收电路

7.6 超声波的其他参数测量

7.6.1 超声波测厚度

脉冲回波法测量试件厚度如图 7-12 所示。超声波探头与被测试件的某一表面相接触，由主控制器产生一定频率的脉冲信号，送到发射电路，经电流放大后加到超声波探头左边的压电晶片上，激励超声波探头产生重复的超声波脉冲。脉冲波传到被测试件的另一表面后反射回来，被超声波探头右边的压电晶片接收。

若已知超声波在被测试件中的传播速度 v，设试件厚度为 d，脉冲波从发射到接收的时间间隔 Δt 可以测量，则可求出被测试件厚度为：

$$d = \frac{v\Delta t}{2} \tag{7-17}$$

用超声波传感器测量零件厚度，具有测量精度高、操作安全简单、易于读数、能实现连续自动检测、测试仪器轻便等诸多优点。但是，对于声衰减很大的材料，以及表面凹凸不平或形状极不规则的零件，利用超声波实现厚度测量比较困难。

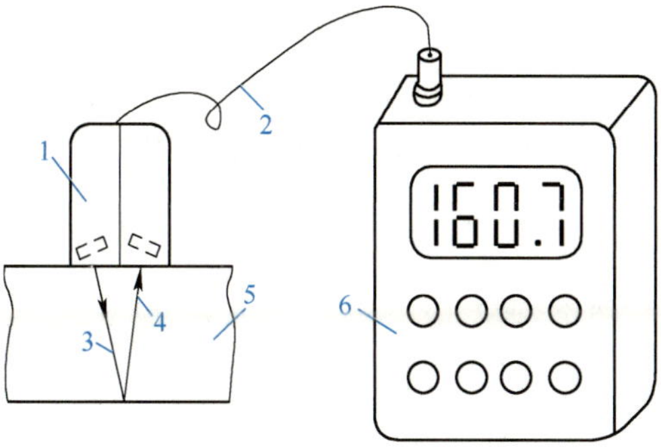

图 7-12 超声波脉冲回波法测量试件厚度

1—双晶直探头；2—引线电缆；3—入射波；4—反射波；5—试件；6—显示仪表

7.6.2 超声波测流量

超声波流量传感器的测定原理是多样的，如传播速度变化法、波速移动法、贝济埃效应法、流动听声法等，目前应用较广的主要是超声波传输时间差法。

超声波在流体中传输时，在静止流体和流动流体中的传输速度是不同的，利用这一特点可以求出流体的速度，再根据管道流体的截面积，便可计算出流体的流量。

在实际应用中，超声波传感器安装在管道的外部，从管道的外面透过管壁发射和接收超声波不会给管路内流动的流体带来影响，原理如图7-13所示。

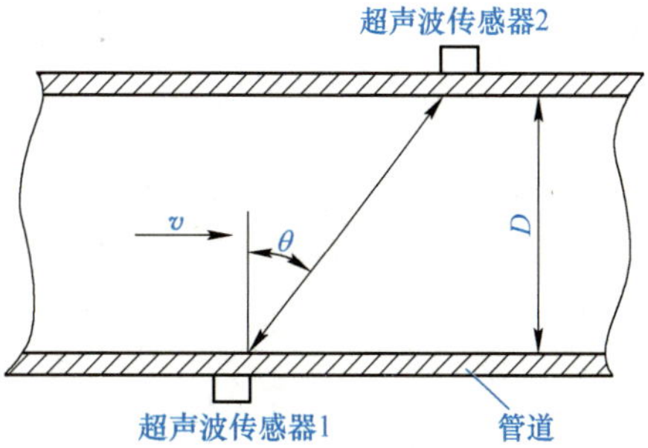

图 7-13 超声波测流量

在管道两侧设置两个超声波传感器，它们既可以发射超声波又可以接收超声波，一个安装在上游、一个安装在下游，超声波传播方向与管径夹角为 θ，管道内径为 D。设流体静止时的超声波传输速度为 c，流体流动速度为 v，顺流方向的传输时间为 t_1，逆流方向的传输时间为 t_2，则有：

$$t_1 = \frac{D/\cos\theta}{c + v\sin\theta} \tag{7-18}$$

$$t_2 = \frac{D/\cos\theta}{c - v\sin\theta} \tag{7-19}$$

一般来说，流体的流速远小于超声波在流体中的传播速度，那么超声波传播时间差为：

$$\Delta t = t_2 - t_1 = \frac{D/\cos\theta}{c - v\sin\theta} - \frac{D/\cos\theta}{c + v\sin\theta} = \frac{2Dv\tan\theta}{c^2 - v^2\sin^2\theta} \tag{7-20}$$

由于 $c \gg v$，从式（7-20）便可得到流体的流速，即有：

$$v = \frac{c^2}{2D}\Delta t\cot\theta \tag{7-21}$$

则体积流量为：

$$q_v \approx \frac{\pi}{4}d^2 v = \frac{\pi}{8}dc^2\Delta t\cot\theta \tag{7-22}$$

可知，流速与流量均与时间差成正比，而时间差可用标准时间脉冲计数器来实现，该方法称为时间差法（详见 17.3 节）。

7.6.3 超声波无损探伤

超声波探伤是目前应用十分广泛的无损探伤手段。它既可检测材料表面的缺陷，又可检测内部几米深的缺陷，这是 X 光探伤所达不到的深度。

动画 超声波探伤

超声波探伤是利用超声波入射到被测工件内部，当声束遇到有缺陷时会使产生的发射回波或穿透波衰减，从而判断被测工件内部缺陷是否存在、缺陷大小和位置。根据检测原理，超声波无损探伤分为穿透法探伤和反射法探伤。穿透法探伤是根据超声波穿透工件后能量的变化情况来判断工件内部质量；反射法探伤是根据超声波在工件中反射情况的不同来探测工件内部是否有缺陷。这里主要介绍常用的反射法探伤，反射法探伤根据超声波形的不同可分为纵波探伤、横波探伤和表面波探伤。

7.6.3.1 纵波探伤

纵波探伤采用超声直探头，如图 7-14 所示。检测时将探头放置在被测工件上，并在工件表面来回移动。检测时探头发射出超声波，以垂直方向在工件内部传播。如果传播路径上没有缺陷，超声波到达底部便产生反射，显示器上便出现始波脉冲 T(T 波）和底部脉冲 B(B 波)，如图 7-14（a）所示；如果工件有缺陷，一部分脉冲将会在缺陷处产生反射，另一部分则继续传播到达工件底部产生反射，因而在显示器上除始波脉冲 T 和底部脉冲 B 外，还出现缺陷脉冲 F(F 波)，如图 7-14（b）所示。

显示器上水平扫描线为时基线，预先调整其长度与工件的厚度成正比，根据缺陷脉冲在扫描基线上的位置便可确定缺陷在工件中的深度。

7.6.3.2 横波探伤

当遇到纵深方向的缺陷时，采用直探头就很难真实反映缺陷的形状大小。此时应采用斜探头探测，如图 7-15 所示。控制倾斜角度使斜探头发出的超声波以横波方式在工件的上下表面逐次反射传播直至端面为止。横波探测一般作为粗检，为准确探测缺陷性质、取向等，应采用不同的探头反复探测，方可较准确地描绘出缺陷的形状和大小。

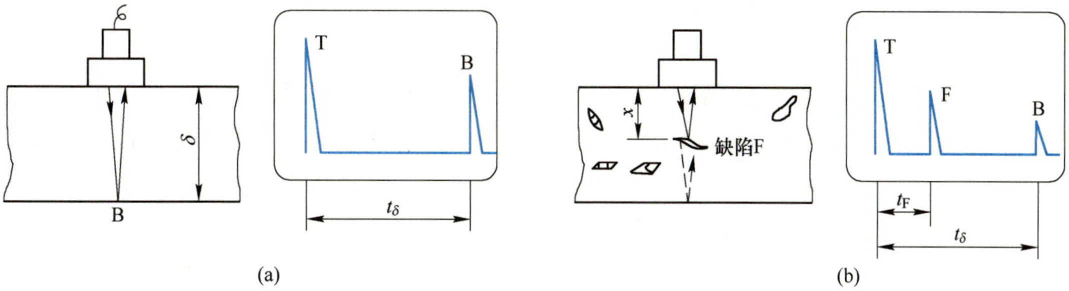

图 7-14 纵波探伤示意图

(a) 无缺陷；(b) 有缺陷

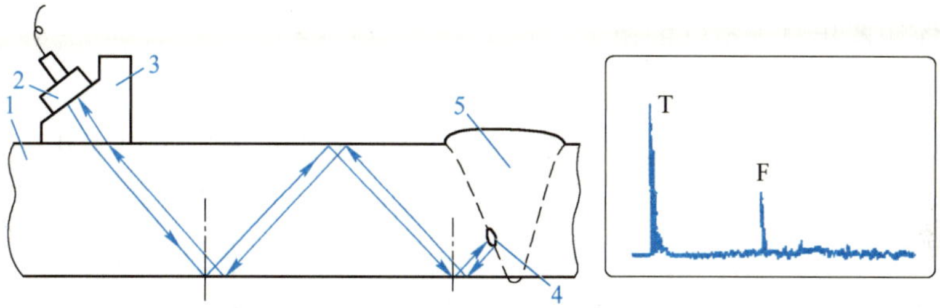

图 7-15 横波探伤示意图

1—被检件；2—斜探头；3—斜楔块；4—缺陷；5—焊料

7.6.3.3 表面波探伤

表面波探伤如图 7-16 所示，当超声波的入射角超过一定值时，折射角可达到 90°，形成表面波。由于表面波是沿着工件表面做椭圆轨迹传播，且不受表面形状曲线的影响，当试件表面有缺陷时，表面波将沿表面反射回探头，因此在显示器上显示出缺陷信号。综合考虑 F 波的幅度及距离，就可以大致判断缺陷的大小。

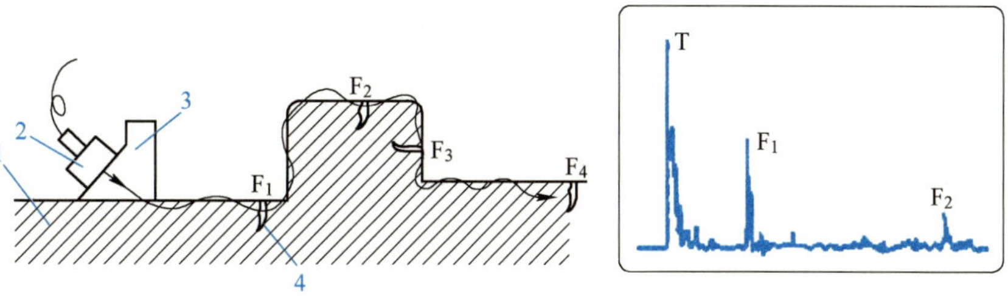

图 7-16 表面波探伤示意图

1—被检件；2—表面波探头；3—斜楔块；4—缺陷

7.7 多普勒效应

生活中有这样一个有趣的现象：当一辆救护车迎面驶来的时候，听到的声音比原来高；而车离去的时候，声音的音高比原来低。你可能没有意识到，这个现象和医院使用的彩超同属于一个原理，那就是多普勒效应。

假若发射机与接收机之间的距离发生变化，则接收机收到信号的频率与发射机发射信号的频率就不同。发射机与接收机之间的距离增大，接收机收到信号的频率变低；发射机与接收机之间的距离减小，接收机收到信号的频率变高，此现象称为多普勒效应。

如果探测器或声源有一个正在运动，或者都在运动，发射的频率 f 与探测到的频率 f' 之间的关系为：

$$f' = f\frac{v \pm v_D}{v \pm v_S} \tag{7-23}$$

式中 v——声音通过空气的速率；

v_D——探测器相对于空气的速率；

v_S——声源相对于空气的速率。

如果探测器向着声源运动，式（7-23）的分子中使用正号，使频率升高；如果远离而去，则分子中使用负号，使频率降低；如果探测器是静止的，用 0 替换 v_D。

如果声源向着探测器运动，式（7-23）的分母中使用负号，使频率升高；如果远离而去，则分母中使用正号，使频率降低；如果声源是静止的，用 0 替换 v_S。

思考与练习

7-1 当超声波由一种介质入射到另一种介质时，由于在两种介质中传播速度不同，在介质面上会产生________、________和波形转换等现象。

7-2 超声波探头按工作原理可分为________、________、________等，而以压电式最为常用，压电式超声波探头常用的材料是________和________。

7-3 如图 7-14 所示，显示器的 x 轴为 10 μs/div（格），现测得 B 波与 T 波的距离为 10 格，F 波与 T 波的距离为 3.5 格（已知，纵波在钢板中的声速 $c=5.9\times10^3$ m/s）。求：

（1）t_δ 及 t_F；

（2）钢板的厚度 δ 及缺陷与表面的距离 x。

8 热 电 偶

第8章 课件

素养提升

自工业革命以来，人类向大气中排放的二氧化碳等吸热性强的温室气体逐年增加，大气的温室效应也随之增强，导致全球平均气温正以前所未有的速度上升。气候危机的影响范围越来越大，越来越严重，我们正在经历干旱、森林火灾和海平面上升等一系列灾害性天气事件——气候问题已迫在眉睫。碳中和、碳达峰已成为一个全球性的关键议题。截至2020年，全球已有54个国家的碳排放实现达峰，占全球碳排放总量的40%；碳中和方面，不丹和苏里南已实现了碳中和，同时已有29个国家和地区通过颁布政策或立法的方式做出了碳中和承诺。

2020年9月，在第七十五届联合国大会一般性辩论上，我国首次提出要在2030年实现碳达峰，2060年实现碳中和的目标，并随后在多次重大工作会议和对外问答过程中提到碳达峰和碳中和目标。

首先，我们要明确碳排放量主要是指温室气体的排放量，由于二氧化碳是最主要的温室气体，因此狭义上碳排量即是指二氧化碳的排放量；其次，碳达峰是指在某一时刻，二氧化碳排放量达到历史最高值，随后逐步回落；最后，碳中和是指在某一时刻，通过植树造林、节能减排等方式，使该地区的二氧化碳排放量和吸收量可以正负抵消，达到相对意义上的零排放。

我国从2005年开始便提出节能低碳的目标，大力鼓励新能源技术的发展、倡导人民的环保意识，截至目前我国节能减排政策已取得显著成效。

碳达峰、碳中和早已在无形之中直接或间接影响着我们的日常生活，随着“双碳”政策的实施，更多新能源和新科技会催生出更多的新技术和新思想，这些也将进一步重塑我们的生活。未来碳排放趋势如何，“双碳”政策将会影响哪些行业，是机遇还是挑战？

热电偶是工业上常用的温度检测组件之一，它是一种将温度量转换为电动势大小的热电式传感器，具有测温范围宽、测量精度高、性能稳定、结构简单，且动态响应较好，可直接输出电信号，快速测量，远距离传输，便于集中检测、调节和控制的特点，因此在冶金、机械和化工等领域有广泛的应用。本章主要介绍热电偶的基本工作原理和应用方法。

8.1 热电偶的工作原理

8.1.1 热电效应

热电偶的工作原理是基于物体的热电效应。将两种不同材料导体（或半导体）A 与 B 的两端分别串接成一个闭合回路，如图 8-1 所示，如果两接合点的温度不同（$T \neq T_0$），则在两者间将产生电动势，而在回路中就会有一定大小的电流，这种现象称为热电效应或塞贝克效应。

动画 热电效应

由两种不同材料的导体组成的回路称为热电偶，组成热电偶的导体称为热电极，热电偶所产生的电势称为热电势。热电偶的两个结点中，置于温度为 T 的被测对象中的结点称为测量端，又称为工作端或热端；置于温度为 T_0 的另一结点称为参考端，又称为自由端或冷端。

理论分析表明：热电偶产生的热电动势由两种导体的接触电动势和单一导体温差电动势两部分组成。

8.1.1.1 接触电动势

热电偶回路的总电势主要是由接触电动势引起的。接触电动势是由于两种不同导体的自由电子密度不同，在接触处会发生自由电子的扩散形成的电动势。

当两种不同的导体 A、B 连接在一起时，设导体 A、B 的自由电子密度分别为 $n_A > n_B$，且有 $n_A > n_B$，由于两者内部单位体积的自由电子数目不同，因此在 A、B 的接触处就会发生电子的扩散，且电子在两个方向上扩散的速率不相同，即在相同的时间内，从导体 A 扩散到导体 B 中的自由电子比从导体 B 扩散到导体 A 中的自由电子多，这时导体 A 因失去电子而带正电，导体 B 因得到电子而带负电，在接触面两侧的一定范围内形成一个电场，电场的方向由 A 指向 B，如图 8-2 所示。

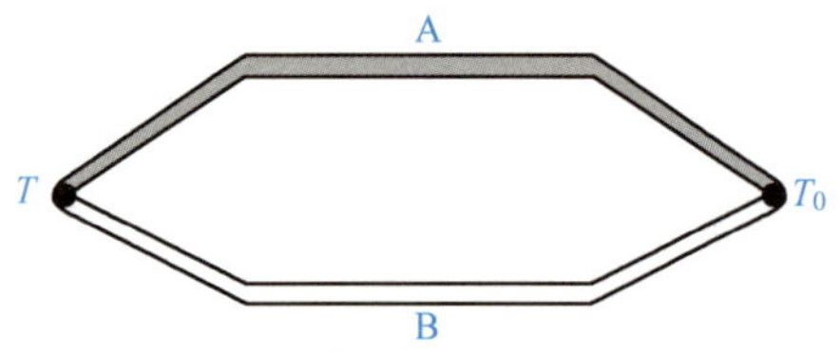

图 8-1 热电偶工作原理图

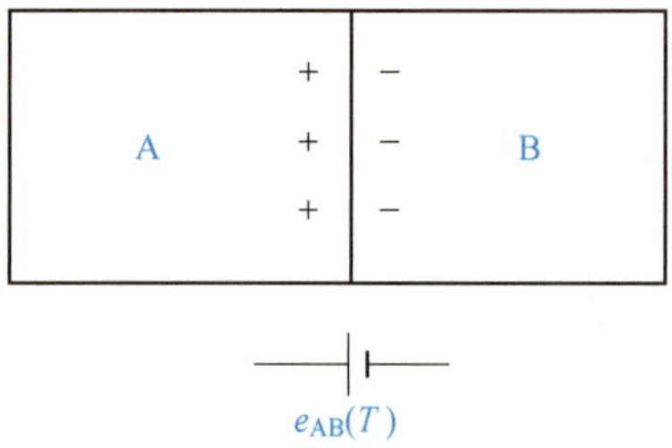

图 8-2 接触电动势

该电场将阻碍电子的进一步扩散，最后导体处于一种动态平衡状态。这种状态下，A 与 B 两种不同金属的接点处产生的电动势称为接触电动势，其大小为：

$$e_{AB}(T) = \frac{kT}{e} \ln \frac{n_A(T)}{n_B(T)} \tag{8-1}$$

式中 $e_{AB}(T)$ ——A、B 两种材料在温度 T 时的接触电动势；

T——接触处的绝对温度，K；

k ——玻耳兹曼常数，$k=1.38\times10^{-23}$ J/K；

$n_A(T)$，$n_B(T)$ ——材料 A、B 分别在温度 T 下的自由电子密度；

e——单个电子的电荷量，$e=1.6\times10^{-19}$ C。

可以看出，接触电动势的大小与导体的材料、接点的温度有关，而与导体的直径、长度、几何形状等无关。

8.1.1.2 温差电动势

温差电动势是在同一导体中，由于温度不同而产生的一种电动势。

对于单一导体，如果两端温度分别为 T、T_0，且 $T>T_0$，则导体中的自由电子，在高温端具有较大的动能，因而向低温端扩散；高温端因失去电子而带正电，低温端由于获得电子而带负电，这样导体将产生一个从高温端指向低温端的静电场，如图 8-3 所示。该电场阻止电子从高温端继续向低温端转移，并使电子反方向移动，最终将达到动态平衡状态。此时，在导体两端产生一个电势差，称为单一导体的温差电动势 $e_A(T, T_0)$，$e_A(T, T_0)$ 是导体 A 两端温度为 T 和 T_0 时形成的温差电动势。

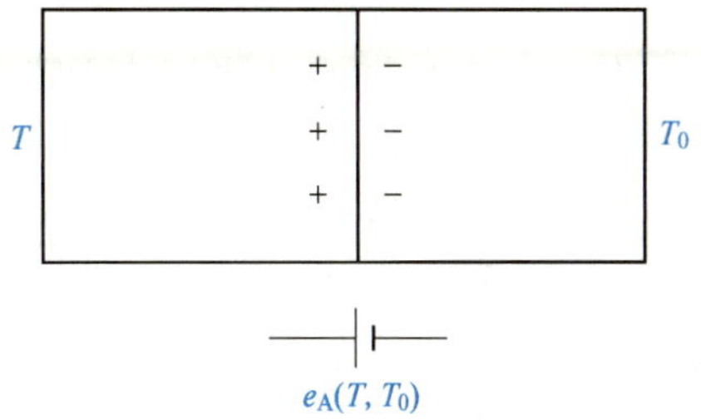

图 8-3 温差电动势

8.1.2 热电偶测温原理

金属导体 A、B 组成热电偶回路时，总热电动势包括两个结点分别在 T 和 T_0 的接触电动势 $e_{AB}(T)$ 及 $e_{AB}(T_0)$，以及导体 A、B 因其两端温差而产生的温差电动势 $e_A(T, T_0)$ 和 $e_B(T, T_0)$，如图 8-4 所示。

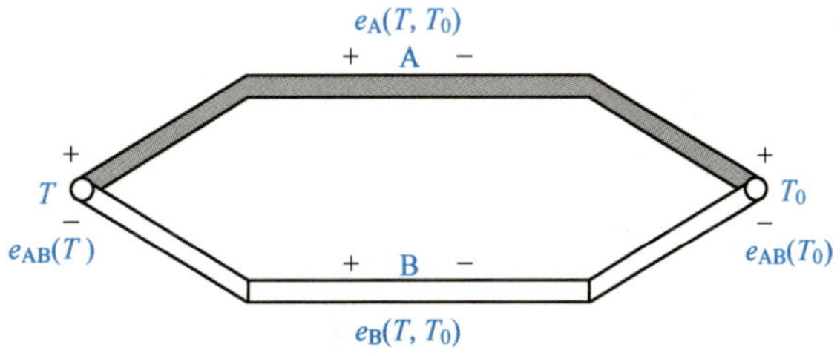

图 8-4 接触电动势和温差电动势示意图

取 $e_{AB}(T)$ 的方向为正方向，则总热电动势可表示为：

$$E_{AB}(T, T_0)=[e_{AB}(T)-e_{AB}(T_0)]+[e_B(T, T_0)-e_A(T, T_0)] \tag{8-2}$$

在总热电动势中，温差电动势比接触电动势小很多，可忽略不计，则热电偶的热电动势表示为：

$$E_{AB}(T, T_0) = e_{AB}(T) - e_{AB}(T_0) \tag{8-3}$$

对于已选定的热电偶，当参考端温度 T_0 恒定时，$e_{AB}(T_0) = C$ 为常数，则总的热电势就只与温度 T 成单值函数关系，即有：

$$E_{AB}(T, T_0) = e_{AB}(T) - C = f(T) \tag{8-4}$$

实际应用中，热电动势与温度之间的关系是通过热电偶分度表来确定温度值的。分度表是在参考端温度为 0 ℃时，通过实验建立的热电动势与工作端温度之间的数值对应关系。

8.1.3 热电偶基本定律

8.1.3.1 中间导体定律

在热电偶 A、B 的参考端接入第三根电极 C，只要接入导体的两端温度相等，则热电偶的热电动势大小不变。在实际测温电路中，必须有连接导线和显示仪器，若把连接导线和显示仪器看成第三种导体，只要连接点两端温度相同，则不影响热电偶的热电动势输出。

（1）在热电偶 A、B 回路中，断开参考连接点，接入第三种导体 C，只要保持两个新连接点 AC 和 BC 的温度仍为参考点温度 T_0，如图 8-5（a）所示，将不会影响回路的总电动势，即有：

$$E_{ABC}(T, T_0) = E_{AB}(T, T_0) \tag{8-5}$$

（2）在热电偶 A、B 的回路中，将其中一个导体 A 断开，接入导体 C，如图 8-5（b）所示，在导体 C 与导体 A 的两个连接点处保持相同的温度 T_1，则有：

$$E_{ABC}(T, T_1, T_0) = E_{AB}(T, T_0) \tag{8-6}$$

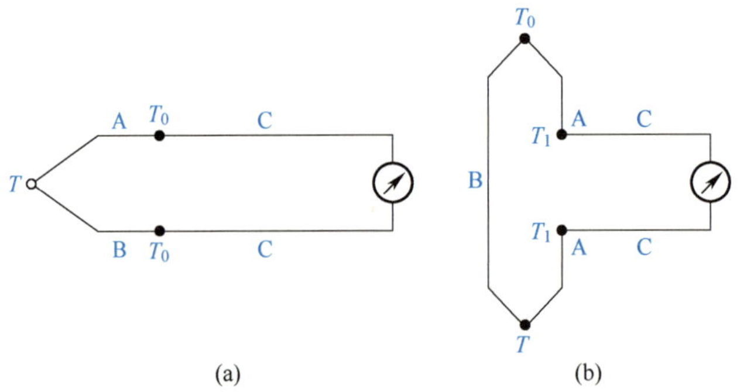

图 8-5 中间导体定律

上面两种第三种导体的接法表明：在热电偶回路中接入中间导体，只要中间导体两端的温度相同，就不会影响回路的总电动势。同样，如果在回路中接入多种导体，只要每种导体两端的温度相同，中间导体就不影响回路的总电动势。中间导体定律指明了在实际的热电偶测量时，可以将测量仪表直接连接热电偶，但要使接线两端温度保持相同。

8.1.3.2 中间温度定律

在热电偶回路中，测量端温度为 T、自由端温度为 T_0时，中间温度为 T_n，则 T、T_0的热电势 $E_{AB}(T, T_0)$ 等于该热电偶在（T, T_n）与（T_n, T_0）时的热电势 $E_{AB}(T, T_n)$ 与 $E_{AB}(T_n, T_0)$ 之和，即中间温度定律。该定律可表示为：

$$E_{AB}(T, T_0) = E_{AB}(T, T_n) + E_{AB}(T_n, T_0) \tag{8-7}$$

中间温度定律为补偿导线的使用提供了理论依据。它表明：如果热电偶的两个电极通过连接两个导体的方式来延长，将热电偶冷端延伸到温度恒定的地方，只要接入的两个导体的热电特性与被延长的两个电极的热电特性一致，且它们之间连接的两点间温度相同，则回路总的热电动势只与延长后的两端温度有关，与连接点温度无关。

该定律是参考端温度计算修正法的理论依据。在实际热电偶测温回路中，利用热电偶这一性质，可对参考端温度不为 0 ℃的热电势进行修正。

例 8-1 用镍铬-镍硅热电偶测炉温时，其冷端温度为 30 ℃，在直流电位计上测得的热电势为 30. 839 mV，求炉温。

解：查镍铬-镍硅 K 型热电偶分度表得：

$$E(30\ ℃, 0\ ℃) = 1.203\ \text{mV}$$

则有：$E_{AB}(T, 0\ ℃) = E_{AB}(T, 30\ ℃) + E_{AB}(30\ ℃, 0\ ℃)$

$$= 30.839 + 1.203 = 32.042\ \text{mV}$$

再查分度表得： $T = 770\ ℃$

镍铬-镍硅 K型热电偶 分度表

8.1.3.3 标准电极定律

如图 8-6 所示，已知热电极 A、B 与参考电极 C 组成的热电偶在结点温度为（T, T_0）时的热电动势分别为 $E_{AC}(T, T_0)$、$E_{BC}(T, T_0)$，则在相同温度下，由 A、B 两种热电极配对后的热电势 $E_{AB}(T, T_0)$，可按式（8-8）计算。

$$E_{AB}(T, T_0) = E_{AC}(T, T_0) - E_{BC}(T, T_0) \tag{8-8}$$

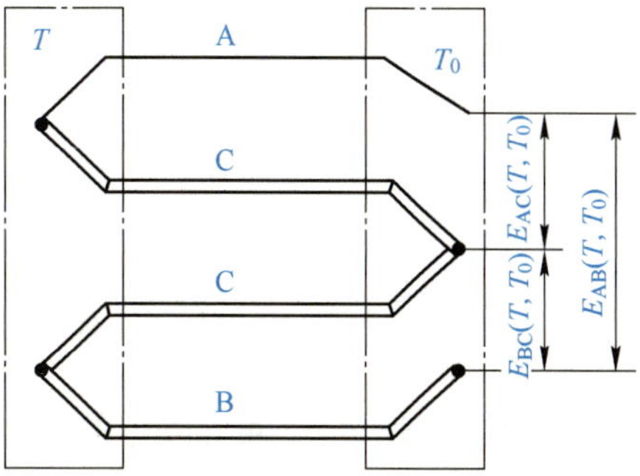

图 8-6 标准电极定律

标准电极定律的意义在于：纯金属的种类很多，合金的种类更多，要得出这些金属间组成热电偶的热电动势是一件工作量极大的事。在实际处理中，由于铂的物理化学性质稳定，通常选用高纯度铂丝作标准电极，只要测得它与各种金属组成热电偶的热电动势，则各种金属间相互组合成热电偶的热电动势就可根据标准电极定律计算出来。

例 8-2 已知铂铑$_{30}$-铂热电偶的 $E(1084.5\ ℃, 0\ ℃) = 13.937$ mV，铂铑$_6$-铂热电偶的 $E(1084.5\ ℃, 0\ ℃) = 8.354$ mV，求铂铑$_{30}$-铂铑$_6$热电偶在同样温度条件下的热电动势。

解：设 A 为铂铑$_{30}$电极，B 为铂铑$_6$电极，C 为纯铂电极，

则有：$E_{AB}(1084.5\ ℃,\ 0\ ℃)=E_{AC}(1084.5\ ℃,\ 0\ ℃)-E_{BC}(1084.5\ ℃,\ 0\ ℃)$

$$=5.583\ \text{mV}$$

8.1.3.4 均质导体定律

如果组成热电偶的两个热电极材料相同，无论两接点的温度是否相同，热电偶回路中的总热电动势均为 0。

由两种均质导体组成的热电偶，其热电动势的大小只与两种材料及两个接点温度有关，与热电偶的大小、尺寸、形状及沿电极各处的温度分布无关，即热电偶必须由两种不同性质的均质材料构成。

因此，均质导体定律有助于检验两个热电极材料成分是否相同及热电极材料的均匀性。

8.2 热电偶的结构及类型

8.2.1 热电偶的结构

热电偶通常由热电极、绝缘套管、保护管、接线盒四部分组成，并与显示仪表、记录仪表或计算机等配套使用，如图 8-7 所示。

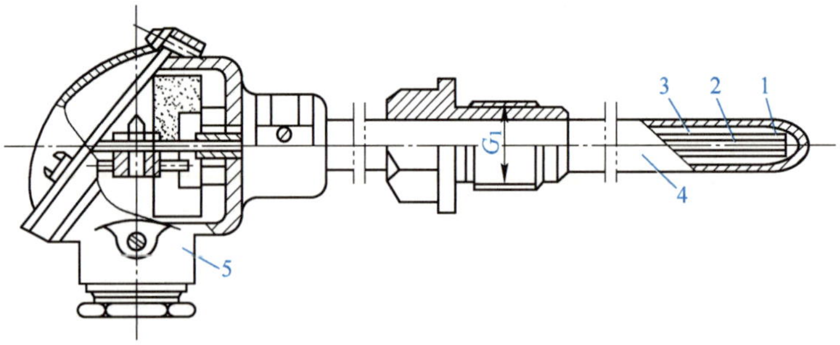

图 8-7 热电偶的结构

1—测量端；2—热电极；3—绝缘套管；4—保护管；5—接线盒

（1）热电极：热电偶常以热电极材料种类来命名。

（2）绝缘套管：用来防止两根热电极短路，常用陶瓷、石英等作绝缘材料。

（3）保护管：使热电极与被测介质隔离，并且免受化学侵蚀或机械损伤，要求经久耐用与传热良好。

（4）接线盒：供连接热电偶和测量仪表使用。

8.2.2 热电偶的类型

8.2.2.1 按热电偶的材料划分

目前，国际电工委员会（IEC）推荐了 8 种标准化热电偶，表 8-1 是我国采用符合 IEC 标准的 6 种热电偶的主要性能和特点。

表 8-1 标准化热电偶的主要性能和特点

热电偶名称	正热电极	负热电极	分度号	测温范围	特 点
铂铑$_{30}$-铂铑$_{6}$	铂铑$_{30}$	铂铑$_{6}$	B	0～+1700 ℃（超高温）	适用于氧化性气氛中测温，测温上限高，稳定性好，在冶金、钢水等高温领域得到广泛应用
铂铑$_{10}$-铂	铂铑$_{10}$	纯铂	S	0～+1600 ℃（超高温）	适用于氧化性、惰性气体中测温，热电性能稳定，抗氧化性强，精度高，但价格贵、热电动势较小，常用作标准热电偶或高温测量
镍铬-镍硅	镍铬合金	镍硅	K	-200～+1200 ℃（高温）	适用于氧化和中性气氛中测温，测温范围很宽、热电动势与温度关系近似线性、热电动势大、价格低；稳定性不如 B、S 型热电偶，它是非贵金属热电偶中性能最稳定的一种
镍铬-康铜	镍铬合金	铜镍合金	E	-200～+900 ℃（中温）	适用于还原性或惰性气体中测温，热电动势较其他热电偶大，稳定性好，灵敏度高，价格低
铁-康铜	铁	铜镍合金	J	-200～+750 ℃（中温）	适用于还原性气氛中测温，价格低，热电动势较大，仅次于 E 型热电偶；缺点是铁极易被氧化
铜-康铜	铜	铜镍合金	T	-200～+350 ℃（低温）	适用于还原性气氛中测温，精度高，价格低，在-200～0 ℃可制成标准热电偶；缺点是铜极易被氧化

表 8-1 中，最常用的是 S、B、K 三种热电偶。

（1）铂铑$_{10}$-铂热电偶。该热电偶正极为含铑 10%的铂铑合金、负极为纯铂，属贵金属热电偶；热电极直径通常为 0. 5 mm，宜在氧化性和中性气体中使用，在真空中也可短期使用。

（2）铂铑$_{30}$-铂铑$_{6}$热电偶。该热电偶正极为含铑 30%的铂铑合金、负极为含铑 6%的铂铑合金，属贵金属热电偶。它的测温范围最高，宜在氧化性和中性气体中使用，具有铂铑$_{10}$-铂的各种优点，且抗污染能力强；主要缺点是灵敏度低，热电势小。冷端温度在 40 ℃以下时，可不必进行冷端温度补偿。

（3）镍铬-镍硅（镍铬-镍铝）热电偶。该热电偶正极为镍铬合金、负极为镍硅合金，由于正负极热电极都含镍，故抗氧化性腐蚀性好，因此适合在氧化性和中性气体中使用。由于该热电偶的热电特性线性好，价格便宜，所以应用广泛。

常用标准热电偶的温度与热电动势的特性曲线如图 8-8 所示。从图中可以看出，在 0 ℃时，它们的热电动势均为零，虽然曲线描述客观上容易看出不少特点，但是仅靠曲线查看数据还不精确，为了正确地掌握数值，可查询各种热电偶的热电动势与温度的对照表，称为分度表，表中温度按照每 10 ℃来分辨，其中间值可依据插值法计算。

常用热电偶分度表

8.2.2.2 按热电偶的结构划分

热电偶的结构形式很多，按热电偶的结构划分有普通型热电偶、铠装型热电偶、薄膜型热电偶、表面型热电偶和浸入式热电偶。

（1）普通型热电偶。普通型热电偶工业上使用最为广泛，它一般由测量端、热电极、绝缘套管、保护管和接线盒组成，如图 8-7 所示。

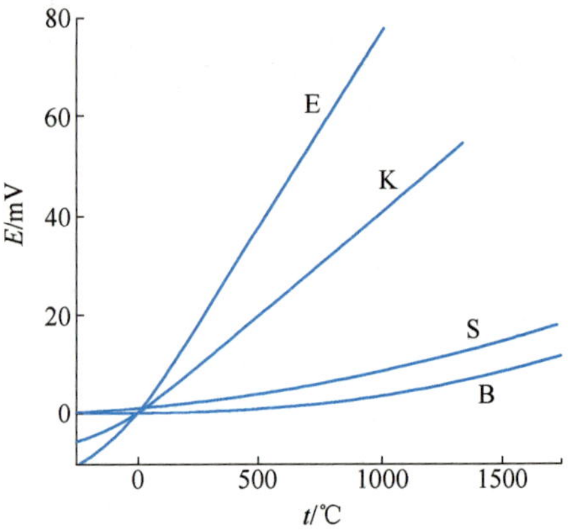

图 8-8 常用标准热电偶的温度与热电动势的特性曲线

（2）铠装型热电偶。铠装型热电偶也称缆式热电偶，它是由热电极、绝缘材料和金属保护套管一起拉制加工而成的坚实缆状组合体，如图 8-9 所示。它可以做得很细很长，使用中可随需要任意弯曲；测温范围通常在 1100 ℃以下。其优点为：测温端热容量小，因此热惯性小、动态响应快；寿命长，机械强度高，弯曲性好，可安装在结构复杂的装置上。

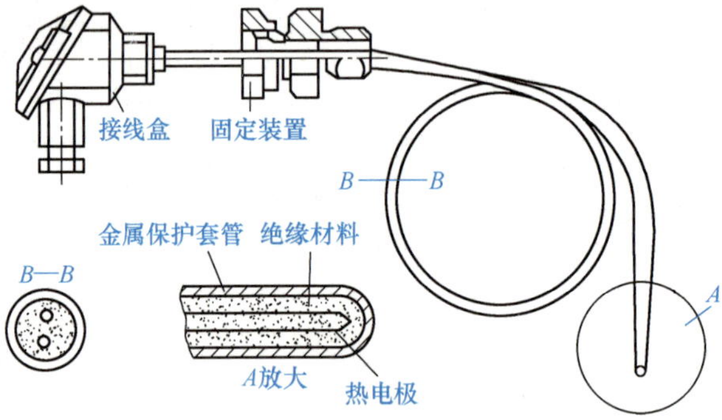

图 8-9 铠装型热电偶的结构

（3）薄膜型热电偶。薄膜型热电偶是将两种薄膜热电极材料用真空蒸镀、化学涂层等方法蒸镀到绝缘基板（云母、陶瓷片、玻璃及酚醛塑料纸等）上制成的一种特殊热电偶，如图 8-10 所示。薄膜热电偶的接点可以做得很小、很薄（0.01～0.1 μm），具有热容量小、响应速度快（毫秒级）等特点；适用于微小面积上的表面温度以及快速变化的动态温度的测量，测温范围在 300 ℃以下。

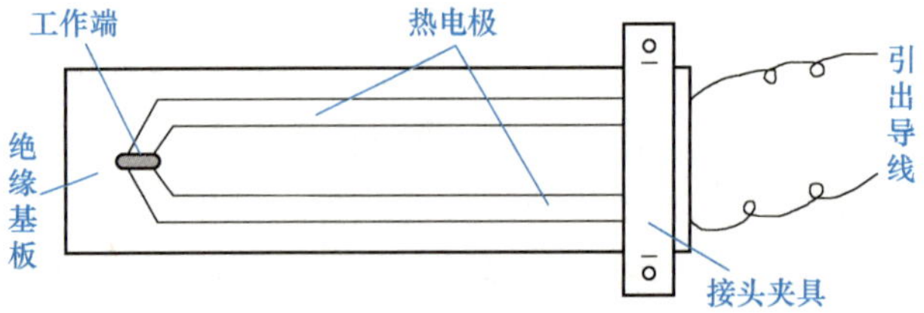

图 8-10 薄膜型热电偶的结构

（4）表面型热电偶。表面型热电偶主要用来测量各种状态的固体表面温度，如测量轧辊、金属块、炉壁、橡胶桶和涡轮叶片等表面温度。

(5) 浸入式热电偶。浸入式热电偶主要用来测量液态金属温度，它可直接插入液态金属中，常用于钢水、铁水、铜水、铝水和熔融合金温度的测量。

8.3 热电偶的冷端温度补偿

从热电效应的原理可知，热电偶产生的热电动势与两端温度有关。只有使冷端的温度恒定，热电动势才是热端温度的单值函数。因为热电偶分度表是以冷端温度为0 ℃时制作的，所以在使用时要正确反映热端温度，要求使冷端温度恒为0 ℃。在实际测温中，热电偶安装在现场设备上，其冷端通常暴露于空气中，且距离热端（测量端）很近，温度又常受环境温度的影响，这样 T_0 不仅不是0 ℃，而且还不恒定，因此将产生误差。

一般情况下，冷端温度均高于0 ℃，热电动势总是偏小。为此，必须采取一些相应的措施消除或补偿热电偶的冷端损失，进行冷端温度补偿的方法有以下几种。

8.3.1 补偿导线法

热电偶的长度一般只有1 m左右，要保证热电偶的冷端温度不变，可以把热电极加长，使自由端远离工作端，放置到恒温或温度波动较小的地方。工业应用中，一般都把自由端延长到中控室或仪表室，但这种方法对于由贵金属材料制成的热电偶来说将使投资增加，为了节省投资，常采用一种称为补偿导线的特殊导线，将热电偶的冷端延伸出来。所谓补偿导线，实际上是一对与热电极化学成分不同的导线，在-20~100 ℃温度范围内与配接的热电偶具有相同的热电特性，但价格相对便宜。利用补偿导线将热电偶的冷端延伸到温度恒定的场所，相当于将热电极延长，根据中间温度定律有：

$$E_{AB}(T, T_0) = E_{AB}(T, T_n) + E_{AB}(T_n, T_0) \tag{8-9}$$

当热电极A、B与补偿导线A′、B′相连接后，由于

$$E_{AB}(T_n, T_0) = E_{A'B'}(T_n, T_0) \tag{8-10}$$

因此，只要热电偶和补偿导线的两个接触点温度一致，仍然可以看作由热电极A、B组成的回路，不会影响热电动势的输出。

注意：补偿导线只起延长热电极的作用，并不能消除冷端温度不为0 ℃时的影响，因此还应该用补偿方法将其冷端温度补偿到0 ℃。

8.3.1.1 型号和结构

补偿导线也是由两种不同金属材料组成的。根据其材料性能，补偿导线可分为两种：(1) 补偿导线的材料与热电偶相同，称为延伸型补偿导线，一般用于廉价金属热电偶。(2) 补偿导线的材料不同于热电偶的热电极材料，称为补偿型补偿导线，通常适用于贵金属热电偶和某些非标准热电偶。常用热电偶补偿导线的型号、线芯材质和绝缘层着色见表8-2。各种补偿导线的正极绝缘层均为红色，可以根据负极绝缘层的颜色初步判别补偿导线的类型。

表 8-2 常用热电偶补偿导线的型号、线芯材质和绝缘层着色

补偿导线的型号	配用热电偶	补偿导线的线芯材料		绝缘层着色	
		正极	负极		
SC 或 RC	铂铑$_{10}$（铂铑$_{13}$）-铂	SPC（铜）	SNC（铜镍）	红	绿
KC	镍铬-镍硅	KPC（铜）	KNC（铜镍）	红	蓝
KX	镍铬-镍硅	KPX（铜镍）	KNX（镍镍）	红	黑
EX	镍铬-铜镍	EPX（镍铬）	ENX（铜镍）	红	棕
NX	镍铬-镍硅	NPX（铜镍）	NNX（镍硅）	红	灰
JX	铁-铜镍	JPX（铁）	JNX（铜镍）	红	紫
TX	铜-铜镍	TPX（铜）	TNX（铜镍）	红	白

国际电工委 IEC 对补偿导线也制定了相应的国际标准，补偿导线分为补偿型补偿导线（用符号 C 表示）和延伸型补偿导线（用符号 X 表示）两类。一般补偿型补偿导线的材料与工作热电偶材料不同，常用在贵金属热电偶中；延伸型补偿导线基本是用与工作热电偶相同材料制成的导线，适用于廉价金属热电偶。

例如，SC 表示适用于铂铑$_{10}$-铂热电偶（S）的补偿型补偿导线（C），KX 表示镍铬镍硅热电偶（K）的延伸型补偿导线（X）。补偿导线合金丝一栏中的“P”和“N”，分别表示相应补偿导线的正、负极。

补偿导线分普通型和带屏蔽层型两种。普通型由线芯、塑胶绝缘层及塑胶保护套组成，普通型外边再加一层金属编织的屏蔽层就是带屏蔽层的补偿导线。

8.3.1.2 补偿导线的使用注意事项

补偿导线只能与相应型号的热电偶配套使用，而且必须同极相连，正负极不可接错；补偿导线与热电偶连接处的两个接点温度应相同，且温度不应超过 100 ℃，否则由于热电特性不同会带来新的误差；新冷端温度应基本稳定，只有新延伸的冷端温度恒定或所配显示仪表内具有冷端温度自动补偿器时，使用补偿导线才有意义；补偿导线只能在规定的温度范围内（一般为 0~100 ℃）与热电偶的热电动势相等或相近，其间的微小差值在精密测量中不可忽视。

例 8-3 图 8-11 为 K 型热电偶测温简图，其灵敏度为：0.0411 mV/℃，A′B′分别为 AB 的同极补偿导线。求接错极性与不接错极性时回路电动势的相对误差。

动画 热电偶补偿导线连接

解：根据补偿导线的定义和作用，若不接错极性，相当于将冷端温度用补偿导线从 T_1 延伸到 T_0对回路电动势不产生影响，因此回路电动势为：

$$
\begin{aligned}
E_{AB}(T, T_0) &= E_{AB}(T) - E_{AB}(T_0) = (0.0411 \times 800 - 0.0411 \times 25)\ \text{mV} \\
&= 31.8525\ \text{mV}
\end{aligned}
$$

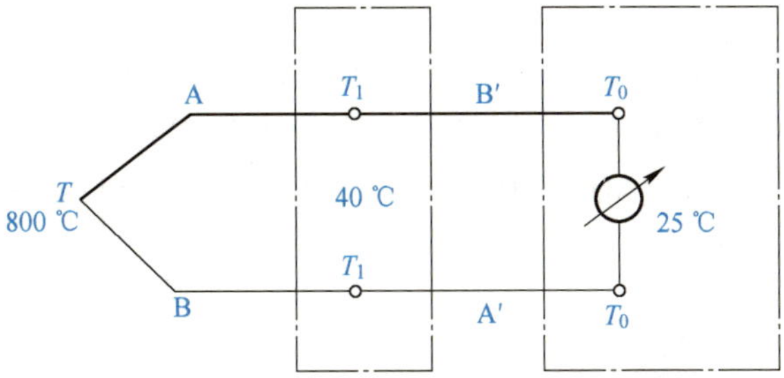

图 8-11 K 型热电偶测温简图

图 8-11 为错接补偿导线极性，由 A 与 B′和 B 与 A′分别组成的热电偶，其接点温度为 T_1，此时回路电动势为：

$$
\begin{aligned}
E_{AB}(T, T_1, T_0) &= E_{AB}(T) + E_{B'A}(T_1) + E_{A'B'}(T_0) + E_{BA'}(T_1) \\
&= E_{AB}(T) - E_{AB'}(T_1) + E_{A'B'}(T_0) - E_{A'B}(T_1) \\
&= E_{AB}(T) - 2E_{AB}(T_1) + E_{A'B'}(T_0) \\
&= (0.0411 \times 800 - 2 \times 0.0411 \times 40 + 0.0411 \times 25)\,\text{mV} \\
&= 30.6195\ \text{mV}
\end{aligned}
$$

由于接错极性引起的相对误差为：

$$\gamma = \frac{30.6195 - 31.8525}{31.8525} \times 100\% = -3.9\%$$

可见，由于接错极性引起的相对误差是相当大的。同时若配错热电偶的补偿导线，也会引起较大的误差，使用时必须注意。

例 8-4 用镍铬-镍硅热电偶测量某一实际为 1000 ℃的对象温度，所配用仪表在温度为 20 ℃的控制室里，设热电偶冷端温度为 50 ℃。当热电偶与仪表之间用补偿导线或普通铜导线连接时，测得温度各为多少，又与实际温度相差多少？

解： 查 K 型热电偶分度表，得 E(1000 ℃，0 ℃)= 41.269 mV，E(50 ℃，0 ℃)= 2.022 mV，E(20 ℃，0 ℃)= 0.798 mV。

若用补偿导线，仪表测得热电动势值为：

$$E(1000\ ℃, 20\ ℃) = E(1000\ ℃, 0\ ℃) - E(20\ ℃, 0\ ℃) = 40.471\ \text{mV}$$

查分度表，得对应的温度为 979.6 ℃。

若用铜导线，仪表测得热电动势值为：

$$E(1000\ ℃, 50\ ℃) = E(1000\ ℃, 0\ ℃) - E(50\ ℃, 0\ ℃) = 39.247\ \text{mV}$$

查分度表，得对应的温度为 948.4 ℃。

两种方法测得的温度相差 31.2 ℃，测量误差分别为-20.4 ℃和-51.6 ℃。

8.3.2 冷端恒温法

冷端恒温法就是把热电偶的冷端置于某些温度不变的装置中，以保证冷端处于 0 ℃或某一恒定温度，使冷端不受热端测量温度的影响。冷端恒温法包括冰浴法、恒温槽法和电热恒温器法。

（1）冰浴法。将热电偶的冷端置于装有冰水混合物的恒温容器中，使冷端的温度保持在 0 ℃不变，此法称 0 ℃恒温法。它消除了 T_0 不等于 0 ℃ 而引入的误差，由于冰融化较快，所以一般只适用于实验室和校验热电偶的装置中。图 8-12 为补偿导线法和冰浴法相结合的一个实例。

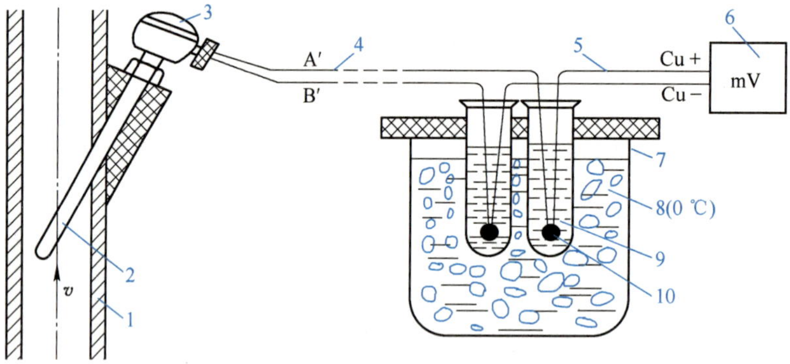

图 8-12　冷端处理的补偿导线法和冰浴法

1—被测流体管道；2—热电偶；3—接线盒；4—补偿导线；
5—铜质导线；6—毫伏表；7—冰瓶；8—冰水混合物；9—试管；10—新的冷端

（2）恒温槽法。将热电偶的冷端置入盛油的容器内，利用油的热惰性使冷端温度保持恒定或变化较为缓慢。

（3）电热恒温器法。将热电偶的冷端置于电热恒温器中，恒温器可自动控制温度恒定。

动画 热电偶传感器

8.3.3 冷端温度校正法（计算修正法）

8.3.3.1 准确计算修正法

如果热电偶的冷端温度偏离 0 ℃，但稳定在 T_n ℃时，则按中间温度定律对仪表指示值进行修正，即有：

$$E_{AB}(T,\ 0\ ℃) = E_{AB}(T,\ T_n) + E_{AB}(T_n,\ 0\ ℃) \tag{8-11}$$

式中　$E_{AB}(T,\ 0\ ℃)$ ——修正值，是冷端 $T_n \neq 0$ ℃时对 0 ℃的热电势。

需要对热电偶回路的测量电动势值 $E_{AB}(T,\ T_n)$ 加以修正。当工作端温度为 T 时，由分度表可查 $E_{AB}(T,\ 0\ ℃)$ 与 $E_{AB}(T_n,\ 0\ ℃)$。

冷端温度校正法得出的数据很精确，存在的不足是不适合连续测量温度。

8.3.3.2 近似计算修正法

近似计算修正法是一种近似且使用方便的修正方法，直接采用公式（8-12）进行冷端温度校正。

$$t = t' + Kt_n \tag{8-12}$$

式中　K——与热电偶材料和测量端温度有关的校正系数；

t'——仪表的指示温度值。

对于 K 型热电偶，在 0~1000 ℃范围内，$K \approx 1$；对于 S 型热电偶，在 800~1300 ℃范围内，K 值可近似取 0.5~0.6。

例 8-5 用 S 型热电偶测炉温，其冷端温度为 30 ℃，显示仪表的指示值为 991 ℃，试求炉温。

解：在 1000 ℃左右，铂铑$_{10}$-铂热电偶的校正系数可近似取 0.55，因此按式（8-12）可得炉温 t 为：

$$t = t' + Kt_n = (991 + 0.55 \times 30)℃ = 1007.5\ ℃$$

请同学们准确计算思考与练习中的 8-9 题，可以看出，近似计算法仅与准确计算方法相差 1 ℃，说明此种方法在一些精度要求不高的现场是可以使用的。

8.3.4 电桥补偿法

电桥补偿法也称自动补偿法，它是在热电偶与仪表间加上一个补偿电桥（即不平衡电桥），如图 8-13 所示，目的是把 T_0 由室温进一步补偿为 0 ℃。

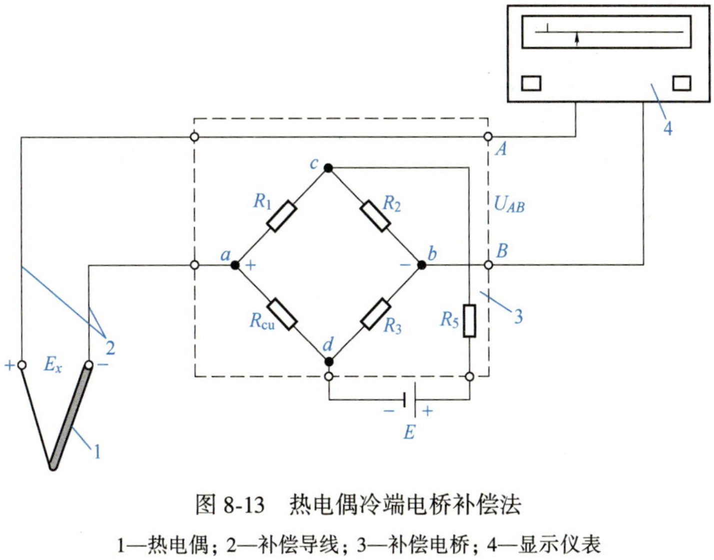

图 8-13 热电偶冷端电桥补偿法

1—热电偶；2—补偿导线；3—补偿电桥；4—显示仪表

当热电偶冷端温度升高导致热电偶回路总热电势降低时，如果有这样一种装置，其输出电势随温度的升高而增大，且增大的数值和热电偶的热电势由于冷端温度升高而减小的数值恰好相等，这样就起到补偿作用，测量仪表上测得的电动势将不随自由端温度变化而变化。补偿电桥（不平衡电桥）就是根据这个原理设计的，电桥补偿法解决了冷端温度校正法不适合连续测温的问题。

补偿电桥的桥臂由电阻温度系数很小的锰铜丝绕制而成的电阻（$R_1 = R_2 = R_3 = 1\ \Omega$）、电阻温度系数较大的铜丝绕制而成的补偿电阻（$R_{cu}$，其阻值随温度的变化而变化）、稳压电源以及限流电阻 R_5 组成。将带有铜热电阻的补偿电桥与被补偿的热电偶串联，R_{cu} 与热电偶冷端置于同一温度场。由图 8-13 可知，显示仪表的输入电势 $U_{AB}=E_x+U_{ab}$。一般当冷端温度为 20 ℃时，$R_{cu}^{20}=1\ \Omega$，此时电桥处于平衡状态，电桥输出电压 $U_{ab}=0$ mV，电桥无补偿作用。当冷端温度偏离 20 ℃时，例如环境温度高于 20 ℃，R_{cu}增加，平衡被破坏，U_{ab}也随着增大，此时热电偶 E_x 减小，若补偿导线、补偿电桥参数选择合适，U_{ab}的增大正好补偿 E_x 的减小，从而起到温度补偿作用。

补偿电桥法装置已形成产品，简称冷端补偿器、温度补偿器或者直接称为补偿器，选用补偿器时应与使用的热电偶型号相对应。在与动圈仪表连接时，若补偿器电桥是在 20 ℃时平衡的，需要预先将有零位调整功能显示仪表的机械零位调整到 20 ℃处，相当于在输入热电偶的热电势之前就给仪表输入了一个热电势 E_{AB}(20 ℃，0 ℃)，这样显示仪表的示值即为被测量的实际温度值；若补偿器电桥设计为 0 ℃平衡，则动圈指示仪表的机械零位应调在 0 ℃处。

上述冷端温度补偿的方法中，补偿导线是最基本的，它常被单独使用或与其他方法一起使用。

8.4 热电偶的实用测温电路

8.4.1 测量单点温度的基本电路

热电偶测量单点温度电路如图 8-14 所示，它是一支热电偶和一个检测仪表配用的基本连接线路，一支热电偶配一台显示仪表的基本连接线路包括热电偶、补偿导线、冷端补偿器、连接用铜线及显示仪表等。显示仪表如果是自动电子电位差计，则可按图 8-14（a）配套连接（注意：自动电子电位差计内部有补偿桥路）；图 8-14（b）是动圈式显示仪表与冷端补偿器配套使用的线路（同图 8-13）。

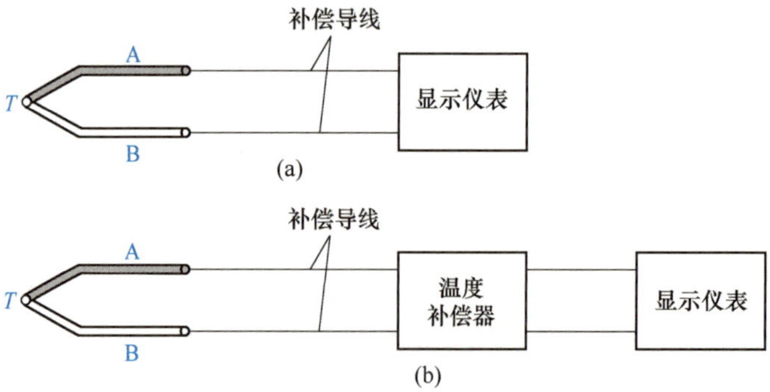

图 8-14 热电偶测量单点温度电路

（a）普通测温线路；（b）带温度补偿器的测温线路

8.4.2 测量两点之间温度差的测温电路

实际工作中，常用的测量两点之间温度差的测温电路如图 8-15 所示。用两个相同型号的热电偶反向串联，配以相同的补偿导线，输入仪表的热电动势为两个热电偶产生的热电动势相互抵消后的差值，即回路内的总电动势为：

$$\Delta E_T = E_{AB}(T_1,\ T_0) - E_{AB}(T_2,\ T_0) = E_{AB}(T_1,\ T_2) \tag{8-13}$$

这样组成的热电偶称为微差热电偶，ΔE_T 反映了两个测温点（T_1，T_2）的温度差。这里要求，使用热电偶的型号及冷端温度 T_0 必须相同，且其热电偶的热电特性为线性，如镍铬-镍硅热电偶。

8.4.3 测量多点平均温度的测温电路

有些大型设备，有时需要测量多点（两点或两点以上）的平均温度，可以通过将多支同型号的热电偶同极性并联或串联的方式来实现。

8.4.3.1 热电偶的并联

将多支同型号热电偶的正极和负极分别连接在一起的线路称为热电偶的并联。图 8-16 是测量三点平均温度的热电偶并联连接线路，用三支同型号的热电偶并联在一起，在每一支热电偶线路中分别串联均衡电阻 R。

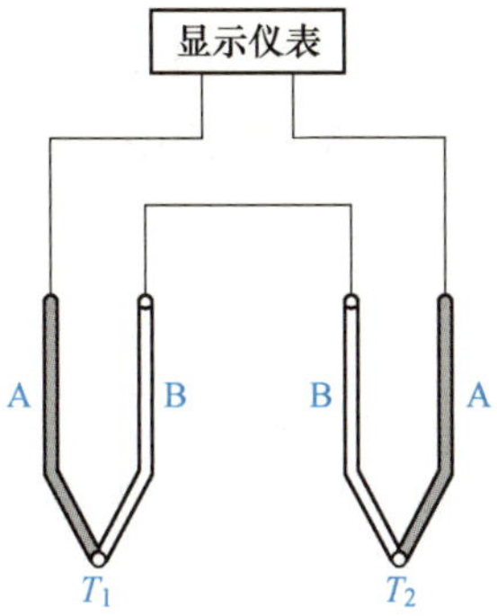

图 8-15 热电偶两点之间温度差的测温电路

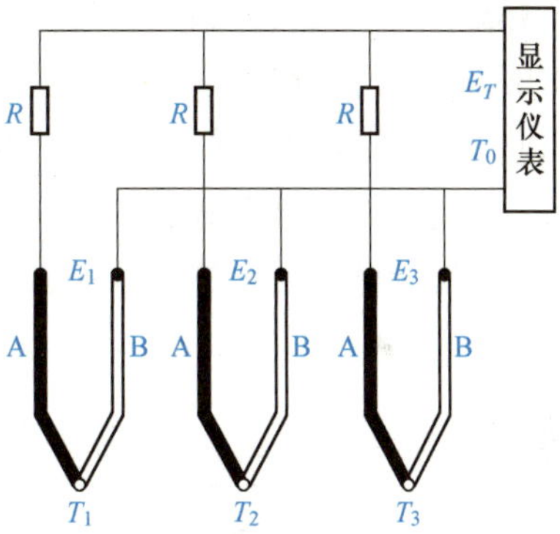

图 8-16 热电偶的并联测温电路

根据电路理论，当仪表的输入电阻很大时，并联测温电路的总电动势等于三支热电偶热电动势的平均值，即回路内的总电动势为：

$$E_T = \frac{E_1 + E_2 + E_3}{3} \tag{8-14}$$

式中 E_1，E_2，E_3——单支热电偶的热电动势。

热电偶并联测温电路的特点是当有一支热电偶烧断时，难以察觉出来。当然，它也不会中断整个测温系统的工作。

8.4.3.2 热电偶的正向串联

热电偶的正向串联连接是将多支同型号热电偶的正、负极依次连接而形成的线路。图 8-17 是将三支同型号的热电偶依次将正、负极相连串联起来，此时，回路总的热电动势等于三支热电偶的热电动势之和，即回路的总电动势为：

$$E_T = E_1 + E_2 + E_3 \tag{8-15}$$

E_T 对应得到的是三点温度之和，将结果再除以 3，即得到三点的平均温度。

可见，用两支同型号热电偶正向串联线路去测量同一温度 T，则显示仪表的总输入热电势 $E_T = 2E_{AB}(T, T_0)$，这样可以提高仪表的灵敏度。用多支同型号热电偶正向串联组成的热电偶称为热电堆，它可应用在辐射式高温计中，以测量微小温度变化并获得较大的热电势输出。

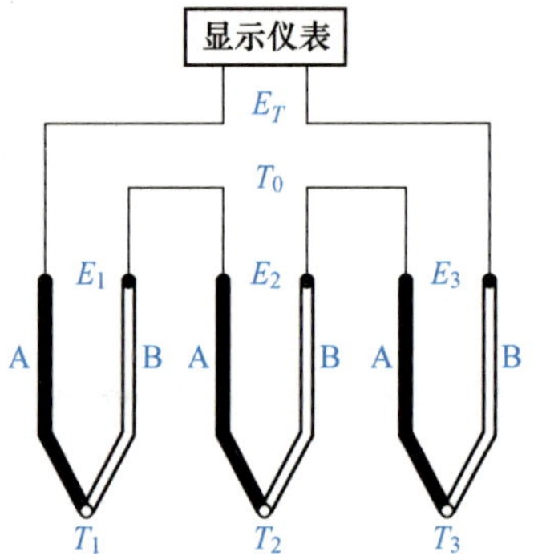

图 8-17 热电偶的串联测温电路

热电偶串联测温电路的主要优点：热电动势大，仪表的灵敏度大大增加，且避免了热电偶并联线路存在的缺点，只要有一支热电偶断路，总的热电动势消失，立即可以发现有断路；缺点：只要有一支热电偶断路，整个测温系统将停止工作。

8.4.4 多点温度测量电路

多个被测温度用多支热电偶分别测量，但多支热电偶共用一台显示仪表，它们是通过专用的切换开关来进行多点测量的，测温电路如图 8-18 所示。但各热电偶的型号要相同，测温范围不能超过显示仪表的量程。多点测温电路多用于自动巡回检测中，巡回检测点可多达几十个，以轮流或按要求显示各检测点的被测温度。而显示仪表和参比端热电偶只用一个就够了，这样就可以大大节省显示仪表的补偿导线。

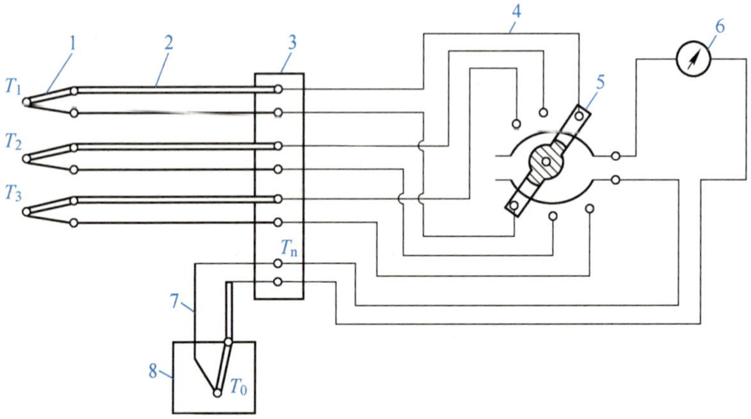

图 8-18 多点温度测量电路

1—工作端热电偶；2—工作端补偿导线；3—接线板；4—铜导线；
5—切换开关；6—数字显示仪；7—参比端热电偶及补偿导线；8—恒温箱

8.5 热电偶的常见故障及处理

热电偶使用中可能出现故障，产生故障的原因及处理方法见表 8-3。

表 8-3 热电偶常见故障的原因与处理方法

故障现象	故障原因	处理方法
热电势比实际值小（显示仪表指示值偏低）	(1) 热电极短路； (2) 热电偶的接线处积灰，造成短路； (3) 补偿导线间短路； (4) 热电偶热电极变质； (5) 补偿导线与热电偶的极性接反； (6) 补偿导线与热电偶不匹配； (7) 热电偶安装位置不当或插入深度不符合要求； (8) 热电偶冷端温度补偿不符合要求； (9) 热电偶与显示仪表不配套	(1) 短路原因：如因潮湿所致则需进行干燥，如因绝缘子损坏所致则需更换绝缘子； (2) 清扫积灰； (3) 找出短路点，加强绝缘或更换补偿导线； (4) 在长度允许的情况下，剪去变质段重新焊接，或更换新热电偶； (5) 重新接正确； (6) 更换相配套的补偿导线； (7) 重新按规定安装； (8) 调整冷端补偿器； (9) 更换热电偶或显示仪表使之相配套
热电势比实际值高（显示仪表指示值偏高）	(1) 热电偶与显示仪表不配套； (2) 补偿导线与热电偶不配套； (3) 有直流干扰信号进入	(1) 更换热电偶或显示仪表使之相配套； (2) 更换补偿导线使之相配套； (3) 排除直流干扰
热电势输出不稳定	(1) 热电偶接线柱与热电极接触不良； (2) 热电偶测量线路绝缘破损，引起断续短路或接地； (3) 热电偶安装不牢或外部震动； (4) 热电极将断未断； (5) 外界干扰，交流漏电、电磁场感应等	(1) 将接线柱螺丝拧紧； (2) 找出故障点，修复绝缘； (3) 紧固热电偶，消除震动或采取减震措施； (4) 修复或更换热电偶； (5) 查出干扰源，采取屏蔽措施
热电偶热电势误差大	(1) 热电极变质； (2) 热电偶安装位置不当； (3) 保护管表面积灰	(1) 更换热电极； (2) 改变安装位置； (3) 清除积灰

思考与练习

8-1 什么是热电效应?

8-2 什么是热电势、接触电势和温差电势?

8-3 说明热电偶测温的原理及热电偶的基本定律。

8-4 热电偶测温为什么要进行参考端温度补偿，有哪几种参考端温度补偿方法?

8-5 已知在其特定条件下材料 A 与铂配对的热电势 $E_{A\text{-}Pt}(T, T_0)=13.967$ mV，材料 B 与铂配对的热电势 $E_{B\text{-}Pt}(T, T_0)=8.345$ mV，试求出此条件下材料 A 与材料 B 配对后的热电势。

8-6 用镍铬-镍硅（K）热电偶测温度，已知冷端温度为 40 ℃，用高精度毫伏表测得这时的热电动势为 29.188 mV，求被测点温度。

8-7 采用镍铬-镍硅热电偶测量炉温，热端温度为 800 ℃，冷端温度为 50 ℃。为了进行炉温的调节及显示，采用补偿导线或铜导线将热电偶产生的热电动势信号送到仪表室进行显示，问显示值各为多少?（假设仪表室的环境温度恒为 20 ℃）

8-8 镍铬-镍硅热电偶（分度号 K）工作时冷端温度 $T_0=30$ ℃，测得热电势 $E(T, T_0)=39168$ μV，求被测介质实际温度和不进行冷端温度修正时示值引起的相对误差。

8-9 用分度号为 S 的铂铑$_{10}$-铂热电偶测炉温，其冷端温度为 30 ℃，而直流电位差计测得的热电动势为 9. 481 mV，试求被测温度。

8-10 在图 8-19 的测温回路中，热电偶的分度号为 K，温度表计的示值应为多少摄氏度？

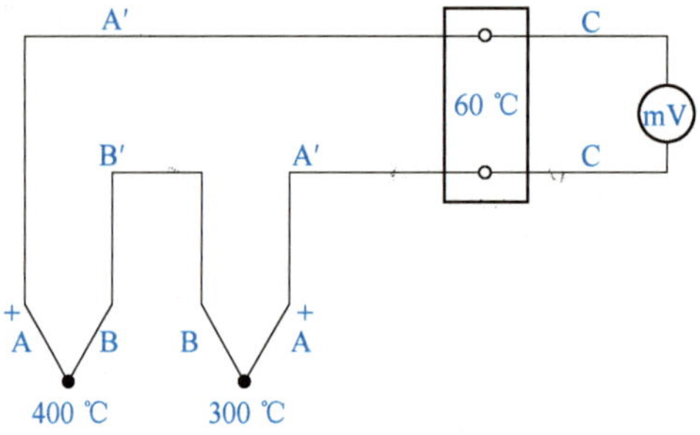

图 8-19 题 8-10

9 热 电 阻

第9章 课件

素养提升

一切从实际出发，实事求是，是我们想问题、办事情的根本立足点。本章的学习需注意热电阻与第 8 章学习的热电偶在测量原理和使用中的区别。

在温度检测仪表中，热电阻的测量准确度高，在低温范围（300 ℃以下）测量，与热电偶相比有较高的灵敏度，因此在中低温（-200~650 ℃）测量中常采用热电阻测量温度。

热电阻是利用电阻与温度成一定函数关系的特性，当被测温度变化时，导体的电阻随温度变化而变化，通过测量电阻值变化的大小可得出温度变化的情况和大小。热电阻根据导体类型不同，分为金属热电阻和半导体热电阻（热敏电阻）两种类型。

9.1 金属热电阻

金属热电阻作为一种感温元件，它是利用导体的电阻值随温度变化而变化的特性来实现对温度的测量。

金属热电阻由电阻体、保护套管和接线盒等部件组成，如图 9-1（a）所示。其中，电阻体是在支架上缠绕相应的电阻丝制成，支架采用石英、云母、陶瓷或塑料等材料制成，可根据需要将支架制成不同的外形。为了防止电阻体出现电感，热电阻丝通常采用双线并绕法，如图 9-1（b）所示。

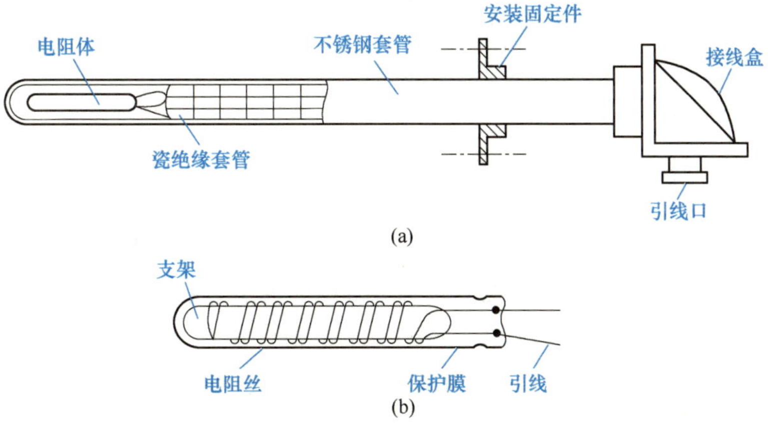

图 9-1 金属热电阻结构图

金属热电阻的外形与热电偶相似，且安装方法也与热电偶一致，但是它们的测温原理和测温范围都不相同，要注意区别。

金属材料的载流子为电子，当金属温度在一定范围内升高时，自由电子的动能增加，使得自由电子定向运动的阻力增加，金属的导电能力降低，即电阻增加，通过测量电阻值变化的大小，从而得出温度变化的大小。从物理学可知，在一定的温度范围内电阻与温度的关系为：

$$R_t = R_0 + \Delta R_t \tag{9-1}$$

对于线性较好的铜电阻或一定温度范围内的铂电阻可表示为：

$$R_t = R_0[1 + \alpha(t - t_0)] = R_0(1 + \alpha t) \tag{9-2}$$

式中 R_t ——温度 t ℃时的电阻值；

R_0 ——温度 0 ℃时的电阻值；

α——金属热电阻的电阻温度系数，是指温度每变化 1 ℃时电阻值的相对变化量，即有：

$$\alpha = \frac{\Delta R/R}{\Delta t} = \frac{1}{R} \cdot \frac{\Delta R}{\Delta t} \tag{9-3}$$

若导体的电阻与温度的关系是线性的，则 α 可根据在两个参考温度（即 0 ℃和 100 ℃）上测得的电阻值来表示：

$$\alpha = \frac{R_{100} - R_0}{100R_0} = \frac{1}{100}\left(\frac{R_{100}}{R_0} - 1\right) \tag{9-4}$$

对于绝大多数金属导体，α 并不是一个常数，而是温度的函数。但在一定温度范围内，α 可近似认为是不变的常数，每种金属导体都有不同的电阻温度系数。

热电阻的材料要求：电阻温度系数要大，以提高热电阻的灵敏度；电阻率尽可能大，在满足灵敏度的前提下减小电阻体尺寸，从而使电阻的热惯性小些；热容量要小，以便提高热电阻的响应速度；在测量范围内，应具有稳定的物理和化学性能；电阻与温度的关系最好接近于线性；应有良好的复现性，易提纯，价格便宜。

基本满足以上要求的主要纯金属材料中，使用最广泛的金属热电阻材料是铂和铜。而镍、铁因不易提纯，且电阻与温度的线性关系较差，故使用不多（尽管后两种材料的电阻温度系数、电阻率都比铂、铜要高）。

9.1.1 铂热电阻（型号为 WZP）

铂是制造热电阻的最好材料，性能稳定、重复性好、测量精度高，其电阻值与温度的关系近似线性，主要用于高精度温度测量和标准电阻温度计；其缺点是电阻温度系数小，价格较高，测温范围为-200~+850 ℃。

铂电阻一般由直径 0.02~0.07 nm 铂丝绕在云母等绝缘支架上，装入保护套管，铂丝的引线采用银线，引线用双孔瓷绝缘套管绝缘，如图 9-2 所示。

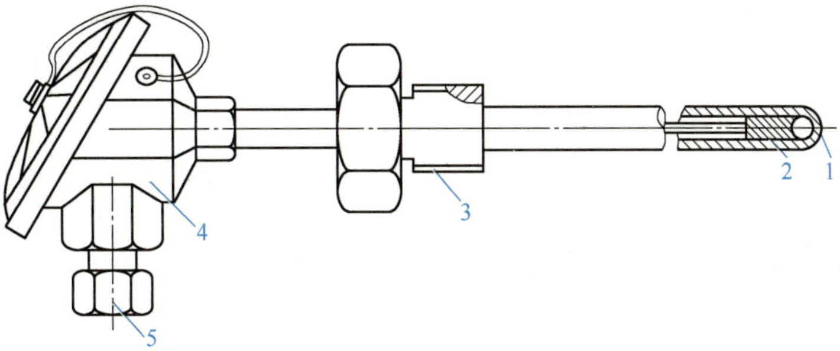

图 9-2　铂热电阻外形

1—保护套管；2—感温元件；3—紧固螺栓；4—接线盒；5—引出线密封管

铂热电阻值与温度的关系，在 0~850 ℃时：

$$R_t = R_0(1 + At + Bt^2) \tag{9-5}$$

铂热电阻值与温度的关系，在-200~0 ℃时：

$$R_t = R_0[1 + At + Bt^2 + C(t - 100)t^3] \tag{9-6}$$

式中　R_t——温度为 t ℃时的电阻值；

R_0——温度为 0 ℃时的电阻值；

A，B，C——温度系数，$A=3.908\times10^{-3}$ ℃$^{-1}$，$B=-5.802\times10^{-7}$ ℃$^{-2}$，$C=-4.274\times10^{-12}$ ℃$^{-1}$。

从式（9-6）可以看出，热电阻在温度 t 时的电阻值与 R_0（标称电阻）有关。目前，我国规定工业用铂热电阻有 $R_0 = 10\ \Omega$ 和 $R_0 = 100\ \Omega$ 两种，它们的分度号分别为 P_{t10} 和 P_{t100}，后者为常用。铂热电阻不同分度号也有相应分度表，即 R_t-t 的关系表，实际测量中，只要测得热电阻的阻值 R_t，便可从分度表中查出对应的温度值。

补充知识：铂的纯度用 $W(100)$ 表示，即有

$$W(100) = \frac{R_{100}}{R_0} = 1 + 100\alpha \tag{9-7}$$

式中　R_{100}，R_0——水沸点（100 ℃）、水冰点（0 ℃）时的电阻值。

$W(100)$ 越大，铂丝的纯度越高，则平均电阻温度系数 α 越大；$W(100)$ 越小，铂丝的杂质越多，α 值越小，而且不稳定。因此，铂热电阻的精度与铂的提纯程度有关，热电阻常用纯金属制成。根据国际温标规定，铂热电阻作为基准器使用时，其 $W(100)$ 应不小于 1.3925。工业用铂热电阻的 $W(100)$ 应为 1.387~1.390。

常用热电阻分度表

9.1.2 铜热电阻（型号为 WZC）

铂热电阻虽然优点多，但价格昂贵，在测量精度要求不高且温度较低的场合，铜热电阻得到广泛应用。在-50~+150 ℃的温度范围内，铜热电阻与温度几乎呈线性关系，可近似用式（9-8）表示。

$$R_t = R_0(1 + \alpha t) \tag{9-8}$$

式中　α——铜热电阻的电阻温度系数，$\alpha=4.289\times10^{-3}$ ℃$^{-1}$。

铜热电阻的电阻温度系数较大，线性好，易于提纯，价格便宜；缺点是电阻率较低，电阻体的体积较大，热惯性较大，稳定性较差，在 100 ℃以上时容易氧化，因此只能用于低温及没有浸蚀性的介质中。

铜热电阻有两种分度号：Cu_{50}(R_0=50 Ω) 和 Cu_{100}(R_0=100 Ω)，后者为常用。

9.2 半导体热敏电阻

半导体中参加导电的是载流子，由于半导体中载流子的数目远比金属中的自由电子数目少得多，所以它的电阻率较大。随温度的升高，半导体中更多的价电子受热激发跃迁到较高能级而产生新的电子-空穴对，因而参加导电的载流子数目增加，半导体的电阻率降低。因为载流子数目随温度上升按指数规律增加，所以半导体的电阻率随温度上升按指数规律下降。热敏电阻正是利用半导体载流子数目随温度上升按指数规律增加，半导体的电阻率随温度上升按指数规律下降的特性制成的一种温度敏感元件。

热敏电阻主要由敏感元件、引线和壳体组成。根据使用要求，可制成珠状、片状、杆状、垫圈状等各种形状。热敏电阻的符号如图 9-3 所示。

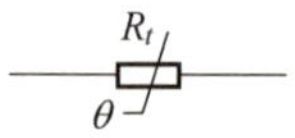

图 9-3 热敏电阻的符号

与热电阻相比，热敏电阻具有电阻值和电阻温度系数大、灵敏度高（比热电阻大 1~2 个数量级），体积小（最小直径可达 0.1~0.2 mm，可用来测量“点温”）、结构简单坚固（能承受较大的冲击、振动），热惯性小、响应速度快（适用于快速变化的测量场合），使用方便，寿命长，易于实现远距离测量（本身阻值一般较大，无须考虑引线电阻对测量结果的影响）等优点，得到了广泛的应用。目前它存在的主要缺点是：互换性较差，同一型号的产品特性参数有较大差别；稳定性较差；非线性严重，且不能在高温下使用。但随着技术的发展和工艺的成熟，热敏电阻的缺点将逐渐得到改进。

热敏电阻的测温范围一般为-50~+350 ℃，可用于液体、气体、固体、高空气象、深井等方面对温度测量精度要求不高的场合。

热敏电阻按照温度系数可分为负温度系数热敏电阻（NTC）、正温度系数热敏电阻（PTC）和临界温度系数热敏电阻（CTR）三类。它们随温度变化的特性曲线如图 9-4 所示。

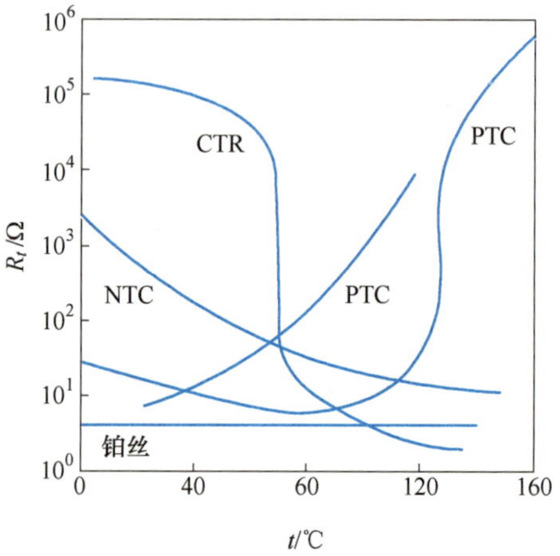

图 9-4 半导体热敏电阻的温度特性曲线

9.2.1 NTC 热敏电阻

多数半导体热敏电阻具有负温度系数，其电阻值随温度升高而下降，温度系数为 -1%~-6% $℃^{-1}$，同时灵敏度下降，因此限制了它在高温下使用。目前，NTC 热敏电阻温度上限约为 300 ℃，广泛应用于食品储存、医药卫生、科学种田、海洋、深井、高空、冰川等方面的需要定点测温的温度自动控制电路中。

9.2.1.1 NTC 热敏电阻温度方程

NTC 热敏电阻温度方程为：

$$R_T = R_0 e^{\frac{B}{T}-\frac{B}{T_0}} \tag{9-9}$$

式中 R_T，R_0——NTC 热敏电阻在热力学温度 T 和 T_0 时的电阻值，K；

B——热敏电阻的材料常数，由材料、工艺及结构决定，B 一般为 1500～6000 K，K。

9.2.1.2 NTC 热敏电阻的主要特性

（1）标称阻值。厂家通常将热敏电阻 25 ℃时的零功率电阻值作为 R_0，称为额定电阻值或标称阻值，记作 R_{25}，85 ℃时的电阻值 R_{85} 作为 R_T。标称阻值常在热敏电阻上标出，R_{85} 也由厂家给出。热敏电阻上标出的标称阻值与使用万用表测出的读数不一定相等，这是由于标称阻值是用专用仪器在 25 ℃时，且在无功率发热的情况下测得的。而使用万用表测量时有一定的电流通过热敏电阻而产生热量，且测量时不可能正好是 25 ℃，所以不可避免地产生误差。

（2）B 值。将热敏电阻 25 ℃时的零功率电阻值 R_0 和 85 ℃时的零功率电阻值 R_{85}，以及 25 ℃和 85 ℃的热力学温度 $T_0=298$ K 和 $T=358$ K 代入温度方程，可得：

$$B = 1778\ln\frac{R_{25}}{R_{85}} \tag{9-10}$$

计算得到的 B 值称为热敏电阻常数，是表征负温度系数热敏电阻热灵敏度的量，单位为 K。B 值越大，负温度系数热敏电阻的热灵敏度越高。

（3）电阻温度系数 σ。热敏电阻在自身温度变化 1 ℃时，电阻值的相对变化量称为热敏电阻的电阻温度系数 σ，可用式（9-11）表示。

$$\sigma = -\frac{B}{T^2} \tag{9-11}$$

由式（9-11）可知：

1）热敏电阻的温度系数为负值。

2）温度降低，电阻温度系数 σ 增大。在低温时，负温度系数热敏电阻的温度系数比金属热电阻丝高得多，故常用于低温测量，可用于（-100～300 ℃）。通常给出的是 25 ℃时的温度系数，单位是 %/℃。

（4）额定功率。额定功率是指负温度系数热敏电阻在环境温度为 25 ℃、相对湿度为 45%～80%、大气压为 0.087～1.07 MPa 的条件下，长期连续负荷所允许的耗散功率。

（5）耗散系数 δ。耗散系数 δ 是负温度系数热敏电阻流过电流消耗的热功率（W）与自身温升值（$T-T_0$）之比，单位为 W/℃或 W/K。

$$\delta = \frac{W}{T - T_0} \tag{9-12}$$

当流过热敏电阻的电流很小、不足以使其发热时，电阻值只决定于环境温度，用于环境温度测量误差很小。当流过热敏电阻的电流达到一定值时，热敏电阻自身温度会明显升高，测量环境温度时，要注意消除由于热敏电阻自身的温升而带来的测量误差。

（6）热时间常数 τ。负温度系数热敏电阻在零功率条件下放入环境温度中，不可能立即变为与环境温度相同的温度。热敏电阻本身的温度在放入环境温度之前的初始值和达到与环境温度相同温度的最终值之间，改变 63.2% 所需的时间，称为热时间常数，用 τ 表示。

9.2.2 PTC 热敏电阻

PTC 热敏电阻在工作温度范围内，其电阻值随温度上升而非线性增大。如图 9-4 所示，PTC 热敏电阻分为线性型 PTC 和开关型 PTC，线性型 PTC 的温度系数为+0.5%~8%/℃，开关型 PTC 在居里点温度附近的温度系数可达+10%~60%/℃，它的电阻值随着温度的升高呈阶跃性的增高。

PTC 热敏电阻在工业上可用作温度的测量与控制，也用于汽车某部位的温度检测与调节，还大量用于民用设备，如控制瞬间开水器的水温、空调器与冷库的温度、电冰箱压缩机启动电路、电动机过流过热保护电路等。

9.2.3 CTR 热敏电阻

CTR 热敏电阻是一种开关型 NTC，在临界温度附近，其电阻值随温度的增加而急剧减小，具有很大的负温度系数。CTR 是半玻璃状的半导体，也称为玻璃态热敏电阻，CTR 热敏电阻一般用作温度开关。

9.2.4 热敏电阻的电阻温度特性

一般热敏电阻的电阻值相对温度变化是对数关系，表 9-1 和表 9-2 给出了部分热敏电阻的特性参数。

表 9-1 PTC 热敏电阻的特性参数

型 号	标称阻值 R_{25}/Ω	开关温度/℃	额定电压/V
MZ21	4.7	135	15
MZ22	200~500	70~80	220
MZ23（1）	24~150	90~110	60~220
MZ23（2）	15~33	115~125	60~220
MZ24（1）	62~75	120	220
MZ24（2）	36~56	120	220
MZ64（1）	<500	40~80	5
MZ64（2）	<500	100~140	5

表 9-2 NTC 热敏电阻的特性参数

型 号	标称阻值 R_{25}/Ω	开关温度/℃	额定电压/V
MF511	100~200	1500~2000	0~200
MF513	10	4300±5%	10~55
MF514	10±2%	3700±1%	10~70
SWF13	820~1500	3900~4700	55~200

9.3 测量与转换电路

9.3.1 金属热电阻的测量与转换电路

金属热电阻传感器的测量与转换电路常用电桥电路，由于工业用热电阻安装在生产现场，离控制室较远，因此热电阻的引线对测量结果有较大影响。为了减少或消除引线电阻的影响，标准热电阻在使用时经常采用两线制、三线制和四线制的连接方式；同时，为了减少环境电、磁场的干扰，最好采用屏蔽线，并将屏蔽线的金属网状屏蔽层接地。

9.3.1.1 两线制接法

两线制接法用于引线不长、精度较低的测温环境。两线制的接线方式如图 9-5 所示，在热电阻感温体的两端各连一根导线。设每根导线的电阻值为 r，则电桥平衡条件为：

$$R_1R_3 = R_2(R_t + 2r) \tag{9-13}$$

因此有：

$$R_t = \frac{R_1R_3}{R_2} - 2r \tag{9-14}$$

很明显，如果在实际测量中不考虑导线电阻，即忽略 $2r$，则测量结果就将引入误差。

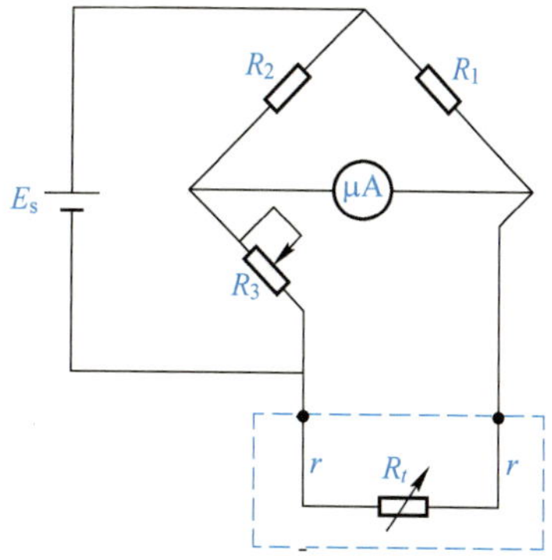

图 9-5 两线制接法

9.3.1.2 三线制接法

三线制接法用于工业测量、精度一般的测温环境。为解决导线电阻的影响，工业热电阻大多采用三线制电桥连接法，如图 9-6 所示。图中 R_t 为热电阻，它的三根引出导线相同，阻值都是 r。其中，一根与电桥电源相串联，它对电桥的平衡没有影响；另外两根分别与电桥的相邻两臂串联。当电桥平衡时，可得下列关系：

$$(R_t + r)R_2 = (R_3 + r)R_1 \tag{9-15}$$

所以有：

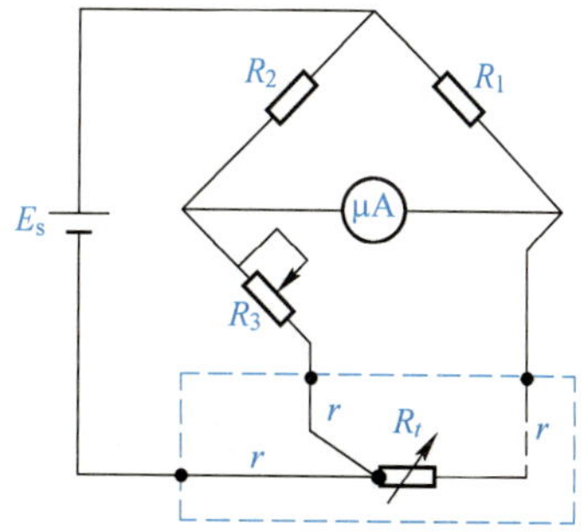

图 9-6 三线制接法

$$R_t = \frac{(R_3 + r)R_1 - rR_2}{R_2} \tag{9-16}$$

如果使 $R_1 = R_2$，则式（9-16）就和 $r = 0$ 时的电桥平衡公式完全相同。

$$R_t = \frac{R_1 R_3}{R_2} \tag{9-17}$$

说明此种接法导线电阻 r 对热电阻的测量毫无影响。注意：以上结论只有在 $R_1 = R_2$，且只有在平衡状态下才成立。为了消除从热电阻感温体到接线端子间的导线对测量结果的影响，一般要求从热电阻感温体的根部引出导线，且要求引出线一致，以保证它们的电阻值相等。

9.3.1.3 四线制接法

四线制接法适于实验室的高精度测量，四线制接法是工业测量中广泛采用的方法。

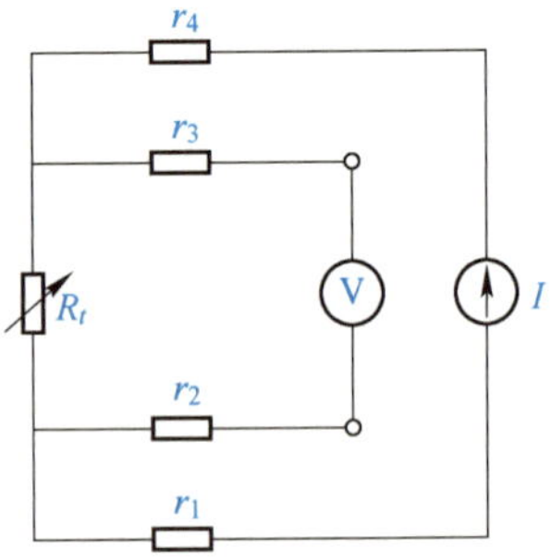

图 9-7 四线制接法

在高精度测量中，可设计成四线制的测量电路，如图 9-7 所示。图中 I 为恒流源，测量仪表 V 一般用直流电位差计，热电阻上引出电阻值各为 r_1、r_4 和 r_2、r_3 的四根导线，分别接在电流和电压回路，电流导线上 r_1、r_4 引起的电压降，不在测量范围内，而电压导线上虽然有电阻但无电流（认为内阻无穷大，测量时没有电流流过电位差计），因此四根导线的电阻对测量都没有影响。

热电阻的阻值可由测得的电压和恒流源的电流求出，即有：

$$R_t = \frac{U}{I} \tag{9-18}$$

9.3.2 半导体热敏电阻的测量与转换电路

各种热敏电阻的阻值在常温下很大，通常都在数千欧姆以上，因此连接导线的阻值（最多不超过 10 Ω）几乎对测温没有影响，不必采用三线制或四线制接法，给使用带来了方便。

另外，热敏电阻的阻值随温度改变显著，只要很小的电流流过热敏电阻，就能产生明显的电压变化，而电流对热敏电阻自身有加热作用，所以应注意不要使电流过大，防止带来测量误差。

9.3.2.1 自动调温控制

如图 9-8（a）所示，该电路是利用热敏电阻实现的具有滞回特性的恒温控制电路，R_T 为负温度系数热敏电阻，A 为比较器。当环境温度达到 T ℃ 时，可由输出信号触发升、降温设备执行机构实现自动调温控制。

电路中比较器 A 的同相输入端 U_b 作为基准电压，由 R_{P1}、R_2、R_3（或稳压管）确定分压，R_{P1} 可调节比较器的比较电平，从而调节所需控制的温度。当温度 T 升高时，负温

度系数热敏电阻 R_T 下降，比较器 A 的反相输入端 U_a 由 R_T、R_1 分压，电压下降，当 U_a 下降至不大于同相输入端 U_b 时，比较器输出电压 U_O 翻转为高电平，输出至驱动电路控制开关继电器打开降温设备。当温度下降时，负温度系数热敏电阻 R_T 增加，U_a 上升至某一值时，比较器输出电压 U_O 跳变为低电平，关闭降温设备。

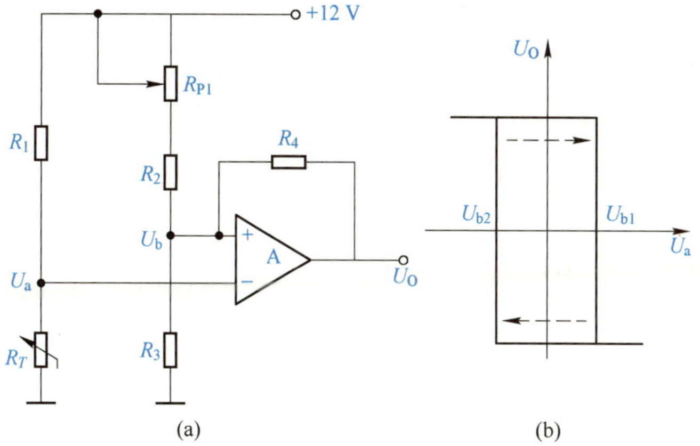

图 9-8　具有滞回特性的恒温控制电路

（a）电路原理；（b）滞回特性

图 9-8（b）为电路滞回特性，U_{b1}、U_{b2}为比较器门限电压，传输特性通过 R_4 正反馈效应使转换部分变陡。当 $U_a>U_{b1}$，U_O 由正翻转为负；当 $U_a<U_{b2}$，U_O 由负翻转为正。

如图 9-9 所示，该电路是利用热敏电阻作为测温元件，自动控制温度的电加热器电路，电位器 R_P 用于调节不同的控温范围。测温用的热敏电阻 R_T 作为偏置电阻接在 VT_1、VT_2 组成的差分放大器电路内，当温度变化时，热敏电阻的阻值变化，引起 VT_1 集电极电流变化，影响二极管 VD 支路电流，使电容 C 充电电流发生变化，相应的充电速度发生变化，则电容电压升到单结晶体管 VT_3 峰点电压的时刻发生变化，即单结晶体管的输出脉冲产生相移，改变了晶闸管 VT_4 的导通角，从而改变了加热丝的电源电压，达到自动控制温度的目的。

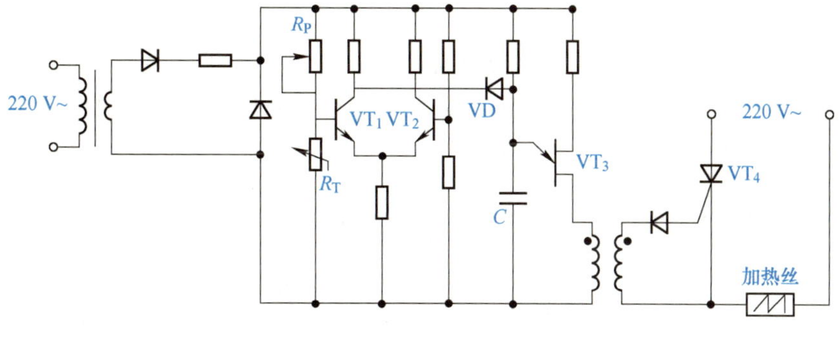

图 9-9　热敏电阻温度控制电路

9.3.2.2　热敏电阻在温度补偿方面的应用

电路选用 NTC 热敏电阻传感器实现晶体管静态工作点稳定。由图 9-10 可知，当温度升高时晶体管集电极电流 I_{CQ} 增加，同时由于温度升高负温度系数的热敏电阻 R_t 相应减小，则晶体管的基极电位 V_B 下降，从而使基极电流 I_{BQ} 减少，进而使 I_{CQ} 下降。合理选择热敏电阻，则可使静态工作点 Q 稳定。

9.3.2.3 PTC 在电机启动中的应用

如图 9-11 所示，单相异步电机刚启动时，PTC 热敏电阻尚未发热，阻值很小，启动绕组线圈 L_2 处于通路状态，对启动电流几乎没影响。启动后，热敏电阻自身发热，温度迅速上升，阻值增大。当阻值远大于启动线圈 L_2 阻抗时，就认为切断了启动线圈，只由工作线圈 L_1 正常工作。此时电动机已启动完毕，进入单相运行状态。

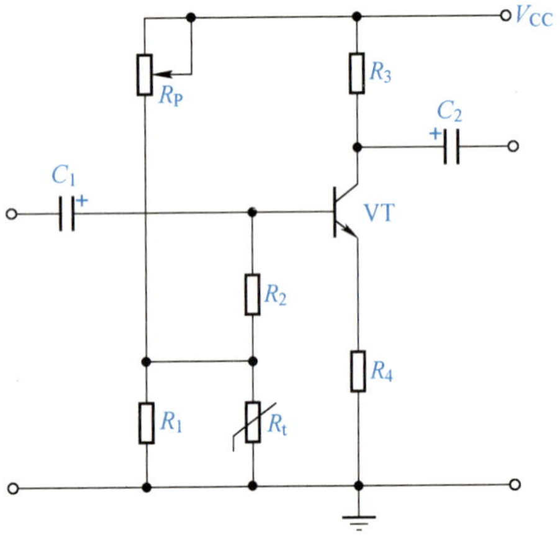

图 9-10 热敏电阻传感器在温度补偿方面的应用

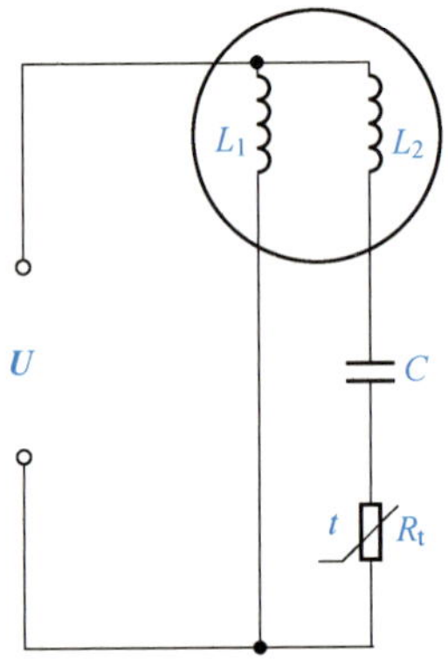

图 9-11 热敏电阻（PTC）控制电机原理图

9.3.2.4 PTC 过压、过流、过载等保护作用

PTC 过压、过流、过载等保护作用应用非常广泛，把 PTC 直接串联在电路中，因线路出现短路或其他原因导致电流过。PTC 热敏电阻能够抑制电流过大甚至阻断电流来保护所需元件或后级电路，主要用于电源变压器、各种充电器、各种仪器仪表等过流过热保护场合，特别是电源设备中。

如图 9-12 所示，PTC 热敏电阻和变压器串联作为过流保护元件，即对变压器进行保护。当电路中由于各种原因导致某个元器件或者负载短路导致电流过大时，PTC 热敏电阻就会起作用，从而抑制电路产生过大的电流。

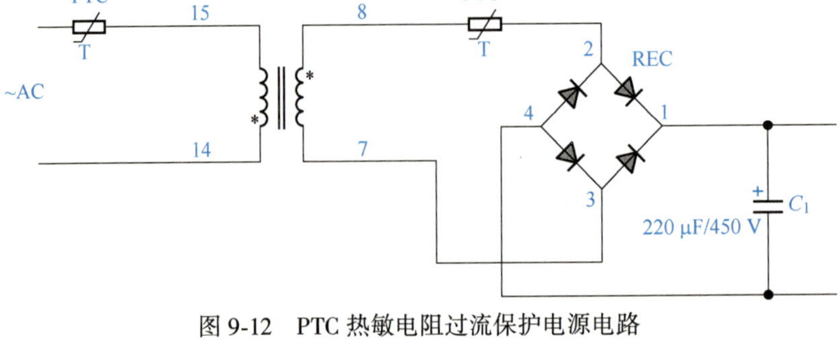

图 9-12 PTC 热敏电阻过流保护电源电路

9.4 金属热电阻使用中的注意事项和故障处理

金属热电阻测温系统一般由热电阻、连接导线和显示仪表等组成，使用时应注意以下两点：

（1）热电阻和显示仪表的分度号必须一致；

（2）为了消除连接导线电阻对测量的影响，必须采用三线制接法。

热电阻使用中可能出现故障，出现故障的原因及处理方法见表 9-3。

表 9-3 金属热电阻常见故障及其原因与处理方法

故障现象	故障原因	处理方法
显示仪表指示值比实际值低或示值不稳定	（1）保护管内有水或接线盒上有金属屑、灰尘； （2）热电阻短路	（1）倒出水或清除灰尘，并将潮湿部分做干燥处理，提高绝缘性（不能用火烤）； （2）用万用电表检查短路或接地的部位，并消除短路。如果是热敏感元件短路，应检修或更换
显示仪表指示值无限大	热电阻断路	用万用电表检查断路部位，确定是连接导线还是热敏感元件断路。如果是连接导线断路，可予以更换或修复；如果是热敏感元件断路，应更换
显示仪表指针反向标尺下限值	（1）热电阻短路； （2）显示仪表接线接错	（1）用万用电表检查并确定短路部位，如果是热敏感元件短路，应修复或更换； （2）重新连接导线
阻值与温度关系有变化	热电阻材料受腐蚀变质	更换热电阻体

思考与练习

9-1 简述热电阻测温原理，常用热电阻有哪些，它们的性能特点是什么？

9-2 Pt_{100}和 Cu_{50}分别代表什么传感器？分析热电阻传感器测量电桥中的三线、四线连接法的主要原理和区别。

9-3 热电阻传感器有哪几种类型，分别应用在什么场合？

9-4 试比较热电阻与热敏电阻的异同。

9-5 试述半导体热敏元件有哪几种类型及其作用。

9-6 已知铜热电阻 Cu_{100}的纯度 $W(100)=1.42$，当用此热电阻测量 50 ℃温度时，其电阻值为多少？若测温时的电阻值为 92 Ω，则被测温度是多少？

9-7 有一热敏电阻在 0 ℃和 100 ℃时，电阻值分别为 200 kΩ 和 10 kΩ，试计算该热电阻在 20 ℃时的电阻值。

9-8 铜热电阻的阻值 R_t 与温度 t 的关系可用式 $R_t \approx R_0(1+\alpha t)$ 表示。已知 0 ℃时铜热电阻 R_0 为 50 Ω，温度系数为 4.28×10^{-3} ℃$^{-1}$，求温度为 100 ℃时的电阻值。

9-9 用热电阻测温为什么常采用三线制连接，应怎样连接才能确保实现了三线制连接？若在导线敷设至控制室后再分三线接入仪表，是否实现了三线制连接？

10 光电式传感器

第10章 课件

素养提升

1905 年，德国物理学家爱因斯坦用光量子学说解释了光电发射效应，并因此获得了 1921 年诺贝尔物理学奖。

爱因斯坦在 1879 年出生于德国乌尔姆市，1900 年毕业于苏黎世联邦理工学院，1905 年获苏黎世大学哲学博士学位。1905 年创立狭义相对论，1915 年创立广义相对论。爱因斯坦提出光子假设，成功解释了光电效应，因此获得 1921 年诺贝尔物理学奖。

爱因斯坦为核能开发奠定了理论基础，开创了现代科学技术新纪元，被公认为是继伽利略、牛顿以来最伟大的物理学家。1999 年 12 月 26 日，爱因斯坦被美国《时代》周刊评选为“世纪伟人”，是当之无愧的世界十大杰出物理学家之一，现代物理学开创者、集大成者和奠基人，同时也是一位著名的思想家和哲学家。

作为一名天才科学家，爱因斯坦堪称一位最了不起的工匠，他的精神符合“工匠精神”的基本内涵，即精益、专注、创新、敬业等。

光电式传感器的基本转换原理是将被测量转换成光信号的变化，然后将光信号作用于光电元件而转换成电信号的输出。光电式传感器可测量的参数很多，一般情况下具有非接触式测量的特点，并且光电式传感器的结构简单，具有很高的可靠性且动态响应极快。随着新光源、新光电元器件的相继出现和成功应用，使得光电式传感器越来越广泛地应用于检测和控制领域。

10.1 光电效应

光电式传感器通常是指能敏感检测到光谱分布由紫外线光到红外线光的光能量，并能将光能转化成电信号的器件，其工作原理是基于一些物质的光电效应。由于被光照射的物体材料不同，所产生的光电效应也不同，通常光照射到物体表面后产生的光电效分为外光电效应和内光电效应两类。

10.1.1 外光电效应

一束光是由一束以光速运动的粒子流组成的，这些粒子称为光子。光子具有能量，每个光子具有的能量由式（10-1）确定。

$$E = h\gamma = h\frac{c}{\lambda} \tag{10-1}$$

式中 h——普朗克常数，$h=6.626\times10^{-34}$ J·s；

γ——光的频率，Hz 或 s^{-1}；

c——光在真空中的传播速度，m/s；

λ——光在真空中的波长，m。

光的波长越短，即频率越高，其光子的能量也越大；反之，光的波长越长，即频率越低，其光子的能量也就越小。

在光线作用下，物体内的电子逸出物体表面向外发射的现象称为外光电效应。外光电效应中所释放出的电子称为光电子。基于外光电效应的光电器件有光电管、光电倍增管等。

根据爱因斯坦假设，一个光子的能量只给一个电子。因此，如果要使一个电子从物体表面逸出，必须使电子吸收的入射光子能量 E 超出该物体表面的逸出功 A_0（物体表面对电子的束缚），超出部分的能量表现为逸出电子的动能。根据能量守恒定理得：

$$E = h\gamma = \frac{1}{2}mv_0^2 + A_0 \tag{10-2}$$

式中 m——电子的质量，kg；

v_0——电子的逸出速度，m/s。

式（10-2）为爱因斯坦光电效应方程式，则有：

$$E_k = \frac{1}{2}mv_0^2 = h\gamma - A_0 \tag{10-3}$$

可见，电子逸出时所具有的初始动能 E_k 与光的频率有关，频率越高，其能量也越大。由于不同材料具有不同的逸出功 A_0，所以对某种材料而言便有一个频率限值，当入射光的频率低于此频率限值时，无论光照强度多大，也不能激发出电子；反之，当入射光的频率高于此频率限值时，即使光线微弱也会有电子发射出来，这个频率限值称为红线频率，其波长 $\lambda = hc/A_0$，该波长称为临界波长。

10.1.2 内光电效应

在光线作用下，物体的导电性能（电阻率）发生变化或产生光生电动势的效应称为内光电效应。内光电效应又可分为光电导效应和光生伏特效应两类。

（1）光电导效应。在光线作用下，半导体材料吸收了入射光子能量，若光子能量大于或等于半导体材料的禁带宽度，就激发出电子-空穴对，使载流子浓度增加，半导体的导电性增加，阻值减低，这种现象称为光电导效应；光敏电阻就是基于这种效应的光电器件。

（2）光生伏特效应。在光线的作用下能够使物体产生一定方向的电动势的现象称为光生伏特效应；基于该效应的光电器件有光电池、光敏二极管、光敏晶体管等。

10.2 光电器件

10.2.1 光电管

光电管基于外光电效应，光电管由真空玻璃管、光电阴极 K 和光电阳极 A 组成。光电阴极装在玻璃管内壁上，其上涂有光电材料，或者在玻璃管内装入柱面形金属板，在此金属板内壁上涂有阴极光电材料。光电阳极通常用金属丝弯曲成矩形或圆形或金属丝柱，置于玻璃管的中央。在光电阴极和光电阳极之间加有一定的电压（数十伏），且光电阳极为正极、光电阴极为负极。当光通过光窗照射到光电阴极上时，在光照频率高于阴极材料红限频率的前提下，光电阴极吸收了光子的能量便有电子逸出，这种电子称为光电子。光电子数决定于光通量，光通量越大，则光电子数越多。在光电阴极和光电阳极之间的电场作用下，光电子在极间做加速运动，被高电位的中央光电阳极收集形成电流，称为光电流 I_{Φ} 。随着半导体光电器件的发展，光电管已逐步被半导体光电器件替代。

光电管的结构与基本测量电路如图 10-1 所示。

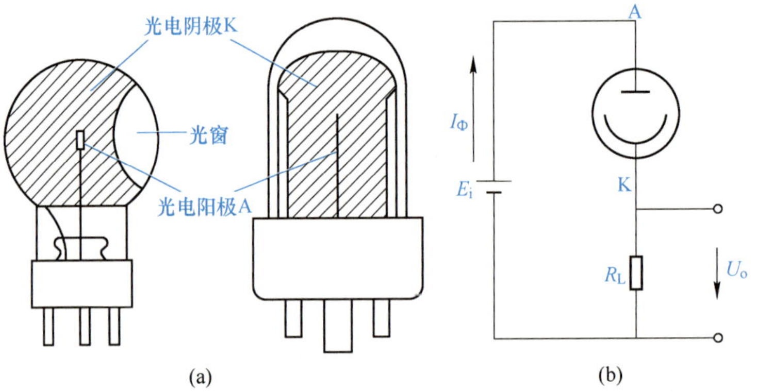

图 10-1 光电管的结构与测量电路

（a）结构；（b）测量电路

10.2.2 光电倍增管

光电管的灵敏度较低，当入射光很微弱时，光电管产生的光电流很小，只有零点几微安，很不容易探测，这时常用光电倍增管对电流进行放大。图 10-2 是光电倍增管的结构与工作原理示意图。

光电倍增管的结构特点是在光电阴极和光电阳极之间增加了若干个光电倍增极 D ，称为二次倍增极，相邻电极间通常加上 100 V 左右的电压，其电位逐极升高，阴极电位最低，阳极电位最高，两者之差一般为 600~1200 V。

当微光照射阴极 K 时，从阴极 K 上逸出的光电子被第一倍增极 D_1 所加速，以很高的

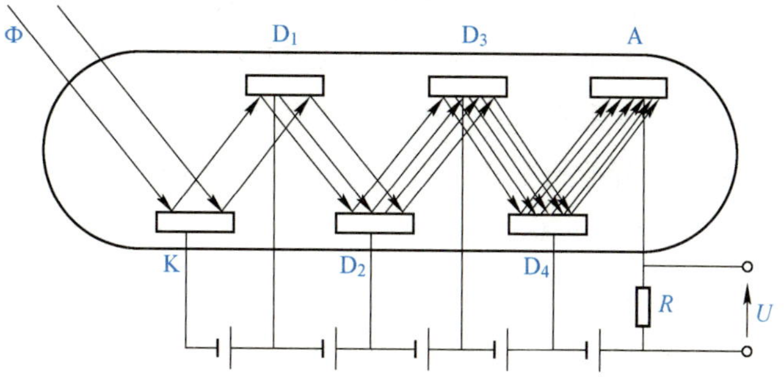

图 10-2 光电倍增管的结构与工作原理示意图

速度轰击 D_1，入射光电子的能量传递给 D_1 表面的电子使它们由 D_1 表面逸出，这些电子称为二次电子，一个入射光电子可以产生多个二次电子。D_1 发射出来的二次电子被 D_1 和第二倍增极 D_2 间的电场加速，射向 D_2，并再次产生二次电子发射，得到更多的二次电子，这样逐级前进，一直到最后达到阳极 A 为止。若每级的二次电子发射倍增率为 δ，共有 n 级（通常可达 9~11 级），则光电倍增管阳极得到的光电流是光电管的 δ^n 倍，因此光电倍增管灵敏度极高，在微光下就能产生很大的电流。

10.2.3 光敏电阻

10.2.3.1 光敏电阻的结构和工作原理

光敏电阻又称光导管，它是一种电阻元件，光敏电阻的结构很简单，如图 10-3（a）所示。在玻璃底板上均匀地涂上一层薄薄的半导体物质，称为光导层。半导体的两端装有金属电极，金属电极与引出线端相连接，光敏电阻就通过引出线端接入电路。为了防止周围介质的影响，在半导体光导层上覆盖了一层漆膜，并要求该漆膜对光导层最敏感波长范围内的光线透射率最大。感光面大的光敏电阻表面大多采用梳状电极结构，如图 10-3（b）所示，这样可得到比较大的光电流。图 10-3（c）是光敏电阻的测量电路。

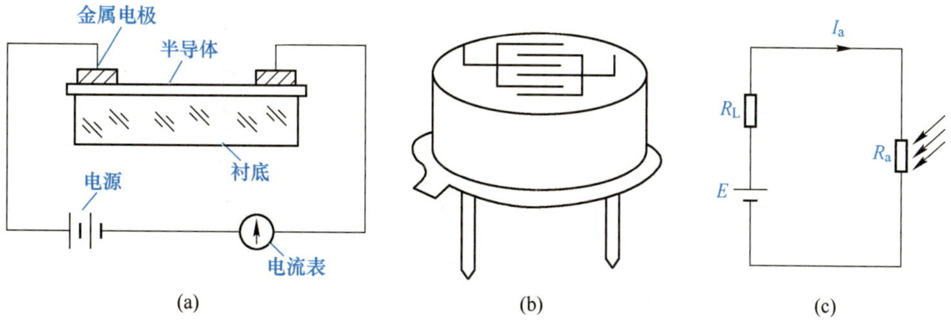

图 10-3 光敏电阻的结构和测量电路
（a）结构；（b）梳状电极；（c）测量电路

光敏电阻是一种对光敏感的元件，它的电阻值随着外界光照强弱（明暗）的变化而变化。无光照时，光敏电阻值（暗电阻）很大，电路中电流（暗电流）很小。当光敏电阻受到一定波长范围的光照射时，它的阻值（亮电阻）急剧减小，电路中电流（亮电流）迅速增大。一般希望暗电阻越大越好，亮电阻越小越好，此时光敏电阻的灵敏度高。实际光敏电阻的暗电阻值一般在兆欧量级，亮电阻值在几千欧以下，典型的光敏电阻有硫化镉（CdS）、硫化铅（PbS）、锑化铟（InSb）以及碲化镉汞（$Hg_{1-x}Cd_xTe$）系列光敏电阻。

10.2.3.2 光敏电阻的主要参数

光敏电阻的主要参数有暗电流、亮电流、光电流等。

（1）暗电阻和暗电流。光敏电阻在不受光照射时的阻值称为暗电阻，此时流过的电流称为暗电流。置于室温、全暗条件下测得的稳定电阻值称为暗电阻，通常大于 1 MΩ。

（2）亮电阻和亮电流。光敏电阻在受光照射时的电阻称为亮电阻，此时流过的电流称为亮电流。

（3）光电流。亮电流与暗电流之差称为光电流。

光敏电阻具有灵敏度高、工作电流大（可达数毫安）、体积小、质量轻、光谱响应范围宽、机械强度高、耐冲击和振动、抗过载能力强、寿命长、使用方便等优点，但存在响应时间长、频率特性差、强光线性差、受温度影响大等缺点，主要用于红外线光谱区的弱光探测和开关控制领域。

10.2.4 光敏管

光敏管是基于光生伏特效应原理工作的，按照结构不同分为光敏二极管、光敏晶体管和光敏晶闸管等类型。

10.2.4.1 光敏二极管

光敏二极管又称为光电二极管，它的结构与一般二极管相似，其 PN 结装在透明玻璃管壳的顶部，可以直接接受光照，上面有一个透镜制成的窗口，可使光线集中在敏感面上。光敏二极管的结构原理和基本电路如图 10-4 所示，它在电路中处于反向偏置状态。在没有光照射时，由于光敏二极管反向偏置，所以反向电流很小，这种反向电流称为暗电流，相当于普通二极管的反向饱和漏电流。当光照射在光敏二极管的 PN 结（又称为耗尽层）上时，使 P 区的电子数增多，也使 N 区的空穴数增多，即产生新的自由载流子（即光生电子-空穴对）。这些载流子在结电场的作用下，空穴向 P 区移动，电子向 N 区移动，从而使通过 PN 结的反向电流大为增加，这就形成了光电流，光敏二极管处于导通状态。当入射光的照度发生变化时，光生载流子的数量也相应发生变化，通过光电流也随之变化，光电流与照度成正比。达到平衡时，在 PN 结的两端将建立起稳定的电压差，这就是光生电动势。

10.2.4.2 光敏晶体管

光敏晶体管又称为光电晶体管或者光电三极管，它有 NPN 型和 PNP 型两种基本结构，用 N 型硅材料为衬底制作的光敏三极管为 NPN 型，用 P 型硅材料为衬底制作的光敏三极管为 PNP 型。

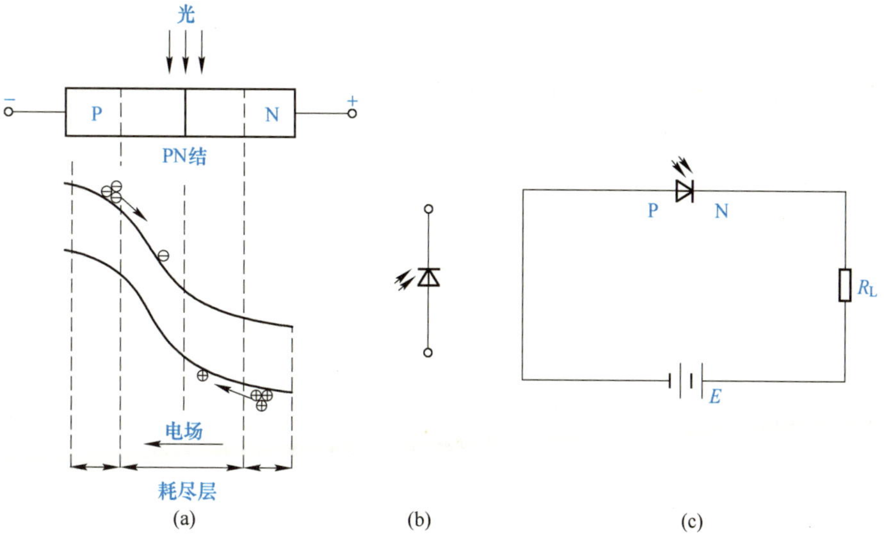

图 10-4 光敏二极管的结构原理和基本电路

(a) 结构原理；(b) 符号；(c) 基本电路

这里以 NPN 型光敏晶体管为例，其结构与普通晶体管很相似，也有电流增益，只是它的基极作为光接收窗口，做得很大，以扩大光的照射面积，且其基极往往不接引线，只有正、负极（c、e）两个引脚，因此其外形与光敏二极管相似，从外观上很难区分；光敏晶体管相当于在三极管的基极和集电极之间接入一只光敏二极管的三极管，光敏二极管的电流相当于三极管的基极电流，且对该电流加以放大。

NPN 型光敏晶体管结构和基本电路如图 10-5 所示。当集电极加上相对于发射极为正的电压而不接基极时，集电结反偏，发射结正偏。当无光照在基极上时，仅有很小的穿透电流流过；当光照在基极上时，就会在基极附近激发产生光生电子-空穴对，在反向偏置的 PN 结电场作用下，自由电子向集电区（N 区）移动并被集电极收集，空穴流向基区（P 区），这就造成基区中正电荷空穴的积累，提高了发射结的正向偏置电压，发射区中的多数载流子（电子）将大量注入基区。由于基区很薄，只有一小部分从发射区注入的电子

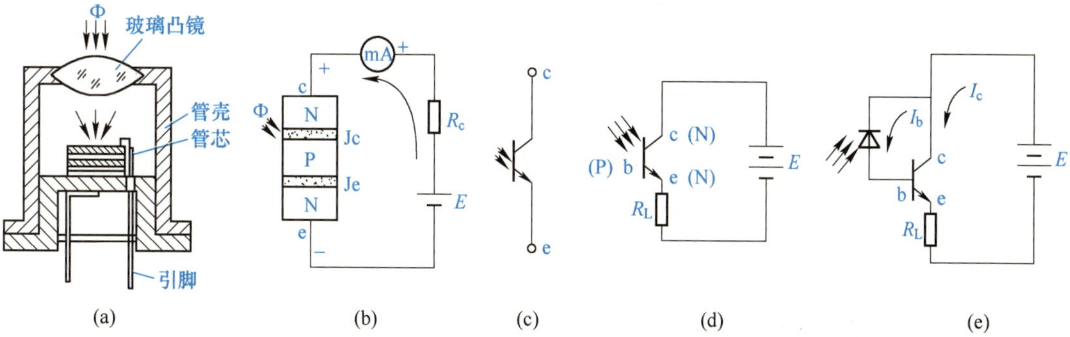

图 10-5 NPN 型光敏晶体管的结构和基本电路

(a) 结构；(b) 原理；(c) 电路符号；(d) 基本电路；(e) 工作原理等效电路

与基区的空穴复合，而大部分电子将穿过基区流向与电源正极相接的集电极，形成集电极电流。与普通晶体管的电流放大作用相似，集电极电流 I_c 是原始光电流的 β 倍，因此光敏晶体管比光敏二极管的灵敏度高许多倍，光敏晶体管的光电流可达 0.4~4 mA，而光敏二极管的光电流只有几十微安。

PNP 型光敏三极管的工作与 NPN 型相同，只是它工作时的电压极性与 NPN 型相反，集电极的电位为负。

光敏晶体管的光电灵敏度虽然比光敏二极管高得多，但在需要高增益或大电流输出的场合，常采用达林顿光敏晶体管，如图 10-6 所示。达林顿光敏晶体管是一个光敏晶体管和一个普通晶体管以集电极连接方式构成的集成器件，由于增加了一级电流放大，所以输出电流能力大大加强，甚至可以不必经过进一步放大，便可直接驱动继电器。但是，由于无光照时的暗电流也增大，因此适合于开关状态或位式控制的光电转换。

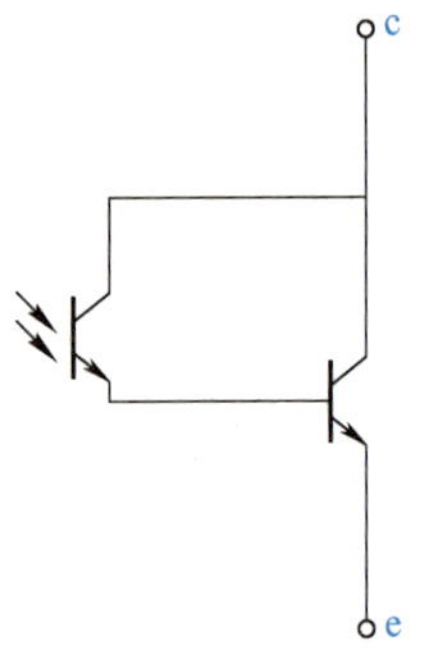

图 10-6 达林顿光敏晶体管

10.2.4.3 光敏晶闸管

光敏晶闸管结构与普通晶闸管一样，有三个引出电极，即阳极 A、阴极 K 和门极 G，有三个 PN 结，即 J_1、J_2、J_3，如图 10-7 所示。

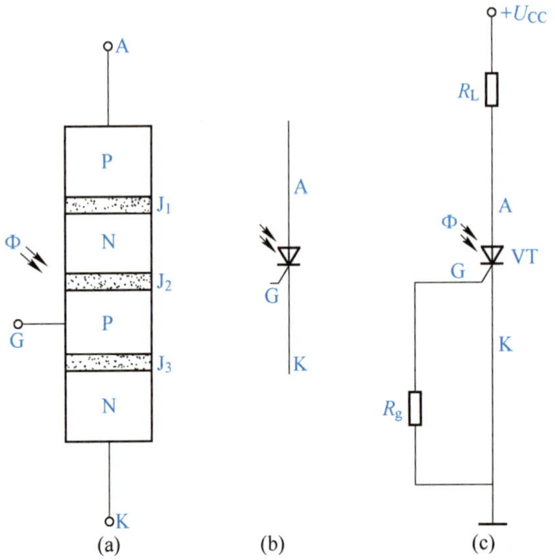

图 10-7 光敏晶闸管

(a) 结构简图；(b) 图形符号；(c) 电路简图

在电路中，J_1、J_3 正偏，J_2 反偏，反偏的 PN 结在透明玻璃管壳的顶部，相当于受光照控制的光敏二极管。光照射在 J_2 上产生的光电流相当于普通的晶闸管的门极电流，当光电流大于某一阈值时，光敏晶闸管触发导通。

10.2.5 光电池

光电池是利用光生伏特效应把光能直接转换成电能的光电器件。由于它广泛用于把太阳能直接转变成电能，因此也称为太阳能电池。光电池根据制造的材料不同，可以分为硒光电池、硅光电池、砷化镓光电池等。

目前，应用最广、最有发展前途的是硅光电池。硅光电池价格便宜、转换效率高、寿命长，适于接收红外线。硒光电池的光电转换效率低（0.02%）、寿命短，适于接收可见光（响应峰值波长 0.56 μm），最适于制造照度计。砷化镓光电池的转换效率比硅光电池稍高，光谱响应特性与太阳光谱最吻合，且工作温度最高，更能耐受宇宙射线的辐射，因此它在宇宙飞船、卫星、太空探测器等电源方面的应用是最有发展前途的。

光电池的核心部分是一个 PN 结，一般做成面积较大的薄片状，用来接收更多的入射光。硅光电池是在一块 N 型硅片上扩散 P 型杂质（如硼），形成一个扩散 PN 结，然后焊上两个电极，P 端为光电池正极，N 端为负极，如图 10-8 所示。

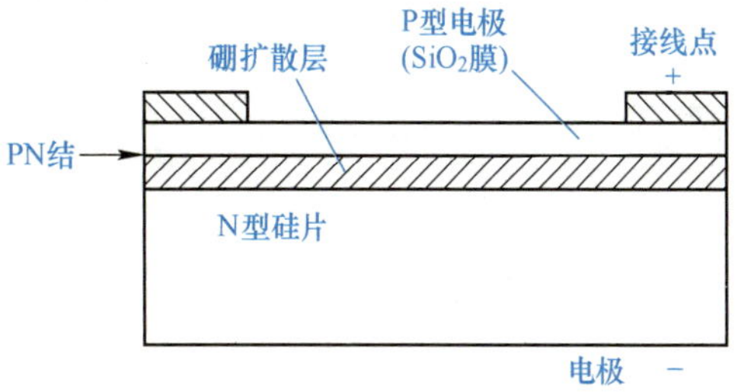

图 10-8 硅光电池的结构

当光照到 PN 结上时，只要光子有足够大能量，就能在 PN 结附近激发出光生电子-空穴对，它们在 PN 结内电场的作用下，在 N 区聚积电子负电荷，P 区聚积空穴正电荷，这样 N 区和 P 区之间出现电位差。若将 PN 结两端用导线连起来，电路中有电流流过，电流的方向由 P 区流经外电路至 N 区。若将外电路断开，就可测出光生电动势。

光电池的符号和基本电路如图 10-9 所示。

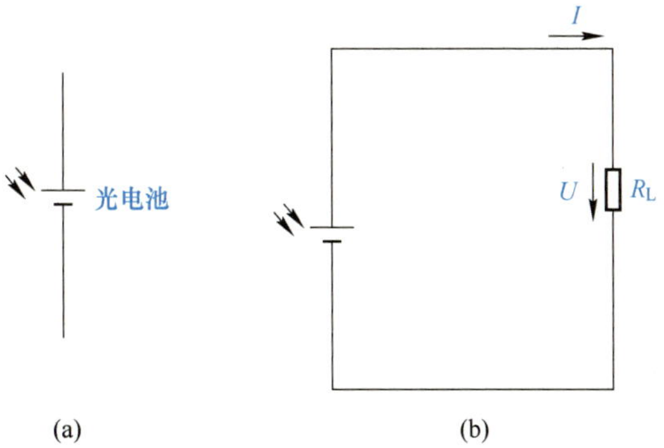

图 10-9 光电池的符号和基本电路
（a）符号；（b）基本电路

10.2.6 光电耦合器

光电耦合器是将发光元件和光敏元件合并使用，以光为媒介实现信号传递的光电器件。发光元件通常采用砷化镓发光二极管，它由一个 PN 结组成，有单向导电性，随正向电压的提高，正向电流增加，产生的光通量也增加。此时，光敏元件可以是光敏二极管或光敏三极管等。

光电耦合器将发光元件和光敏元件集成在一起，封装在一个外壳内，如图 10-10 所示。光电耦合器件的输入电路和输出电路在电气上完全隔离，仅仅通过光的耦合才把二者联系在一起。工作时，把电信号加到输入端，使发光器件发光，光敏元件则在此光照下输出光电流，从而实现电-光-电的两次转换。

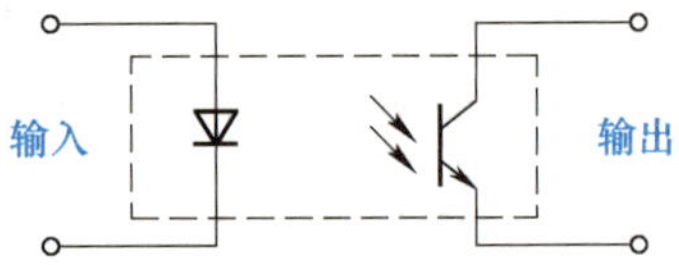

图 10-10 光电耦合器

光电耦合器实际上能起到电量隔离的作用，具有抗干扰和单向信号的传输功能，它广泛应用于电量隔离、电平转换、噪声抑制、无触点开关等领域。

10.3 光电式传感器的应用

10.3.1 光敏电阻的应用

在光敏电阻两极电压固定不变时，照度与电阻、电流间的关系称为光电特性。GL3547-2 光敏电阻的光电特性曲线如图 10-11 所示。

光敏电阻的基本应用电路如图 10-12 所示。光敏电阻 R_Φ 与负载电阻 R_L 串联后，接到电源 E_i 上。图 10-12(a)中，由式（10-4）可知，当无光照时，光敏电阻 R_Φ 很大，I_Φ 在 R_L 上的压降 U_{o1} 很小；随着照度增大，R_Φ 减小，U_{o1} 随之增大。图 10-12（b）的情况与图 10-12（a）相反，由式（10-5）可知，照度增大，U_{o2} 反而减小。U_{o1} 和 U_{o2} 可以接到 CMOS 数字集成电路的输入端，在某一照度时，数字电路的输出电平翻转。

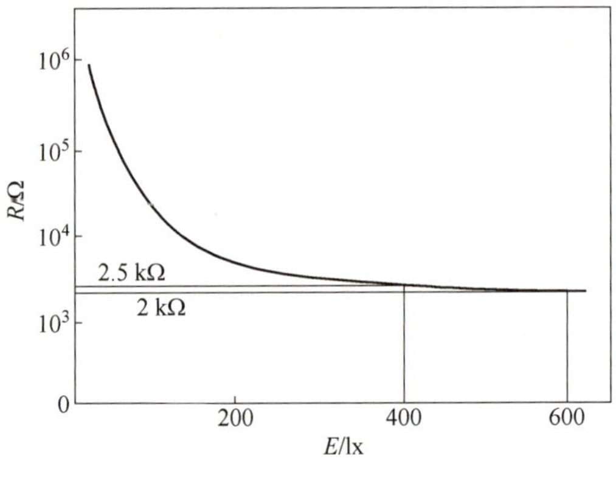

图 10-11 GL3547-2 光敏电阻的光电特性曲线

$$U_{o1}=\frac{R_L}{R_L+R_\Phi}E_i \tag{10-4}$$

$$U_{o2}=\left(1-\frac{R_L}{R_L+R_\Phi}\right)E_i \tag{10-5}$$

例 10-1 GL3547-2 光敏电阻基本应用电路如图 10-12（a）所示，电阻-照度特性（对数坐标）如图 10-11 所示。负载电阻 $R_L=1\ \text{k}\Omega$，$E_i=5\text{V}$，求：照度 $E_{400}=400$ lx 及 $E_{400}=600$ lx 时电路的输出电压 $U_{o(400)}$、$U_{o(600)}$。

解： 查图 10-11 得到 GL3547-2 光敏电阻在照度为 400 lx 时的电阻 $R_\Phi\approx2.5\ \text{k}\Omega$，

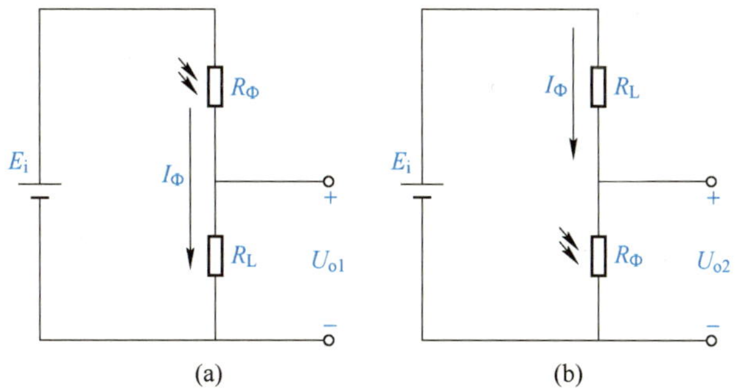

图 10-12 光敏电阻的基本应用电路

（a）U_o 与照度变化趋势相同的电路；（b）U_o 与照度变化趋势相反的电路

$U_{o(400)} \approx 1.4$ V；光敏电阻在照度为 600 lx 时的电阻 $R_\Phi \approx 2$ kΩ，电路的输出电压 $U_{o(600)} \approx 1.7$ V。

由以上计算可知，照度从 400 lx 增加到 600 lx 时，电路的输出电压变化不大。多数光敏电阻在照度大于 100 lx 时，光敏电阻的光电流就进入饱和状态。如果要增加照度为 600 lx 时的电路输出电压，可以略微增加负载电阻 R_L 的数值。

实践操作：设计一个光控装置，在白天光线较亮时发光二极管（LED）熄灭，当夜晚来临时 LED 点亮。

设计方案：利用光敏电阻的变化，控制晶体管基极电位，由晶体管的开关作用驱动 LED，达到光控目的，可以采用图 10-13 所示的电路。

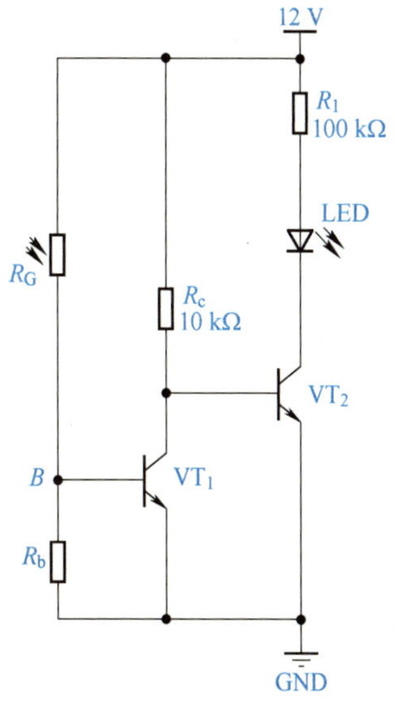

图 10-13 光控装置电路

当环境较亮时，R_G 阻值较小，B 点电位较高，VT_1 导通使其集电极电位下降，导致 VT_2 截止，则 LED 熄灭；当环境黑暗时，R_G 阻值增大，B 点电位较低，VT_1 截止使其集电极电位上升，导致 VT_2 导通，则 LED 点亮。

电路中 VT_1、VT_2 采用 8050（NPN 型），R_G = MG45，R_c = 10 kΩ，R_1 = 100 Ω，LED 为普通发光二极管，电源为 12 V 直流。

R_b 值的选择是电路功能实现的关键，制作之前应进行定量分析计算。实验环境下实测光敏电阻 R_G 的暗电阻为 20 kΩ，光电阻为 3 kΩ。

（1）环境较亮时，要使 VT_2 截止、VT_1 导通，才能使 LED 熄灭。为使 VT_1 可靠导通，取 $V_B \geqslant 1$ V，则由 $V_B = \dfrac{R_b}{R_b + R_G} \times 12$ 以及 $R_{RG} = 3$ kΩ，计算得 $R_b \geqslant 0.27$ kΩ。

（2）环境黑暗时，要使 VT_2 导通、VT_1 截止，才能使 LED 点亮。为使 VT_1 可靠截止，取 $V_B \leqslant 0.2$ V，则由 $V_B = \dfrac{R_b}{R_b + R_G} \times 12$ 以及 $R_{RG} = 20$ kΩ，计算得 $R_b \leqslant 0.33$ kΩ。

综合以上计算可知，要使电路实现“见光就暗”，必须同时满足（1）和（2），则 R_b 取值范围必须为 0.27~0.33 kΩ。

10.3.2 光敏二极管的应用

某系列光敏二极管的光电特性如图 10-14 中的曲线 1 所示，光电流 I_Φ 与照度基本呈线性关系。

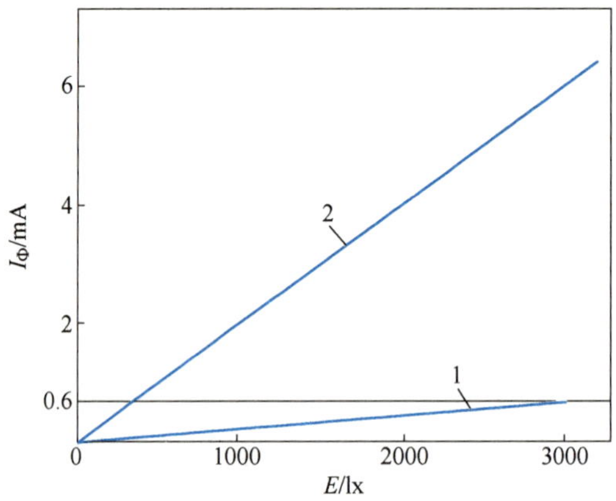

图 10-14 某系列光敏二极管的光电特性曲线

1—光敏二极管；2—光敏晶体管

光敏二极管在应用电路中必须反向偏置，否则流过它的电流就与普通二极管的正向电流一样，不受入射光的控制。光敏二极管的反偏电路如图 10-15（a）所示，输出电压与 I_D 成正比。

$$U_o = I_D R_L \tag{10-6}$$

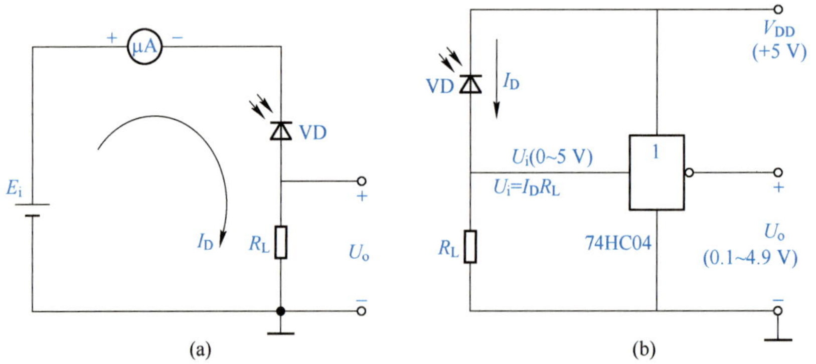

图 10-15 光敏二极管的应用电路

（a）反偏电路；（b）反相驱动电路

例 10-2 采用反相器可以得到较大的负载能力。利用反相器将光敏二极管的输出电压转换成 TTL 电平的反相驱动电路如图 10-15（b）所示，光敏二极管的光电特性如图 10-14

所示，已知 $R_L=10\ k\Omega$。求：74HC04 的输出从高电平稳定地跳变为低电平时的照度阈值（在 $V_{DD}=5\ V$ 时，74HC04 反相器的最高输入低电平电压 $U_{iL}\approx 2.4\ V$）。

解：当 74HC04 反相器的输入电压逐步升高到 $U=2.4\ V$ 时，输出从高电平跳变为低电平（0.1 V）时，由此可知，流过 R_L 的电流为：

$$I_D = U_i/R_L = 2.4\ V/10\ k\Omega = 0.24\ mA$$

查图 10-14，此时的照度 $E=(3000\ lx/0.6\ mA)\times 0.24\ mA = 1200\ lx$。

由于 74HC04 输入端的 U_i 为 2.4~2.6V 时的输出状态不定，所以当照度为 1200~1300 lx 时，74HC04 输出端状态无法判断，可能产生频繁的翻转。因此，可以将 74HC04 改为具有施密特特性的 74HC14，这样就能够提高照度在阈值附近微小变化时的抗干扰能力。

10.3.3 光敏晶体管的应用

光敏晶体管的两种测量电路如图 10-16 所示，U_{o1} 和 U_{o2} 输出公式见式（10-7）和式（10-8），其输出状态比较见表 10-1。

$$U_{o1} = I_C R_E \tag{10-7}$$

$$U_{o2} = V_{CC} - I_C R_E \tag{10-8}$$

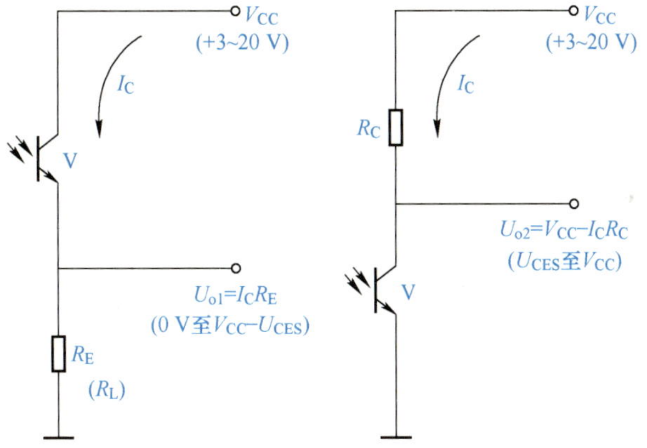

图 10-16 光敏晶体管的两种测量电路

（a）射极输出电路；（b）集电极输出电路

表 10-1 光敏晶体管的输出状态比较

电路形式	无光照时			强光照时		
	晶体管状态	I_C	U_o	晶体管状态	I_C	U_o
射极输出	截止	0	0（低电平）	饱和	$(V_{CC}-0.3\ V)/R_L$	$V_{CC}-U_{CES}$（高电平）
集电极输出	截止	0	V_{CC}（高电平）	饱和	$(V_{CC}-0.3\ V)/R_L$	U_{CES}（0.3 V，低电平）

从表 10-1 可以看出，射极输出电路的输出电压变化与光照的变化趋势相同，而集电极输出电路的输出电压变化与光照的变化趋势相反。

例 10-3 光控继电器电路如图10-17 所示。

（1）分析工作过程。

（2）若 $V_{CC}=12\ V$，中间继电器 KA 的驱动线圈阻值 $R_{KA}=100\ \Omega$，设 V_2 的 β 足够大，求：在强光照时，流过中间继电器 KA 的电流。

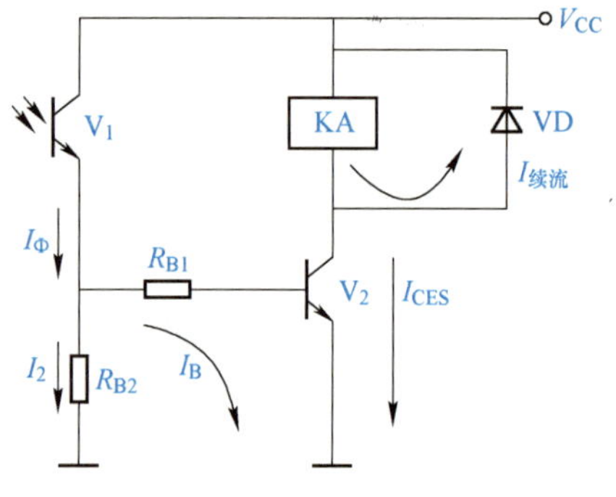

图 10-17 光控继电器电路

解：（1）当无光照时，V_1 截止，$I_B=0$，V_2 也截止，继电器 KA 处于失电（释放）状态。

当有强光照时，V_1 产生较大的光电流 I_Φ，I_Φ 的一部分流过下偏流电阻 R_{B2}（起稳定工作点作用），另一部分流经 R_{B1} 及 V_2 的发射结。当 $I_B>I_{BES}$（I_{BES} 为集电极饱和电流，$I_{BES}=I_{CES}/\beta$）时，V_2 饱和，产生较大的集电极饱和电流 I_{CES}，$I_{CES}=(V_{CC}-0.3\ V)/R_{KA}$，因此继电器 KA 得电并吸合。如果将 V_1 与 R_{B2} 位置上下对调，其结果相反，请读者自行分析。

（2）由于 β 足够大，在强光照时，I_Φ 较大，流过 V_2 集电极的电流与 β 以及基极电流 I_B 基本无关，$I_{CES}\approx(12-0.3)V/0.1\ k\Omega=117\ mA$。

10.3.4 光电池的应用

工业和日常生活中常用的是硅光电池，它具有转换效率较高、性能稳定等特点。

硅光电池的负载电阻不同，输出电压和电流也不同。某系列硅光电池的光电特性曲线如图 10-18 所示。曲线 1 是光电池负载开路时的“开路电压” U_o 特性曲线，曲线 2 是负载短路时的“短路电流” I_Φ 特性曲线。开路电压 U_o 与照度的关系呈非线性，近似于对数关系，在 2000 lx 照度以上就趋于饱和。由实验测得，负载电阻越小，光电流与照度之间的线性关系就越好。当负载短路时，光电流在很大范围内与照度呈线性关系。当希望光电池的输出与照度成正比时，应把光电池作为电流源来使用；当被测非电量是开关量时，也可以把光电池作为电压源来使用。

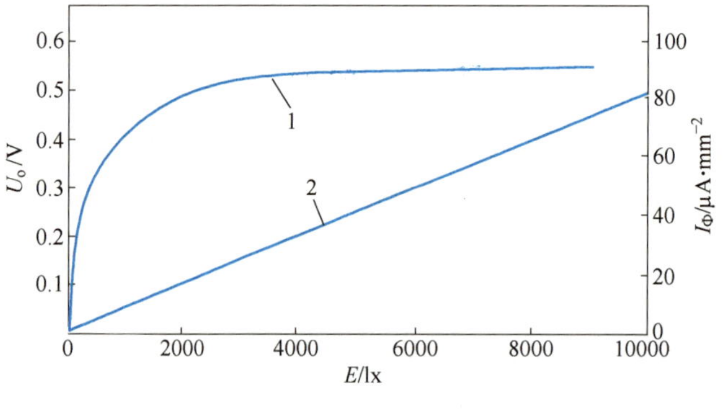

图 10-18 某系列硅光电池的光电特性曲线

1—开路电压；2—短路电流

为了得到光电流与照度呈线性的特性曲线，要求光电池的负载必须短路（负载电阻趋向于零)。但是，这在直接采用动圈式仪表的测量电路中是很难做到的，采用集成运算放大器组成的 I/U 转换电路才能较好地解决短路电流测量的难题。光电池短路电流测量电路如图 10-19 所示。

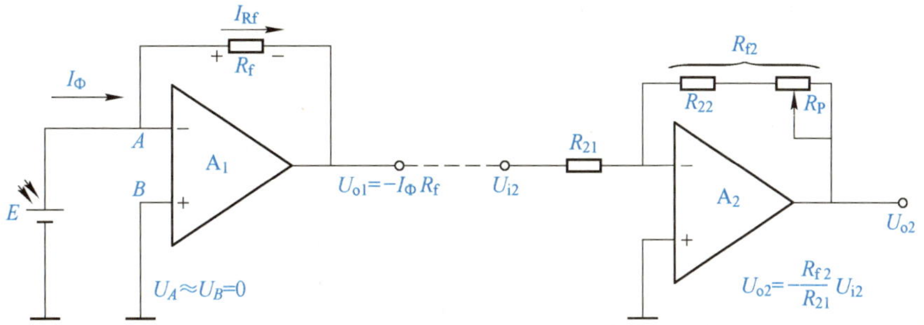

图 10-19 光电池短路电流测量电路

由于运算放大器的开环放大倍数 $A_{od} \to \infty$，所以 $U_{AB} \to 0$，由于 B 点接地，所以 A 点也为地电位（虚地)。从光电池的输出端角度分析，运算放大器的输入端相当于将光电池对地短路，因此其负载特性属于短路电流的性质。又因为运算放大器反相端输入电流 $I_A \to 0$，所以 $I_{Rf} \approx I_\Phi$，则输出电压为：

$$U_{o1} = -U_{Rf} = -I_\Phi R_f \tag{10-9}$$

从式（10-9）可知，该电路的输出电压 U_{o1} 与光电流 I_Φ 成正比，从而达到电流/电压转换的目的。若希望 U_{o1} 为正值，可将光电池极性调换。光电池用于微光测量时，I_Φ 可能较小，则可增加一级放大电路，并使用电位器 R_P 微调总的放大倍数。

例 10-4 设某光电池的面积 $A = 10\ \text{mm}^2$，输出特性曲线如图 10-18 所示，$R_f = 100\ \text{k}\Omega$，$R_{21} = 10\ \text{k}\Omega$，$R_{22} = 300\ \text{k}\Omega$，$R_P = 50\ \text{k}\Omega$（标称值)，$E = 10\ \text{lx}$，求：$U_{o2}$ 的调节范围。

解：$I_\Phi = K_\Phi A = \dfrac{80\ \mu\text{A/mm}^2}{10000\ \text{lx}} \times 10\ \text{lx} \times 10\ \text{mm}^2 = 0.8\ \mu\text{A}$

$$U_{o1} = -I_\Phi R_\Phi = -0.8\ \mu\text{A} \times 0.1\ \text{M}\Omega = -0.08\ \text{V}$$

$$U_{o2max} = -\frac{R_{f2}}{R_{21}}U_{o1} = -\frac{R_{22} + R_P}{R_{21}}U_{o1} = -\frac{300\ \text{k}\Omega + 50\ \text{k}\Omega}{10\ \text{k}\Omega} \times (-0.08\ \text{V}) = 2.8\ \text{V}$$

$$U_{o2\ min} = -\frac{R_{22}}{R_{21}}U_{o1} = -\frac{300\ \text{k}\Omega}{10\ \text{k}\Omega} \times (-0.08\ \text{V}) = 2.4\ \text{V}$$

所以，U_{o2} 的调节范围为 2.4~2.8 V。

10.3.5 光耦的应用

煤气是易燃、易爆气体，所以对燃气器具中点火控制器的要求是安全、稳定、可靠。因此，电路功能设计要求打火针确认产生火花，才可打开燃气阀门，否则燃气阀门保持关闭，以保证燃气器具使用的安全。

图 10-20 为燃气灶高压打火确认电路。在高压打火时，火花电压可达 10000 多伏，这个脉冲高电压对电路工作影响极大。为了使电路正常工作，采用光电耦合器 VLC 进行电平隔离，大大增强了电路的抗干扰能力。

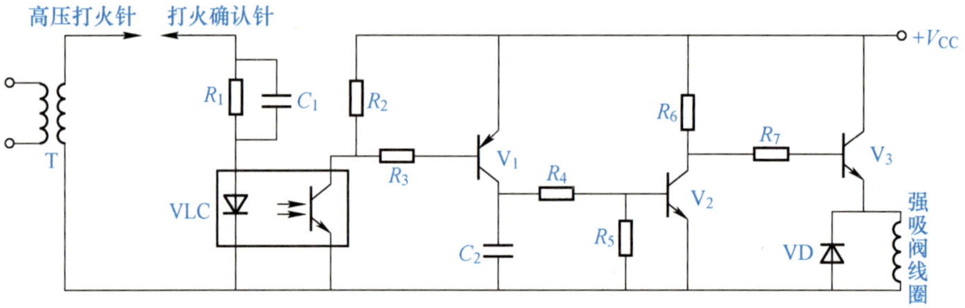

图 10-20 燃气灶高压打火确认电路

当高压打火针对打火确认针放电时，光电耦合器中的发光二极管发光，耦合器中的光敏晶体管导通，信号经 V_1、V_2、V_3 放大，驱动强吸电磁阀将气路打开，燃气碰到火花即燃烧。如果打火针与确认针之间不放电，则光电耦合器不工作，V_1 等不导通，燃气阀将保持关闭。

思考与练习

10-1 什么是光电效应？

10-2 什么是内光电效应，什么是外光电效应？说明其工作原理并指出相应的典型光电器件。

10-3 什么是光生伏特效应，主要对应的光电元件有哪些？

10-4 什么是光电流？

10-5 提高光电倍增管放大倍数的正确方法是什么，为什么不用增加倍增级数的方法来提高光电倍增管的放大倍数？

10-6 光电倍增管产生暗电流的原因是什么，如何减小或消除暗电流？

10-7 用光电式转速传感器测量转速，已知测量孔数为 60，频率计的读数为 4000 Hz，问转轴的转速是多少？

11 光电编码器

第11章 课件

素养提升

世界技能大赛（简称世赛）是当今世界地位最高、规模最大、影响力最大的职业技能赛事，被誉为“世界技能奥林匹克”，其竞技水平代表了当今职业技能发展的世界先进水平。2022 年世界技能大赛特别赛上，中国代表团在参加的 34 个项目上共获得 21 枚金牌、3 枚银牌、4 枚铜牌和 5 个优胜奖，位列金牌榜第一。

为何走上技能之路？我国的几位世赛金牌得主不约而同提到了技能与就业的关系。他们有的初中毕业后选择进入职业技术学校学习一门技能，希望毕业后找一份好工作；有的是外出打工后重返学校，希望提高技能水平实现更好的职业发展。在学习的过程中，他们不断磨炼自己的技能水平，成为技能人才中的佼佼者，职业前景也更加广阔。

世赛的年龄限制要求，让它成了一项以年轻人为主的国际性技能大赛。从世赛项目设置来看，既有传统的家具制作、砌筑、瓷砖贴面、汽车喷漆、飞机维修、美容美发、酒店接待、健康和社会照护等项目，也有网络系统管理、商务软件解决方案、移动应用开发和网站设计、云计算等新兴技能。这与技能人才培养本身就是就业导向是一致的，它的理论、实操全部面向生产一线。随着全球制造业向信息化、智能化转型，中国经济要实现高质量发展，高技能人才将是中国制造、中国创造的生力军和原动力。

党的二十大报告提出，深入实施人才强国战略。加快建设国家战略人才力量，努力培养造就更多大师、战略科学家、一流科技领军人才和创新团队、青年科技人才、卓越工程师、大国工匠、高技能人才，这是首次将“大国工匠”和“高技能人才”纳入国家战略人才行列。

编码器是将机械转动的模拟量转换成数字代码形式表示的电信号的传感器。编码器在角位移测量方面应用广泛，具有高精度、高分辨率、高可靠性的特点。光电编码器是在自动测量和自动控制中用得较多的一种数字式编码器，从结构上可分为增量式编码器（脉冲盘式）和绝对式编码器（码盘式）两种。

11.1 增量式编码器

11.1.1 增量式编码器的结构

增量式编码器是指随转轴旋转的码盘给出一系列脉冲，然后根据旋转方向用计数器对这些脉冲进行加减计数，以此来表示转过的角位移量的装置。增量式编码器的外形与结构如图 11-1 所示。

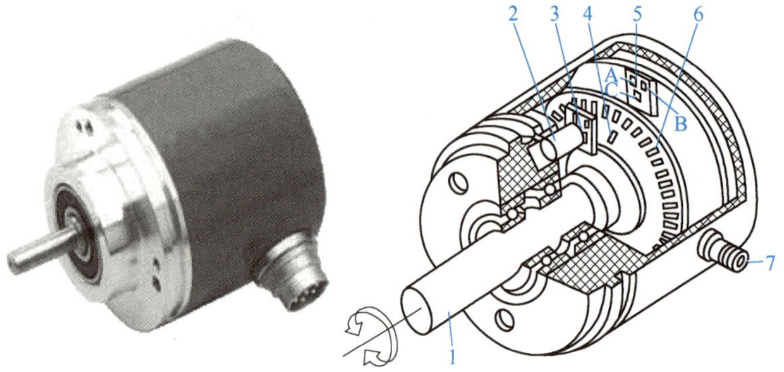

(a) (b)

图 11-1 增量式编码器的外形与结构

(a) 外形图；(b) 结构图

1—转轴；2—光源；3—光栅板；5—光敏元件 A、B、C；4，6—码盘；7—数字量输出

光电码盘与转轴连在一起，码盘可用玻璃材料制成，表面镀上一层不透光的金属铬，然后在边沿制成向心的透光狭缝。透光狭缝在码盘圆周上等分，数量从几百条到几千条不等。增量式光电码盘也可用不锈钢薄板制成，然后在圆周边沿切割出均匀分布的透光狭缝。

11.1.2 增量式编码器的工作原理

增量式编码器由主码盘、光栅板、光学系统和光电变换器组成，如图 11-2（a）所示。光电编码器的光源最常用的是自身具有聚光效果的发光二极管。当光电码盘随工作轴一起转动时，光线透过光电码盘和光栅板狭缝，形成忽明忽暗的光信号。光敏元件把此光信号转换成电脉冲信号，通过信号处理电路后，向数控系统输出脉冲信号，也可由数码管直接显示位移量。

在主码盘周边上刻有节距相等的辐射状狭缝，形成均匀分布的透明区和不透明区。另在码盘周边狭缝内侧的某一径向位置，也开有一狭缝，表示码盘的零位。光栅板与主码盘平行，并刻有 A、B 两组透明检测狭缝，它们彼此错开 1/4 节距，以使 A、B 两个光电变换器的输出信号在相位上相差 90°，输出信号波形如图 11-2（b）所示。

工作时，光栅板静止不动，主码盘与转轴一起转动，光源发出的光投射到主码盘与光栅板上。当主码盘上的不透明区正好与光栅板上的透明狭缝对齐时，光线被全部遮住，光电变换器输出电压为最小；当主码盘上的透明区正好与光栅板上的透明狭缝对齐时，光线全部通过，光电变换器输出电压为最大。主码盘每转过一个狭缝，光电变换器将输出一个近似的正弦波电压，且光电变换器 A、B 的输出电压相位差为 90°，再由逻辑电路形成转向信号和计数脉冲信号。为了获取绝对位置角，增量式编码器有零位脉冲 C，即主光栅每

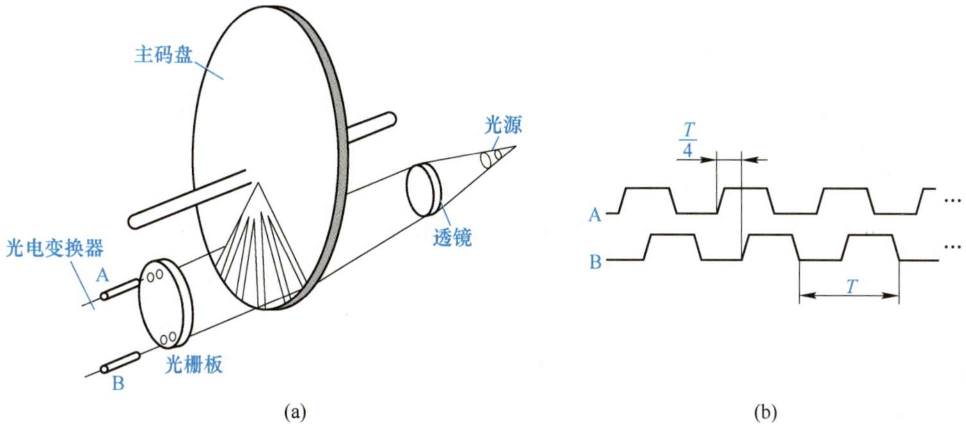

图 11-2 增量式编码器工作原理
（a）结构示意图；（b）输出波形

旋转一周，输出一个零位脉冲，使位置角清零。对增量式编码器的输出脉冲进行频率计算，即能获知被测的角速度。

11.1.3 码盘旋转方向的判别

为了判别码盘的旋转方向，可以采用图 11-3（a）所示的电路来实现，其波形如图 11-3(b) 所示。

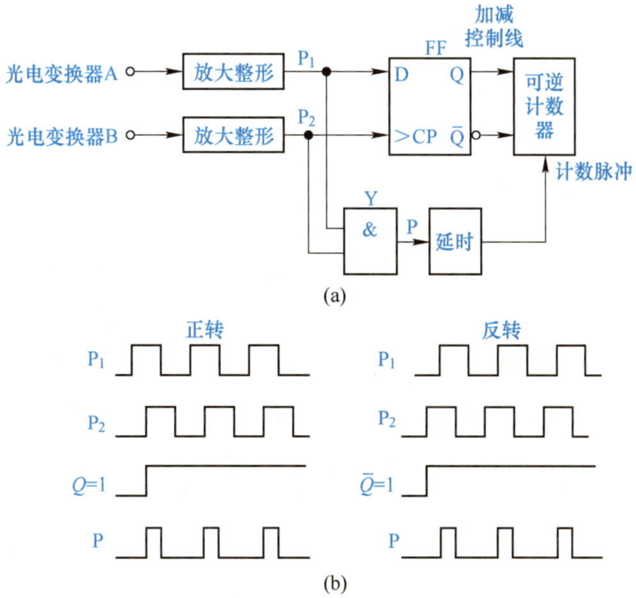

图 11-3 增量式编码器旋转方向的判别
（a）电路原理框图；（b）波形图

光电变换器 A、B 的输出信号经放大整形后，产生 P_1 和 P_2 脉冲，它们分别接到 D 触发器 FF 的 D 端和 CP 端，D 触发器在 CP 脉冲（P_2）的上升沿触发。A、B 输出脉冲 P_1 和 P_2 相差 1/4 周期（90°）。当正转时，设光电变换器 A 比光电变换器 B 先感光，即 P_1 脉冲超前 P_2 脉冲 90°，D 触发器的输出 $Q=1$ 表示正转，使可逆计数器的加减控制线为高电位，计数器将作加法计数。同时 P_1 和 P_2 又经与门 Y 输出脉冲 P，经延时电路送到可逆计数器的计数输入端，计数器进行加法计数；当反转时，P_2 脉冲超前 P_1 脉冲 90°，D 触发器的输出 $Q=0$ 表示反转，计数器进行减法计数。设置延时电路的目的是等待计数器的加减信号抵达后，再送入计数脉冲，以保证不丢失计数脉冲。零位脉冲 C 接至计数器的复位端，实现码盘每转动一圈计数器复位一次。这样，不论是正转还是反转，计数器每次反映的都是相对于上次角度的增量，故称为增量式编码器。

对于采用增量式编码器检测的伺服系统，编码器输出信号是增量值（一串脉冲），失电后控制器就失去了对当前位置的记忆。因此，每次开机启动后要回到一个基准点，然后从这里算起，来记录增量值，这一过程称为回参考点。

11.1.4 分辨力及分辨率

增量式编码器的测量精度取决于它所能分辨的最小角度，而这与码盘圆周上的狭缝数 n 有关，即分辨力 α（最小能分辨的角度）及分辨率 β 为：

$$\alpha = \frac{360°}{n} \tag{11-1}$$

$$\beta = \frac{1}{n} \tag{11-2}$$

11.2 绝对式编码器

绝对式编码器是把被测转角通过读取码盘上的图案信息直接转换成相应代码的检测元件。图 11-4 为绝对式光电编码器的四位二进制的码盘，它由透明材料制成，码盘上各圈圆环分别代表一位二进制的数字码道，在同一个码道上印制黑白等间隔图案，形成一套编码。黑色不透光区和白色透光区分别代表二进制的“0”和“1”。在一个四位光电码盘上，有四圈数字码道，每一个码道表示二进制的一位，里侧是高位，外侧是低位，在 360°范围内可编数码数为 $2^4=16$ 个。

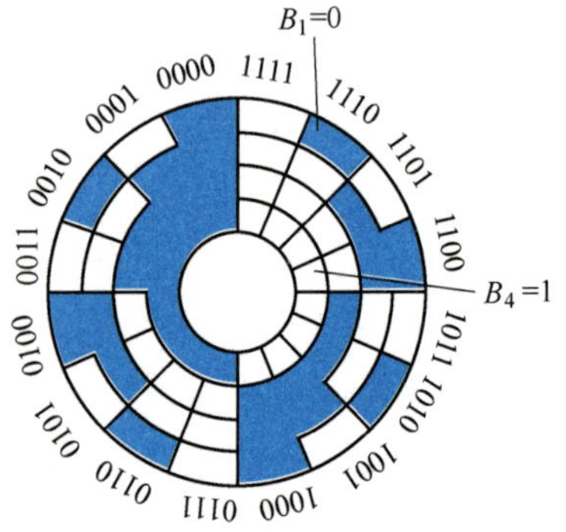

图 11-4 四位二进制的码盘

工作时，如图 11-5 所示，码盘的一侧放置光源，另一边放置光电接收装置，当来自光源（多采用发光二极管）的光束经聚光透镜投射到码盘上时，转动码盘，光束经过码盘进行角度编码，再经窄缝射入光电元件（多为硅光电池或光敏管）组。每个码道都对应有一个光电元件及放大、整形电路。码盘转到不同位置，光电元件接受光信号，并转换成相应的电信号，经放大整形后，成为相应数码电信号。这样，测量时根据码盘的起始和终止位置就可以确定角位移，而与转动的中间过程无关，如遇停电，在恢复供电后的显示值仍然能正确地反映当时的角度，故称为绝对式编码器。

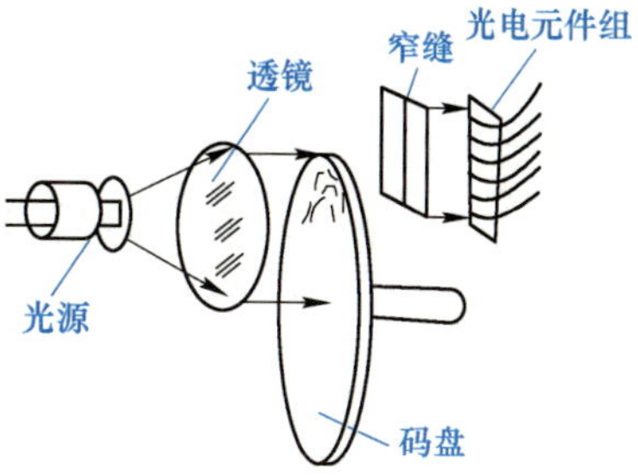

图 11-5 绝对式编码器的结构

一个 n 位二进制码盘的最小分辨率，即能分辨的角度为 $\alpha=360°/2^n$；若 $n=4$，则 $\alpha=22.5°$。

二进制码盘最大的问题是任何微小的制作误差，都可能造成读数的粗误差。这是因为对于二进制码，当某一较高的数码改变时，所有比它低的各位数码均需同时改变，如 0010 和 0001、0100 和 0011、1000 和 0111。如果因制作误差导致某一高位提前或延后，以图 11-4 的码盘为例，当码盘随轴做逆时针方向旋转时，在某一位置输出本应由数码 0000 转换成 1111，四位数要同时变化，因为制作误差可能给出数码 1000，二者相差极大，称为粗误差。

为了消除粗误差，应用最广的方法是采用循环码（也称为格雷码）方案，循环码、二进制码和十进制数的对应关系见表 11-1。循环码的特点是：它是一种无权码，任何相邻的两个数码间只有一位是变化的。因此，如图 11-6 所示，如果循环码的码盘存在制作误差，这个误差只影响一个码道的读数，产生的误差最多等于一个分辨率单位。如果 n 较大，这种误差的影响不会太大，不存在粗误差，能有效克服由于制作和安装不准带来的误差。也正是基于这一原因，循环码的码盘获得了广泛的应用。

表 11-1 码盘上不同码制的对比

十进制数	二进制码	循环码	十进制数	二进制码	循环码
0	0000	0000	8	1000	1100
1	0001	0001	9	1001	1101
2	0010	0011	10	1010	1111
3	0011	0010	11	1011	1110
4	0100	0110	12	1100	1010
5	0101	0111	13	1101	1011
6	0110	0101	14	1110	1001
7	0111	0100	15	1111	1000

循环码是一种无权码，译码相对困难。一般的处理办法是，先将它转换为二进制码，然后再译码。基于二进制码得到循环码的转换方法是：

$$\left.\begin{aligned} C_n &= B_n \\ C_i &= B_i \oplus B_{i+1}(i=1, \cdots, n-1) \end{aligned}\right\} \tag{11-3}$$

式中 C——循环码；

B——二进制码；

i——所在的位数；

$\oplus$——不进位“加”，即异或。

由式（11-3）可见，二进制码转换为循环码时，将二进制码最高位保持不变，次高位取高位与次高位的异或运算，以此类推，例如：

二进制码： 0 1 1 0

$\oplus$ 0 1 1

循环码： 0 1 0 1

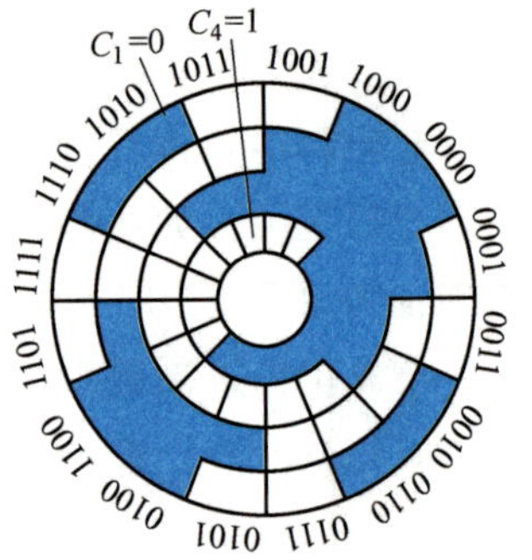

图 11-6 四位二进制循环码的码盘

相应地，循环码转换为二进制码的方法是：

$$\left.\begin{aligned} B_n &= C_n \\ B_i &= C_i \oplus B_{i+1}(i = 1, \cdots, n-1) \end{aligned}\right\} \tag{11-4}$$

例如：

循环码： 0 1 1 0

$\oplus$ 0 1 0

二进制码： 0 1 0 0

11.3 光电编码器测速

在电机控制中可以利用定时器或计数器配合光电编码器的输出脉冲信号来测量电机的转速，具体的测速方法有 M 法、T 法和 M/T 法三种。

11.3.1 M 法测速

M 测速法又称为测频法，其测速原理是，在规定的检测时间 T_c 内，对光电编码器输出的脉冲信号进行计数的测速方法，如图 11-7 所示。

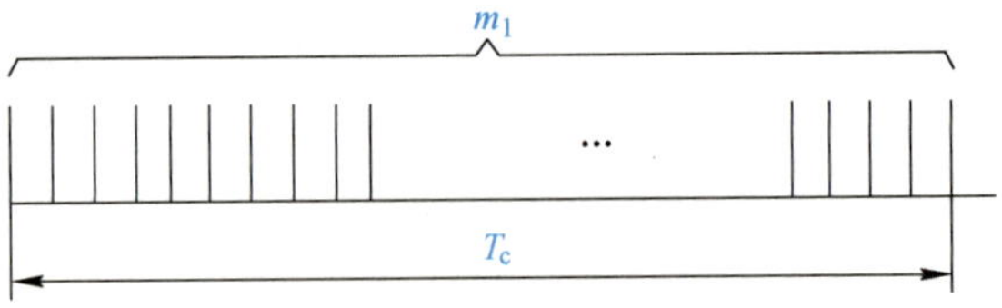

图 11-7 M 法测速原理

这种方法测量的是平均速度，设编码器每转产生 N 个脉冲，在闸门时间间隔 T_c 内得到 m_1 个脉冲，则角编码器所产生的脉冲频率 f 为：

$$f = \frac{m_1}{T_c} \tag{11-5}$$

被测转速 n（单位为 r/min）为：

$$n = 60\frac{f}{N} = 60\frac{m_1}{T_c N} \tag{11-6}$$

M 法测速适用于测量高转速，这是因为对于给定的光电编码器线数 N 和测量时间 T_c 条件下，转速越高，计数脉冲 m_1 越大，误差也就越小。

例 11-1 设某编码器的额定工作参数是 $N=2048$ 脉冲/转，在 0.2 s 时间内测得 8192 个脉冲，求其转速。

解：根据式（11-6）有：

$$n = 60\frac{f}{N} = 60\frac{m_1}{T_c N} = 60 \times \frac{8192}{0.2 \times 2048} = 1200(\mathrm{r/min})$$

11.3.2 T 法测速

T 法测速也称为测周法，通过测量编码器两个相邻脉冲的时间间隔来计算转速，原理如图 11-8 所示。这种方法测量的是瞬时速度，设编码器每转产生 N 个脉冲，用已知频率为 f_c 的时钟脉冲向计数器发送脉冲，此计数器由编码器产生的两个相邻脉冲控制其开始和结束。若计数器的读数为 m_2，则被测转速 n(r/min）为：

$$n = 60\frac{f_c}{N m_2} \tag{11-7}$$

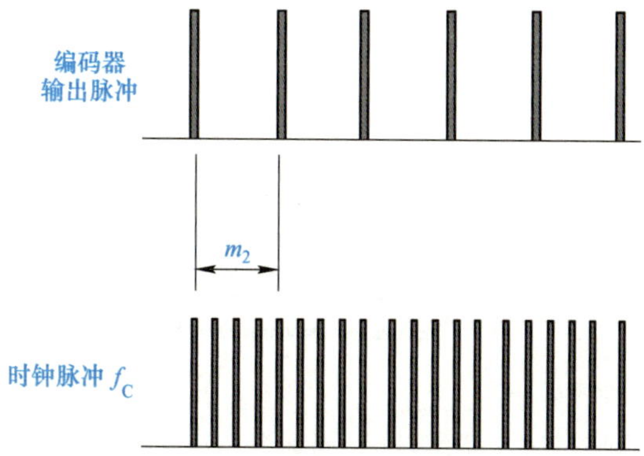

图 11-8　T 法测速原理

例如，时钟频率为 1 MHz，对于 100 脉冲/转的编码器，当转速为 100 r/min 时，每个脉冲周期为 0.006 s，可获得 6000 个时钟脉冲的计数，即分辨率为 1/6000；当转速为 6000 r/min 时，分辨率则降为 1/100。所以，码盘转速较高时分辨率较低。

为了减小误差，希望尽可能记录较多的脉冲数，因此 T 法测速适用于低速运行的场合。但转速太低，一个编码器输出脉冲的时间太长，时钟脉冲数会超过计数器最大计数值而产生溢出；另外，时间太长也会影响控制的快速性。与 M 法测速一样，选用线数较多的光电编码器可以提高对电机转速测量的快速性与精度。

例 11-2 设某编码器的额定工作参数为 $N=1024$ 脉冲/转，标准时钟脉冲周期$T_c=10^{-6}$ s，测得编码器输出的两个相邻脉冲上升沿之间标准时钟脉冲输出数为 1000 个，求其转速。

解：根据题意，由式（11-7）有：

$$n=60\frac{f_c}{Nm_2}=\frac{60}{N\cdot m_2\cdot T_c}=\frac{60}{1024\times1000\times10^{-6}}=58.6(\text{r/min})$$

11.3.3 M/T 法测速

M/T 法是前两种方法的结合，同时测量一定数量的编码器脉冲和产生这些脉冲所花的时间来确定被测转速，原理如图 11-9 所示。

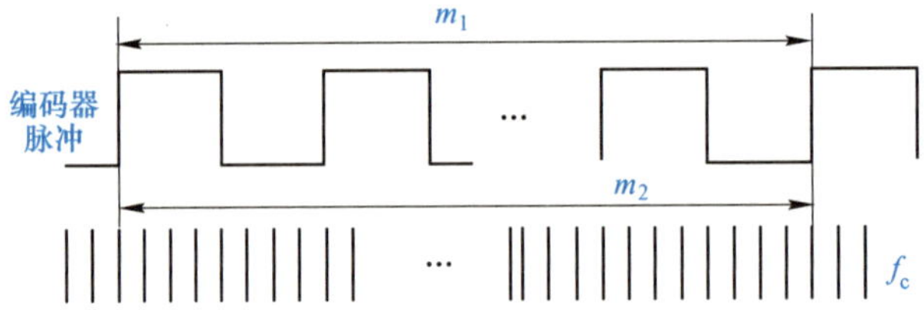

图 11-9 M/T 法测速原理

编码器每转产生 N 个脉冲，被测速脉冲数为 m_1，计数器的读数为 m_2，则被测转速 n（r/min）为：

$$n=60\frac{f_c}{N}\cdot\frac{m_1}{m_2} \tag{11-8}$$

可见，M/T 法兼有 M 法和 T 法的优点，在高速段和低速段均可获得较高的分辨率。

思考与练习

11-1 光电编码器按照信号性质可分为__________和__________。

11-2 有一与伺服电动机同轴安装的光电编码器，指标为 1024 个脉冲/转，该伺服电动机螺距为 6 mm 的滚珠丝杠通过联轴器直连，在位置控制伺服中断 4 ms 内，光电编码器的输出脉冲信号经 4 倍频处理后，共计脉冲数为 0.5 K（1 K=1024）。问：

（1）伺服电动机的转速为多少？

（2）伺服电动机的旋转方向是怎样判别的？

12 气敏传感器

第12章 课件

素养提升

(1) 如何正确认识自由?

1) 自由不是为所欲为，它是有限制的、相对的。必要的限制是对自由的保护。无限制的自由只会走向自由的反面，导致混乱与伤害。

2) 无论现实世界还是网络空间，自由都是法律之内的自由。

(2) 法治与自由的关系?

1) 法治与自由相互联系，不可分割。

2) 法治标定了自由的界限，自由的实现不能触碰法律的红线，违反法律可能付出失去自由的代价。

3) 法治是自由的保障，人们合法的自由和权利不受非法干涉和侵害。

4) 法治既规范自由又保障自由。社会生活中，有边界才有秩序，守底线才享自由。

例如，日常生活中，酒精检测仪常用来检测酒驾，“喝酒不开车，开车不喝酒”已是尽人皆知的常识，如果违反了这条法规，人身和驾驶自由就会受到限制。

自由的真正内涵是遵法守法，而不是做挑战法律法规的出格行为，只有在守法的前提下，个人的自由度才能最大。

12.1 概述

气敏传感器是用来检测气体类别、浓度和成分的传感器，常用气敏传感器的实物外形如图 12-1 所示。

图 12-1　常用气敏传感器的实物外形

由于气体种类繁多，性质各不相同，不可能用一种传感器检测所有类别的气体，因此，能实现气-电转换的传感器种类很多。根据传感器的气敏材料以及气敏材料与气体相互作用的机理和效应不同，主要分为半导体式、接触燃烧式、化学反应式等类型，主要类型及其特性见表 12-1。

表 12-1 气敏传感器的类型及其特点

类型	原理	检测对象	特点
半导体式	若气体接触到加热的金属氧化物（SnO_2、Fe_2O_3、ZnO 等），气敏元件的电阻值会增大或减小	还原性气体、城市排放气体、丙烷气等	灵敏度高，构造与电路简单，稳定性好，寿命长，费用低，但输出与气体浓度不成比例
接触燃烧式	可燃性气体接触到氧气就会燃烧，使得作为气敏元件的铂丝温度升高，电阻值相应增大	可燃气体	输出与气体浓度成比例，但寿命较短，灵敏度较低
化学反应式	利用化学溶剂与气体反应产生的电流、颜色、电导率的增加等	CO、H_2、CH_4、SO_2 等	气体选择性好，但不能重复使用
光干涉式	利用与空气的折射率不同而产生的干涉现象	与空气折射率不同的气体，如 CO_2	寿命长，但选择性差
热传导式	根据热传导率差而放热的发热元件的温度降低进行检测	与空气热传导率不同的气体，如 H_2	结构简单，但灵敏度低，选择性差
红外线吸收散射式	根据红外线照射气体分子谐振而产生的吸收或散射进行检测	CO、CO_2、NO_x 等	能定性测量，但装置大，价格高

从材料、结构和应用范围来看，目前实际使用最多的是半导体气敏传感器，这类传感器多用于粗略鉴别和定性分析。近年来，以氧化锆陶瓷材料为主的离子导电性气敏传感器发展十分迅速，已成为新型传感器的研究热点。

12.2 半导体气敏传感器

半导体气敏传感器是利用半导体气敏元件与待测气体接触时，通过测量半导体元件的电阻率等物理量变化的机理来检测气体成分或浓度的传感器。按照半导体元件变化的物理性质，可分为电阻式和非电阻式两种。

12.2.1 电阻式半导体气敏传感器

电阻式半导体气敏传感器是利用气敏半导体材料吸收了可燃性气体的烟雾，如氢气、一氧化碳、烷、醚以及天然气、沼气等时，会发生还原反应，放出热量，使元件温度相应升高，电阻发生变化。利用半导体材料的这种性质，将气体的成分和浓度转换成电信号，进行检测和报警。

构成电阻式气敏传感器的核心——气敏元件的材料一般都是金属氧化物，金属氧化物半导体分为N型半导体（如氧化锡、氧化铁、氧化锌等）和P型半导体（如氧化钼、氧化铬、氧化钴、氧化铅、氧化铜、氧化镍等）。N型半导体在检测可燃气体时，阻值随气体浓度的增大而减小，P型半导体的阻值随可燃气体浓度的增大而增大。

例如，SnO_2金属氧化物在200～300 ℃温度范围内，它吸附空气中的氧，形成氧的负离子吸附，使半导体中的电子密度减小，从而使其电阻值增大。当遇到能供给电子的可燃气体（如CO等）时，原来吸附的氧脱附，而可燃气体以正离子状态吸附在金属氧化物半导体表面；氧脱附放出电子，可燃气体以正离子状态吸附也要放出电子，从而使金属氧化物半导体电子密度增大，电阻值下降。当可燃气体不存在时，金属氧化物半导体又会自动恢复氧的负离子吸附，使其电阻值升高到初始状态。对于P型半导体来说，当检测到可燃气体时其阻值将增大，当检测到氧气、氯气和二氧化碳等气体时其阻值将减小。

总结如下：

（1）氧化型气体吸附到N型半导体上或还原型气体吸附到P型半导体上时，将使半导体载流子减少，而使半导体电阻值增大；

（2）还原型气体吸附到N型半导体上或氧化型气体吸附到P型半导体上时，将使半导体载流子增多，而使半导体电阻值下降。

电阻式半导体气敏传感器按结构可分为烧结型、薄膜型和厚膜型三类。

12.2.1.1 烧结型

烧结型气敏元件的制作是将敏感材料（SnO_2、ZnO_2等）及掺杂剂（Pt、Pb）按照一定的配比用水或黏合剂调和，经研磨后均匀混合，再用传统制陶的方法进行烧结。

电阻式气敏元件通常都工作在高温状态下，一般温度范围在200～450 ℃，其目的是使附着在元件上的油雾、尘埃等有害物质去掉，并加速气体与金属氧化物的氧化还原反应，提高器件的灵敏度和响应速度。这种元件按其加热方式一般分为直热式和旁热式的两种结构，如图12-2所示，多用于检测还原性气体、可燃性气体和液化蒸气。

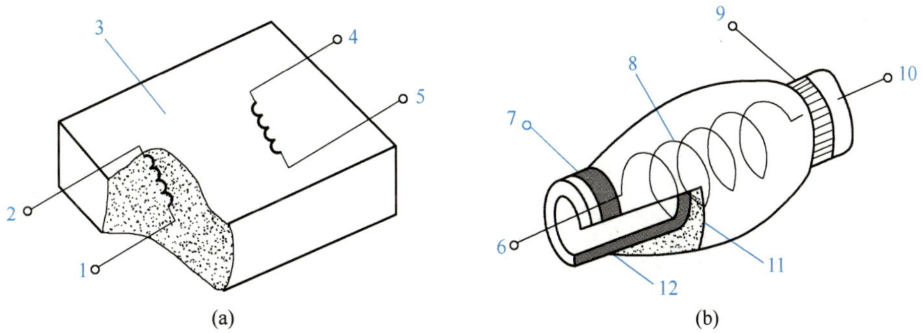

图12-2 烧结型气敏元件结构示意图

（a）直热式；（b）旁热式

1，2，4~7，9，10—电极；3，11—烧结体；8—加热丝；12—陶瓷绝缘管

直热式气敏元件的加热丝和测量电极一起烧结在金属氧化物半导体管芯内，加热丝兼

做一个测量电极，加热电极与信号检测电极之间没有隔离，会互相影响，采用独立电源分别为加热回路和信号检测回路供电。其电路符号如图 12-3（a）所示。

旁热式气敏元件以陶瓷管为基底，管内穿加热丝，管外侧有两个测量电极，测量电极之间为金属氧化物气敏材料，经高温烧结而成。旁热式气敏元件的加热电极与信号检测电极隔离，避免信号检测回路与加热回路之间的相互影响，在结构上往往加有封压双层的防爆不锈钢丝网，性能稳定、功耗小，是目前应用最广泛的半导体气敏传感器。其电路符号如图 12-3（b）所示。

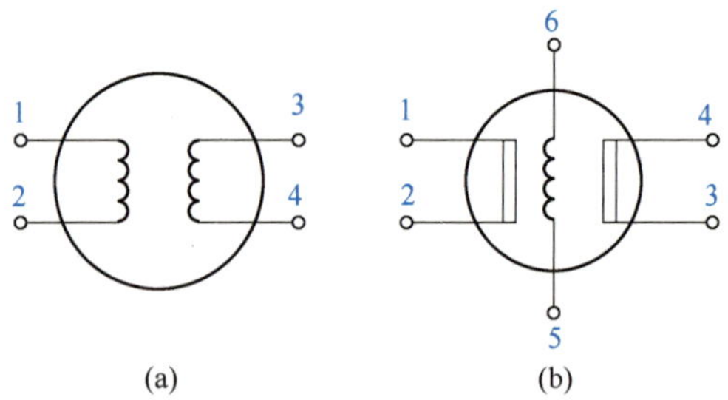

图 12-3 烧结型气敏元件电路符号

（a）直热式；（b）旁热式

12.2.1.2 薄膜型

薄膜型气敏器件是在绝缘衬底（如石英晶片）上蒸发或溅射一块氧化物半导体薄膜（厚度一般为数微米）制成，其结构如图 12-4 所示。这种结构的气敏元件具有灵敏度高、响应快、机械强度高、互换性好、产量高、成本低等优点。

12.2.1.3 厚膜型

厚膜型气敏传感器一般是半导体氧化物粉末、添加剂、黏合剂和载体混合配成浆料，再用丝网印刷的方法将浆料印在基片上，形成厚度为数微米到数十微米的厚膜，如图 12-5

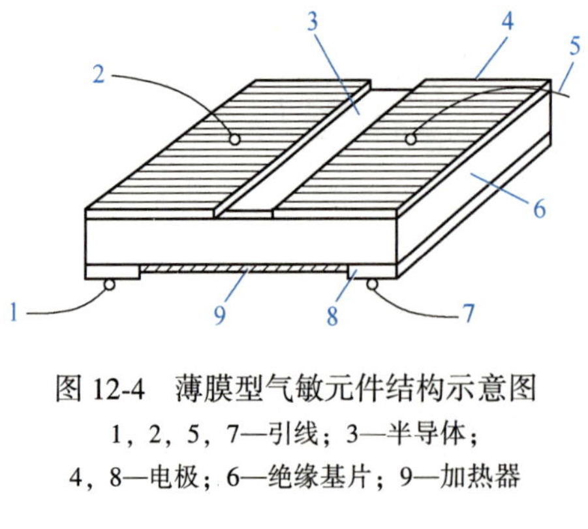

图 12-4 薄膜型气敏元件结构示意图

1，2，5，7—引线；3—半导体；

4，8—电极；6—绝缘基片；9—加热器

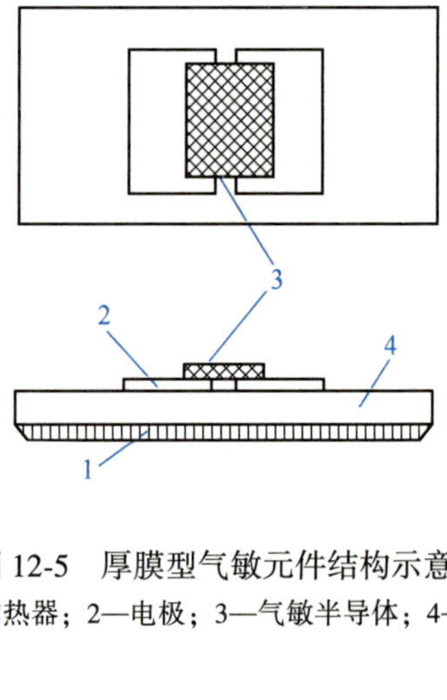

图 12-5 厚膜型气敏元件结构示意图

1—加热器；2—电极；3—气敏半导体；4—基片

所示。该类元件的灵敏度与烧结型元件相当、一致性好、机械强度高，适于批量生产，是一种很有应用前景的元件。

12.2.2　非电阻式半导体气敏传感器

非电阻式半导体气敏传感器也是利用 MOS 二极管的电容、电压特性的变化以及 MOS 场效应管的阈值电压变化等特性而制成的气体传感器。由于这类传感器的制造工艺成熟，便于器件集成化，因而其性能稳定、价格便宜。

12.3　气敏传感器的主要特性参数

气敏传感器的主要特性参数如下：

（1）灵敏度。灵敏度（S）是气敏元件的一个重要参数，它标志着气敏元件对气体的敏感程度。用其阻值变化量 ΔR 与气体浓度变化量 ΔP 之比来表示。

$$S=\frac{\Delta R}{\Delta P} \tag{12-1}$$

灵敏度还有另一种表示方法，即气敏元件在空气中的阻值 R_0 与在被测气体中的阻值 R 之比，以 K 表示。

$$K=\frac{R_0}{R} \tag{12-2}$$

（2）响应时间。从气敏元件接触到一定浓度的被测气体开始，至气敏元件的阻值达到该浓度下新的恒定值所需要的时间称为响应时间。它表示气敏元件对被测气体浓度的响应速度。

（3）选择性。选择性是指在多种气体共存的条件下，气敏元件区分气体种类的能力。对某种气体选择性好，表明气敏元件对其灵敏度较高。选择性是气敏元件的重要参数，也是目前较难解决的问题之一。

（4）稳定性。当被测气体浓度不变时，若其他条件（如温度、压力、磁场等）发生改变，在规定的时间内气敏元件输出特性保持不变的能力，称为稳定性。稳定性反映了气敏元件的抗干扰能力。

（5）温度特性。气敏元件灵敏度随温度变化而变化的特性称为温度特性。温度有元件自身温度与环境温度之分，这两种温度对灵敏度都有影响。元件自身温度对灵敏度的影响较大，主要通过温度补偿方法来解决。

半导体气敏电阻在气体中的电阻值与温度和湿度有关。当温度和湿度较低时，电阻值较大；当温度和湿度较高时，电阻值较小。因此，即使气体浓度相同，电阻值也会不同，需要进行温度补偿。常用的温度补偿电路如图 12-6 所示。

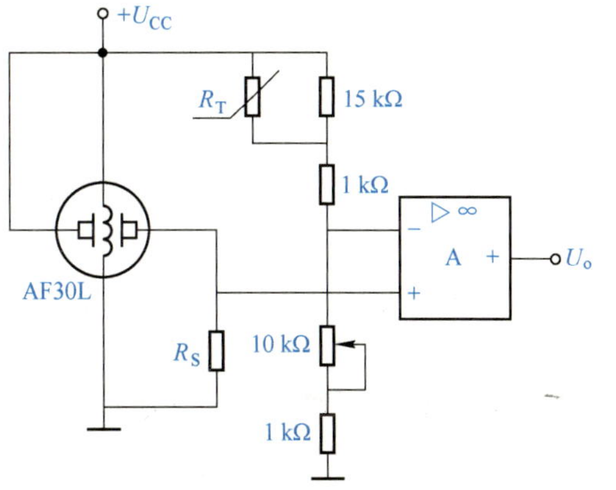

图 12-6　温度补偿电路

（6）湿度特性。气敏元件灵敏度随环

境湿度变化而变化的特性称为湿度特性。该特性主要影响检测精度，可通过湿度补偿方法加以解决。

（7）电源电压特性。电源电压特性是指气敏元件灵敏度随电源电压变化而变化的特性，可通过采用恒压源来改善这种特性。

12.4 气敏电阻传感器的应用实例

图 12-7 为由 QM-N5 型气敏传感器组成的可燃气体（CO）检测电路，由 VD_6、VD_7、R_2、R_3、C_2 组成延时电路。由于 QM-N5 的初期稳定特性，刚通电瞬间的电阻值到达稳定电阻值需要的时间一般为 2~10 min，取得安全值需要 10 min，延时时间常数由 R_2、C_2 和 VD_6 决定，电源断开后，C_2 上的充电电压通过 VD_7、R_3 放电。三端稳压器 7805 为 QM-N5 型气敏传感器加热提供稳定的+5 V 电压。当 CO 浓度很低时，VT_1 截止，NE555 输出低电平，排气扇电动机 M 不转动，LED 不发光。当室内 CO 浓度上升时，QM-N5 的 AB 极间的电阻减小，可使 VT_1 导通，NE555 的 6 脚由高电平变为低电平，3 脚输出高电平，双向晶闸管 VS 触发导通，排气扇电动机 M 通电转动，排出有害气体，LED 发光报警。当室内 CO 浓度下降到正常值后，排气扇自动停转，LED 熄灭。VD_5 起限幅作用，调节 R_{P1} 时，使气敏信号取值电压最低限制在 0.7 V。

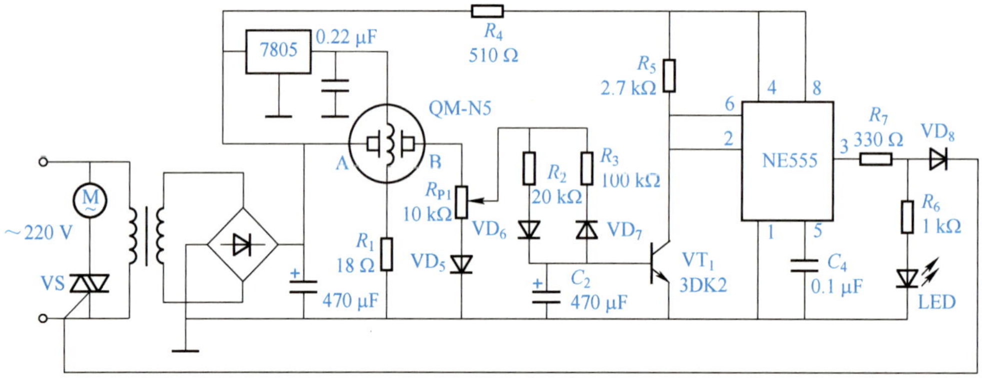

图 12-7 可燃气体（CO）检测电路

思考与练习

12-1 气敏传感器可以分为哪几种类型，半导体气敏元件是如何分类的？

12-2 简述 N 型半导体气敏元件的原理。

12-3 说明多数半导体气敏器件工作时都需要加热器的原因。

下篇 检测仪表进阶

13 变送器

第13章 课件

素养提升

否定之否定规律指出，事物的发展要经过肯定、否定和否定之否定三个阶段，通过两次否定，事物在新的基础上达到对自身的肯定，从而表现为螺旋式上升和波浪式前进的过程。

人在不断地否定自我、超越自我的过程中成长。婴儿时期，我们对世界一无所知，是完全否定的状态。随着学习和成长，我们逐渐积累知识和经验，对世界有了更深的了解，这是一个肯定的过程。然而，我们永远不会停止学习和成长，会不断地发现新的问题，挑战现有的认知，这是一个再否定的过程。在这个过程中，我们不断地完善自我，超越自我，最终达到更高的境界。

在学习中，必须树立创新意识，做到不唯上、不唯书、只唯实，尊重书本知识，尊重权威，还要立足实践、解放思想、实事求是、与时俱进，不断实现理论和实践的创新与发展。

13.1 概述

变送器是把传感器的输出信号转变为可被控制器识别信号的一种转换器。在工业现场也把能输出标准信号的传感器称为变送器，这是因为目前大多数传感器的输出信号已经是通用控制器可以接收的标准信号，此信号可以不经过变送器的转换而直接被控制器识别。因此，传统意义上的变送器应该是：能够将传感器的输出信号转换为可以被控制器或测量仪表接受的标准化信号的仪器或设备。

变送器主要由传感器、测量转换电路、补偿电路等组成，不同的物理量需要不同的传感器和相应的变送器。用于工业控制的变送器种类很多，一般分为温度变送器、压力变送器、液位变送器、流量变送器、电流变送器、电压变送器、电量变送器及质量变送器等。

变送器具有输入过载保护、输出过电流保护、输出电流长时间短路保护、输出端口瞬态感应雷与浪涌电流 TVS 抑制保护、工作电源过压极限保护、工作电源反接保护等。

13.2 检测仪表的信号制与传输方式

为了方便有效地把自动控制系统中各类现场仪表与控制室内的仪表和装置连接起来，构成各种各样的控制系统，仪表之间应有统一的标准信号进行联络和传输。

13.2.1 信号制

信号制是指在成套仪表系列中，各仪表的输入、输出之间采用何种统一的标准信号进行联络和传输的问题。

采用统一标准信号后，不仅可使同一系列的各种仪表很容易地构成系统，还可通过各种转换器将不同系列的仪表连接起来混合使用，从而扩大了仪表的应用范围。另外，由于各种变量被转换为统一的标准信号，使得各类控制仪表与工业控制计算机或集散控制系统等现代化工具配合使用更加方便。

过程控制仪表使用的联络信号一般可分为气压信号和电动信号。

（1）标准气压信号。根据国际电工委员会 IEC 384 制定的国家标准《工业自动化仪表用模拟气动信号》（GB/T 777—2008）规定，气动控制仪表统一使用 20～100 kPa 的模拟气压信号作为仪表之间的联络与传输信号制。

（2）标准电动信号。电动控制仪表联络与传输的信号主要分为模拟信号和数字信号两大类。在实际应用中，无论是从现场仪表传输至控制室，还是控制室内的各仪表之间的联络信号，用得最多的还是模拟信号。根据国际电工委员会 IEC 381 和 IEC 381A 制定的国家标准《过程控制系统用模拟信号　第 1 部分：直流电流信号》（GB/T 3369. 1—2008）规定，电动模拟信号的统一标准信号制是 DC 4～20 mA 或 DC 0～20 mA。

电动模拟信号有直流电流、直流电压、交流电流和交流电压四种。为什么采用直流电信号作为标准信号呢？这是由于直流信号不受传输线路中电感、电容及负荷性质的影响，抗扰动能力强、不存在相移问题，且便于进行模-数转换。因而在过程控制仪表及装置中，直流信号得到了广泛的应用，而使用电流信号的原因主要是电流信号比电压信号更适合远距离传输。

由于计算机网络与通信技术的迅速发展，数字通信被延伸到现场，模拟信号的通信方式将逐渐被双向数字式的通信方式所取代，信号的数字化与功能的智能化是变送器发展的必然趋势。

13.2.2 检测仪表的传输方式

检测仪表的信号传输方式一般有串联型和并联型两种。

13.2.2.1 串联型

当使用直流电流信号作为传输信号时，一台发送仪表的输出电流同时传输给几台接收仪表，此时所有接收仪表均应串联，如图 13-1 所示。

多台仪表是串联工作的，当一台仪表发生故障时，将影响到其他仪表的正常工作，各台接收仪表没有公共接地点。若要和计算机等其他装置联用，则需在仪表的输入、输出之间采用直流隔离电路。因为负载串联工作易造成变送器、调节器等仪表输出端处于电压较高的工作状态，仪表的功放管易被击穿损坏，从而使仪表可靠性降低。

13.2.2.2 并联型

并联型传输通常需要使用标准电压信号，标准电压信号有 1~5 V、0~5 V 和 0~10 V 三种单极性信号，分别与 4~20 mA 和 0~20 mA 电流信号相对应。

当使用直流电压作为传输信号时，一台发送仪表的输出电压要同时发送给几台接收仪表，此时这些接收仪表均应并联，如图 13-2 所示。

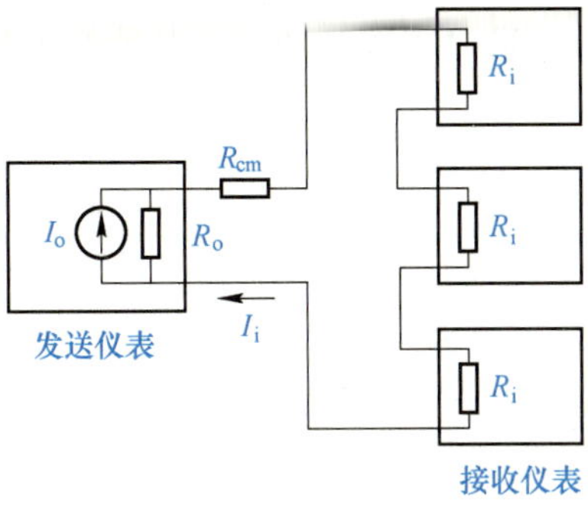

图 13-1 电流信号传输时仪表之间的连接

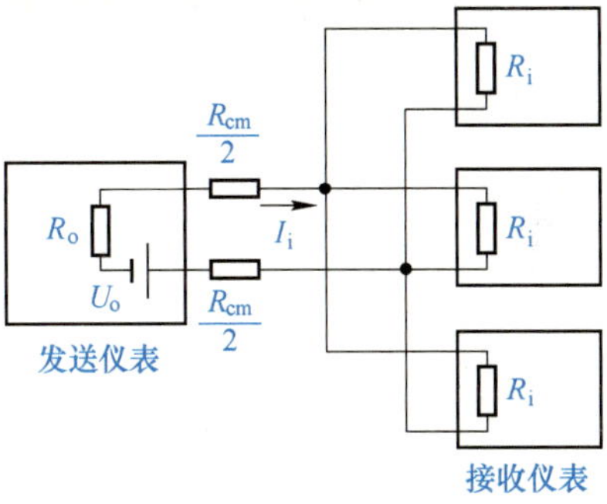

图 13-2 电压信号传输时仪表之间的连接

这种传输方式的接收仪表输入阻抗很高，易于引入扰动，所以电压信号不适于远距离传输，一般仅在控制室内部仪表之间采用这种方式。

当使用直流电流作为传输信号，且仪表接收方式为电压信号时，接收的各台仪表也应并联，如图 13-3 所示。

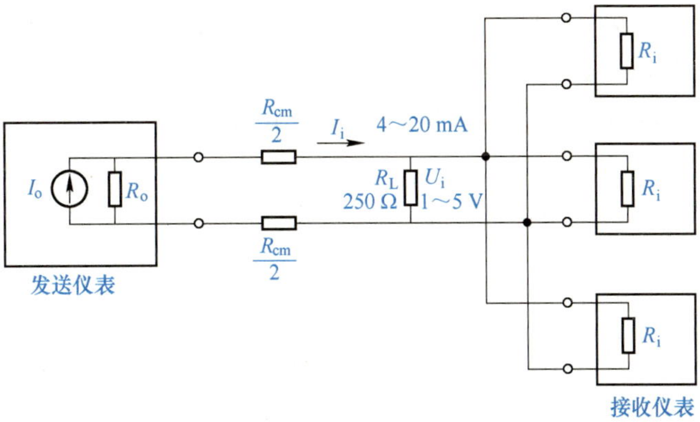

图 13-3 电流传输电压接收时仪表之间的连接

13.2.3 变送器的信号传送与供电方式

变送器是现场仪表，其供电电源来自控制室，而输出信号又要传送到控制室去。通常，模拟式变送器信号传送和供电的方式有三种，即四线制、两线制和三线制。数字式变送器则采用双向全数字两线制传输方式，即现场总线通信方式，但目前广泛采用的是一种过渡方式，也就是在一条通信电缆中同时传输 DC 4～20 mA 电流信号和数字信号，这种方式称为 HART 协议通信方式。

13.2.3.1 四线制

四线制传输变送器的供电电源和输出信号分别用两根导线传输，电源供电多为 AC 220 V或 DC 24 V，如图 13-4 所示。四线制变送器的电流信号回路为：变送器的电流输出正端→数显表正端→数显表负端→变送器的负端，数显表接收的是电流信号。如果在数显表的正、负端并联一个电阻 *R*，数显表接收的就是电压信号。

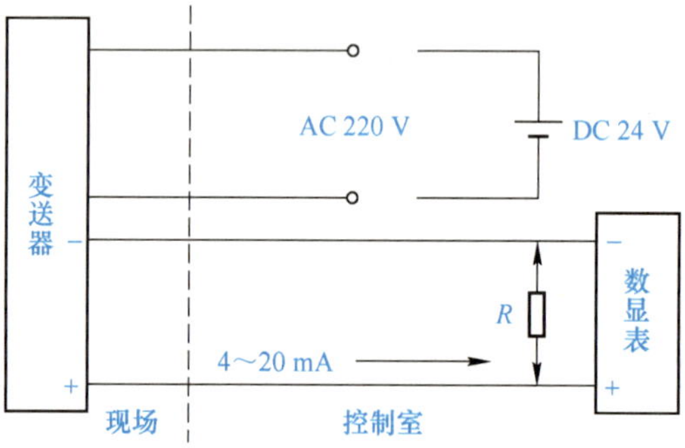

图 13-4 四线制传输示意图

这种传输方式由于采用电源与信号分别传送的方式，因此对电流信号的零点及元器件的功耗无严格要求。四线制传输转换电路复杂、功耗大，一般适用于高精度检测。

13.2.3.2 两线制

两线制传输的变送器与控制室之间仅用两根导线传输，这两根导线既是电源线，又是信号线，电源供电为 DC 24 V，输出信号为 4～20 mA，负载电阻通常为 250 Ω，如图 13-5 所示，智能变送器还可在 4～20 mA 信号上加载 HART 协议的 FSK 键控信号。

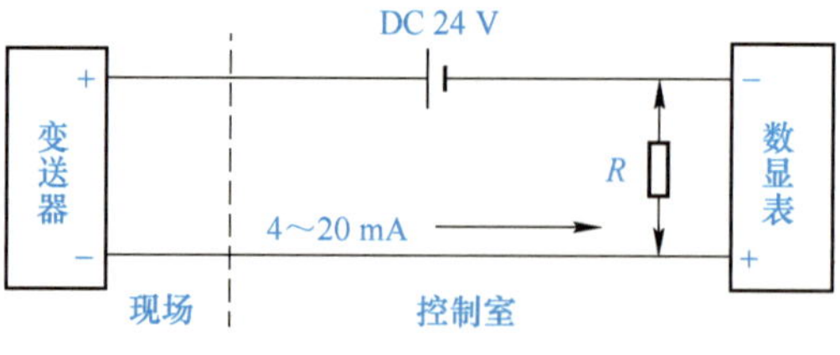

图 13-5 两线制传输示意图

两线制变送器的电源、电流信号回路为：24 V 电源正端→变送器的正端→变送器的负端→数显表的正端→数显表的负端→24 V 电源负端，数显表接收的是电流信号。如果在数显表的正、负端并联一个电阻 R，数显表接收的就是电压信号。

采用两线制变送器，不仅可以节省大量电缆线和安装费用，而且有利于安全防爆，若用于易燃易爆的场合，还可节省一个安全栅，因此这种变送器得到了较快的发展。同时，由于电源线和信号线共用，可能会给输出的电流信号带来干扰，影响测量的可靠性及精度。

要实现两线制传输，必须采用活零点（信号起点为 DC 4 mA）的电流信号。这是因为两线制的电源线与信号线公用，电源供给变送器的功率是通过信号电流提供的，在变送器输出电流下限值时，应保证它的内部元器件仍能正常工作。国际统一标准电流信号采用 DC 4～20 mA，为制作两线制变送器创造了有利条件。

13.2.3.3 三线制

采用三线制传输，即电源正端用一根线、信号输出正端用一根线，电源负端和信号负端共用一根线，供电大多为 DC 24 V，输出信号大多为 4～20 mA，如图 13-6 所示。采用这种方式可减小变送器的体积和质量，提高抗扰动性能、简化接线。

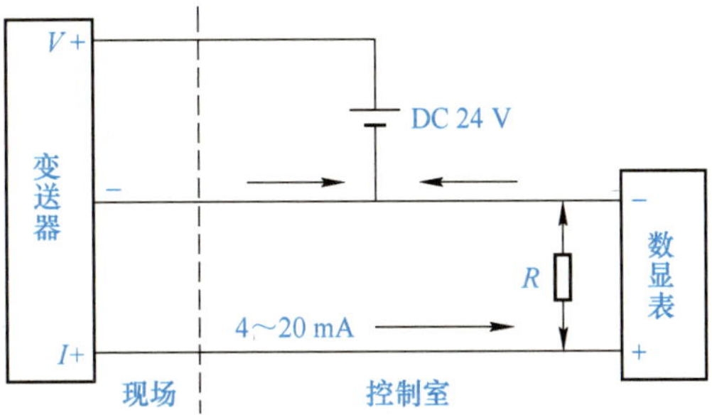

图 13-6 三线制传输示意图

三线制变送器的电源回路为：24 V 电源正端→变送器的正电源接线 V+端→变送器的负端（公用端）→24 V 电源负端。电流信号回路为：变送器的电流输出 I+正端→数显表正端→数显表负端→变送器的负端（公用端），数显表接收的是电流信号。如果在数显表的正、负端并联一个电阻 R，数显表接收的就是电压信号。

13.2.3.4 HART 协议传输

HART 协议是数字式仪表实现数字通信的一种协议，遵循 HART 协议的变送器可以在一条电缆上同时传输 DC 4～20 mA 的模拟信号和数字信号。其数字信号的传输是基于频移键控（FSK）方法，即在 DC 4～20 mA 基础上叠加幅度为±0.5 mA 的不同频率正弦调制波作为数字信号，1200 Hz 频率代表逻辑“1”，2200 Hz 频率代表逻辑“0”。HART 数字通信信号如图 13-7 所示，其传输速率为 1200 bit/s。

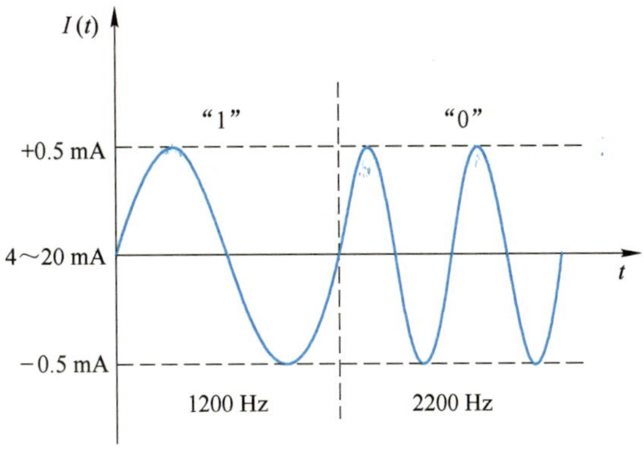

图 13-7 HART 数字通信信号

由于 FSK 信号相位连续，其平均值为零，故不会影响 DC 4～20 mA 的模拟信号。

13.3 变送器的量程调整、零点调整和零点迁移

变送器在自动检测和控制系统中的作用，是将各种被测工艺变量（如压力、流量、液位及温度等）变换成相应的统一标准信号，并传送到指示仪和调节器中，供指示、记录和控制。

变送器的构成原理如图 13-8 所示。变送器的输出与输入之间的关系仅取决于测量部分和反馈部分的特性，而与放大器的特性几乎无关。变送器的量程确定后，其测量部分转换系数 K_i 和反馈系数 K_f 都是常数。因此，变送器的输出与输入关系为线性关系，如图 13-9 所示。

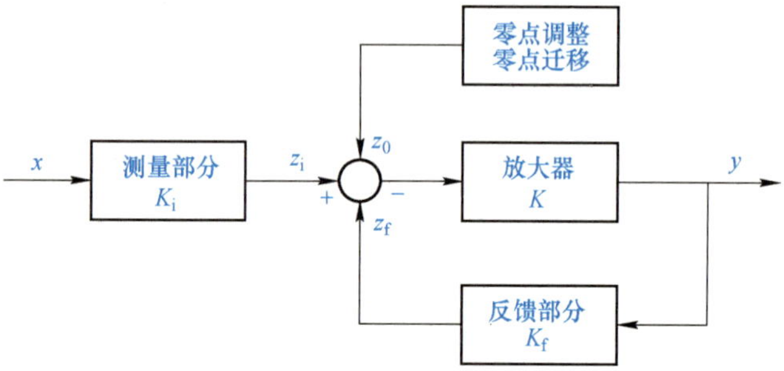

图 13-8 变送器的构成原理

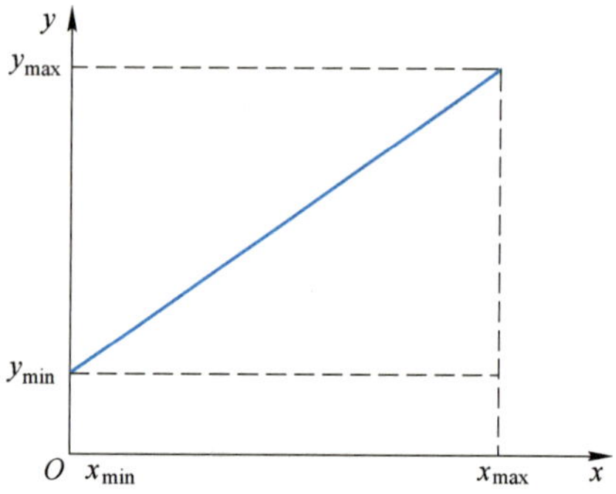

图 13-9 变送器的零点调整

图 13-9 中，x_{min}、x_{max} 分别为变送器测量范围的下限值和上限值，且 $x_{min}=0$；y_{min}、y_{max} 分别为输出信号的下限值和上限值。

从使用的角度来说，变送器的量程调整、零点调整和零点迁移的概念是很重要的。

13.3.1 变送器的量程调整

量程调整或称满度调整，其目的是使变送器输出信号的上限值（或满度值）y_{max} 与输入测量信号上限值 x_{max} 相对应。量程调整相当于改变变送器的灵敏度，即输入—输出特性的斜率，如图 13-10 所示。

量程调整的方法，通常是改变反馈部分的反馈系数 K_f。K_f 越大，量程就越大；K_f 越小，量程就越小。有些变送器还可以采用改变测量部分的转换系数 K_i 来调整量程。

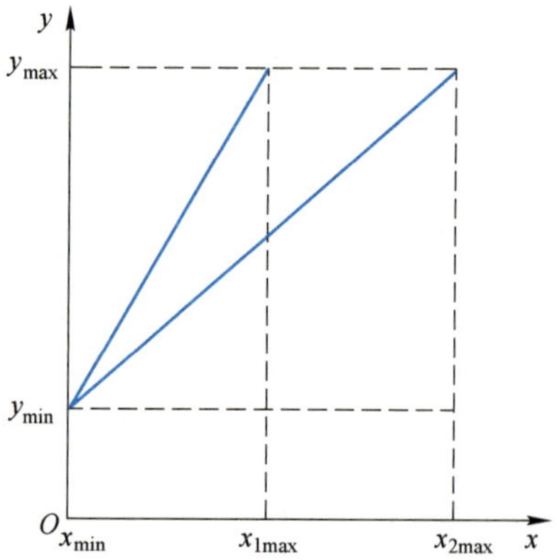

图 13-10 变送器的量程调整

13.3.2 变送器的零点调整和零点迁移

零点调整的目的是使其输出信号的下限值 y_{min} 与输入信号的下限值 x_{min} 相对应。例如，DDZ-Ⅲ型仪表，当输入 $x_{min}=0$ 时，其输出应为 $y_{min}=4$ mA，否则应进行零点调整，如图 13-9 所示。

在实际测量中，为了正确选择变送器的量程大小，提高测量准确度，常常需要将测量的起始点迁移到某一正值或负值，这就是所谓的零点迁移。在尚未迁移时，测量起始点为零，如图 13-11（a）所示；将变送器的测量起始点由零点迁移到某一正值，称为正迁移，如图 13-11（b）所示；将测量起始点迁移到某一负值，称为负迁移，如图 13-11（c）所示。

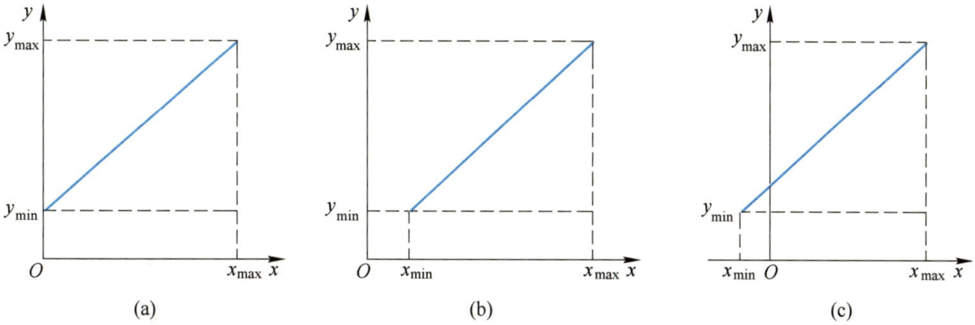

图 13-11 变送器的零点迁移
（a）未迁移；（b）正迁移；（c）负迁移

变送器零点迁移后，若其测量范围 $x_{min}\sim x_{max}$ 不变，其输入—输出特性曲线仅沿 x 轴方向向左或向右平移了某一距离，其斜率并没有改变，即变送器的量程不变，其灵敏度不变，如图 13-11（b）和（c）所示。但是，变送器零点迁移后，若其测量范围扩大或减小，则其灵敏度减小或提高。因此，工程上常利用零点迁移和量程调整提高其灵敏度。

实现零点调整和零点迁移的方法是在负反馈放大器的输入端加上一个零点调整信号 z_0，如图 13-8 所示。当 z_0 为负值时可实现正迁移；而当 z_0 为正值时则可实现负迁移。

例 13-1 某 DDZ-Ⅲ型温度变送器的测量范围是 0～800 ℃，若将零点迁移到 400 ℃，求迁移前后的灵敏度。

解： 已知测量温度为 0～800 ℃时，变送器输出为 DC 4～20 mA，则其灵敏度 K_1 为：

$$K_1=\frac{20-4}{800-0}\ \text{mA/℃}=0.02\ \text{mA/℃}$$

若将零点迁移至 400 ℃，则测量范围为 400～800 ℃，而变送器的输出电流仍然是 DC 4～20 mA，零点迁移后灵敏度 K_2 为：

$$K_2=\frac{20-4}{800-400}\ \text{mA/℃}=0.04\ \text{mA/℃}$$

可见，零点迁移后，变送器的灵敏度是原来的两倍，即提高了一倍。

由此可见，零点迁移后，变送器的测量范围（即量程）缩小了，其灵敏度提高了。因此，为保证过程控制系统有足够的控制灵敏度，必须合理地选择变送器的量程或对变送器进行零点迁移。

思考与练习

13-1 某DDZ-Ⅲ型温度变送器输入量程为200~1000 ℃，输出为4~20 mA。当变送器输出电流为10 mA时，对应的被测温度是多少?

13-2 有一台温度变送器量程为100~500 ℃，输出为4~20 mA，当温度从200 ℃变化到400 ℃时，求变送器的输出变化范围。

14 温度检测仪表

第14章 课件

素养提升

人们对一个事物的正确认识经过从实践到认识，再从认识到实践的多次反复才能完成；人类认知是无限发展的，追求真理是一个永无止境的过程。认识的反复性和无限性原理要求我们与时俱进，开拓创新，在实践中认识和发展真理，在实践中检验和发展真理。

14.1 标准化热电偶、热电阻

14.1.1 标准化热电偶

标准化热电偶是指工艺较成熟，能成批生产，性能优良，应用广泛并已列入工业标准文件中的几种热电偶。同一型号的标准化热电偶可以互换，并具有统一的分度表，使用很方便，且有与其配套的显示仪表可供使用。

目前国际上已有 8 种标准化热电偶，其主要性能见表 14-1。其中，温度的测量范围是指热电偶在良好的使用环境下允许测量温度的极值，实际使用中，特别是长期使用时，一般允许测量的温度上限是极限值的 60%~80%。

表 14-1 标准化热电偶的主要性能

分度号	热电偶名称	使用环境	温度范围与允许偏差/℃					
			Ⅰ		Ⅱ		Ⅲ	
			温度范围	允许偏差	温度范围	允许偏差	温度范围	允许偏差
S	铂铑$_{10}$-铂	O、N	0~1100	±1	0~600	±1.5	0~1600	±0.5%t
			1100~1600	±［1+(t−1100)×0.003］	600~1600	±0.25%t	≤600	±3
							>600	±0.5%t
R	铂铑$_{13}$-铂		0~1100	±1	0~600	±1.5	—	—
			1100~1600	±［1+(t−1100)×0.003］	600~1600	±0.25%t		
B	铂铑$_{30}$-铂铑$_{6}$		—	—	600~1700	±0.25%t	600~800	±4
							900~1700	±0.5%t

续表 14-1

分度号	热电偶名称	使用环境	温度范围与允许偏差/℃					
			Ⅰ		Ⅱ		Ⅲ	
			温度范围	允许偏差	温度范围	允许偏差	温度范围	允许偏差
K	镍铬-镍硅	O、N	-40~375	±1.5	-40~333	±2.5	-167~40	±2.5
			375~1000	±0.4%t	333~1200	±0.75%t	-200~-167	±1.5% $\vert t \vert$
N	镍铬硅-镍硅		-40~375	±1.5	-40~333	±2.5	-167~40	±2.5
			375~1000	±0.4%t	333~1200	±0.75%t	-200~-167	±1.5% $\vert t \vert$
E	镍铬-康铜		-40~800	±1.5 或 ±0.4% $\vert t \vert$	-40~900	±2.5 或 ±0.75% $\vert t \vert$	-200~40	±2.5 或 ±1.5% $\vert t \vert$
J	铁-康铜	O、N、R、V	-40~750	±1.5 或 ±0.4% $\vert t \vert$	-40~750	±2.5 或 ±0.75% $\vert t \vert$	—	—
T	铜-康铜		-40~350	±0.5 或 ±0.4% $\vert t \vert$	-40~350	±1 或 ±0.75% $\vert t \vert$	-200~40	±1 或 ±1.5% $\vert t \vert$

注：1. 使用环境，“O” 为氧化性介质，“N” 为中性介质，“R” 为还原性介质，“V” 为真空；
2. 热电偶名称中的电极材料，前者为正极，后者为负极；
3. 铂铑$_{10}$表示含铂 90%、铑 10%，依此类推；
4. t 为被测温度，$\vert t \vert$ 为 t 的绝对值；
5. 允许偏差以温度偏差值或被测温度绝对值的百分数表示，两者中采用较大值。

14.1.2 热电偶的校验

热电偶在使用过程中，热电极和热接点容易受到氧化、腐蚀和污染，在高温下热电极材料容易发生再结晶，引起热电特性发生变化，使测量误差越来越大。为保证测量的精度，热电偶需定期进行校验，以确定其修正值。

热电偶的检定是指对热电偶热电动势与温度的关系进行校验，以检查其误差的大小。分度是指确定热电偶热电动势与温度的对应关系，但两者的方法是一致的。热电偶的检定方法常用的是比较法，即用被校热电偶和标准热电偶同时测量同一对象的温度，然后比较两者的示值，以确定被校热电偶的基本误差等质量指标。

14.1.2.1 温度校验点

热电偶校验是一项较为重要的工作。根据国家规定的技术条件，各种不同型号的热电偶必须在表 14-2 规定的校验点进行校验，且每个温度校验点应控制在±10 ℃范围内。

表 14-2 工业用热电偶校验点温度

热电偶名称	校验点温度/℃
铂铑$_{10}$-铂	600，800，1000，1200
镍铬-镍硅（镍铬-镍铝）	400，600，800，1000
镍铬-康铜	300，400（或 500），600

14.1.2.2 校验用仪器与设备

一般温度在 300～1200 ℃的热电偶校验系统如图 14-1 所示，它是由管式电炉、冰点槽、切换开关、手动直流电位差计和标准热电偶组成的。管式电炉是用电阻丝加热的，通过自耦变压器调节电流来控制校验点的温度。管子内径为 50～60 mm、长度为 600～1000 mm，要求管内温度场要稳定，最好有 100 mm 左右的恒温区，在读数过程中要求恒温区内的温度变化不得超过 0.2 ℃/min。

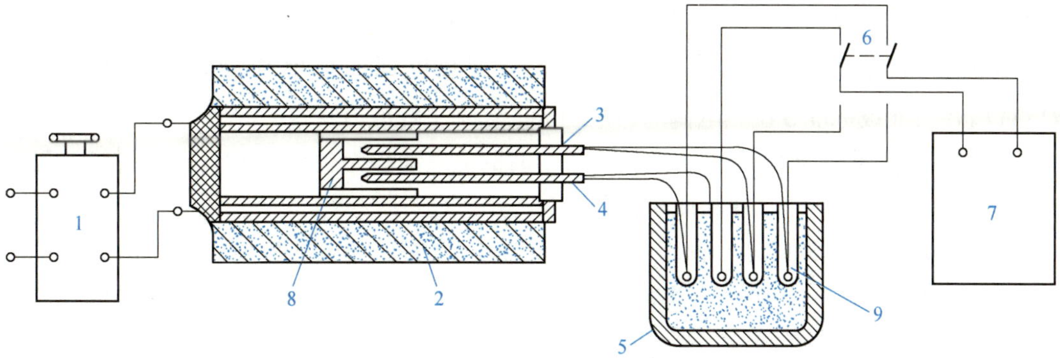

图 14-1 热电偶校验装置示意图

1—调压变压器；2—管式电炉；3—标准热电偶；4—被校热电偶；5—冰点槽；6—切换开关；7—手动直流电位差计；8—镍块；9—试管

冰点槽一般可用玻璃保温瓶代替，内盛冰水混合物。冰要尽可能地碎一些，水要清洁。把热电偶冷端插入冰点槽中，并保持冷端为 0 ℃。

直流电位差计及配套装置用于测量热电偶的热电动势，其精度等级不低于 0.05 级。

标准热电偶采用Ⅱ级或Ⅲ级标准铂铑$_{10}$-铂热电偶。

切换开关用来分别接通标准热电偶和被校热电偶的校验电路，其寄生电动势不得大于 1 μV。

14.1.2.3 校验方法

校验铂铑$_{10}$-铂热电偶时，将被校热电偶从保护管中抽出，用铂丝将其测量端与标准热电偶的测量端捆扎在一起，插到管式电炉内的均匀温度场中（一般在炉的中心处）。校验镍铬-镍硅（镍铝）等廉价金属热电偶时，为防止被校热电偶对标准热电偶产生有害影响，要将标准热电偶套上石英管，然后再用镍铬丝将被校热电偶的测量端与石英管的头部扎在一起，插到管式电炉的均匀温度场中。为使测量端感受同一温度，最好将标准热电偶与被校热电偶的测量端都放在金属镍块中，并将镍块置于管式电炉的中心处。

热电偶插入炉中的深度一般为 300 mm，长度较短热电偶的插入深度也不应小于 150 mm。热电偶插入炉中后，炉口应用烧炼过的石棉堵严。热电偶的冷端置于冰点槽中以保持其为 0 ℃。用自耦变压器来调节炉温，当达到预定校验点温度±10 ℃以内、并且温度变化不超过 0.2 ℃/min 时，便可开始读数。

在每一个校验点上的读数不应少于 4 次，然后分别取标准热电偶和被校热电偶热电动势读数的平均值，最后算出被校热电偶在各校验点上的误差。当同时校验几支热电偶时，其读数顺序从标准热电偶开始依次进行，然后再按反顺序进行，即按照标准→被检 1→被检 2→…→被检 n→被检 n→…→被检 2→被检 1→标准→标准→被检 1→…的循环顺序读数，再进行数据处理。

14.1.2.4 数据处理

热电偶校验后进行数据处理时，一定要考虑标准热电偶本身的测量值也有一定误差，必须考虑这部分误差后才能计算出测量点的真实温度。

例 14-1 在 1000 ℃下，测得被校 K 型热电偶的热电动势的算术平均值为 41.347 mV，Ⅱ级标准 S 型热电偶的热电动势的算术平均值为 9.601 mV。该标准热电偶证书上写明，在测量端为 1000 ℃、冷端为 0 ℃时的热电动势为 9.624 mV。求此被校 K 型热电偶在 1000 ℃时的误差，并验证是否合格。

解：查 S 型热电偶的分度表，查得测量端在 1000 ℃的热电动势为 9.585 mV，则该标准热电偶的修正值为：9.624−9.585＝0.039 mV，可见标准热电偶的示值是偏高的。因此要把标准热电偶热电动势的算术平均值减去修正值：9.601−0.039＝9.562 mV。

再查 S 型热电偶的分度表，查得 9.562 mV 相当于 998 ℃，这个温度就是被校热电偶与标准热电偶测量端的真实温度。

从 K 型热电偶的分度表中查得，41.347 mV 相当于 1002 ℃，所以此被校热电偶在 1000 ℃时的误差为：1002−998＝4 ℃。

根据表 14-1 可以看出，被校 K 型热电偶在−40～1300 ℃的温度范围内，允许偏差为 ±0.75%$|t|$，因此被校热电偶的实际偏差小于允许偏差，即 4 ℃<998×0.75%＝7.5 ℃，此热电偶在该校验点合格。

若其他各校验点均不超出误差范围，此被校热电偶才算校验合格。

14.1.3 标准化热电阻

目前国家统一生产的工业标准化热电阻主要有铂热电阻和铜热电阻两种，其代号、分度号和基本参数（测量范围、R_0 及允许误差、W_{100} 及允许误差）见表 14-3。

表 14-3 金属热电阻的代号、分度号和基本参数

名称	代号	分度号	测量温度范围/℃	0 ℃时电阻值 R_0 及允许误差/Ω		电阻比 W_{100} 及允许误差	
铂热电阻	WZP	Pt_{10}	0～850	A 级	B 级	A 级	B 级
				10±0.006	10±0.012		
		Pt_{100}	−200～850	A 级	B 级	1.3850±0.0004	1.3850±0.0010
				100±0.06	100±0.12		
铜热电阻	WZC	Cu_{50}	−50～150	50±0.05		1.428±0.002	
		Cu_{100}		100±0.10			

14.1.4 热电阻的校验

为保证测量精度，热电阻在使用前和经过一段使用时间之后，或经过修理之后都应进行校验，看其电阻值与温度的变化关系是否准确，具体步骤如下：

（1）按图 14-2 接线，并检查是否正确。

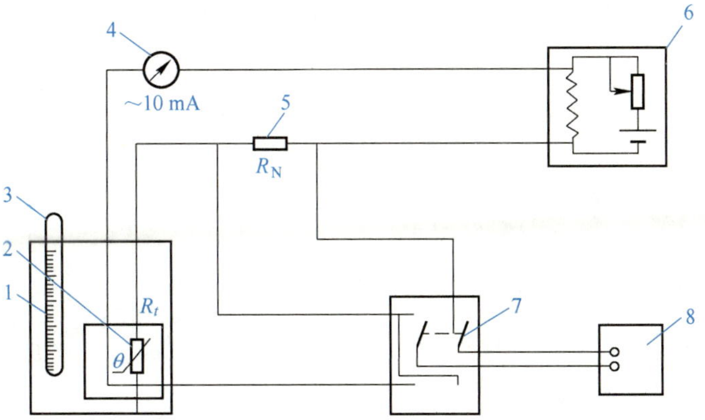

图 14-2 校验热电阻的接线图

1—加热恒温器；2—被校验电阻体；3—标准温度计；4—毫安表；5—标准电阻；6—分压器；7—双刀双掷切换开关；8—电位差计

（2）将电阻体从保护管中抽出后，放入恒温器中，使之达到校验点温度并保持恒温，然后调节分压器使毫安表指示约为 4 mA（电流不宜过大，一般不超过 6 mA，以免热电阻发热，产生自热误差，影响测量精度）。将切换开关倒向标准电阻 R_N 的一边，读出电位差计示值 U_N；然后立即将切换开关倒向被测热电阻 R_t 的一边，读出电位差计的示值 U_t。

（3）按公式 $R_t=(U_t/U_N)\ R_N$ 求出 R_t 的值。在同一校验点需要重复测三四次，求出每次测量的 R_t 值，然后取其平均值与分度表核对，看其是否超出允许误差范围。如果不超过误差范围，则该校验点的 R_t 值即为合格。

（4）再取几个校验点（一般取被测温度范围的 10%、50%和 90%），重复上述步骤（2）、（3）。如果均合格，则此热电阻校验完毕。

热电阻校验方法除上述比较法外，还可用校验初始电阻 R_0 和电阻比 R_{100}/R_0 值的方法，若这两个参数的误差不超过允许的误差范围（见表 14-3）即为合格，这种方法也就是校验热电阻在 0 ℃和 100 ℃时的阻值（详见有关检定规程）。

14.2 与热电阻、热电偶配套的仪表及接线

14.2.1 与热电阻配套的仪表及接线

热电阻温度变送器是一种现场安装式温度变送单元。它采用两线制传送方式，电源与

信号输出共两根导线，一根为红色（电源线），一根为黑色（信号线）。热电阻温度变送器输出与被测温度成线性的4～20 mA电流信号。变送器模块可以安装于热电阻的接线盒内，形成一体化结构，广泛应用于石油、化工、纺织、冶金、机电、电力、航空、食品加工、医学工程等工业和科研领域，进行自动温度检测和控制。WP6200系列热电阻温度变送器的接线盒如图14-3所示，SBWZ2系列三线制热电阻温度变送器的接线图如图14-4所示，SBWZ2系列三线制热电阻温度变送器所接仪表有DC 24 V馈电输出时的接线图如图14-5所示。

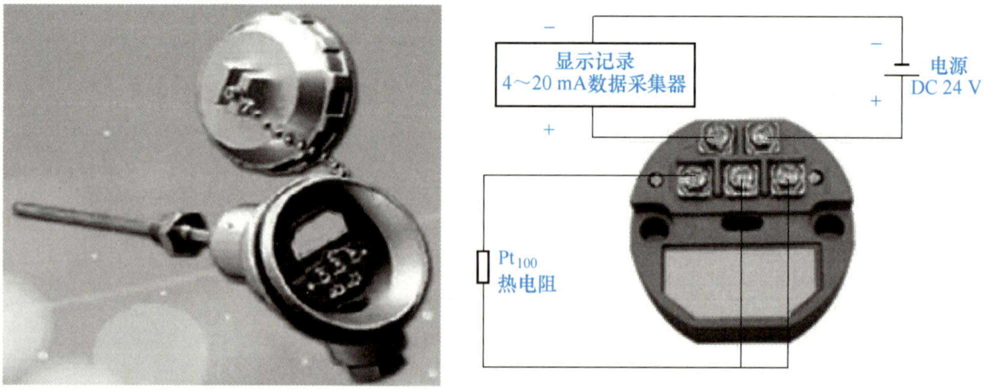

图14-3 WP6200系列热电阻温度变送器的接线盒

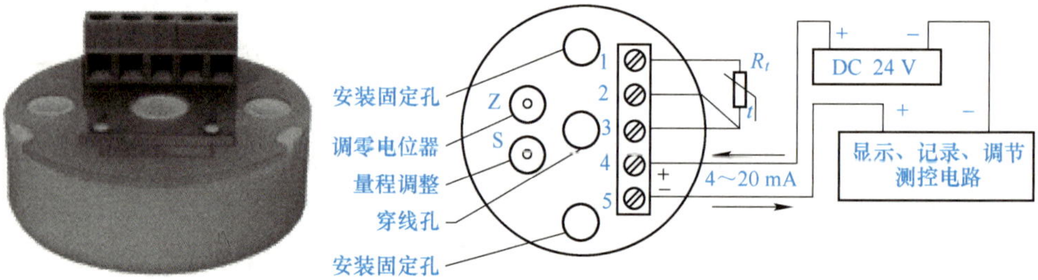

图14-4 SBWZ2系列三线制热电阻温度变送器的接线图

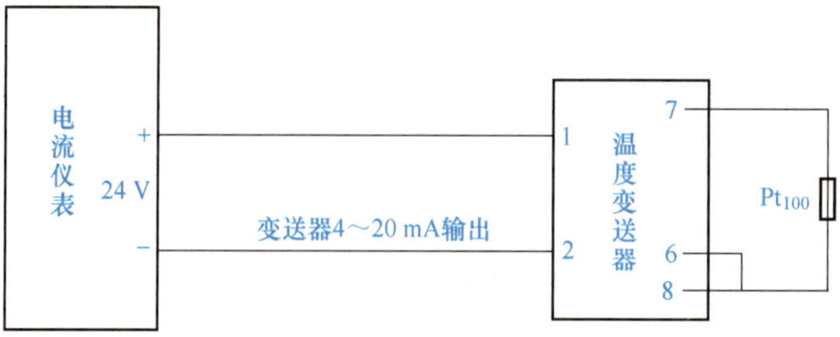

图14-5 SBWZ2所接仪表有DC 24 V馈电输出时的接线图

调试步骤：以输入型号Pt_{100}为例，量程为0～100 ℃的温度变送器标定，在输入端接入标准电阻箱（如 ZX38/11 型和 ZX-25a 型），其中三线制的两路接电阻箱的公共端，在输出端串接上标准电流表和 DC 24 V 稳压电源。电阻箱输出阻值 100 Ω，调整调零电位器，使电流表读数为 4 mA；电阻箱输出阻值为 138.5 Ω（即铂热电阻在 100 ℃时对应的电阻值），调整量程电位器，使电流表的读数为 20 mA。

14.2.2 与热电偶配套的仪表及接线

我国生产的热电偶均符合 ITS-90 国际温标规定的标准，其一致性非常好，国家又规定了与每一种标准热电偶配套的仪表，它们的显示值为温度，且均已线性化。与热电偶配套的仪表有动圈式仪表、数字式仪表以及智能温度变送器。

14.2.2.1 与热电偶配套的二次仪表

与热电偶配套的动圈式显示仪表命名为 XC 系列，按其功能有指示型（XCZ）和指示调节型（XCT）等系列。与 K 型热电偶配套的动圈式仪表型号为 XCZ-101 及 XCT-101 等。数字式仪表按其功能也有指示型 XMZ 系列和指示调节型 XMT 等系列。

XC 系列动圈式仪表测量机构的核心部件是一个磁电式毫伏计。动圈式仪表与热电偶配套测温时，热电偶、连接导线（补偿导线）、调整电阻和显示仪表组成了一个闭合回路，动圈式仪表的示值与摄氏温度成正比。

XMT 系列仪表是在 XMZ 系列仪表的基础上，加装了有调节、报警功能的数字式指示调节型仪表，是专为热工、电力、化工等工业系统测量、显示、变送温度的一种标准仪器，适用于旧式动圈指针式仪表的更新、改造。它不仅具有显示温度的功能，还能实现被测温度超限报警或双位继电器调节，其面板上设置有温度设定按键。当被测温度高于设定温度时，仪表内部的继电器动作，可以切断加热回路。它的特点是采用工控微处理器为主控部件，智能化程度高，使用方便。XMT 系列仪表具有以下功能：

（1）双屏显示。主屏显示测量值，副屏显示控制设定值。

（2）输入分度号切换。仪表的输入分度号，可按键切换（如 K、R、S、B、N、E 等）。

（3）量程设定。测量量程和显示分辨率由按键设定。

（4）控制设定。上限、下限或上上限、下下限等各控制点值可在全量程范围内设定，上下限控制回差值可分别设定。

（5）继电器功能设定。内部的数个继电器可根据需要设定成上限控制（报警）方式或下限控制（报警）方式。

（6）断线保护输出。可预先设定各继电器在传感器输入断线时的保护输出状态（ON、OFF、KEEP）。

（7）全数字操作。仪表的各参数设定、准确度校准均采用按键操作，无须电位器调整，掉电不丢失信息。

（8）冷端补偿范围。冷端补偿范围为 0~60 ℃。

（9）接口。有些型号还带有计算机串行接口和打印接口。

与热电偶配套的 XCZ 及 XMT 仪表的外部接线图如图 14-6 所示。

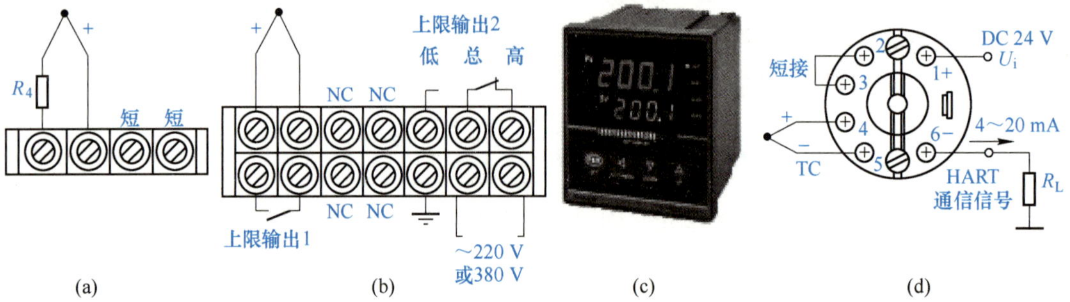

图 14-6 与热电偶配套的 XCZ 型及 XMT 型等仪表外部接线图
（a）XCZ 型仪表背面接线；（b）XMT 型仪表背面接线；
（c）XMT 仪表面板；（d）STT 两线制智能温度变送器接线

图 14-6（a）中的“短”“短”两端在搬运仪表时需用导线短接起来，以保护仪表指针不致打弯或折断，R_4 为量程电阻，同时保证仪表的准确性和稳定性。图 14-6（b）右上角的三个接线端子分别为“上限输出 2”的三个触点，从左到右依次为：仪表内继电器的常开（动合）触点、动触点和常闭（动断）触点。当被测温度低于设定的上限值时，“高-总”端子接通，“低-总”端子断开；当被测温度达到上限值时，“低-总”端子接通，而“高-总”端子断开。“高”“总”“低”三个输出端子在外部通过适当连接，能起到控温或报警作用。“上限输出 1”的内部继电器触点还可用于控制其他电路，如控制电炉的交流接触器等。

14.2.2.2 智能温度变送器

智能温度变送器也称万能输入温度变送器，能将多种温度传感器信号转换为 4~20 mA 模拟信号和 HART 通信信号，可利用“现场手持通信器”远距离组态，可与 Pt_{00}、Pt_{200} 铂热电阻以及 8 种热电偶配套，由按键设定。内部采用数字化调校、无零点及满度电位器，能完成非线性补偿、冷端温度补偿，具有传感器极性反接、开路和短路报警功能，输出电路与输入电路电气隔离，具有本安防爆结构。STT 两线制智能温度变送器接线图如图 14-6（d）所示。

14.3 DDZ-Ⅲ型温度变送器

温度变送器将温度、温差以及与温度有关的工艺参数和直流毫伏信号变换成 DC 4~20 mA 或 DC 1~5 V 的统一标准信号。温度变送器的种类繁多，除了常用的 DDZ-Ⅲ型温度变送器外，随着微电子技术和微机技术的发展，已经出现了许多微型化和智能化温度变送器。

DDZ-Ⅲ型温度变送器主要将温度、温差、压力以及与温度有关的工艺参数变换成 DC 4~20 mA 或 DC 1~5 V 的统一标准信号，它具有如下主要特点：

(1) 采用低漂移、高增益的运算放大器作为主要放大器，具有电路简单和良好的可靠性、稳定性及各项技术性能；

(2) 在配热电偶和热电阻的变送器中采用线性比电路，使其输出电流 I_o 与被测温度呈线性关系，测量精度高；

(3) 电路中采用了安全火花防爆技术措施，可用于易燃易爆场合；

(4) 采用 DC 24 V 集中供电，实现了两线制接线方式。

DDZ-Ⅲ型温度变送器原理框图如图 14-7 所示，该变送器由量程单元和放大单元组成。图 14-7 中，“⇨”表示供电回路，“→”表示信号回路。反映被测参数大小的输入毫伏信号 U_i 与桥路部分的输出信号 U_z 以及反馈信号 U_f 相叠加，送入放大单元，经电压放大、功率放大和隔离输出电路，转换成 DC 4~20 mA 输出电流 I_o 和 DC 1~5V 电压 U_o 输出。

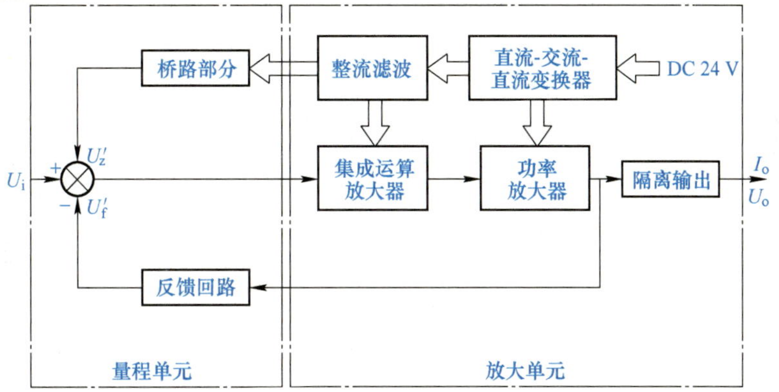

图 14-7 DDZ-Ⅲ型温度变送器原理框图

DDZ-Ⅲ型温度变送器有三个品种：

(1) 直流毫伏变送器，其输入信号是直流毫伏信号。凡是能将工艺参数变换成直流毫伏信号的传感器或检测元件均可与该变送器配合使用，将被测工艺参数转换成 DC 4~20 mA 统一标准信号，从而扩大了变送器的应用范围。

(2) 热电偶温度变送器。

(3) 热电阻温度变送器。

三种变送器在电路结构上都由量程单元和放大单元两部分组成。其中，放大单元是通用的，而量程单元则随品种、测量范围的不同而异。

14.4 一体化温度变送器

近年来，一种小型固态化温度变送器出现在仪表市场，它与热电偶或热电阻形成一体，自带冷端补偿功能，不需要补偿导线，由直流 24 V 供电，用两线制方式连接，故又称为一体化温度变送器。

这种温度变送器分为配热电偶的 SBWR 型及配热电阻的 SBWZ 型两类：SBWR 型又分

为不同的分度号，例如有 E、K、S、B、T 等；SBWZ 型又分为 Cu_{50}、Cu_{100}、Pt_{100}等。

以上两类按输出信号有无线性化又分为两种：（1）输出信号与被测温度呈线性关系的；（2）输出信号与输入电信号（热电动势或电阻值）呈线性关系的。

例如，图 14-8 所示的 YCSBW 系列一体化温度变送器是温度传感器与变送器的完美结合，以十分简洁的方式把-200 ~1600 ℃范围内的温度信号转换为二线制 DC 4~20 mA 的电信号传输给显示仪、调节器、记录仪、DCS 等，实现对温度的精确测量和控制。

一体化温度变送器是现代工业现场、科研院所温度测控的更新换代产品，是集散系统、数字总线系统的必备产品。一体化设计，结构简单合理，可直接替换普通装配式热电偶、热电阻。

一体化温度变送器的主要特点是：

（1）节省了热电偶补偿导线或延长线的投资，只需两根普通导线连接；

（2）由于其连接导线中的信号较强（4~20 mA），比传递微弱的热电动势具有明显的抗干扰能力；

（3）体积小巧紧凑，通常为直径几十毫米的短柱形，安装在热电偶或热电阻套管接线端子盒中，不必占用额外空间；

（4）无须调整维护，这是因为全部采用硅橡胶或树脂密封结构，能很好适应生产现场环境，但损坏后只能整体更换。

图 14-8 YCSBW 系列一体化温度变送器

14.5 消耗型快速热电偶

消耗型快速热电偶是指用于测量熔体金属温度的，一般是一次性使用的微型热电偶，简称快偶，其实物图如图 14-9 所示，结构示意图如图 14-10 所示。

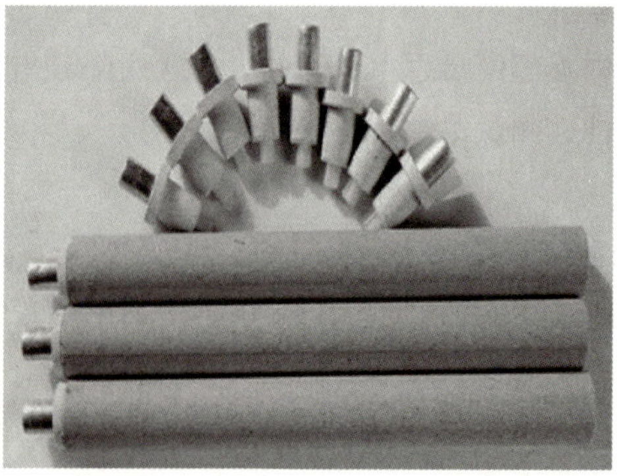

图 14-9 消耗型快速热电偶实物图

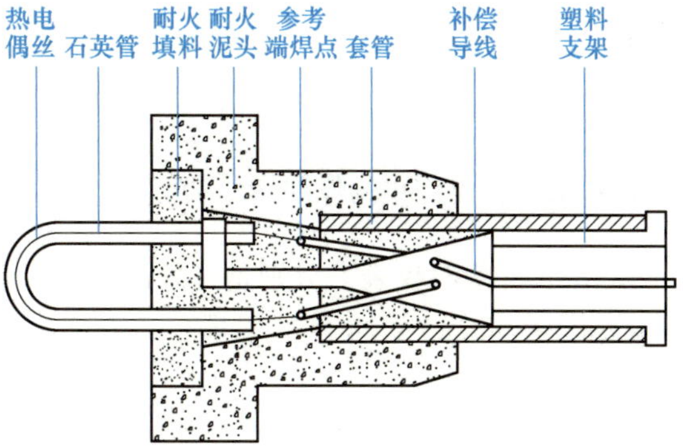

图 14-10 消耗型快速热电偶的结构示意图

快偶主要由测温偶头与大纸管构成。偶头主要有正负偶丝（通常采用直径为 0.1 mm 的铂铑$_{10}$-铂和铂铑$_{30}$-铂铑$_{6}$ 等材料）焊接在补偿导线上，补偿导线穿嵌在塑料支架上，支架外套有小纸管，偶丝以石英支撑和保护，最外面装有防渣帽，全部零组件集中装入耐火泥头中并以耐火填充剂黏合成一整体，而不可拆卸，故为一次性使用。

当快偶插入钢水中以后，防渣帽迅速熔化，这时 U 形石英保护管和被保护的热电偶即暴露在钢液中。由于感温元件很小，石英管和热电偶的热容量就很小，因此能很快地反映出钢水的温度；在测出温度后，快偶的许多部件都被烧坏，所以每次测量后需更换。由于快偶的偶丝极细，用量不大，其他部分材料廉价，总体来说价格便宜，在钢厂中应用广泛。

快偶的使用方法为：

(1) 根据测量的对象和范围，选择合适的保护纸管长度及适用的测温枪。

(2) 把快偶装在测温枪上，并使二次仪表指针（或数显器）回零，这时说明接触良好并可以进行测量。

(3) 快偶插入钢水的深度应为 300~400 mm，测量时不要测到炉壁或渣子上，做到快速、稳定和准确。当二次仪表得到结果时，应立即将测温枪升起，快偶在钢水中的浸入时间不得超过 5 s，否则易烧毁测温枪。

(4) 将测温枪从炉内取出后，取下使用过的热电偶，并装上新的热电偶，暂停几分钟，然后准备进行下一次测量，不得连测连拆，否则会引起温度波动。

14.6 温度检测仪表在轧钢加热炉中的应用

本节从温度检测仪表在加热炉中的应用场景、选型要求、安装要求、使用方法、常见故障排查和处理等几个方面介绍。

14.6.1 轧钢加热炉的组成和作用

以双高线产线加热炉为例，此加热炉为步进梁蓄热式加热炉，设计产能 180 t/h，它由步进机构、加热炉本体、汽化冷却、除氧器、液压站、PLC 系统等几大部分组成，功能是将横截面积 165 cm×165 cm、长度为 11～12 m 的连铸方坯加热升温到合格的轧制温度，送出到轧机进行轧制。

14.6.2 不同测温仪表在加热炉工作过程中的作用

加热炉工作过程中主要有三种测温仪表，分别是红外测温仪、热电偶、热电阻。

14.6.2.1 红外测温仪

A 应用场景

（1）加热炉入炉炉门口 3 m 处检测装炉钢坯温度。其主要作用是检测入炉钢坯的实际温度，之后把数据传输到 PLC 系统，用来计算热装率、加热炉煤气消耗量，煤气消耗量数据反馈回能源中心，指导能源中心煤气分配。

（2）加热炉出炉炉门口 3 m 处检测出炉钢坯温度。其主要作用是检测出炉钢坯的实际温度，之后把数据传输到 PLC 系统，通信到上位机电脑画面，用以时时提醒岗位操作工即将轧制的钢坯温度，岗位工一旦发现出炉钢坯温度不符合轧制温度要求，操作工会及时将坯料通过剔除装置将钢坯剔除到废料台架，避免进入轧机引起生产事故。

B 选型

（1）在满足生产工艺要求的前提下选择性价比最高的仪表。比如，入炉检测使用的红外测温仪测量范围选择 0～1000 ℃即可满足生产工艺，而出炉检测使用的红外测温仪测量范围要选择 0～1400 ℃的仪表，这是因为出炉钢坯温度均高于 1000 ℃，量程范围小的仪表将不再适用，同比量程范围更小的入炉检测仪表费用低一些。

（2）信号输出类型。加热炉区属于煤气区，安全规范要求仪表电源输入选择 DC 24 V；便于远距离信号稳定传输，输出信号选择模拟量输出的 DC 4～20 mA 信号，同步在 PLC 柜内增加信号隔离器过滤干扰信号，之后传输到 PLC 的 AI 通道进行采集。

C 安装

（1）为了美观选用仪表配套的安装支架进行安装。

（2）为了减轻仪表镜片积灰影响检测精度，仪表检测镜头轻微向下照射被检测钢坯。

D 常见故障和排除方法

（1）仪表镜片积灰影响发射功率，使得实际检测温度偏低，需要定期除去镜片灰尘。

（2）冬季生产仪表周边雾气较大，使得检测数据频繁晃动，需要加装轴流风机对雾气进行吹扫。

（3）夏季仪表本身工作温度较高，超出仪表工作温度界限导致仪表死机，需要对仪表重新上电，并同步对仪表进行风冷或者水冷却。

（4）有大功率电气设备在仪表附近作业引起仪表数据波动，需要在 PLC 系统增加信号隔离器对干扰信号进行隔离。

总结：总体来说红外测温仪的价值较高，稳定性较好，维护量低。

14.6.2.2 热电偶

A 应用场景

加热炉共分三段进行燃烧加热，分别为加热一段、加热二段、均热段。为了保证每段燃烧准确稳定，分别在每段的燃烧室炉顶布置一支热电偶，燃烧室的两侧各布置一支热电偶，总计 9 支 S 型热电偶。

B 选型和安装要求

（1）现场实际选用的都是 S 型热电偶，它的测量范围为 0~1600 ℃，测温响应快速。

（2）直插式安装，此种安装方式优点是简单简易，拆装热电偶工作量小，调节热电偶插入深度方便；缺点是在检测口使用的隔热石棉毡需要定期检查是否泄漏，否则一旦泄漏将会烧损电偶的补偿导线。

（3）法兰式安装，此种安装方式优点是固定牢靠，检测口无泄漏点；缺点是无法调节热电偶插入深度，一旦检测口变形将无法安装。

（4）要使用 S 型热电偶标准补偿导线，否则会导致检测温度值不准。

（5）冬季安装热电偶时不要一次性把热电偶插送到位，这是因为热电偶的保护外套基本都是陶瓷制品，从库房取用的备件温度较低，直接送入 1000 ℃的炉内，会使其外护套受热不均引起炸裂损坏，正常操作应为缓慢短距离多次探插安装。

C 常见故障和排除方法

（1）热电偶数值显示为零。多数为仪表断信号，应排查外部补偿导线是否开路、热电偶丝是否开路，如果是导线开路进行重接、偶丝开路可以用专用的自耦变压器进行焊接。极少数情况为接收热电偶信号的 AI 模块电源没电和模块本身坏损，如果是应进行恢复、更换。

（2）热电偶数值显示偏高。多数为插入式安装固定热电偶的方式不牢靠导致热电偶插入的深度变深，检测到了更高温度的炉内火焰，如果是应重新调整安装深度。

（3）热电偶数值显示晃动。多数为在现场接线的热电偶补偿导线环境温度变高导致，如果是应恢复环境温度正常。少数情况为安装到炉内的热电阻保护外套损坏，使得燃烧火焰直接燃烧偶头，造成偶头快速升温和降温，检测数值产生波动，如果是应更换保护外套。

（4）热电偶显示数据与现场严重不符合。初次安装使用时 PLC 的 AI 模块参数配置错误，正常 PLC 硬件模块应该选择 TC 模块、同步 TC 模块的软件参数配置 TC-IL 类型、分度号选择 Type S、模块通道地址要和自动化程序完全对应，否则数值将会出现严重偏差。

总结：总体来说热电偶使用方便，稳定性较好，维护量低。

14.6.2.3 热电阻

A 应用场景

加热炉使用的热电阻均为 Pt_{100} 热电阻。

（1）悬臂辊水循环温度检测，共有 9 支入炉悬臂辊和 10 支出炉悬臂辊，合计 19 支，主要作用是检测悬臂辊冷却水温是否异常；如果异常通过远传数据显示及时报警给操作人员，防止发生设备事故。

（2）加热炉三通换向阀废气温度检测。加热炉每个燃烧段各设置两个空气废气和煤气废气烟温检测，三个燃烧段有 12 个温度检测点，加上煤气和空气总管废气温度检测总计 14 个温度检测点，主要作用是指导燃烧空燃比配置和调节阀开度设置，使得烟气温度最大化利于蓄热室充分蓄热高效利用热能。

（3）作为介质量仪表温度补偿使用，使得计算流量计算数据更加准确。

B 选型和安装

（1）由于加热炉热电阻的使用位置均为管道上，均采用直插件螺纹固定安装方式，所以在选型时注意热电阻的长短要求，以便使用最短的热电阻达到测温准确，选用过长的热电阻会增加备件成本并且不利于安装维护。另外，选型时要注意安装螺纹的选择，英制螺纹和管制螺纹标准不一样，防止直插件的螺纹形式和热电阻的螺纹形式不一样而导致无法安装。

（2）对安装环境和检测介质不同的部位，密封垫选择的材质不同。一般情况下，对于烟气检测和高温水、高温蒸气检测部位使用铜材质密封垫，对于接近室温的检测环境选用聚氯乙烯密封垫。

（3）对测温精度要求不高的地方，铺设电缆使用两芯电缆即可，但是测量结果会引入导线电阻而使得测量温度偏高。对测温精度要求高的地方，铺设电缆使用三芯或者四芯电缆，信号转换时利用电桥消除导线本身电阻，提高测量准确度。

（4）进入 PLC 转换信号时一般采取两种方式：一种是 PLC 采用 RTD 热电阻模块，这样可以直接把电阻信号引入 PLC；另一种是 PLC 采用标准 AI 模块，采集 DC 4~20 mA 标准信号，这时需要增加温度变送器把电阻信号先转化为标准的 DC 4~20 mA，然后再引入 PLC 进行量程转换测量。

C 常见故障和排除方法

（1）热电组数值显示为零。多数为仪表断信号，排查外部导线是否开路、热电阻丝是否开路，如果是导线开路进行重接、电阻丝开路只能进行更换。极少数情况为接收热电阻信号的 RTD 模块电源没电和模块本身坏损，如果是应进行恢复、更换。

（2）热电阻数值显示晃动。多数为热电阻劣化、腐蚀严重引起的虚接问题，这时要更换新备件。在更换新备件时可以选择直接更换热电阻的内部芯体，而不必整体拆除更换，这是因为热电阻绝大多数情况下都是直插件安装，与检测介质之间没有阀门，直接拆除将会导致介质泄漏而无法作业。

（3）热电阻显示数据与现场严重不符合。初次安装使用时 PLC 的 AI 模块参数配置错误，正常 PLC 硬件模块应该选择 RTD 模块、同步 RTD 模块的软件参数配置 RTD-3L 类型、分度号选择 Pt_{100} std、模块通道地址要和自动化程序完全对应、量程整定要正确，否则数值将会出现严重偏差。

总结：总体来说热电阻使用方便，稳定性较好，维护量低。

仪表的选型、安装质量和日常维护，直接影响仪表的检测精度和后期维护工作的工作量，因此，工作人员在使用仪表时一定要标准把控住每一个细节，在提高仪表精度的同时降低维护工作量。

思考与练习

14-1 某一标尺为0~1000 ℃的温度计出厂前经校验得到表14-4所示的数据。

表 14-4 数据

标准表读数/℃	0	200	400	600	800	1000
被校表读数/℃	0	201	402	604	806	1001

求：(1) 该表最大绝对误差；

(2) 该表精度；

(3) 如果工艺允许最大测量误差为±5℃，表14-4是否能用？

14-2 某一标尺为0~500 ℃的温度计出厂前经过校验，其刻度标尺各点的测量结果值见表14-5(注：仪表的精度等级0.005 ℃、0.02 ℃、0.05 ℃、0.1 ℃、0.2 ℃、0.4 ℃、0.5 ℃、1.0 ℃、1.5 ℃、2.5 ℃、4.0 ℃等)。

表 14-5 仪表读数

被校表读数/℃	0	100	200	300	400	500
标准表读数/℃	0	102	198	303	405	496

请完成以下要求：

(1) 确定仪表最大绝对误差值；

(2) 确定仪表的允许误差及精度等级；

(3) 经过一段时间使用后重新校验时，仪表最大绝对误差为+6 ℃，该仪表是否还符合出厂时的精度等级？

14-3 一台精度等级为0.5级、测量范围为600~1200 ℃的电子电位差计，问：

(1) 它的最大允许绝对误差是多少？

(2) 校验时，如其中的某一点最大绝对误差是4 ℃，此表是否合格？

14-4 用镍铬-铜镍热电偶测温，设备的温度为900 ℃（对应的分度表热电势为68783 μV），自由端的温度为30 ℃（对应的分度表热电势为1801 μV），测得的热电势应为多少？

15 压力检测仪表

第15章 课件

素养提升

“一切从实际出发，实事求是”是我们想问题、办事情的根本立足点，要求我们尊重客观规律，以求真务实的精神探求事物的本质和规律，用科学的理论武装头脑、指导实践。

工程技术中的“压力”实际上是指物理学中的压强，用 p 表示，它等于垂直作用于一定面积 A 上的力 F 除以面积 A，即垂直并均匀作用在单位面积上的力。

$$p=\frac{F}{A} \tag{15-1}$$

15.1 压力的分类及对应的传感器

压力可分为绝对压力和相对压力，相对压力又可分为表压和差压。表压又有正压、负压之分，高于大气压的表压称为正压，低于大气压的表压称为负压，负压的绝对值也称为真空度。根据不同的测量条件，测量压力的传感器也可分为五大类：绝对压力传感器、大气压传感器、表压传感器、真空度传感器和差压传感器。

15.1.1 绝对压力传感器

常见的绝对压力传感器有两个取压口，一个称为正取压口，另一个称为负取压口。绝对压力传感器的正取压口接到被测压力处，负取压口接到内部的基准真空腔（相当于零压力参考点）。所测得的压力数值是相对于基准真空腔而言的，是以真空零压力为起点的压力，称为绝对压力，用 $p_{绝}$ 或 p_{abs} 表示。登山者使用的海拔表就是一个带有温度补偿的绝对压力表。

15.1.2 大气压传感器

大气压传感器的本质也是绝对压力传感器，只是正取压口向大气敞开。

大气压是指以地球上某个位置的单位面积为起点，向上延伸到大气上界的垂直空气柱的质量，用 p_a 或 $p_{大气}$ 表示。测量地点距离地面越高，或纬度越高，大气压就越小。1954年第十届国际计量大会将大气压规定为：在纬度45°的海平面上，当温度为0 ℃时，760 mm 高水银柱所产生的压强称为标准大气压。若用千帕为单位时，标准大气压为 101.325 kPa。

在工程中，出于简化目的，有时可以近似认为标准大气压的数值为绝对压力 100 kPa (0.1 MPa)，记为 1 bar。

15.1.3 表压传感器

表压传感器能感受相对于大气压的压力（压强），其正取压口接到被测压力处，负取压口向大气敞开，所测得的压力数值是相对于大气压而言的，是以大气压为起点的压力，称为表压，用 $p_{表}$或 p_g表示。例如，表压传感器指示为 1.0 MPa，表示比大气压高 1 MPa，绝对压力大约为 1.1 MPa。

在工业生产和日常生活中，通常所说的压力绝大多数是指表压。生产中使用的压力表绝大多数都属于表压传感器，没有特别说明的场合，压力表是指表压传感器，而计量领域大多使用绝对压力传感器。

15.1.4 真空度传感器

以大气压力为基准，绝对压力高于测量地大气压力的压力称为正压，绝对压力小于测量地大气压力的压力称为负压。负压的绝对值称为相对真空度，用符号 p_z或 $p_{真空}$表示。真空度表示气体稀薄的程度，相对真空度的数值越大，表示气体越稀薄。

压力式真空度传感器的正取压口接到比大气压低的被测压力处，负取压口向大气敞开，所测压力数值也是以大气压为起点的，但所指示的数值是负值。

大气压与表压、绝对压力、相对真空度的关系如图 15-1 所示，四者之间的关系是：

$$p_{表} = p_{绝} - p_{大气} \tag{15-2}$$

$$p_{真空} = |p_{绝} - p_{大气}| \tag{15-3}$$

通常不能利用式（15-2）来计算绝对压力，但可利用测得的绝对压力计算表压及相对真空度。例如，用绝对压力传感器测量某容器的压力，读数为 90 kPa，若测量地大气压为 100 kPa，根据式（15-3）计算：相对真空度为 10 kPa，负压为 −10 kPa。相对真空度的数值介于 0~101.325 kPa。

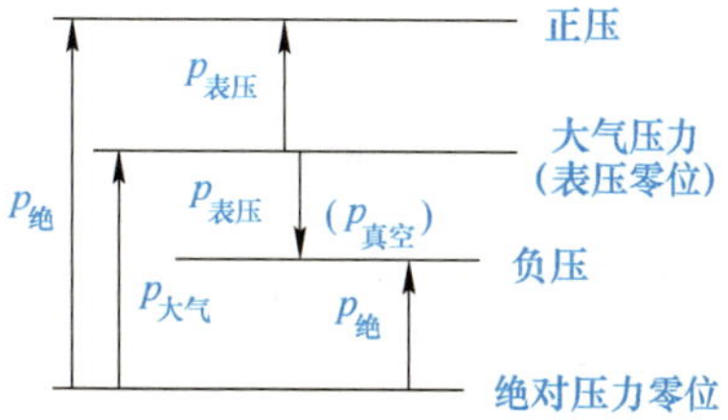

图 15-1 大气压力、绝对压力、表压、真空度之间的关系

机械式压力-真空表是既能测量正压力，也能测量负压力的表压型仪表，其刻度沿顺时针方向变大。真空表的起始点（指针的“0”位）表示进气管压力与大气压相同（约等于 0.1 MPa），刻度的绝对值是沿逆时针方向变大的（负压）。压力-真空表与真空表实物如图 15-2 所示。

绝对真空是无法达到的，工程中通常认为负压不低于−0.1 MPa，也就是说，最大相对真空度不大于 0.1 MPa。接近绝对压力零位时真空度的测量不能采用压力式仪表，而应选用热传导真空计、电离真空计等仪器。

(a) (b)

图 15-2 压力-真空表（a）与真空表（b）

15.1.5 差压传感器

差压是指两个压力 p_1 和 p_2 之差，又称为压力差，用符号 Δp 或 p_d 表示。差压传感器能感受两个测量点压力（压强）之差，其正取压口接到被测压力 p_1 处，负取压口接到被测压力 p_2 处。

如果将差压传感器的负取压口向大气敞开，就相当于表压传感器；如果将差压传感器的负取压口接到基准真空腔，就相当于绝对压力传感器。

15.2 压力传感器

常用压力传感器按敏感元件和转换元件的原理不同，可以分为液柱式压力表、弹性式压力表、电测式压力传感器等几种。

15.2.1 液柱式压力表

液柱式压力表是以液体静力学原理为基础制成的压力表。U 形管内液柱所产生的重力与被测压力平衡，并根据液柱高度差来确定被测压力大小的压力传感器，所用的液体称为封液，可以采用水银或四氯化碳，测量准确度可达 0.1%，此类传感器主要用作实验室中的低压基准仪表，以校验其他类型的压力传感器。由于封液的密度会随环境温度而改变，所以必须对测量结果进行温度修正。液柱式压力表如图 15-3 所示。

U 形管左右侧的两个管口分别接压力 p_1 和 p_2。当 $p_1=p_2$ 时，左右两管的液柱高度相同。当 $p_1>p_2$ 时，左侧管的液柱低于右侧管的液柱，则 p_1 和 p_2 之差为：

$$\Delta p = p_2 - p_1 = \rho g(h_2 - h_1) = \rho g H \tag{15-4}$$

式中 Δp——左右侧两个管口的压力差，Pa；

ρ——封液的密度，kg/m^3；

g——测量地的重力加速度，m/s^2；

H——左右侧两个液柱的高度差，m。

被测差压 Δp 与两个液柱的高度差 H 成正比。如果将右侧管口向大气敞开，则被测压力 p_1 与 H 成正比；如果 p_1 低于大气压，则 $h_1<h_2$，示值就为真空度。

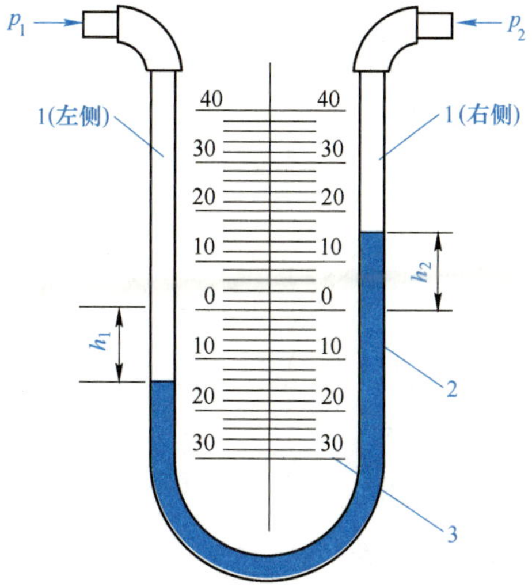

图 15-3 液柱式压力表

1—U 形玻璃管；2—封液；3—刻度尺

15. 2. 2 弹性式压力表

弹性式压力表是利用对压力敏感的各种弹性元件来检测压力的变化，弹性元件可以将压力转换成应变或位移。在一定的范围内，应变或位移与弹性元件感受到的压力成确定的函数关系，多为线性关系，常见感受压力的弹性元件有膜片、膜盒、波纹管以及弹簧管等，如图 1-12 所示。

（1）膜片：可以用不锈钢、陶瓷、多晶硅薄片等构成膜片。平膜片的周边固定，等截面平膜片如图 1-12（a）所示。当它的上（或下）面受到均匀分布的压力时，薄板将弯向压力低的一面，并在薄板表面产生应力，从而把均匀分布的压力变换为膜片的应变或位移。将电阻应变片粘贴在膜片的表面，可以组成电阻应变式压力传感器，利用膜片的位移（挠度），可以组成电容式压力传感器。

（2）膜盒：是膜盒压力表中的敏感元件。将两个同心波纹膜片焊接在一起，做成空心膜盒，用于测量微小压力，如图 1-12（b）所示。压力从膜盒固定端的进气口进入，使膜盒产生膨胀变形，带动它的自由端产生直线位移，并传递到齿轮，齿轮上的指针指示出压力的数值，膜盒的被测压力上限约为 10 MPa。

（3）波纹管：是一种表面上有许多同心环波形皱纹的薄壁圆管。它的一端与被测压力相通，另一端密封，如图 1-12（c）所示。波纹管在压力作用下将产生直线伸长或缩短，利用这个特性，可以把压力变换成位移，它的被测压力上限较低，约为 1 MPa。

（4）弹簧管：又称波登管，是由不锈钢等材料弯成扁平的 C 形空心管子，它一端固定、一端自由，如图 1-12（d）所示。压力通过弹簧管的固定端导入弹簧管的内腔，弹簧管的另一端（自由端）密封，并借助铰链与压力表的齿轮及指针相连。当压力从弹簧管的固定端进入弹簧管后，弹簧管被抻直，通过杠杆、齿轮等传动机构，带动指针摆动。C 形弹簧管的过载能力较强，常用作测量较大压力的弹性敏感元件，被测压力上限约为 100 MPa。弹簧管式压力表的结构如图 15-4 所示，它可以测量正压力，也可以测量真空度。

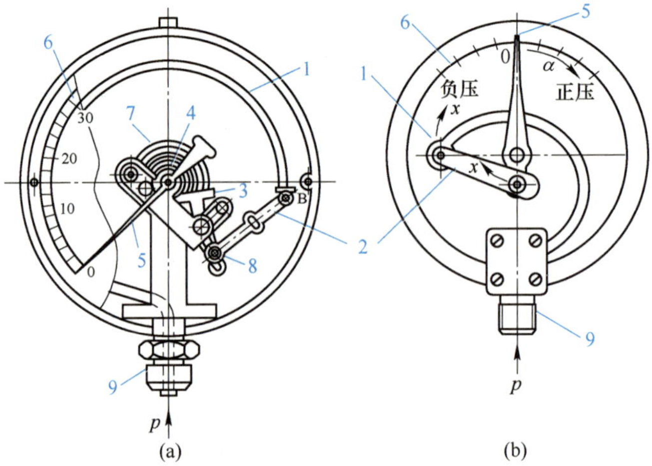

图 15-4 弹簧管式压力表

（a）部分剖面图；（b）原理示意图

1—弹簧管；2—杠杆；3—扇形齿轮；4—中心齿轮；5—指针；6—面板刻度；7—游丝；8—灵敏度（位移放大倍数）调整螺丝；9—压力接头

为了实现压力报警，可以在弹簧管式压力表上增加触点机构。在表盘上安装两个可调节角度位置的电极，称为高限静触点和低限静触点，分别对应于被测压力的高限和低限，就组成弹簧管电接点式压力表，可用作电气发信设备，给控制系统发出压力高、低限连锁信号。弹簧管电接点式压力表如图 15-5 所示（触点的自保、互锁电路未画出）。

当压力从零开始增大时，压力表的指针顺时针旋转，到某一压力值时，指针上的动触点接触到低限静触点，绿灯亮，发出低限报警，此时压力回路继续增压；当指针上的动触点接触到高限静触点时，红灯亮，并给压力控制回路一个高限报警信号，控制系统切断压力回路电源，压力逐渐下降，压力表指针逆时针退回；当指针上的动触点再次接触到低限静触点时，绿灯亮，并给控制回路一个低限报警信号，压力回路电源重新接通，压力再次上升，如此循环，将压力保持在高、低限静触点给出的压力范围内，从而实现压力控制。根据需要的压力数值，可以用绝缘螺丝刀调节高、低限静触点的位置。由于在电接点式压力表的触点分离和接通的瞬间会产生电火花或电弧，故不适用于防爆场合。

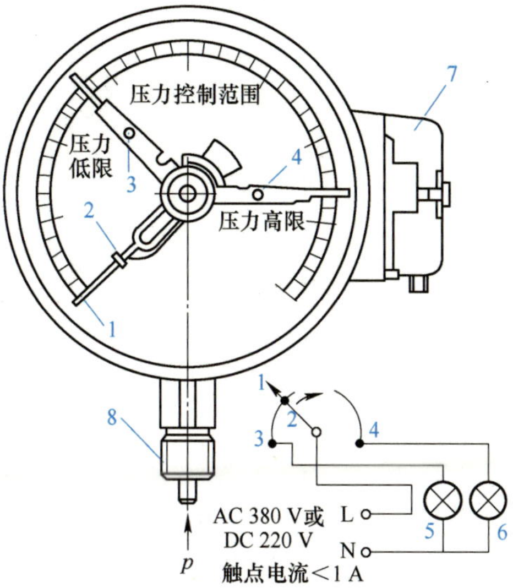

图 15-5 弹簧管电接点式压力表

1—指针；2—动触点；3—低限静触点；4—高限静触点；5—绿灯；6—红灯；7—接线盒；8—压力接头

15.2.3 电测式压力传感器

利用压力敏感元件将压力的变化转换为电阻、电感、电容等电量的变化，再经过信号调理电路，转换为电压、电流或频率信号。这一类传感器有压阻式压力传感器、电容式和应变式压力传感器、霍尔式压力传感器、谐振式硅微结构压力传感器等，它们的主要特点是既可以就地显示，也可以测量远程压力信号。

15.2.3.1 应变式压力传感器

应变式压力传感器由电阻应变片和测量电路组成。图 15-6 为一种应变式压力传感器的工作原理图，应变筒 1 的上端与外壳 2 固定在一起，下端与不锈钢密封膜片 3 紧密接触，两片锰白铜（康铜）丝应变片 R_1 和 R_2 用特殊胶合剂贴紧在应变筒的外壁。R_1 沿应变筒轴向贴放，R_2 沿径向贴放。应变片与筒体之间不发生相对滑动，并且保持电气绝缘。当被测压力 p 作用于膜片而使应变筒做轴向受压变形时，沿轴向贴放的应变片 R_1 也将产生轴向压缩应变 ε_1，于是 R_1 的电阻值减小；而沿径向贴放的应变片 R_2，由于本身受到横向压缩将引起纵向拉伸应变 ε_2，于是 R_2 电阻值增大。但是，由于 ε_2 比 ε_1 要小，故实际上 R_1 的减少量将比 R_2 的增大量大。

应变片 R_1 和 R_2 与两个固定电阻 R_3 和 R_4 组成桥式电路，如图 15-6（b）所示。由于 R_1 和 R_2 的阻值变化而使桥路失去平衡，从而获得不平衡电压 ΔU 作为传感器的输出信号。

15.2.3.2 霍尔式压力传感器

霍尔式压力传感器是根据霍尔效应制成的，利用霍尔元件将压力引起的弹性元件的位移转换成霍尔电势，从而实现压力的测量。

将霍尔元件与弹簧管配合，就组成了霍尔式弹簧管压力传感器，如图 15-7 所示。

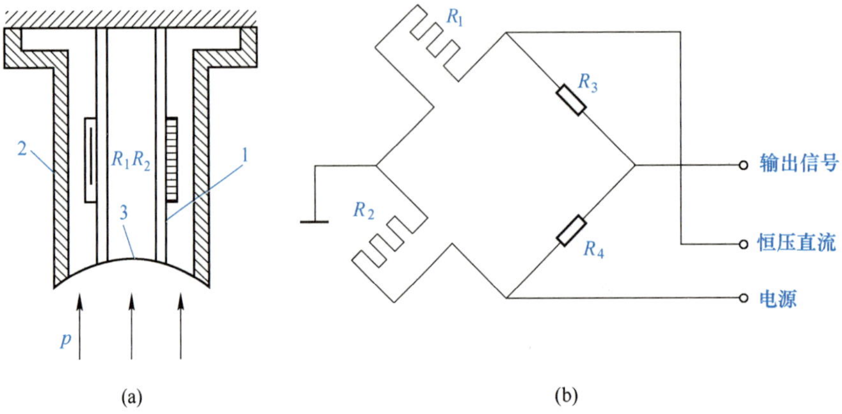

图 15-6 应变式压力传感器的工作原理
（a）传感筒；（b）测量电桥
1—应变筒；2—外壳；3—密封膜片

霍尔磁场由一对马蹄形磁钢产生，右侧的一对磁极的磁场方向指向下，左侧的则指向上，构成一个差动磁场。弹簧管的自由端与霍尔片相连接，当霍尔片居于极靴的中央平衡位置时，穿过霍尔片两侧的磁通量大小相等方向相反，而且是对称的，因此所产生的霍尔电势的代数和为零。当传感器引入被测压力后，弹簧管自由端的位移带动霍尔片偏离平衡位置，霍尔片所产生的两个极性相反的电势大小之和不再为零。由于沿霍尔片偏移方向磁场强度的分布呈线性非均匀状态，故传感器输出的霍尔电势与被测压力呈线性关系（成正比），利用这一霍尔电势（0～20 mV）即可实现远距离显示和自动控制。

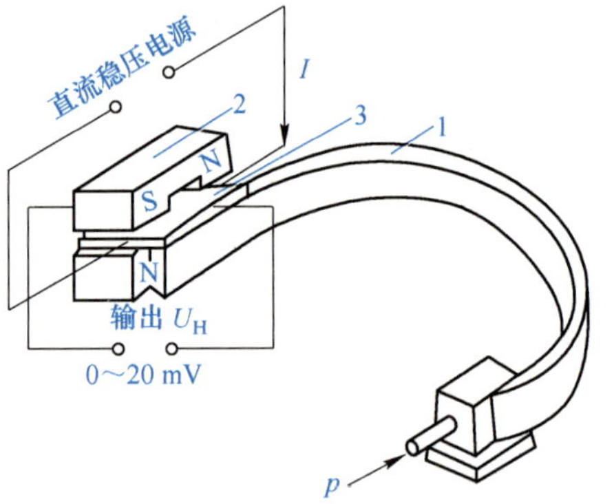

图 15-7 霍尔式弹簧管压力传感器
1—弹簧管；2—磁钢；3—霍尔片

15.3 两线制压力变送器

15.3.1 压力变送器概述

压力变送器是一种能将接收的气体、液体等压力信号转换为可传送的标准化输出信号的仪器。此外，其输出信号与压力之间有一给定的连续函数关系（通常为线性函数）。压力变送器主要用于工业过程压力参数的测量与控制，其中的差压变送器也常用于液位和流量的测量。

压力变送器分类如下：

（1）按工作原理，可分为电容式、压阻式、谐振式（谐振式压力变送器可不经过信号处理电路，直接输出数字脉冲信号等）等；

（2）按接线方式，可分为两线制、三线制、四线制等；

（3）按输出方式，可分为电压输出、电流输出、数字信号输出等；

（4）按压力测量范围，可分为一般压力变送器（0.001～35 MPa）和微压力变送器（0～1.5 kPa）、负压变送器（-100～0 kPa）等；

（5）按准确度等级，可分为高准确度变送器（0.1 级或 0.075 级）和通用变送器（0.5 级）等。

15.3.2 两线制压力（差压）变送器

压力（差压）变送器主要由测压元件（传感器）、信号处理、转换模块电路、就地显示单元、表壳和过程连接件等组成。

以电容式压力（差压）传感器为例，两个大小不同的被测压力 p_1、p_2 通过导压液传送到电容式压力（差压）变送器的两个压力室，并作用在感压元件两侧的隔离膜片上，致使测量膜片产生位移，其位移量与压力之差成正比。

15.3.2.1 一次仪表与二次仪表

变送器安装在检测现场，检测被测介质参数，这种信号采集转换传送装置在工业中被称为一次仪表（一次能量转换），例如热电偶、压力变送器、流量计、液位计等。而接收来自一次仪表的信号，并显示、记录、转换及发送该信号的装置称为二次仪表（二次能量转换），例如显示报警仪、记录仪、调节器等。二次仪表通常安装在控制柜的柜门上。

15.3.2.2 电流输出型仪表

一次仪表的输出信号可以是电压，也可以是电流。由于电流信号不易受干扰，且便于远距离传输（可以不考虑电路压降），所以在一次仪表中多采用电流输出型。

从 DDZ-Ⅲ型电动仪表（24 V 直流电源供电）开始，规定标准电流输出型仪表的输出为 4～20 mA［DDZ-Ⅱ型（220 V 交流电源供电）标准为 0～10 mA］，对应的输出电压为 1～5 V（DDZ-Ⅱ型标准为 0～2 V）。在 4～20 mA 信号制中，4 mA 对应于零输入，20 mA 对应于满度输入。不让信号占有 0～4 mA 的原因：（1）有利于判断电路故障（开路）或仪表故障；（2）这类一次仪表内部均采用微电流集成电路，总的耗电还不到 4 mA，因此，0～4 mA 这一部分“本底”电流还能为一次仪表的内部电路提供工作电流，使一次仪表成为两线制仪表。

15.3.2.3 两线制仪表

两线制仪表与外界的联系只需两根导线，其中一根为电源正极导线（红色），另一根既作为电源负极引线，又作为二次仪表的信号传输线。在信号传输线的末端，通过一只精密的取样电阻（也称负载电阻）接到电源负极，将电流信号转换成电压信号。

两线制仪表的接线方法如图 15-8 所示。图中，若取样电阻 $R_L = 250\ \Omega$，则对应于

4~20 mA 的输出电压 U_o 为 1~5 V，负载电阻的上限受电源电压和传输线路直流电阻的限制。

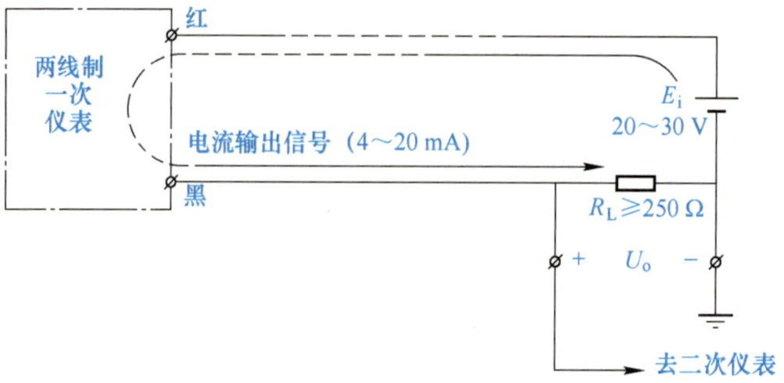

图 15-8 两线制仪表的接线方法

两线制仪表的抗磁场耦合和抗静电耦合干扰能力较强，不一定使用屏蔽线，可以使用双绞线。如果两线制仪表的输出电流为 0 mA，则可判断传输线开路或仪表损坏。

例 15-1 某两线制电流输出型压力变送器的产品说明书注明量程范围为0~200 kPa，对应的输出电流为 4~20 mA。求：当测得输出电流 $I=12$ mA 时的被测压力 p。

解：该仪表说明书未说明线性度，可以默认输出电流与被测压力之间为线性关系，即 I 与 p 的数学关系为一次方程，所以有：

$$I = a_0 + a_1 p \tag{15-5}$$

式中 a_0，a_1——待求常数。

当 $p=0$ 时，$a_0=4$ mA。

当 $p=200$ kPa 时，$I=20$ mA，代入式（15-5）得 $a_1=0.08$ mA/kPa，故该压力变送器的输出、输入方程为：$I=4\ \text{mA}+0.08\ (\text{mA/kPa})p$。将 $I=12$ mA 代入得：

$$p = (I - a_0)/a_1 = (12\ \text{mA} - 4\ \text{mA})/(0.08\ \text{mA/kPa}) = 100\ \text{kPa}$$

可见，输出电流为 10 mA 时的压力并不是满量程的一半（100 kPa），而是75 kPa。两线制电流输出型压力变送器的电流-压力特性曲线如图 15-9 所示，也可用作图法来得到 p 与 I 的对应关系。

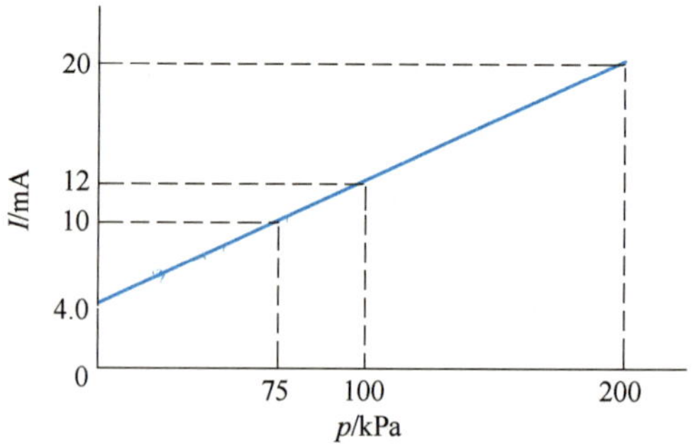

图 15-9 两线制电流输出型压力变送器的特性曲线

例 15-2 某两线制电流输出型绝对压力(p_{abs}) 变送器的量程为 40~250 kPa，零点和量程均已校准，若将取压口向大气敞开，求：此时的输出电流 I 大约为多少毫安?

解：该仪表输入 40 kPa 的绝对压力时，输出为 4 mA；输入 250 kPa 的绝对压力时，输出为 20 mA。设大气压的绝对压力 $p_{大气} \approx 100$ kPa，则此时输出电流与（$p_{大气}-p_{min}$）成正比：

$$I = 4\ \text{mA} + (20\ \text{mA} - 4\ \text{mA}) \times \left(\frac{p_{大气} - p_{abs,\ min}}{p_{abs,\ max} - p_{abs,\ min}} \times 100\%\right)$$

$$\approx 4\ \text{mA} + 16\ \text{mA} \times \left(\frac{100\ \text{kPa} - 40\ \text{kPa}}{250\ \text{kPa} - 40\ \text{kPa}} \times 100\%\right) = 8.57\ \text{mA}$$

两线制 4~20 mA 电流输出型仪表的输出必须依靠取样电阻（也称负载电阻），将输出的电流信号转换成电压信号。负载电阻越大，得到的输出电压就越高。在图 15-8 中，若取样电阻 $R_L=250\ \Omega$，则对应于 4~20 mA 的输出电压 U_o 为 1~5 V，负载电阻的上限受电源电压和传输线路直流电阻的限制。

例 15-3 某两线制4~20 mA 电流输出型仪表的电源电压为 24 V，变送器的最低工作电压为 12 V，若传输线路总长为 1 km，传输线直流电阻约为 100 Ω，求：

（1）最大取样负载电阻 R 为多少欧?

（2）若取样电阻 $R=250\ \Omega$ 时，取样电阻两端的最大输出电压 U_{max} 为多少伏?

（3）若取样电阻 $R=250\ \Omega$ 时，在线径不变的情况下，传输线的长度最多为多少米?

解：（1）当电源电压为 24 V、变送器的最低工作电压为 12 V、传输线直流电阻为 100 Ω、变送器的最大输出电流为 20 mA、线路的最大压降为 2 V 时，负载电阻上的最大压降为 10 V，则最大负载电阻 $R_L=10\ \text{V}/20\ \text{mA}=500\ \Omega$。

（2）若取样电阻 $R=250\ \Omega$ 时，电阻两端的最大输出电 $U_{max}=250\ \Omega\times 20\ \text{mA}=5\ \text{V}$。

（3）若取样电阻 $R=250\ \Omega$ 时，传输线允许的最大电阻值为：

$$R_{传输线} = (24\ \text{V} - 12\ \text{V} - 5\ \text{V}) \div 20\ \text{mA} = 350\ \Omega$$

由于 $\dfrac{l_{max}}{350\ \Omega} = \dfrac{1\ \text{km}}{100\ \Omega}$，则传输线的最大长度为：

$$l_{max} = 1\ \text{km} \times \frac{350\ \Omega}{100\ \Omega} = 3.5\ \text{km}$$

15.3.3 智能型压力变送器

15.3.3.1 赫斯曼压力变送器概述

赫斯曼压力变送器如图 15-10 所示，扩散硅压力变送器选用进口高精度、高稳定性压力敏感芯片。敏感芯片采用先进的微机械刻蚀加工工艺，通过在硅片上扩散 4 个高精度电阻，从而形成惠斯通电桥。由于压阻效应，4 个桥臂电阻的阻值发生变化，电桥失衡，敏感元件输出一个对应压力变化的电信号。输出的电信号通过放大和非线性矫正电路的补偿，产生与输入压力成线性对应关系的电压、电流信号。

图 15-10 赫斯曼压力变送器

15.3.3.2 主要特点

（1）结构小巧，安装方便。

（2）先进的膜片、充油隔离技术。

（3）高稳定性，高可靠性。

（4）耐震，抗射频干扰。

（5）316L 不锈钢隔离膜片结构。

（6）高精度、全不锈钢结构。

（7）微型放大器，电压、电流、RS485 信号输出。

（8）抗干扰强，长期稳定性好。

（9）形式结构多样化，安装使用方便。

（10）量程范围宽，可测量绝压、表压和密封参考压力。

（11）抗振动，抗冲击。

15.3.3.3 技术参数

（1）电源：4~20 mA 输出（10~32 V），0~10 V 输出（12~32 V），RS485 输出（8~32 V）。

（2）输出：4~20 mA，1~5 V，0~10 V，0~5 V，RS485。

（3）精度：0.2 级，0.25 级，0.5 级可选。

（4）量程范围：-0.1…0…60 MPa（量程范围不能低于 10 kPa）。

（5）压力类型：表压、绝压、密封压。

（6）补偿温度：-10~70 ℃。

（7）工作温度：-20~85 ℃。

（8）介质温度：-20~85 ℃。

（9）储存温度：-40~85 ℃。

（10）零点输出温度漂移：±0.3%FS/10 ℃。

（11）满量程输出温度漂移：±0.3%FS/10 ℃。

（12）过载压力：0.035~10 MPa（150%FS），10~60 MPa（125%FS）。

（13）长期稳定性：±0.2%FS/年。

（14）响应时间：电流、电压输出型压力≤10 ms（上升到 90%FS），RS485 输出型压力≤100 ms（上升到 90%FS）。

（15）绝缘电阻：20 MΩ/250 V DC。

（16）防护等级：IP65。

（17）负载电阻：$(U-9\ \text{V})/0.02\ \text{A}$，$U$ 为供电电压。

15.3.3.4 电气连接图

（1）两线制电流输出如图 15-11 所示。

（2）三线制电压输出如图 15-12 所示。

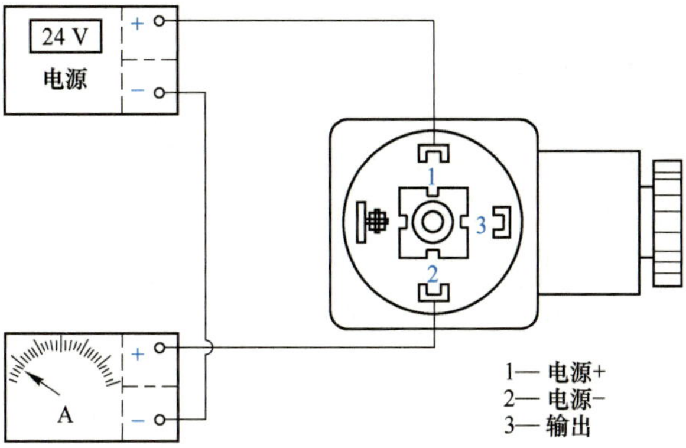

图 15-11　两线制电流输出

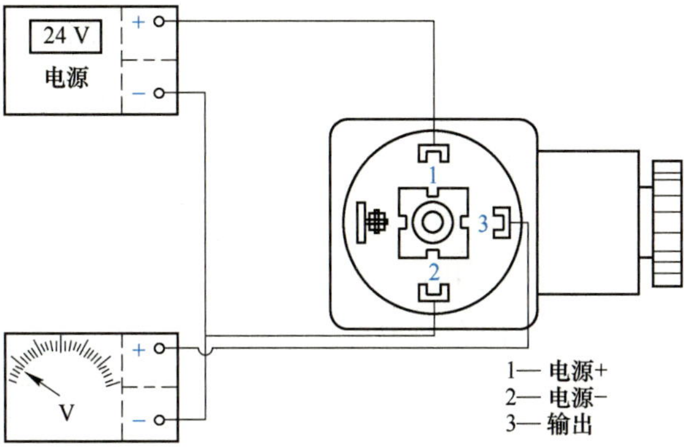

图 15-12　三线制电压输出

（3）RS485 输出如图 15-13 所示。

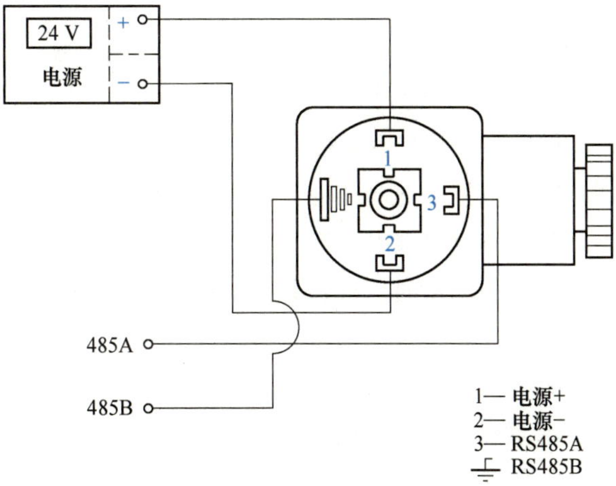

图 15-13　RS485 输出

15.4 力矩平衡式压力变送器

力矩平衡式压力变送器是一种典型的自平衡检测仪表，它利用负反馈的工作原理克服元件材料、加工工艺等不利因素的影响，仪表具有较高的测量精度（一般为0.5级）、工作稳定可靠、线性好、不灵敏区小等优点。

下面以DDZ-Ⅲ型系列为例，其电源由直流24 V供电，输出DC 4～20 mA，两线制，本质安全防爆。图15-14为DDZ-Ⅲ型电动力矩平衡式压力变送器的结构原理。

被测压力p作用在测量膜片1上，通过膜片的有效面积转变成集中力F_i，即有：

$$F_i = Sp \qquad (15\text{-}6)$$

式中 S——膜片的有效面积。

集中力F_i作用在主杠杆3的下端，使主杠杆以密封膜片2的O_1点为支点按顺时针方向偏转。其结果形成力F_1推动矢量机构4沿水平方向移动。矢量机构将水平向右的力F_1分解成连杆6向上的分力F_2和斜向分力F_3。F_2作用于副杠杆7上使其以支点O_2做逆时针方向偏转，使固定在副杠杆上的位移检测片（衔铁）8靠近差动变压器9，因此其气隙减小，从而改变差动变压器一、二次绕组的磁耦合，使差动变压器二次绕组输出电压增加，经低频位移检测放大器11转换成DC 4～20 mA输出电流I_o也增大。输出电流I_o流过反馈线圈10时，在永久磁钢作用下产生电磁反馈力F_f施加于副杠杆7的下端，使副杠杆按顺时针方向偏转。当反馈力F_f与作用力F_2在副杠杆上形成的力矩达到动态平衡时，杠杆系统保持稳定状态，检测放大器的输出电流I_o稳定在某一数值，I_o的大小反映了被测压力p的大小。

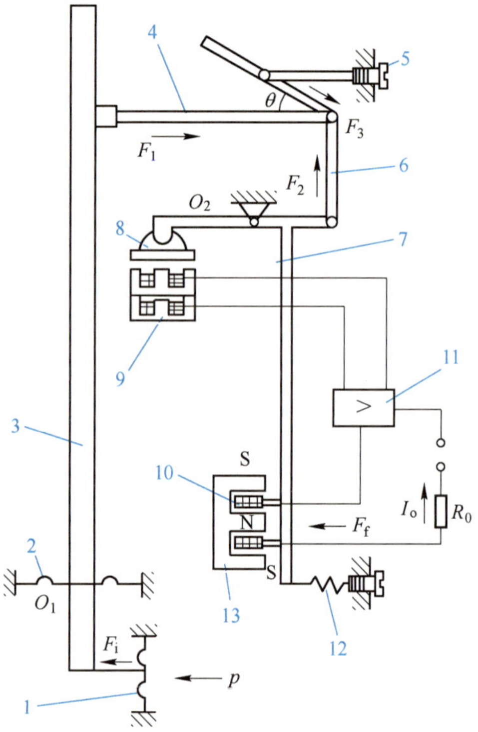

图15-14 DDZ-Ⅲ型电动力矩平衡式压力变送器的结构原理

1—测量膜片；2—密封膜片；3—主杠杆；4—矢量机构；5—量程调整螺钉；6—连杆；7—副杠杆；8—检测片（衔铁）；9—差动变压器；10—反馈线圈；11—低频位移检测放大器；12—调零弹簧；13—永久磁钢

根据以上分析，可画出杠杆、矢量机构的受力图如图15-15所示。

该变送器是按力矩平衡原理工作的。根据主、副杠杆的平衡条件可以推导出被测压力p与输出信号I_o的关系。

当主杠杆平衡时，应有：

$$F_i l_i = F_1 l_1 \qquad (15\text{-}7)$$

式中 l_i，l_1——F_i、F_1 与支点 O_1 的距离。

将式（15-6）代入式（15-7）有：

$$F_1 = \frac{l_i}{l_1}Sp = K_1 p \tag{15-8}$$

式中 K_1——比例系数，$K_1 = \frac{l_i}{l_1}S$。

矢量机构将 F_1 分解为 F_2 与 F_3，有如下关系：

$$F_2 = F_1\tan\theta = K_1 p\tan\theta \tag{15-9}$$

若不考虑调零弹簧 12 在副杠杆上形成的恒定力矩时，电磁反馈力矩应与 F_2 对副杠杆的驱动力矩相平衡，即有：

$$F_2 l_2 = F_f l_f \tag{15-10}$$

式中 l_2，l_f——F_2、电磁反馈力 F_f 与支点 O_2 的距离。

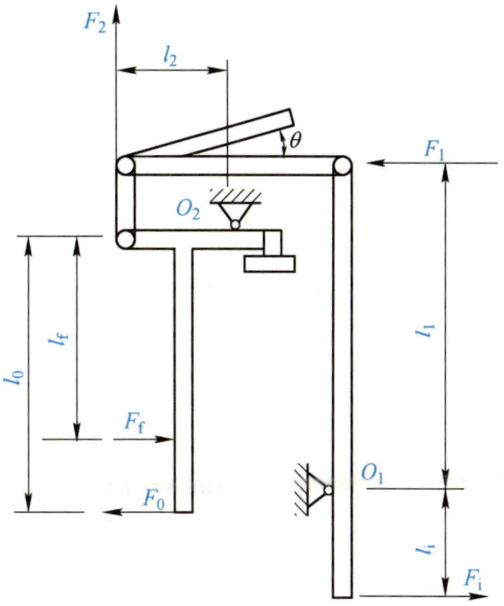

图 15-15 杠杆、矢量机构的受力图

电磁反馈力的大小与通过反馈线圈 10 的电流 I_o 成正比，即有：

$$F_f = K_2 I_o \tag{15-11}$$

式中 K_2——比例系数。

将式（15-11）代入式（15-10）得：

$$F_2 = \frac{l_f}{l_2}K_2 I_o = K_3 I_o \tag{15-12}$$

式中，$K_3 = \frac{l_f}{l_2}K_2$。

联立式（15-9）与式（15-12）得：

$$I_o = Kp\tan\theta \tag{15-13}$$

式中 K——转换比例系数，$K = \frac{K_1}{K_3}$。

当变送器的结构及电磁特征确定后，K 为常数。式（15-13）说明当矢量机构的角度 θ 确定后，变送器的输出电流 I_o 与输入压力 p 成对应关系。

如图 15-14 所示，调节量程调整螺钉 5，可改变矢量机构的夹角 θ，从而能连续改变两杠杆间的传动比，也就是能调整变送器的量程。通常，矢量角 θ 在 $4° \sim 15°$ 调整，$\tan\theta$ 变化约 4 倍，因而相应的量程也可以改变 4 倍。调节调零弹簧 12 的张力，可起到调整零点的作用。

差动变压器副杠杆的位移检测片的微小位移，利用低频位移检测放大器检测，并转换成 DC 4~20 mA 输出。低频位移检测放大器的组成框图如图 15-16 所示。

位移检测片与差动变压器间距离 S 的微小位移 ΔS，经差动变压器转变成其二次侧输

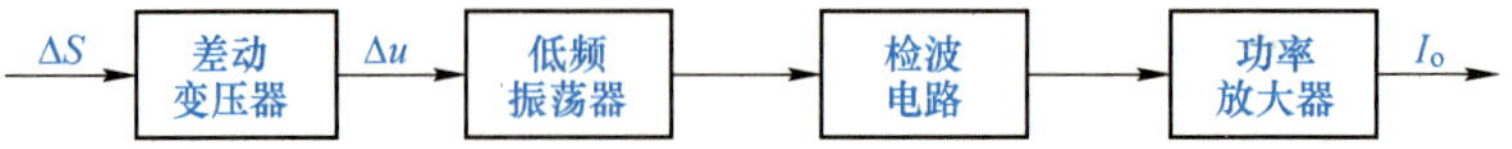

图 15-16 低频位移检测放大器的组成框图

出电压 Δu，差动变压器的有效电感与电容配接组成晶体管低频选频振荡器，并将输入电压 Δu 放大，经检波电路和滤波后成为直流电压，最后经功率放大并转换成DC 4~20 mA输出。

DDZ-Ⅲ型差压变送器的输出电流 I_o 与输入压力成正比关系，因此可将压力变送器等效为一个内阻 R_0 可随输入压力 p 而变化的放大器。R_0 与 DC 24 V 电源和 250 Ω 负载电阻 R_L 组成二线制系统，如图 15-17 所示。

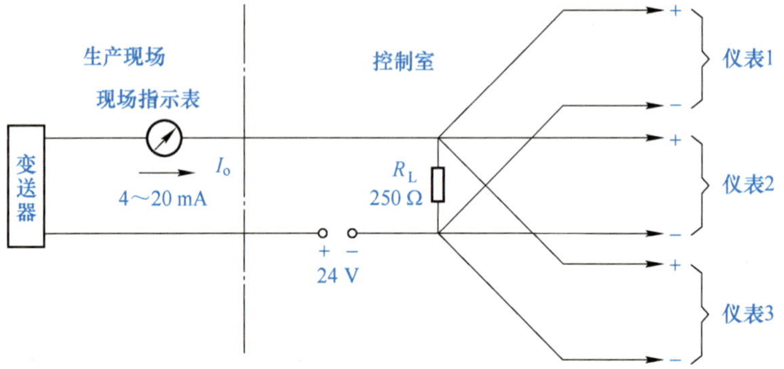

图 15-17 DDZ-Ⅲ型差压变送器的二线制系统

安全火花防爆是 DDZ-Ⅲ型变送器的主要特点之一。实现安全火花性能主要采取了如下措施：一是采用低压 24 V 直流集中供电，限制了打火能量；二是尽可能少用 L、C 储能元件，如确实需要采用储能元件，断电时给储能元件一个放电的通路，并限制储能元件两端的电压；三是采取限压限流措施，限制打火能量，以免超过安全火花的能量。因此，DDZ-Ⅲ型差压变送器与安全栅配合，可用于任何易燃易爆场所，扩大了变送器的适用范围。

15.5 电容式差压（压力）变送器

15.5.1 电容式差压（压力）变送器的结构及其转换电路的原理

电容式差压（压力）变送器是先将差压（压力）转换为电容量的变化，再将电容量的变化转换为标准电流输出。其结构紧凑、电路独特、测量精度高，在工业中得到广泛应用。

图 15-18 为电容式差压变送器的传感部件结构图，被测压力 p_1、p_2 分别加于左右两个

隔离膜片上，通过硅油将压力传送到测量膜片。该测量膜片由弹性温度稳定性好的平板金属薄片制成，作为差动可变电容的可动电极夹在两个固定电极之间，差动可变电容的两个固定电极是两边球形凹面玻璃杯体上的金属镀膜。在两边压力差的作用下，中心测量膜片向一边鼓起，它与两个固定电极间的电容量一个增大、一个减小，通过引出线将这两个电容引出，测出电容的变化便可知道差压的数值。

动画 电容式压力传感器（膜片）

电容式差压变送器的结构对膜片的过载保护非常有利。在过大的差压出现时，变形的测量膜片自然地贴到球形凹面上，不会过量变形，因而过载后恢复特性非常好。被测介质不直接接触测量膜片，而用隔离膜片隔离，隔离膜片与测量膜片之间充以硅油传递压力。图 15-18 中隔离膜片是波纹状的，在过载时也紧贴在波纹状的底座上得到保护。

差动电容与被测压差之间的关系如下：设测量膜片在差压 Δp 的作用下变形，其中心移动距离为 Δd，如图 15-19 所示。由于位移很小，可近似认为两者呈线性比例关系，即有：

$$\Delta d = K_1 \Delta p = K_1 (p_1 - p_2) \tag{15-14}$$

式中 K_1——比例常数。

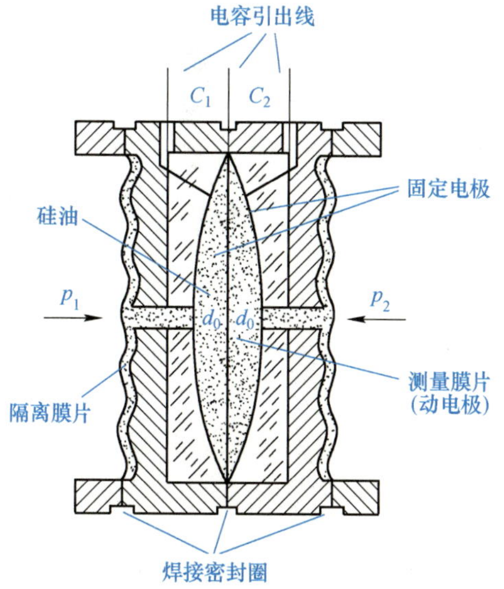

图 15-18 电容式差压变送器的传感部件结构图

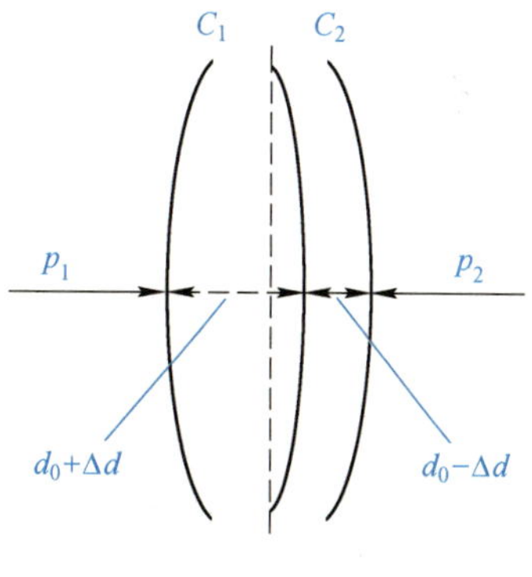

图 15-19 差动电容原理示意图

这样，可动极板（测量膜片）与左右固定极板间的距离由原来的 d_0 分别变为（$d_0+\Delta d$）和（$d_0-\Delta d$）。

借用平行板电容的公式，两个电容 C_1、C_2 可分别写成：

$$C_1 = \frac{K_2}{d_0 + \Delta d} \tag{15-15}$$

$$C_2 = \frac{K_2}{d_0 - \Delta d} \tag{15-16}$$

式中 K_2——由电容器极板面积和介质介电系数决定的常数。

联立并解关系式（15-15）和式（15-16），可得出差压 Δp 与差动电容 C_1、C_2 的关系如下：

$$\frac{C_2 - C_1}{C_2 + C_1} = \frac{\Delta d}{d_0} = \frac{K_1 \Delta p}{d_0} = K_3 \Delta p \tag{15-17}$$

式中 K_3——综合常数，$K_3 = K_1/d_0$。

由式（15-17）可知，该变送器测量电路的任务是将（C_2-C_1）对（C_2+C_1）的比值转换为电压或电流。实现这一转换的方法很多，图 15-20 是一种测量充放电电流的方法。

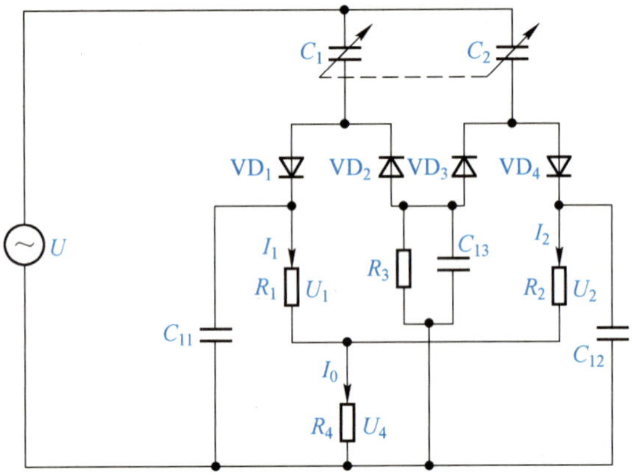

图 15-20 电容式差压变送器的测量电路

正弦波电压 U 加于差动电容 C_1、C_2 上，若回路阻抗 $R_1 \sim R_4$ 都比 C_1、C_2 的阻抗小得多，则由图 15-20 中可写出：

$$I_1 = I_0 \frac{C_1}{C_1 + C_2} \tag{15-18}$$

$$I_2 = I_0 \frac{C_2}{C_1 + C_2} \tag{15-19}$$

$$I_0 = I_1 + I_2 \tag{15-20}$$

式中 I_0，I_1，I_2——经二极管半波整流后的电流平均值。

令 U_1、U_2、U_4 分别表示 R_1、R_2、R_4 上的压降，即：$U_1=I_1R_1$，$U_2=I_2R_2$，$U_4=I_0R_4$，则可得：

$$\frac{U_2 - U_1}{U_4} = \frac{C_2R_2 - C_1R_1}{(C_1 + C_2)R_4} \tag{15-21}$$

若取 $R_1=R_2=R_4$，则式（15-21）可转化为：

$$\frac{U_2 - U_1}{U_4} = \frac{C_2 - C_1}{C_2 + C_1} \tag{15-22}$$

代入式（15-17），可得：

$$\frac{U_2 - U_1}{U_4} = K_3 \Delta p \qquad (15\text{-}23)$$

从式（15-23）可知，若 U_4 保持不变，只要测出 U_2-U_1 就可得知差压 Δp 的大小。

实际的 1151 电容式差压变送器的电路原理如图 15-21 所示。在电路中，用负反馈自动改变测量电路激励电压 U 的幅度，使差动电容 C_1、C_2 变化时，流过它们的半波电流 I_1、I_2 之和 I_0 恒定，即保持 U_4 恒定。这样测出 R_1、R_2 上的电位差，便可测知 Δp 的大小。

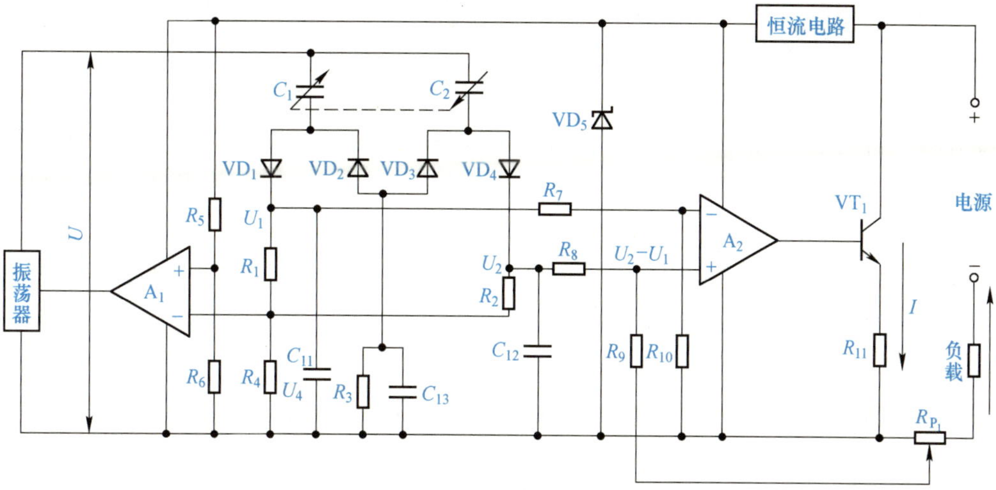

图 15-21　1151 电容式差压变送器的电路原理

图 15-21 中，运算放大器 A_1 作为振荡器的电源供给，可用来调节振荡器输出电压 U_1 的幅度，通过负反馈，保证 R_4 两端的电压恒定。放大器 A_2 的输入端分别引入 R_1、R_2 上的电位，是差分比例运算电路，实现 U_2-U_1，并通过电位器 R_{P1} 引入输出电流的负反馈，调节 R_{P1} 可改变变送器的量程。此变送器是两线制变送器，图 15-21 中晶体管 VT_1 之前的电路工作电流由恒流电路供给，维持变送器工作的基本消耗电流约为 4 mA，而流过晶体管 VT_1 的电流则随被测差压的大小作线性变化，使输出电流随被测差压的大小在 4~20 mA 内变化。

15.5.2 电容式差压（压力）变送器的使用

电容式差压（压力）变送器的分辨力非常高，静态精度和动态特性好，结构简单，适应性强，广泛应用于工业生产中的差压、绝对压力和表压的检测，开口容器或受压容器内液体的液位检测，以及配套节流装置中液体、气体和蒸气的流量检测等。由于电容式差压变送器的优异特点和应用的广泛性，使它正在取代过去使用较多的膜片式、膜盒式、波纹管式及力平衡式压力传感器和变送器。

在应用电容式差压变送器时，要根据需要进行适当调整，以达到尽量高的准确度。

（1）量程调整和零点迁移。迁移量不能无限地增加，它受到以下两方面的约束：1）不能迁移到超过最大测量上限的绝对值及最大量程。例如，某种变送器的最大测量上限及最大量程均为 40 kPa，因此不能将变送器迁移到 32～42 kPa，而只能迁移到 32～40 kPa。负迁移也是如此，不能迁移到－42～－32 kPa，而只能迁移到－40～－32 kPa 或－40～－30 kPa。另外，也不能迁移到－40～10 kPa，而只能迁移到－40～0 kPa 或－30～10 kPa。2）量程不应压缩到允许最小量程以下，例如，规格为 0～6 kPa、0～40 kPa 的变送器允许最小量程为 6 kPa，因此不要将变送器迁移到 35～40 kPa，而应改为 34～40 kPa。

（2）线性度和阻尼的调整方法如下：

1）线性度调整。为了使变送器的输入、输出特性达到高度的线性，因此在放大器电路板焊接面上，还备有线性调节电位器。

通常情况下，线性度调整工作已在变送器出厂时完成，一般不必进行调节。如有必要（需要在某一特定范围内改善线性），而且条件具备时（校正时需要高精度的标准仪表），也可进行，但必须按规程进行调整。

2）阻尼调整。变送器的放大器电路板上有阻尼调节电位器，在变送器出厂校验时，已经将阻尼调节电位器逆时针旋到底（阻尼时间约 0.2 s），即阻尼最小位置。

由于变送器标定不受阻尼调节的影响，阻尼调节可在变送器安装好以后进行，需要调节阻尼时可顺时针方向转动阻尼调节电位器。

所谓阻尼时间是指变送器的输出随被测压力变化的反应速度，一般电容式差压变送器的最大阻尼时间常数大于等于 1.67 s。

注意：调节阻尼时可用小旋具插入调节孔，当顺时针方向旋转时，其阻尼时间将增大，但当旋到底时不可用力再拧，以免损坏电位器。

15.6 压力检测仪表的选择

压力检测仪表（包括压力传感器、变送器）的选择，要根据生产过程要求的工艺指标，如压力的大小、允许误差、介质的性质等因素，结合各类检测仪表的特点，本着经济、合理的原则选择仪表的类型、测量范围和准确度等级。

15.6.1 仪表类型的选择

压力检测仪表类型的选择主要从被测介质的性质、对仪表输出信号的要求及使用环境条件三方面综合考虑。

（1）考虑被测介质的性质。被测介质的性质包括温度、黏度、腐蚀性、易燃易爆性、脏污程度等，对于没有腐蚀性的水、汽、油等介质，可选用普通测压仪表；对于腐蚀性强的介质，选择耐腐蚀（耐酸、耐硫）测压仪表。对于炔、稀、氨及含氨介质，应该选择氨用测压仪表；对于氧气应选择氧气测压仪表。对于黏稠、易凝、易结晶的介质，宜选用法兰式结构的压力传感器或变送器等。

（2）考虑对仪表输出信号的要求。对于只需要就地观察压力变化情况，应选用弹簧管压力表等直接指示型压力检测仪表；如需要将压力检测信号传送到控制室或其他电动显示仪表，应选用可以远传的压力传感器；如果需要输出标准信号，应选用压力变送器。

（3）考虑使用环境。环境条件包括环境温度、湿度、爆炸性、腐蚀性及振动等因素，对于易燃易爆环境，应该选择隔爆型或安全防爆型压力检测仪表；对于环境温度特别高或特别低的环境，应该选择温度系数小的敏感元件和转换元件构成的测压仪表；对于振动较大的环境，应选用抗振性能好的测压仪表。

对于差压检测，选用的差压仪表要考虑高、低压侧的实际工作压力，即静压力，仪表能够承受的静压力应该是实际压力的 1.5~2 倍，以确保仪表的安全。

15.6.2 仪表测量范围的选择

压力检测仪表测量范围的选择，一方面要保证仪表在安全范围内工作，另一方面要考虑被测压力可能发生异常的超压情形，因此对仪表测量范围的选择要留有余地。但是，仪表的量程又不宜过大，否则在满足同一允许误差要求时，需要选择更高准确度等级的测压仪表而不经济。

15.6.2.1 测量范围的选择原则

根据国家相关规定，检测比较稳定的压力时，最大工作压力不应超过仪表满量程的 2/3；检测波动较大（例如往复泵出口）或脉动压力时，最大工作压力不应超过仪表满量程的 1/2，否则易产生弹性后效；检测高压（10 MPa 以上）时，最大工作压力不应超过仪表满量程的 3/5。为了保证仪表输入输出之间的线性关系，保证测量准确度和灵敏度，一般被测压力的最小工作压力不应低于仪表满量程的 1/3，否则将增加测量误差。在最大工作压力和最小工作压力不能同时满足上述要求时，仪表测量范围应首先满足最大工作压力条件。

例 15-4 如果某压力容器最大压力为6 MPa，允许最大绝对误差为±200 kPa。求：

（1）若选用量程为 0~16 MPa、准确度为 1.5 级的压力表进行测量，能否符合误差要求？

（2）若改为测量范围为 0~10 MPa、准确度为 1.5 级的压力表，是否允许采用？试说明其理由。

解：（1）对于测量范围为 0~16 MPa、准确度为 1.5 级的压力表，允许的最大绝对误差为 16 MPa×1.5%=0.24 MPa=240 kPa。因为此数值超过了工艺上允许的最大绝对误差数值（200 kPa），所以该压力表是不合格的。

（2）对于测量范围为 0~10 MPa、准确度为 1.5 级的压力表，允许的最大绝对误差为 10 MPa×1.5%=0.15 MPa。因为此数值的绝对值小于该工艺允许的最大绝对误差，故允许采用。

结论：选择量程很大的仪表来测量很小的参数是不合适的。

例 15-5 某一压力容器的压力波动较小，正常工作压力为 10 MPa 左右。现要求示值相对误差不大于 1.5%，试确定：

（1）压力表的量程；

（2）压力表的准确度等级。

解：（1）设压力表的量程为 M，$p=10$ MPa，则有以下不等式方程：

$$p < M \times 2/3，且\, p > M \times 1/3 \tag{15-24}$$

解此不等式方程得：$M>15$ MPa，且 $M<30$ MPa，因此选择量程为 0~20 MPa 的压力表。

（2）由题意可知，可能产生的最大绝对误差与示值相对误差的关系为 $\Delta_m=10\ \text{MPa}\times 1.5\%=0.15$ MPa，根据式（1-5），要求所选压力表的最大引用误差为：

$$\gamma_m < \frac{\Delta_m}{A_{max}-A_{min}} = \frac{0.15}{20-0} \times 100\% = 0.75\%$$

按照表 1-1 的准确度等级，选取 0.5 级压力表。

如果最小量程与最大量程的差距太大，准确度将降低。为了合理地选择量程，工程中提出了量程比的概念。量程比用于最小量程与最大量程的差距太大的场合，量程比越大适用范围越广，仪表的通用性越强，也就是说仪表的互换性好，只要简单地将量程进行一下调整就可以了。

量程比是指最大测量范围（URV）与最小测量范围（LRV）之比。智能压力传感器（也称智能变送器）的量程比较大，可达 40~400。量程比越大，实际测量时的准确度 δ 就越低，当仪表的准确度降低 40%（准确度值升高 2.5 倍）时的量程比，称为可用量程比，即有：

$$\delta = \pm\left(0.05 + 0.005 \times \frac{最大量程}{使用量程}\right)\% = \pm\left(0.05 + 0.005 \times \frac{URV}{LRV}\right)\% \tag{15-25}$$

在选择仪表时，仪表的技术参数里一般包含量程比这个指标，量程比越大，测量的范围越宽，但并不是量程比越大仪表的性能就越好，这里还有一个使用量程的概念。例如，一个测量范围为 0~250 kPa 的压力变送器，当实际测量的压力为 60 kPa 时，选择的量程应为 0~100 kPa，这个量程就是使用量程。如果这个压力变送器的量程比是 10∶1，意味着在保证这个压力变送器精度（例如：标称精度是 0.1%）的情况下，能够选择的最小使用量程为 25 kPa，使用量程小于这个量程，则仪表的精度会下降，而不能达到 0.1%；而使用量程为 25~250 kPa，仪表的精度都能够保证。所以使用量程和最大量程不能相差太大，否则仪表精度会下降。

例 15-6 设某智能差压变送器的最大量程为1 MPa，当使用量程等于变送器最大量程的 1/10 时，仪表的准确度仍然能达到±0.1%。若小于最大量程的 1/10，则仪表的准确度可用式（15-25）计算，求：

（1）当准确度降低到±0.1%×2.5 时的可用量程比；

（2）最小量程 LRV 为多少千帕？

解：（1）当用户选择较小的量程，并使准确度降低到±0.1%×2.5 时，可用量程比与准确度之间有以下关系：$\pm 0.25\% = \pm\left(0.05 + 0.005 \times \dfrac{\text{最大量程}}{\text{使用量程}}\right)\%$，则此时的可用量程比 $= \dfrac{URV}{LRV} = 40$。

（2）最小量程 $LRV = \dfrac{URV}{40} = \dfrac{1\ \text{MPa}}{40} = 25\ \text{kPa}$。

由上述计算可知，在选择仪表时，实际量程应尽量接近仪表的最大量程，否则会引起准确度降级。

15.6.2.2 测量范围的确定

根据被测压力的最大工作压力，依据上述原则计算仪表的上限值，但是不能以计算值直接作为仪表的上限值，必须在国家规定生产的标准系列中选取，一般所选仪表的上限值大于（最接近）或等于计算的上限值。选择仪表的测量范围后，一般要满足最小工作压力不低于仪表量程的 1/3 要求。

目前我国生产的压力（差压）检测仪表测量范围的规定系列有：−0.1～0 MPa，−0.1～0.06 MPa，0～0.15 MPa；（0～1.0、1.6、2.5、4.0、6.0）$\times 10^n$ kPa（n 为整数或零），选择时可查阅生产厂家的产品目录。

15.6.3 仪表准确度等级的选择

（1）准确度等级的选择原则。压力检测仪表准确度等级的选择主要根据生产过程中允许的最大绝对误差来确定，即仪表的基本误差应不超过被测压力允许的最大绝对误差。在确定仪表准确度等级时要考虑经济性，不必盲目追求高准确度。一般在满足生产要求的情况下，尽可能选用准确度等级低、价廉耐用的测压仪表，以免造成不必要的投资浪费。

（2）准确度等级的确定。根据生产过程中允许的最大绝对误差和已经选定仪表的测量范围，计算出仪表允许的最大引用误差，在国家规定的准确度等级系列中确定仪表的准确度等级。所选仪表准确度等级加上“±”“%”符号后，应小于（最接近）或等于工艺允许的最大引用误差。

例 15-7 有一压力容器，工作压力比较平稳，其范围为 0.4～0.6 MPa。要求选用弹簧管压力表，测量误差不大于被测压力的 4%，试确定仪表的测量范围和准确度等级。

解：（1）由题意可知被测压力比较平稳，设弹簧管压力表的上限值为 p_1，根据最大工作压力条件应该满足：

$$p_{\max} \leqslant \frac{2}{3}p_1,\quad \text{则}\ p_1 \geqslant \frac{3}{2}p_{\max} = \frac{3}{2} \times 0.6 = 0.9\ \text{MPa}$$

根据仪表的测量范围系列可选 0～1.0 MPa，此时仪表的量程为 1.0 MPa，最小工作压力为：

$$p_{\min} = 0.4 > \frac{1}{3}\ \text{MPa}$$

满足最小工作压力的条件，因此选择 0~1.0 MPa 的弹簧管压力表。

（2）由题意可知，被测压力允许的最大绝对误差为：

$$\Delta_{max} = \pm 0.4\ \text{MPa} \times 4\% = \pm 0.016\ \text{MPa}$$

要求所选仪表的最大引用误差为：

$$\delta_{max} = \pm \frac{0.016}{1.0 - 0} \times 100\% = \pm 1.6\%$$

根据仪表准确度等级系列，可选 1.5 级的压力表。该仪表的基本误差为±(1.0×1.5%) MPa=±0.015 MPa，小于工艺允许的最大绝对误差±0.016 MPa，满足工艺要求。

因此，选择 0~1.0 MPa、1.5 级的弹簧管压力表。

例 15-8 某一反应器的最大工作压力为0.6 MPa，允许的最大绝对误差为±0.02 MPa。现用测量范围为 0~1.6 MPa、准确度等级为 1.5 级的压力检测仪表进行测量，问能否满足工艺上的误差要求？若采用一只测量范围为 0~1.0 MPa，准确度等级为 1.5 级的压力表，问能否符合误差要求？说明理由。

解：（1）对于测量范围 0~1.6 MPa、1.5 级的测压仪表，基本误差为：

$$\Delta = \pm 1.6\ \text{MPa} \times 1.5\% = \pm 0.024\ \text{MPa}$$

超过了工艺上允许的最大绝对误差，故不符合工艺上的误差要求。

（2）对于测量范围 0~1.0 MPa、1.5 级的测压仪表，基本误差为：

$$\Delta = \pm 1.0\ \text{MPa} \times 1.5\% = \pm 0.015\ \text{MPa}$$

显然，满足工艺上允许的最大绝对误差要求。

例 15-9 有一压力容器，在正常工作时压力稳定，压力变化范围为 0.4~0.6 MPa，要求就地显示即可，且测量误差应不大于被测压力的 5%，试选择压力计并确定该压力计的量程和精度等级。

解：由题意可知，选用弹簧管压力计即可。设弹簧管压力计的量程为 A，由于被测压力比较稳定，根据最大工作压力有：

$$0.6\ \text{MPa} \leqslant \frac{2A}{3},\quad A \geqslant 0.9\ \text{MPa}$$

根据最小工作压力有：

$$0.4\ \text{MPa} \geqslant \frac{A}{3},\quad A \leqslant 1.2\ \text{MPa}$$

根据压力计的量程系列，可选量程范围为 0~1.0 MPa 的弹簧管压力计。

该压力计的最大允许误差为：

$$r_{max} < \frac{0.6 \times 5\%}{1.0 - 0} \times 100\% = 3.0\%$$

按照压力计的精度等级，应选用 2.5 级的压力计。

综上分析，应选精度等级为 2.5 级、量程为 0~1.0 MPa 的弹簧管压力计。

15.7 压力计的校验

仪表使用前或使用一段时间后，都需要进行校验，检查准确度是否符合规定。如果误差超过规定的数值，就应对该仪表进行检修。

校验就是给被校压力表与标准压力表通以相同的压力，比较它们的指示数值。在标准表量程等于被校表量程的情况下，所选用标准表的绝对误差一般应小于被校仪表绝对误差的1/3，此时被校仪表的误差就可以忽略不计，可以认为标准表的读数就是真实值。如果被校仪表的绝对误差小于允许绝对误差，则认为被校仪表准确度合格。

例15-10 设被校验压力表A的最大量程为1 MPa，准确度等级$S=1.5$级，现有三块标准表可供校验选择，它们的最大量和准确度等级：B表为1.6 MPa、0.5级，C表为1.6 MPa、0.2级，D表为4.0 MPa、0.2级。请确定哪一块标准表较为合适？

解：按校验规程，标准表的最大绝对误差不应超过被校验表的最大绝对误差（Δ_{maxA}）的1/3（5.0 kPa）。

被校验A表的最大绝对误差：$\Delta_{maxA}=A_{maxA}\Delta_A=1\ \text{MPa}\times1.5\%=15.0\ \text{kPa}$

B表的最大绝对误差：$\Delta_{maxB}=A_{maxB}S_B=1.6\ \text{MPa}\times0.5\%=8\ \text{kPa}>\Delta_{maxA}/3$

C表的最大绝对误差：$\Delta_{maxC}=A_{maxC}S_C=1.6\ \text{MPa}\times0.2\%=3.2\ \text{kPa}<\Delta_{maxA}/3$

D表的最大绝对误差：$\Delta_{maxD}=A_{maxD}S_D=4.0\ \text{MPa}\times0.2\%=8\ \text{kPa}>\Delta_{maxA}/3$

由上述计算可知，标准表C适合于校验压力表A。

15.8 压力检测仪表在轧钢加热炉的应用

压力检测在加热炉的使用范围比较广，可以测量各种介质的压力、流量，数值通过远传到PLC中，通过上位机画面直观地反馈给岗位操作人员进行指导工艺操作、报警提醒，维护人员可以通过微机上的历史纪录进行故障分析等。本节从压力检测仪表在加热炉中的应用场景、选型要求、安装要求、使用方法、常见故障排查和处理等几个方面介绍。

压力检测在加热炉应用主要有两类压力仪表，分别是弹簧压力表、差压（压力）变送器，它们分别是机械类仪表和电子式仪表的代表。

15.8.1 弹簧压力表

15.8.1.1 应用场景

（1）普通弹簧压力表：主要用在汽包给水管道、步进梁循环泵管道、储气罐、汽包本体等，压力表数值就地显示，便于操作岗位人员和维护人员现场读取数据用来工艺操作调整。

（2）耐震弹簧压力表：主要用于液压泵站管道出口压力检测、煤气三通阀油杯压力检测，便于操作岗位人员和维护人员现场读取数据用来工艺操作调整。

15.8.1.2 选型和安装

（1）现场环境振动大的地方优先选用耐震压力表；安装空间允许的情况下压力表的表盘直径大些好，压力表量程大于被检测介质最大压力20%即可，这样压力表便于数据读取并且测量精度也较高。

（2）压力表在检测高温高压介质时需要在取压阀门和压力表之间增加缓冲管，用来减缓压力振动和冷凝高温高压介质，像汽包的压力检测和步进梁循环泵压力检测均这么使用。

（3）压力表在检测高温高压介质时需要配备三通旋塞阀门，以便在线能安全更换压力表，比如检测汽包压力的仪表阀门长期承受0.6 MPa以上的压力，一旦因为阀门关闭不严进行作业将会造成严重人身伤害和生产事故；对于常温低压力检测介质选用球阀即可，比如检测高炉煤气管道的压力，平时最大压力在20 kPa以下，普通球阀可以满足使用要求。

（4）无论在哪里安装的压力表，一定要配套安装阀门，便于日后的维护、更换以及排查故障。

（5）压力表检定等级一般分为A、B、C三类，压力表投用之前必须经过有资质的检定机构检验合格后才可以投入使用。A类压力表使用在压力容器设备上，必须设置警戒刻度线，检定周期为半年；B类压力表使用在重要设备上，检定周期为一年；C类压力表使用在一般设备上，随时坏随时检定。

15.8.1.3 常见故障和排除方法

（1）压力表指针断裂或者指示不准确，应及时拆卸更换新压力表；

（2）压力表阀门或者缓冲弯泄漏，立即拆卸更换新阀门或者缓冲弯；

（3）压力表漏油，拆卸更换新压力表即可。

总结：总体来说压力表使用方法简单，平时维护更换注意安全。

15.8.2 差压（压力）变送器

15.8.2.1 应用场景

差压变送器主要用来配合一次检测元件一起使用，用来计算流量、液位等。实际应用在加热炉上有以下形式：配合检测空气流量、煤气流量、步进梁水梁流量的标准孔板使用；配合检测煤气总管流量的毕托巴流量计使用，进行压力补偿和差压检测；配合检测汽包液位的双室平衡容器使用。

压力变送器一般用来直接测量被测介质，像检测加热炉炉膛压力，检测各种气体管道压力、水管道压力、蒸汽管道压力、润滑油管道压力等。

15.8.2.2 选型和安装要求

（1）为了保证仪表的安全使用，仪表的量程选择一定要恰当，压力表量程选择过小会损坏仪表、量程选择过大会影响检测精度。

（2）为了保证仪表测量准确和便于维护，多数变送器都配置仪表导压管和放散管，导压管铺设不宜过长，标准是能满足日常维修作业越短越好，否则像步进梁水梁流量的导压管内长期存在蒸汽和水，冬季时保温做不好容易被冻导致仪表数据不准；像高炉煤气压力变送器常安装于室外环境，导压管过长冬季极易结冰；而放散管是为了能排污和维修前的泄压操作。

（3）变送器的安装位置要远离热源，防止环境温度过高引起仪表温漂；变送器的安装要有仪表保温箱，一是用来防尘，二是便于冬季仪表保温。

（4）变送器的数据传输：加热炉的变送器电源均为 DC 24 V，信号输出类型均为 DC 4~20 mA，但是 PLC 模块组态采集数据有两种方式，一种是电流两线传感器，此种方式变送器由 PLC 模块通道直接供电并接收信号；另一种是电流四线传感器，此种方式变送器需要由配电器供电或者外部 DC 24 V 电源供电，实际使用中均使用配电器供电方式，之后经过配电器转换出的 DC 4~20 mA 信号送入 PLC 模块通道。

15.8.2.3 常见故障和排除方法

（1）使用在加热炉煤气管道上的差压变送器，用来测量煤气流量，日常维护最多的问题就是夏季使用时发生的仪表温漂。仪表发生温漂后可以使用专用校表设备的 BT200 进行调零点操作，也可以使用仪表的外部调零旋钮借助万用表进行人工手动调节零点。

（2）使用在加热炉底的步进梁水梁流量差压变送器，用来测量水梁流量，日常维护最多的问题就是冬季使用时发生的导压管被冻，解决措施是导压管加装自限温伴热带，外加防寒毡进行保温。

（3）处理变送器故障时没有及时解除连锁功能导致次生事故，像加热炉使用的高炉煤气压力、空气压力、氮气压力变送器，其数值均与煤气总管快切阀存在连锁，当高炉煤气压力低于 2.5 kPa、空气压力低于 3 kPa、氮气压力低于 0.25 MPa 时均会使安全连锁煤气快切阀切断作业，导致加热炉停炉。因此，在处理此类带有连锁功能的仪表故障前，需要先与岗位操作人员进行沟通，确认是否满足作业条件；确认可以作业后由岗位人员先解除连锁功能再作业，故障处置好后需要及时通知岗位人员恢复连锁功能。

（4）变送器显示数据与现场严重不符合：初次安装使用时 PLC 的 AI 模块量程卡配置要与变送器的供电方式保持一致，量程卡的 2DMU 对应电流两线传感器，量程卡的 4DMU 对应电流四线传感器，同步 PLC 的硬件组态模块通道选择要与硬件量程卡选择完全一致，否则数值将会出现严重偏差。

（5）初次安装变送器使用的电缆一定要选用带屏蔽层的双绞线电缆，并且屏蔽层单端接地，铺设电缆长度不要超过 200 m，这样可以解决导线传输信号的干扰问题。如果新投入的变送器数值晃动不准确，多数是因为传输信号被干扰导致，这时需要检查屏蔽接地是否良好，接地电阻是否小于 4 Ω，故障不能排除可以在 PLC 柜内增加信号隔离器进行排除干扰，如果还不能排除故障要对电缆路径进行重新选择铺设。

总结：总体来说压力（差压）变送器维护简单，稳定性较好，故障率低。

仪表的选型、安装质量和日常维护直接影响仪表的检测精度和后期维护工作的工作量，因此，工作人员在使用仪表时一定要标准把控住每一个细节，在提高仪表精度的同时降低维护工作量。

思考与练习

15-1 某压力表的测量范围为0～10 MPa，精度等级为1.0级。试问此压力表允许的最大绝对误差是多少？若用标准压力计来校验该压力表，在校验点为5 MPa时，标准压力计上读数为5.08 MPa，试问被校压力表在这一点上是否符合1级精度，为什么？

15-2 某压力表的示值为0.2 MPa，试计算该压力表的绝对压力为多少？

15-3 目前在火力发电厂中大量使用1151系列差压（压力）变送器，试说明其结构及原理。

16 物位检测仪表

第16章 课件

素养提升

联系的多样性。

要善于分析和把握事物存在和发展的各种条件，要一切以时间、地点和条件为转移。物位分为液位、料位、界面等，其检测的方法多种多样，我们要善于把握这些物位检测方法的根本原理。

16.1 浮力式液位计

当一个物体浸放在液体中时，液体对它有一个向上的浮力，浮力的大小等于物体所排开的那部分液体的质量。浮子式液位计就是基于液体浮力原理工作的，根据液位计中浮力的不同特点，将液位计分为浮子式和浮筒式两种。通过测量漂浮于被测液面上的浮子（或称浮标）随液面变化而产生的位移来检测液位的液位计称为浮子式（或恒浮力式）液位计；利用沉浸在被测液体中的浮筒（或称沉筒）所受的浮力与液面位置的关系来检测液位的液位计称为浮筒式（或变浮力式）液位计。

浮子式液位计和浮筒式液位计的主要区别在于，浮子式液位计的浮子始终浮在介质上面，并随液位的变化而 1∶1 变化；浮筒式液位计的浮筒则部分沉在介质中，当液位变化时，浮筒的位移极小。

浮力式液位计目前应用比较广泛，其主要优点是不容易受到外界环境的影响；浮子或浮筒直接受浮力推动，比较直观、可靠；结构简单、维修方便等。但是，由于这类液位计具有可动部件，故容易受摩擦作用而影响它的灵敏度和增大误差，而且可动部件易被污垢、锈蚀卡死而影响其可靠性。另外，由于浮筒或浮子要垂直或横伸于容器中，故所占空间较大。

16.1.1 浮子式液位计

浮子式液位计的特点是：它的浮子由于受到液体浮力作用而漂浮于液面上，并随液位的变化而升降，即浮子的位移正确地跟随液位而变化。浮子式液位计中的浮子始终漂浮在液面上，其所受浮力为恒定值。常见的浮子式液位计可分为钢丝绳式浮子液位计、杠杆浮球式液位计和翻板式液位计，下面以钢丝绳式浮子液位计为例来说明浮子式液位计的工作原理。

钢丝绳式浮子液位计的结构如图 16-1 所示。

将浮子用钢丝绳连接并悬挂在滑轮上，钢丝绳的另一端挂有平衡重物及指针，利用浮子重力和所受浮力之差与平衡重物的重力相平衡，使浮子漂浮在液面上，则有：

$$W - F = G \tag{16-1}$$

式中 W——浮子的重力；

F——浮子所受的浮力；

G——平衡重物的重力。

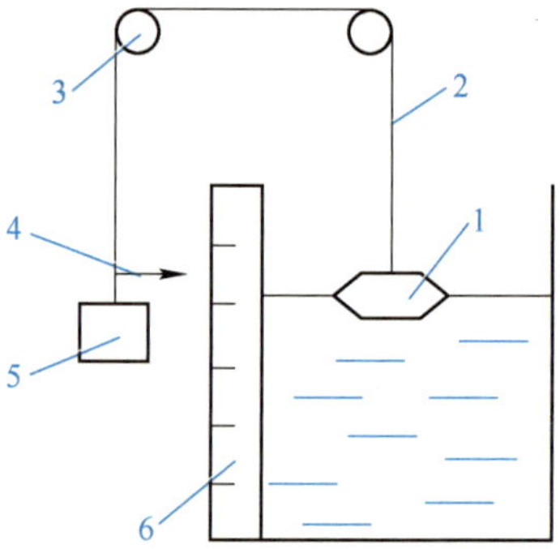

图 16-1 钢丝绳式浮子液位计的结构示意图

1—浮子；2—钢丝绳；3—滑轮；4—指针；5—平衡锤；6—标尺

一般使浮子浸没一半时，满足上述平衡关系。当液面上升时，浮子被浸没的体积增加，浮子所受的浮力增加，则 $W-F<G$，原有平衡被破坏，浮子向上移动，而浮子上移的同时浮力又下降，直到 $W-F$ 重新等于 G 时，浮子将停在新的液位上；反之，当液面下降时，浮子被浸没的体积减小，浮子所受的浮力减小，则 $W-F>G$，原有平衡也被破坏，浮子向下移动，而浮子下移的同时浮力又增加，直到 $W-F$ 重新等于 G 时，浮子将停在新的液位上。在浮子随液位升降时，机械传动部分带动指针便可指示出液位的高低。如果需要将信号远传，则可通过传感器将机械位移转换为电气信号。

浮子通常为空心的金属或塑料盒，有许多种形状，一般为扁平状。

16.1.2 浮筒式液位计

浮筒式液位计的检测元件是浸没于液体中的浮筒，浮筒所受浮力随位移变化而发生变化。此浮力变化再以力或位移变化的形式，带动电动或气动元件发出信号给显示仪表以显示液位，也可以实现液位的报警或调节，这种液位计主要由变送器和显示仪表两部分组成。浮筒一般是由不锈钢制成的空心长圆柱体，垂直地悬挂在被测介质中，质量大于同体积的液体质量，重心低于几何中心，使浮筒总是保持直立而不受液体高度的影响。它在测量过程中位移极小，也不会漂浮在液面上，故称为沉筒。浮筒的长度就是仪表的量程，一般为 300~2000 mm。

16.1.2.1 带有差动变压器的浮筒式液位计

浮筒式液位计的原理如图 16-2 所示。

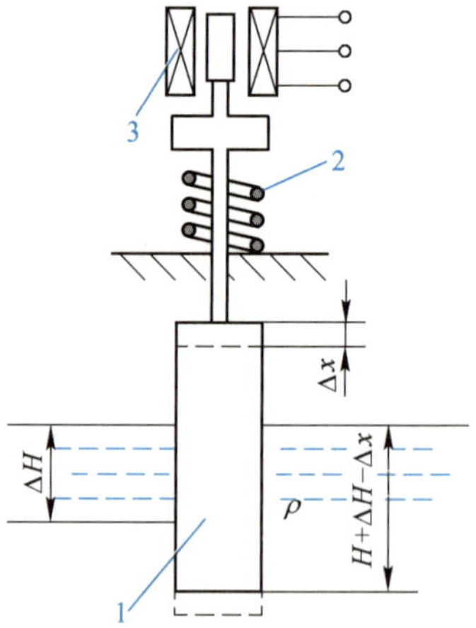

图 16-2 带有差动变压器的浮筒式液位计的原理

1—浮筒；2—弹簧；3—差动变压器

将一质量为 G 的等截面圆柱形金属浮筒悬挂在弹簧上，此时浮筒所受的重力与弹簧的拉力平衡。当浮筒的一部分浸没在液体中时，由于受到浮力作用它将向上浮动，直至与弹簧拉力重新建立平衡为止。平衡时的关系为：

$$Cx = G - A\rho gH \tag{16-2}$$

式中　C——弹簧的刚度；

x——弹簧的压缩位移；

A——浮筒的截面积；

ρ——液体的密度；

g——重力加速度；

H——浮筒被液体浸没的深度。

若液位发生变化，例如升高 ΔH，浮筒要向上移动 Δx，则有：

$$C(x - \Delta x) = G - A\rho g(H + \Delta H - \Delta x) \tag{16-3}$$

将上述两式相减并整理得：

$$\Delta H = \left(1 + \frac{C}{A\rho g}\right)\Delta x = K\Delta x \tag{16-4}$$

式（16-4）表明，浮筒产生的位移 Δx 与液位变化 ΔH 成正比。

若在浮筒的连杆上端装上差动变压器的铁芯，通过差动变压器即可输出相应的电信号，从而测量出相应的液位高低。

16.1.2.2　扭力管式浮筒液位计

扭力管式浮筒液位计是将浮筒所受浮力的变化转换成机械角位移的一种浮筒式液位计，如图 16-3 所示。浮筒 1 垂直地悬挂在杠杆 2 的一端，杠杆 2 的另一端与扭力管 3、芯轴 4 的一端垂直地固定在一起，扭力管的另一端固定在仪表外壳上。芯轴的另一端为自由端，用来输出角位移。

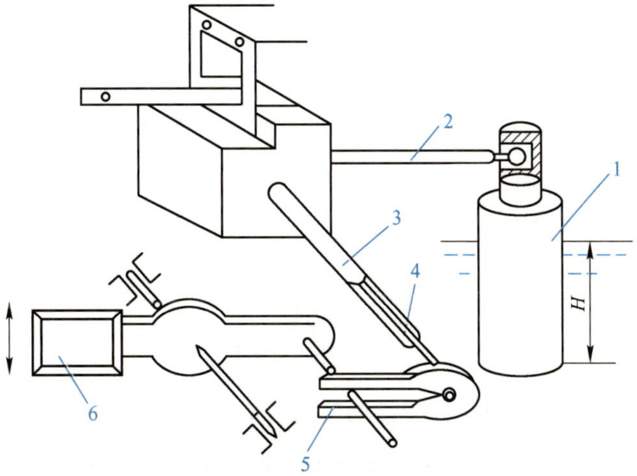

图 16-3　扭力管式浮筒液位计

1—浮筒；2—杠杆；3—扭力管；4—芯轴；5—推杆；6—霍尔元件

浮力的测量是通过扭力管来实现的。当液位低于浮筒时，浮筒的全部质量作用在杠杆上，因而作用在扭力管上的扭力矩最大，扭力管带动芯轴扭转的角度最大（朝顺时针方向），这一位置就是零液位。当液面高于浮筒下端时，作用在杠杆的力为浮筒质量与其所受浮力之差，因此，随着液位升高，浮筒受到液体的浮力增大，通过杠杆对扭力管产生的力矩减小，扭力管变形减小，扭力管所产生的扭角也相应减小（朝逆时针方向转回一个角度）。在液位最高时，扭角最小，约为2°，通过杠杆，浮筒略有上升，浮力减小，最终达到扭矩平衡。扭力管扭角的变化量（也就是芯轴角位移的变化量），与液位成正比关系，液位越高，扭角越小，即转回的角度越大。这样就把液位变化转换成芯轴的角位移，再经推杆带动霍尔元件在磁场中做近似直线的位移（从下朝上），从而把液位的变化转换为相应的霍尔电动势信号输出。输出的霍尔电动势经调制、放大后变换为4~20 mA DC标准统一信号，可与电动单元组合仪表配套使用，实现液位的自动调节和记录。

应当指出，这种浮筒式液位计的输出信号不仅与液位有关，并且与被测液体的密度有关，因此在密度发生变化时，必须进行修正。

16.1.3 浮筒式液位计的校验

浮筒式液位计的校验方法主要有挂重法和水校法两种。

16.1.3.1 挂重法

挂重法（又称干法）校验浮筒式液位计，是将浮筒取下后，加上与各校验点对应的某一砝码重力来校验的。该重力为浮筒重力（包括挂链重力）与液面在该校验点时浮筒所受浮力之差，该浮力 F_H 可由式（16-5）求得。

$$F_H = \frac{\pi D^2}{4}(L - H)\rho_2 g + \frac{\pi D^2}{4}H\rho_1 g = \frac{\pi D^2}{4}[L\rho_2 g + H(\rho_1 - \rho_2)g] \tag{16-5}$$

式中 F_H——液面在被校验点 H 处时浮筒所受的浮力；

D——浮筒的外径；

L——浮筒的长度（仪表量程）；

H——浮筒被浸没的长度；

ρ_1——液相介质的密度；

ρ_2——气相介质的密度。

当 $\rho_1 \gg \rho_2$ 时，式（16-5）变为：

$$F_H = \frac{\pi D^2}{4}H\rho_1 g \tag{16-6}$$

例 16-1 设一浮筒式液位计中浮筒的重力 $G_1 = 14.41$ N，挂链重力 $G_2 = 0.46$ N，浮筒的外径 $D = 13$ mm，浮筒的长度 $L = 4600$ mm，液相介质的密度 $\rho_1 = 0.85$ g/cm^3，气相介质的密度 $\rho_2 = 0.00165$ g/cm^3，用挂重法校验时所用托盘重力 $G_3 = 2.59$ N，试求：当校验点为全量程的0%、50%、100%时，应分别加多重的砝码？

解：由题意可知，当液位为全量程的0%时，浮筒所受浮力 F_0 为零，即应加砝码重力为：

$$G_0 = G_1 + G_2 - G_3 = 14.41 + 0.46 - 2.59 = 12.28\ \text{N}$$

当液位为全量程的50%时，浮筒所受浮力 F_{50} 为：

$$F_{50} = \frac{\pi D^2}{4} H_{50} \rho_1 g = \frac{\pi \times 13^2 \times 10^{-6}}{4} \times 0.85 \times 10^3 \times 9.8 \times 2.3 = 2.54\ \text{N}$$

所以，应加砝码重力为：

$$G_{50} = G_1 + G_2 - G_3 - F_{50} = 14.41 + 0.46 - 2.54 - 2.59 = 9.74\ \text{N}$$

当液位为全量程的100%时，浮筒所受浮力 F_{100} 为：

$$F_{100} = \frac{\pi D^2}{4} H_{100} \rho_1 g = \frac{\pi \times 13^2 \times 10^{-6}}{4} \times 0.85 \times 10^3 \times 9.8 \times 4.6 = 5.08\ \text{N}$$

所以，应加砝码重力为：

$$G_{100} = G_1 + G_2 - G_3 - F_{100} = 14.41 + 0.46 - 5.08 - 2.59 = 7.2\ \text{N}$$

16.1.3.2 水校法

水校法（又称湿法）是现场常用的方法，当被测介质是水时，可直接用水校验；若不是水，也可通过换算用水代校。

设浮筒长度（即全量程）为 L，重力为 G，截面积为 A，被测介质的密度为 ρ_x，水的密度为 $\rho_水$。当浮筒的一部分长度被水或被测介质浸没时，浮筒的指示重力（即浮筒重力与所受浮力的差值）分别为 $G'_水$ 或 G'_x，可用式（16-7）和式（16-8）表示。

$$G'_水 = G - Al_水 \rho_水 g \tag{16-7}$$

$$G'_x = G - Al_x \rho_x g \tag{16-8}$$

由于扭力管的扭角由浮筒重力与所受浮力的差值决定，所以当用水来代替被测介质进行校验时，对应于相同的输出，浮筒的指示重力必须相等，即 $G'_水 = G'_x$。由式（16-7）和式（16-8）得知，用水代校时浮筒应被水浸没的相应长度为：

$$l_水 = \frac{\rho_x}{\rho_水} l_x \tag{16-9}$$

在校验满量程时，浮筒应被水浸没的长度为：

$$l_水 = \frac{\rho_x}{\rho_水} L \tag{16-10}$$

例 16-2 已知浮筒的长度为300 mm，水的密度为 1.0 g/cm³，被测液体的密度为 0.82 g/cm³，如何用水校法进行校验？

解：用水代校时，浮筒应被水浸没的最大长度为：

$$l_水 = \frac{\rho_x}{\rho_水} L = \frac{0.82}{1.0} \times 300 = 246\ \text{mm}$$

校验时再将 246 mm 分为五等份，调整液位计使相应输出为全量程的 20%、40%、60%、80%、100%即可。

应用浮筒式液位计测量两种液体的界位时，必须使浮筒整个浸没入介质，用水代校的方法与上述基本相同。

例 16-3 有一测量界位的浮筒式液位计，其浮筒长度为 $L=300$ mm，被测液体的密度分别为 $\rho_1=0.82\ g/cm^3$ 和 $\rho_2=1.24\ g/cm^3$，试用水校法对其进行校验。

解： 在最高界位（界位满度），即浮筒全部被重组分液体所浸没（浮筒受到浮力最大）时，浮筒应被水浸没的相应长度为：

$$l_{水100}=\frac{300\times1.24}{1.0}=372\ \text{mm}$$

在最低界位（界位零点），即浮筒全部被轻组分液体所浸没（浮筒受到浮力最小）时，浮筒应被水浸没的相应长度为：

$$l_{水0}=\frac{300\times0.82}{1.0}=246\ \text{mm}$$

由此便可知，用水代校时界位的变化范围（量程）为：

$$\Delta l_{水}=372-246=126\ \text{mm}$$

很明显，在最高界位时，对应的水位高度已经超出了浮筒长度，这时可将零位降到（300−126）mm=174 mm，使水位在 174~300 mm 范围时，与全量程范围内的输出信号呈线性关系。最后，通过零点迁移使 246 mm 水位对应输出信号的下限值。假设浮筒输出为 4~20 mA，则调整零点输出为：

$$(246\div372)\times16+4\approx14.58\ \text{mA}$$

25%对应的浮筒被水浸没的长度为：

$$l_{水25}=0.25\times126+246=277.5\ \text{mm}$$

50%对应的浮筒被水浸没的长度为：

$$l_{水50}=0.5\times126+246=309\ \text{mm}$$

75%对应的浮筒被水浸没的长度为：

$$l_{水75}=0.75\times126+246=340.5\ \text{mm}$$

浮筒式液位计适用于测量范围在 200 mm 以内、密度为 0.5~1.5 g/cm^3 液体液位的连续测量，以及测量范围在 1200 mm 以内、密度差为 0.1~0.5 g/cm^3 的液体界位的连续测量。

真空对象、易气化的液体宜选用浮筒式液位计。

16.2 差压式液位计

利用压力传感器测量液位是基于液体是不可压缩的原理。实际上，某些液体在高压下，会产生微小的压缩量。如果忽略液体的压缩，只要量程合适，就可以利用测量压力的传感器来测量液位。差压式液位计是根据流体静力学原理工作的，即液位和容器内液体上、下两测点的静压差成正比。压力式液位计可以分为单导压管压力式液位变送器、双导压管压力式液位变送器以及双隔离法兰压力式液位变送器等，这类液位计没有可动部件，不易损坏，安装方便。

16.2.1 单导压管压力式液位变送器

16.2.1.1 单导压管压力式液位变送器测量液位原理

单导压管压力式液位变送器只有一个压力输入接口（p_+接口），负取压口（p_-接口）向大气敞开，如图 16-4 所示，一般可用于不产生有毒气体的敞口式常压容器。可以将压力传感器安装在容器靠近底部的位置，液位信号被转换为压力信号，再转换为电信号。压力式液位变送器的核心虽然是压力变送器，但内部的微处理器将压力信号转换为对应的液位信号，输出电流 I 是与液位成正比的 4~20 mA 标准信号。

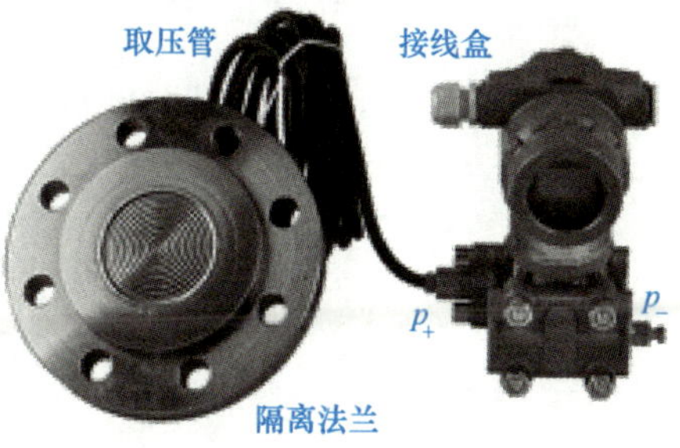

图 16-4 单导压管压力式液位变送器

单导压管压力式液位变送器的安装示意图如图 16-5（a）所示，TQ-YBUL 差压式液位变送器的型号说明见表 16-1。

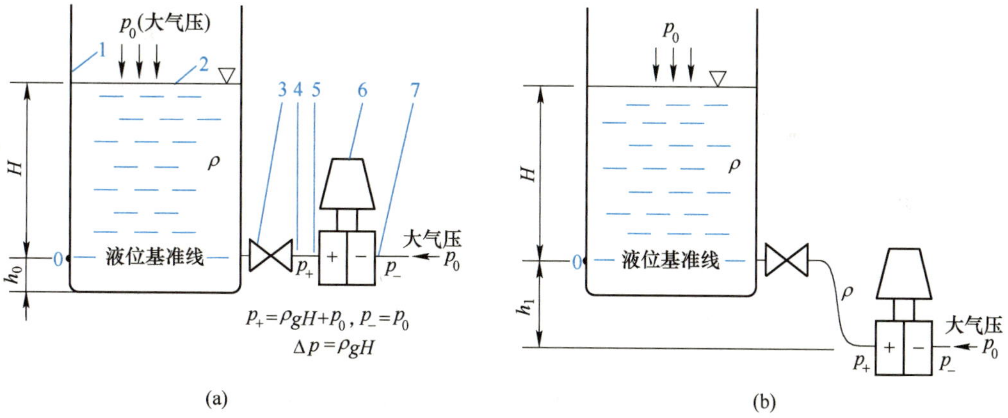

图 16-5 单导压管压力式液位变送器的安装示意图

（a）压力变送器的取压口与液位基准线持平；（b）压力变送器的取压口低于液位基准线

0—液位下限；1—容器；2—液面；3—截止阀；4—导压管；5—正取压口；6—压力（差压）变送器；7—负取压口

表 16-1 TQ-YBUL 差压式液位变送器的型号说明

TQ-YBUL	厂家代号		
	DP	差压变送器	变送器类型
	DR	微差压变送器	
	LT	液位变送器	
	HP	高静压变送器	

续表 16-1

TQ-YBUL	厂家代号	
1	0.125~1.5	测量范围/kPa①
2	1.3~7.5	
3	6.2~37.4	
4	31.1~186	
5	116~693	
P	普通型	防爆选项
I	本安型（Exia Ⅱ CT4、5、6）	
D	隔爆型（Exd Ⅱ BT4、5、6）	
1	4~20 mA 两线制	输出信号
2	4~20 mA 两线制，HART 协议	
1	2 MPa	最大过程压力
2	5 MPa	
3	10 MPa	
4	14 MPa	
5	25 MPa	

①此处按行业习惯，用 kPa 表示液位，1 kPa=0.1019716 mH_2O（标准状态），若纯水温度不为 4 ℃时，或为其他介质时，可以按密度的比例进行换算，以下同。

例如，型号“TQ-YBUL-LT-4-I-2-3”表示：液位变送器；最高差压 186 kPa，相当于温度为 20 ℃，当地重力加速度为 9.80665 m/s^2 时 18.9 m 水柱的压力；本安型；输出为 4~20 mA 模拟信号以及 HART 通信信号；最大过程压力为 10 MPa。

单导压管压力式液位变送器正取压口的压力 $p_+=\rho gH+p_0$，负取压口向大气敞开，$p_-=p_0$，输入压力 Δp 与被测液体的液位 H 成正比，即有：

$$\Delta p = p_+ - p_- = (\rho gH + p_0) - p_- = \rho gH \tag{16-11}$$

式中 Δp——压力式液位变送器的正、负取压口的压力差，Pa；

ρ——被测量介质的密度，kg/m^3；

g——当地的重力加速度，m/s^2；

H——被测量液体的高度，m；

p_0——大气压，Pa。

对于同一地点、同一被测量介质，ρ 和 g 均为常数，被测液位为：

$$H = p_+ / (\rho g) \tag{16-12}$$

如果考虑液位基准线以下直到容器底部的液体高度 h_0，可以将所测得的液位 H 与 h_0 相加。以下例题中，一般不考虑 h_0 的影响。

由于压力 p 的量纲为$\frac{N}{m^2}$，而 ρgH 乘积的量纲为 $\frac{kg}{m^3}\cdot g\cdot m$，两者的量纲是一致的，所

以下面例题中均以对应的“ Pa”“kg/m³”“9.80665 m/s²”“m”来计算液位 H，不再列出烦琐的单位换算。

例 16-4 型号为 TQ-YBUL-LT-4-I-2-3 液位变送器的安装如图 16-5（a）所示，压力变送器安装在敞口容器的零液位（见图 16-5（a）中的液位基准线）位置。压力变送器的量程为 0~100 kPa，输出为标准信号 4~20 mA，测量对象是密度 $\rho=1000\ kg/m^3$ 的纯净水，当地的重力加速度 $g=9.8\ m/s^2$。求：

（1）压力变送器的输入、输出方程；

（2）当输出为 20 mA、12 mA、10 mA 时，被测液位 H_{20}、H_{12}、H_{10}。

解：（1）二线制压力变送器的输入、输出方程通用表达式为：$I=a_0+a_1p$。

当液位 $H=0$ 时，$p=0$，$a_0=4$ mA。

当被测压力为满量程时，$p_{+max}=100$ kPa，此时的输出电流 $I=20$ mA，则有：

$$a_1=(20-4)\ mA/100\ kPa=0.16\ mA/kPa$$

压力变送器的输入、输出方程为：

$$I=a_0+a_1p=4\ mA+(0.16\ mA/kPa)p$$

与输出电流 4~20 mA 对应的输入静压力可以用式（16-13）计算。

$$p=(I-a_0)/a_1 \tag{16-13}$$

（2）被测液位 H_{20} 计算如下：

$$H_{20}=H_{max}=p_{+max}/(\rho g)=(100\times10^3)\ Pa/(1000\ kg/m^3\times9.8\ m/s^2)=10.2\ m$$

压力变送器的输出为 12 mA 时，$p_{12}=(12\ mA-4\ mA)/(0.16\ mA/kPa)=50\ kPa$，是压力变送器量程的一半。

由于液位 H 与压力 p 成正比，所以有：

$$\frac{H}{H_{max}}=\frac{(I/mA)-4}{20-4}\quad 或\quad H=\frac{(I/mA)-4}{20-4}H_{max} \tag{16-14}$$

该压力（液位）变送器的输出为 12 mA 时，由下式计算可知，H_{12} 是 H_{20} 的一半：

$$H_{12}=\frac{12-4}{20-4}\times10.2=5.1\ m$$

该压力变送器的输出为 10 mA 时，液位为：

$$H_{12}=\frac{10-4}{20-4}\times10.2=3.825\ m$$

如果该压力（液位）变送器的输出等于 0 mA 时，并不意味液位等于零，而是表明仪器或者线路、电源故障。

16.2.1.2 单导压管压力式液位变送器测量液位时的零点正迁移

在工程测量中，有时容器的位置比较高，压力式液位变送器的安装高度比较低，因此正取压口处于液位基准线下方，如图 16-5（b）所示。当液位等于零（恰好到达液位基准线，以下同）时，压力变送器的取压口中仍然灌满密度为 ρ 的液体，则 p_{+0} 不等于零，可用式（16-15）计算。

$$p_{+0} = \rho g h_1 \tag{16-15}$$

差压式液位变送器的正取压口低于液位基准线的情况下，当液位等于零时，液位变送器的输出 $I>4$ mA，造成误差。当液位为 H 时，压力变送器的取压口静压力为：

$$p_{+} = \rho g H + \rho g h_1 = \rho g H + B \tag{16-16}$$

式中 $B = \rho g h_1$，为常数，称为零点迁移，简称迁移。

因此，零点迁移是液位变送器的一个重要特性。

迁移量的相对值 δ（百分数）等于迁移量与量程的百分比。

在图 16-5（a）中，迁移量 $B=0$，$I-H$ 的关系曲线如图 16-6 中的曲线①所示。在图 16-5（b）中，由于 $B>0$，$I-H$ 的关系曲线从坐标原点向 H 的正方向（向右）平移了数值为 B 的位移量，称为正迁移，如图 16-6 中的曲线②所示。若在某些情况下，$B<0$，则 $I-H$ 的关系曲线①向 H 的负方向（向左）平移了数值为 $-B$ 的位移量，称为负迁移，如图 16-6 中的曲线③所示。

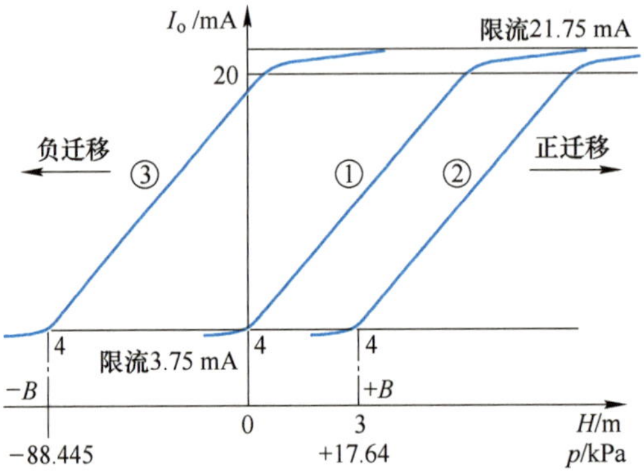

图 16-6 差压式液位变送器的迁移特性曲线

从图 16-6 可知，差压式液位变送器的零点迁移并没有改变液位计的总量程，也不改变液位计的灵敏度（曲线的斜率），只是使液位计的测量下限和上限同时向正方向或负方向平移。

在差压式液位变送器中，通常都设置了能够改变测量下限的机械式迁移机构或数字式迁移电路，使得液位为零时，输出电流被调校到下限值，例如 4 mA。根据上述原理和例 16-5 的计算方法，目前多采用 HART 手持终端进行反向迁移。有的差压式液位变送器可以允许+500%和−600%的迁移。

例 16-5 单导压管压力式液位变送器的正取压口低于液位基准线以下，如图 16-5（b）所示。已知介质为汽油，密度 $\rho=900$ kg/m^3，当地的重力加速度 $g=9.8$ m/s^2，所选的压力式液位变送器的额定压力 $p_p=100$ kPa，用米尺现场测得液位 $h_1=2$ m，设被测最高液位 $H_{max}=10$ m，求：

（1）迁移量 B；

（2）判断正取压口在最高水位时的压力是否超过压力式液位变送器的额定压力；

（3）迁移量的相对值 δ（百分数）。

解：（1）$B=p_{+0}=\rho gh_1=900\ \text{kg/m}^3\times9.8\ \text{m/s}^2\times2\ \text{m}=17640\ \text{Pa}=17.64\ \text{kPa}>0$，如图 16-6 中的曲线②所示，在 4 mA 时的拐点为 17.64 kPa。

（2）压力式液位变送器的正取压口在最高液位时的静压力为：

$$p_{\max}=p_{H_{\max}}+p_{+0}=\rho gH_{\max}+\rho gh_1=900\ \text{kg/m}^3\times9.8\ \text{m/s}^2\times10\ \text{m}+900\ \text{kg/m}^3\times9.8\ \text{m/s}^2\times2\ \text{m}$$
$$=88.2\times10^3\ \text{Pa}+17.64\times10^3\ \text{Pa}=105.84\ \text{kPa}$$

由计算结果可知，$p_{\max}>p_p$。由于存在正迁移，使得正取压口在最高液位时的实际压力超过了所选用的压力式液位变送器的额定压力（100 kPa），所以容易引起过压损坏，应该选用允许迁移量大于+100 kPa 的压力式液位变送器。

（3）迁移量的相对值为：

$$\delta=[B/(p_{\max}-p_{+0})]\times100\%=[17.64\ \text{kPa}/(105.84\ \text{kPa}-17.64\ \text{kPa})]\times100\%=20\%$$

或
$$\delta=[B/(p_{H_{\max}})]\times100\%=B/(\rho gH_{\max})$$
$$=[17.64\ \text{kPa}/(900\ \text{kg/m}^3\times9.8\ \text{m/s}^2\times10\ \text{m})]\times100\%=20\%$$

16.2.2 单隔离法兰压力式液位变送器的正迁移

在实际使用中，如果容器内的液体进入压力传感器的取压室，就可能造成结晶、冷凝、管路堵塞或腐蚀等，通常使用带有不锈钢膜片的隔离法兰。差压式液位变送器的正、负导压管分别连接到正、负取压毛细管，毛细引压管的末端焊接到隔离法兰。隔离法兰与容器壁上的截止阀法兰用螺栓固定在一起，并用垫片密封。毛细引压管与传感器的取压室之间灌满导压液体，如硅油。膜片、毛细引压管及硅油用于传递被测压力。带有不锈钢隔离膜片的双隔离法兰套件如图 16-7 所示，单隔离法兰压力式液位变送器的安装如图 16-8 所示（隔离液由隔离罐加入，保持充满状态，图中未画出）。

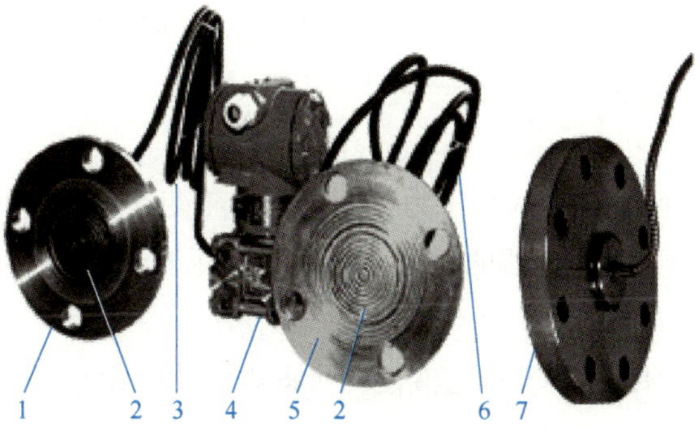

图 16-7 带有不锈钢隔离膜片的双隔离法兰套件

1—正取压法兰；2—不锈钢膜片；3—正引压毛细管；4—差压式液位变送器；5—负取压法兰；6—负引压毛细管；7—取压法兰的外表面

例 16-6 在工程中，有时为了便于安装和观察，单隔离法兰低于设定的零液位，$h_2=0.5\text{m}$，如图 16-8 所示。已知被测介质的密度 $\rho_1=1200\ \text{kg/m}^3$，引压毛细管中的隔离液

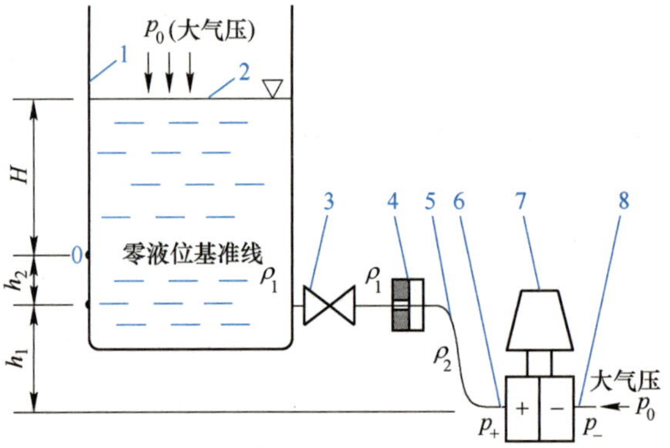

图 16-8 单隔离法兰压力式液位变送器的安装

0—液位下限基准线；1—容器（内有密度为 ρ_1 的被测液体）；2—液面；3—截止阀；4—隔离法兰；
5—引压毛细管（充有密度为 ρ_2 的硅油）；6—正取压口；7—压力（差压）式液位变送器；8—负取压口
H—液位；h_1—液位零点（液位基准点）；h_2—取压口高度（低于液位基准线）

（硅油）的密度 $\rho_2 = 950\ \text{kg/m}^3$，当地的重力加速度 $g = 9.8\ \text{m/s}^2$。压力变送器的正取压口比截止阀低，测量得到 $h_1 = 1\ \text{m}$；截止阀比零液位低，求迁移量 B。

解：迁移量 B 由两部分组成：一是密度为 ρ_1 的被测介质高度 h_2 引起的；二是密度为 ρ_2 的引压毛细管隔离液高度 h_1 引起的。两者相加得到迁移量为：

$$B = p_{+0} = \rho_1 g h_2 + \rho_2 g h_1 = 1200\ \text{kg/m}^3 \times 9.8\ \text{m/s}^2 \times 0.5\ \text{m} + 950\ \text{kg/m}^3 \times 9.8\ \text{m/s}^2 \times 1\ \text{m}$$

$$= 5.88 \times 10^3\ \text{Pa} + 9.31 \times 10^3\ \text{Pa} = 15.19\ \text{kPa} > 0$$

为正迁移。

16.2.3 双隔离法兰压力式液位变送器的安装及负迁移

在实际使用中，如果是“闭口”容器（密闭容器），容器上部空间存在气体压力 p_0，p_0 是随机变化和不可预知的。设被测液体的密度为 ρ_1，液面与设定的零液位之间的高度差为 H，则液面高度 H 至零液位的静压力：

$$p = \rho_1 g H + p_0 \tag{16-17}$$

如果将零液位至液面高度 H 的静压力 p 导入到差压变送器的正取压口，将容器上部空间的气体压力 p_0 导入到差压变送器的负取压口，则差压变送器取压室两侧的静压力差为：

$$\Delta p = p - p_0 = \rho_1 g H \tag{16-18}$$

Δp 与 p_0 无关，使“闭口”容器的液位测量得以简化。由于采用差压测量原理，所以本章的例题也均不考虑 p_0 的影响。

如果直接将被测液体以及容器上部空间的气体压力 p_0 导入到差压变送器的取压室，有可能造成结晶、冷凝、管道堵塞和腐蚀等故障，可以使用图 16-7 所示的带有不锈钢隔离膜片的双隔离法兰来隔离被测液体和气体，双隔离法兰压力式液位变送器的安装如图 16-9 所示。

例 16-7 为使问题简单化，设正截止阀与零液位基准线持平，如图 16-9（a）所示。已知被测介质的密度 $\rho_1=1200\ kg/m^3$，导压管的隔离液（硅油）的密度 $\rho_2=950\ kg/m^3$，当地的重力加速度 $g=9.8\ m/s^2$，正截止阀与压力变送器正取压口的高度差 $h_1=2.5\ m$，负截止阀与压力变送器负取压口的高度差 $h_2=12\ m$，最大液位 $H_{max}=10\ m$，求：

（1）迁移量 B；

（2）迁移量的相对值 δ。

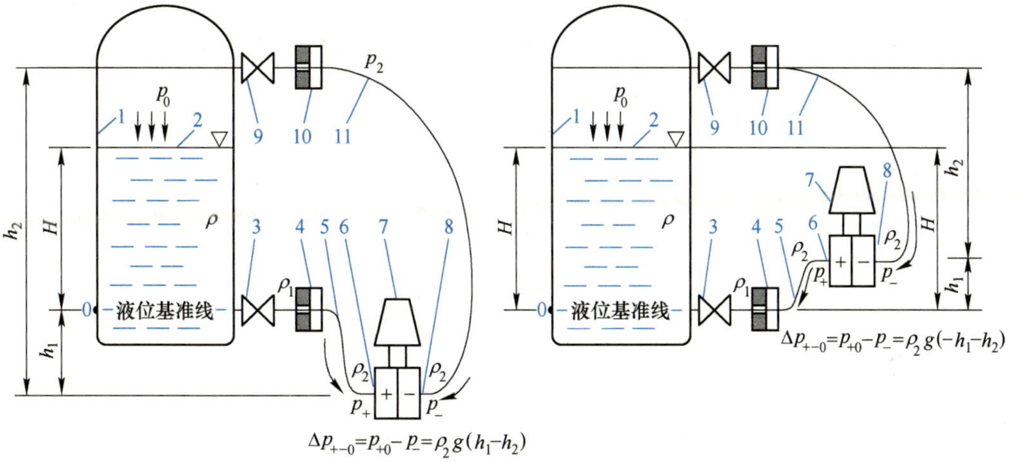

（a） （b）

图 16-9 双隔离法兰差压式液位变送器的安装

（a）差压式变送器置于零液位下方；（b）差压式变送器置于零液位上方

0—液位下限（零液位）；1—容器（内有密度为 ρ_1 的被测液体）；2—液面；3—正截止阀；4—正隔离法兰；5—正引压毛细管（充有密度为 ρ_2 的硅油）；6—正取压口；7—差压式变送器；8—负取压口；9—负截止阀；10—负隔离法兰；11—负引压毛细管（充有密度为 ρ_2 的硅油）

H—液位；h_1—零液位点与正取压口的高度差；h_2—负取压口与负截止阀的高度差

解：（1）本实例中，迁移量 B 由两部分组成：一是正导压管中，密度为 ρ_2 的隔离液高度 h_1 引起的正取压口的压力 p_{+0}；二是负导压管中，密度为 ρ_2 的隔离液高度 h_2 引起的负取压口的压力 p_-。h_2 确定后，p_-为常数。p_{+0}、p_-两者相减，得到迁移量为：

$$
\begin{aligned}
B &= p_{+0}-p_- = \rho_2 g h_1 - \rho_2 g h_2 = \rho_2 g(h_1-h_2) \\
&= 950\ kg/m^3 \times 9.8\ m/s^2 \times (2.5\ m - 12\ m) \\
&= -88.445\ kPa < 0
\end{aligned}
$$

计算结果为负迁移，如图 16-6 中的曲线③。

（2）当液位达到最高点 H_{max}时，差压变送器的最大差压为：

$$
\begin{aligned}
\Delta p_{max} &= \rho_1 gH + B = 1200\ kg/m^3 \times 9.8\ m/s^2 \times 10\ m + B \\
&= 117.6\ kPa + (-88.445\ kPa) = 29.155\ kPa
\end{aligned}
$$

为正值。

$$
\begin{aligned}
\delta &= [B/(\rho_1 gH)] \times 100\% = [B/(\Delta p_{max}-B)] \times 100\% \\
&= (-88.445\ kPa/117.6\ kPa) \times 100\% = -75.2\%
\end{aligned}
$$

如果被测容器高 30 m，则负迁移量的相对值 δ 可达 300%以上。

思考：如果将差动变送器向上移动超过零液位，如图 16-9（b）所示，此时的 p_{+0} 逐渐向正值变化，而 p_- 也逐渐减小相同的数量，迁移量 B 如何变化？

16.2.4 采用两套差压式液位变送器测量燃油的质量

在燃油储运过程中，准确测定储油大罐中的液位高度，是正确计算储油量、确定库存、计算输送量的重要措施，可以利用两套差压式液位变送器来测量油的质量（kg 或 t）。第一套差压式液位变送器测量出燃油的液位 H，利用第二套差压式液位变送器测量出燃油的密度 ρ，然后根据式（16-19）及式（16-20）可计算出燃油的体积 V 和质量 m。采用两套差压力式液位变送器测量燃油的质量（重量）如图 16-10 所示。设圆柱形燃油罐的直径为 D，截面积为 A，液位为 H，则燃油的体积为：

$$V = HA = H\frac{\pi D^2}{4} \tag{16-19}$$

燃油罐的质量为：

$$m = \rho V = \rho H\frac{\pi D^2}{4} \tag{16-20}$$

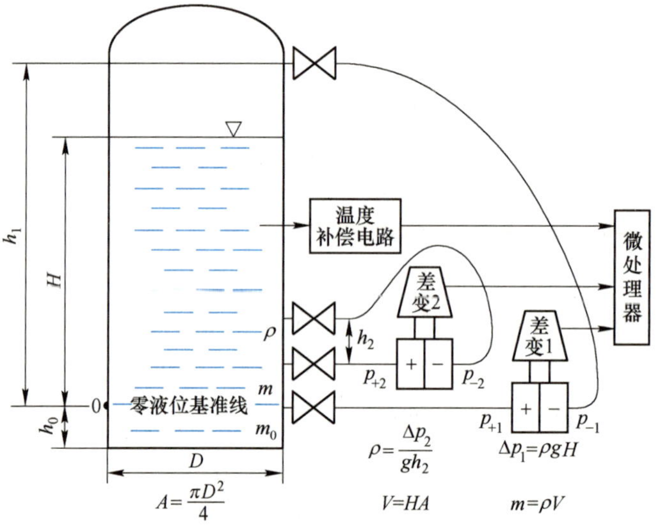

图 16-10 采用两套差压式液位变送器测量燃油的质量（重量）

例 16-8 图16-10 中，设燃油罐的直径 $D=10$ m，差压式液位变送器 1（差变 1）的差压 $\Delta p_1=100$ kPa，差压式液位变送器 2（差变 2）的两个取压口的间距 $h_2=1$ m，若差压 $\Delta p_2=9$ kPa（均不考虑隔离液的迁移）时，求该燃油罐中的燃油质量为多少吨？

解：

$$\rho = \frac{\Delta p_2}{h_2 g} = \frac{9\times10^3\ \text{Pa}}{1\ \text{m}\times9.8\ \text{m/s}^2} = \frac{9\times10^3\ \text{N/m}^2}{1\ \text{m}\times9.8\ \text{m/s}^2} = 918\ \text{kg/m}^3$$

$$H = \frac{\Delta p_1}{\rho g} = \frac{100\times10^3\ \text{Pa}}{918\ \text{kg/m}^3\times9.8\ \text{m/s}^2} = 11.11\ \text{m}$$

$$V = H\frac{\pi D^2}{4} = 11.11 \times \frac{3.1416 \times 10^2 \text{ m}^2}{4} = 872.58 \text{ m}^3$$

$$m = \rho V = 918 \text{ kg/m}^3 \times 872.58 \text{ m}^3 = 801 \text{ t}$$

16.2.5 投入式液位变送器

投入式液位变送器基于所测液体静压与该液体高度成正比的原理，采用扩散硅元件的压阻效应，将静压转换成电信号。经过温度补偿和线性校正，转换成 DC 4~20 mA 标准电流信号输出。投入式液位变送器的传感器可直接投入到敞口式容器的液体中，用支架固定在容器底部。变送器显示电路可用法兰固定在容器外面。传感器与显示电路之间，用丁腈橡胶与聚氯乙烯复合物的电缆连接，电缆中还包含一根导气电缆，也称背压管，导气电缆的功能是将被测信号传导到转换电路，同时又保证外界的大气压力与扩散硅元件取压室的低压侧（负取压室）相通，以抵消大气压的影响。导气电缆的长度略大于最大液位，根据不同介质，可以选择耐油型、耐酸型、耐温型的电缆。

投入式液位变送器可以对水、油或黏度较大的糊状介质的液位进行测量，不受被测介质起泡、杂质的影响。由于存在柔性的导气电缆，以及导气电缆的封头，所以只能在 0~80 ℃且小于 1 MPa 的介质中工作。投入式液位计如图 16-11 所示。

(a)

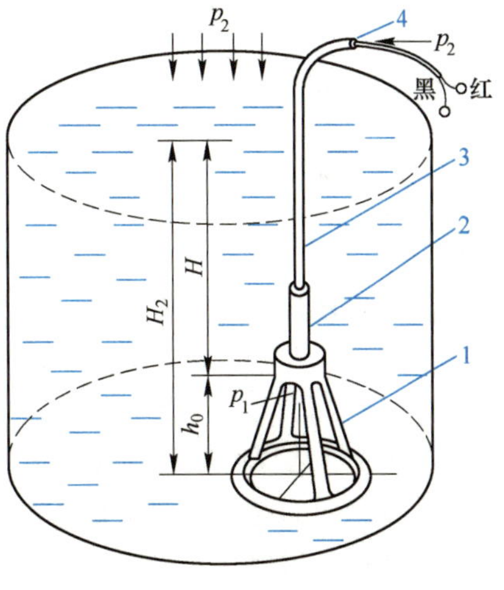

(b)

图 16-11　投入式液位计

（a）投入式压阻液位传感器外形；（b）安装示意图

1—支架；2—压阻压力式传感器壳体；3—导气电缆；4—通大气口

p_1—正取压室的压力；p_2—负取压室的压力（大气压）

压阻压力式传感器安装在不锈钢壳体内，并用不锈钢支架固定放置于液体底部。传感器高压侧 p_1 的进气孔（用柔性不锈钢隔离膜片隔离，并用硅油传导压力）与液体相通，安装高度 h_0 处液体的表压等于 ρgH，其中，ρ 为液体密度，g 为重力加速度。传感器的负取压侧通过一根很长的橡胶导气电缆与大气相通，传感器的信号线、电源线也通过该导气电缆与外界的仪表接口相连接。正取压室的压力 $p_1=\rho gH+p_0$，负取压室的压力 $p_2=p_0$，则正负取压室的差压为：

$$\Delta p=p_1-p_2=\rho gH \tag{16-21}$$

考虑到安装高度 h_0，被测总液位为：

$$H_2=H+h_0=\Delta p/(\rho g)+h_0 \tag{16-22}$$

投入式液位变送器的接线方式如图 16-12 和图 16-13 所示。

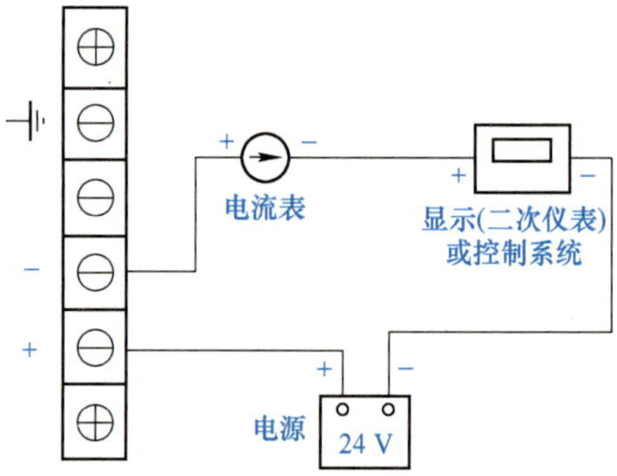

图 16-12 二线制电流输出接线图

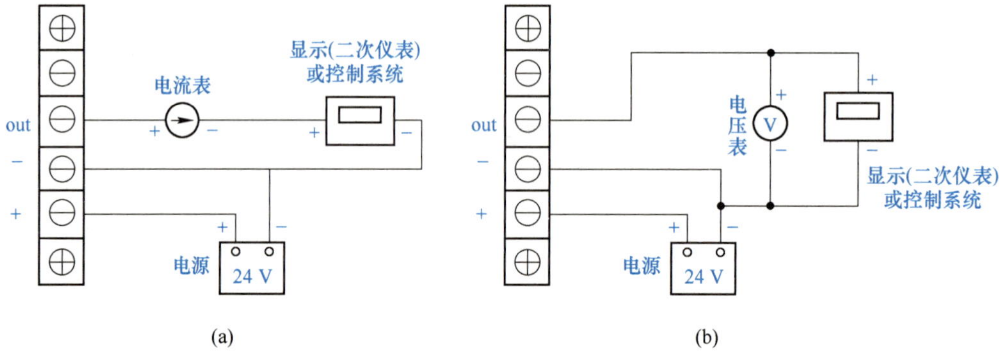

图 16-13 三线制接线图

（a）三线制电流输出接线图；（b）三线制电压输出接线图

16.2.6 智能手持式 HART 通信器

16.2.6.1 智能手持式 HART 通信器简介

HART 也称可寻址远程传感器高速通道，属于开放式通信协议，是一种用于现场智能仪表和控制室设备之间的通信协议，是全球广泛采用的智能仪表工业标准之一。

带有 HART 通信的智能变送器在现有模拟信号传输线上实现数字信号通信，属于模拟系统向全数字变送器转变过程中的过渡性产品。

智能手持式 HART 通信器也称 HART 手持终端或 HART 手操器，是支持 HART 协议设备的智能手持式终端。它由电池供电，有两个接线端子，不区分正、负极；既可以在控制室接在某个带有 HART 通信智能变送器的信号线上远方调试和校验；也可到达现场接在变送器信号线端子上就地调试和校验；节省了维护调校的时间和工作量，保证了操作人员的人身安全。

智能手持式终端可以通过 4~20 mA 电流环连接带有 HART 通信的智能变送器，这个电流环中必须存在一个至少为 250 Ω 的负载电阻。

在 HART 通信协议中，主要的变量和控制信息由 4~20 mA 传送；当需要时，通过

HART 协议访问变送器的测量过程参数、设备组态、校准、故障诊断等辅助信息，传输速率为 1200 bit/s。

例如，可以用手持终端来进行智能变送器零点的反向迁移，使得在被测压力等于零时，变送器的输出电流被调校到 4 mA。

迁移过程并没有改变压力变送器的总量程，也不改变灵敏度，只是使变送器量程的下限和上限同时向正方向或负方向平移。

例 16-9 隔离法兰式智能差压变送器的量程为0~500 kPa，取压口低于安装法兰 5 m。已知起隔离作用的导压液为硅油，密度 $\rho=950\ \mathrm{kg/m^3}$，测量地的重力加速度 $g=9.8\ \mathrm{m/s^2}$，求：

(1) 迁移量 B；

(2) 反向迁移之前，如果容器的被测压力为零，求变送器的输出电流 I_o；

(3) 反向迁移之后的量程 A。

解：(1) $B=p_{+0}=\rho gh=950\ \mathrm{kg/m^3}\times 9.8\ \mathrm{m/s^2}\times 5\ \mathrm{m}=46550\ \mathrm{Pa}=46.55\ \mathrm{kPa}$，为正迁移。

(2) $I_o=4\ \mathrm{mA}+16\ \mathrm{mA}\times\dfrac{46.55\ \mathrm{kPa}}{500\ \mathrm{kPa}}=4\ \mathrm{mA}+16\ \mathrm{mA}\times 9.31\%\approx 5.49\ \mathrm{mA}$。

由上述计算结果可知，压力变送器的正取压口压力为零时，已经受到 46.55 kPa 的静压力，输出电流必然大于 4 mA。

(3) 反向迁移之后的量程 $A_{min}\sim A_{max}$为 46.55~546.55 kPa。

使用手持终端进行零点反向迁移的过程如下：首先关闭手持终端的电源，将两个接线夹并联在带有 HART 通信智能变送器的输出端子或者并联在控制柜的相关端子上，再开启手持终端的电源（以免扰乱智能变送器的程序）。然后进入“用户量程”菜单，设定测量下限为 46.55 kPa、测量上限为 546.55 kPa。反向迁移之后，当容器的被测压力为零时，输出电流恰好等于 4 mA。

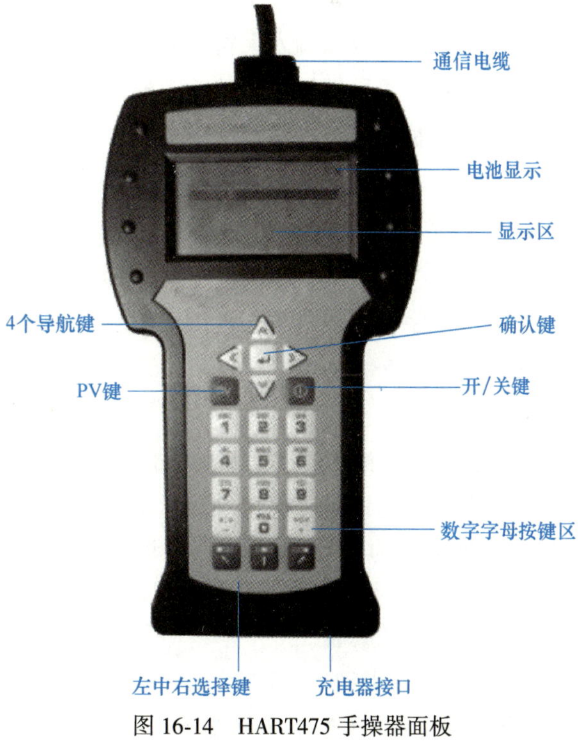

图 16-14 HART475 手操器面板

16.2.6.2 HART 手操器的基本使用方法

HART475 手操器面板如图 16-14 所示，其连接示意图如图 16-15 所示。

A 键区的使用和说明

a 开关键

⓪：该键用于启动或关闭现场通信器。

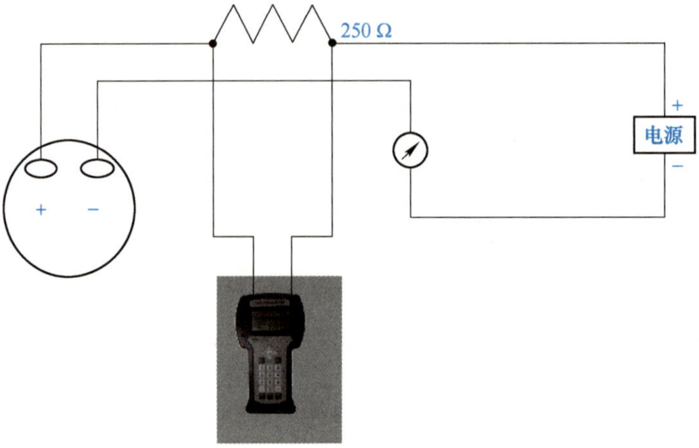

图 16-15 HART 手操器连接示意图

b 箭头导航键

4 个导航箭头键提供菜单的选择功能。按导航键，可以进入某一菜单的具体选项。按导航键返回上级菜单，按、导航键可以在菜单中上下切换。在字符数字输入模式下，按导航键可以作为退格键使用。

c 回车键

：在进入菜单后，对于可以修改的内容，液晶面板的最下面一行会自动显示“修改”字样，若需修改则按下“回车”键，即修改成功。

d 字符数字键盘

字符数字键盘可以输入字符、数字以及其他符号，它有数字和字符两种输入模式，现场通信器可根据需要选择相应的输入模式。若要输入数字，直接按下数字所在的键，若要输入字符，可根据字符在键盘上的位置，先按下、、中的一个键，再按下字符所在的键。例如，要输入字符“A”，先按下选择键，再按下字符数字 1 键。

e PV 键

PV：监测实时变量的快捷键，观察实时压力、电流、百分数、温度、频率等实时变量。在字符数字输入模式下，该键无效。

B 在线操作菜单

a 轮询检测

选择该菜单，现场通信器将从轮询号 0~15 依次检测设备，若检测到设备，将自动显示检测到变送器及工位号（见图 16-16），按导航键进入设备类型选择菜单（见图 16-17）；若没有检测到设备，将出现没有检测到变送器的警告。

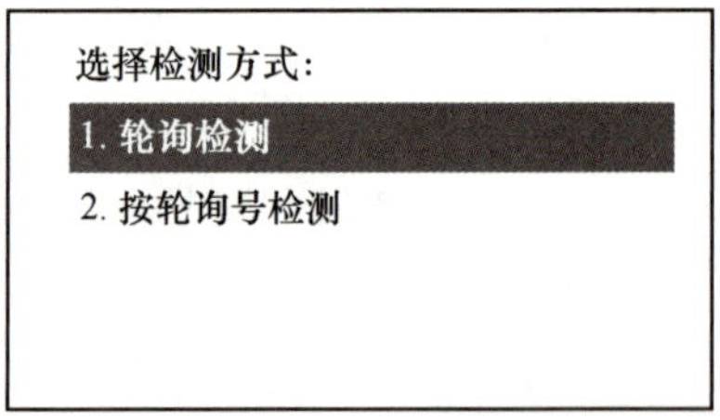

图 16-16 选择检测方式

b 选择设备类型

对设备类型进行选择（见图 16-18）时，必须根据现场设备类型进入具体的菜单，如果选择类型与实际类型不符，会造成错误。如果现场设备非压变、电磁、涡街、靶式、金转设备则进入通用菜单进行连接。按▲ ▼导航键选择好设备类型，再按▶导航键进入所选设备类型检测，并进入相应设备的主菜单（见图 16-19），如果选择类型与检测不符会进行提示。

图 16-17　检测到变送器

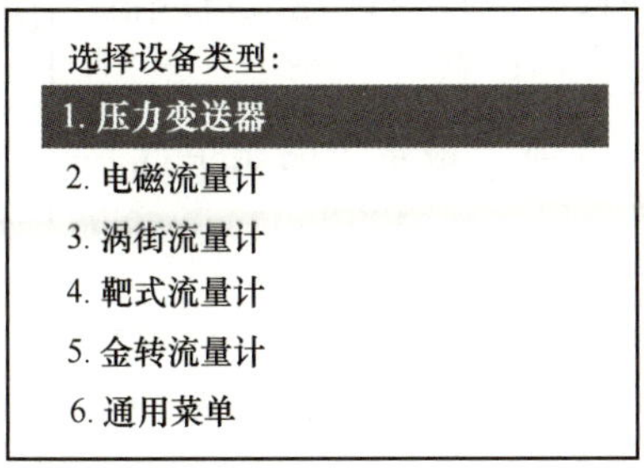

图 16-18　选择设备类型

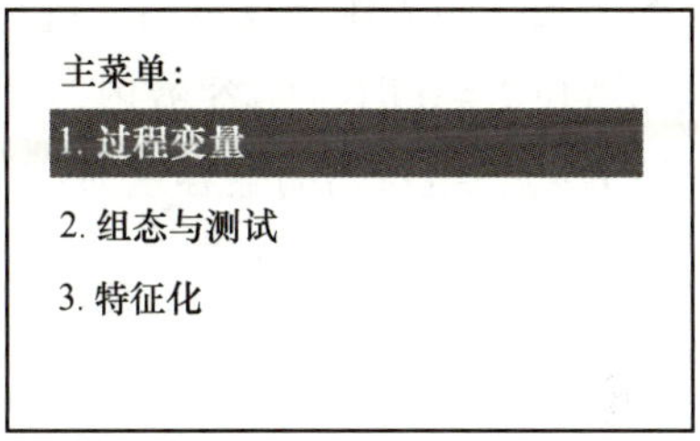

图 16-19　主菜单

16.3 电容式物位计

电容式物位计是电磁式物位检测方法之一，其原理是：直接把物位的变化转换成电容的变化量，然后再变换成统一的标准电信号，传输给各种仪表进行指示、记录、报警或控制。电容式物位计由电容物位传感器和检测电容的电路组成，适用于各种导电、非导电液体的液位或粉末状物位的测量。由于它的传感器结构简单，无可动部分，故应用范围广。

电容式物位传感器是根据圆筒形电容器原理进行工作的，结构如图 16-20 所示。它由两个长度为 L、半径分别为 R 和 r 的圆筒形金属导体组成内、外电极，中间隔以绝缘物质构成圆筒形电容器。

电容的表达式为：

$$C=\frac{2\pi\varepsilon L}{\ln\dfrac{R}{r}} \tag{16-23}$$

式中　ε——内、外电极之间的介电常数。

由式（16-23）可见，改变 R、r、ε、L 其中任意一个参数时，均会引起电容 C 的变化。实际物位测量中，一般是 R 和 r 固定，采用改变 ε 或 L 的方式进行测量。电容式物位传感器实际上是一种可变电容器，随着物位的变化，必然引起电容量的变化，且与被测物位高度成

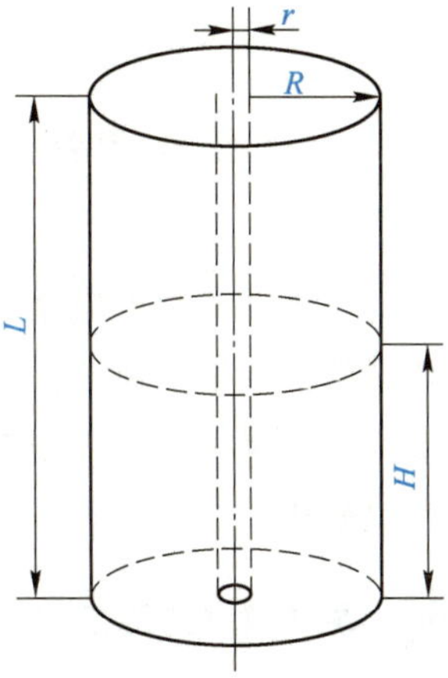

图 16-20　电容式物位传感器的结构

正比，从而可以测得物位。

由于所测介质的性质不同，采用的方式也不同，下面分别介绍测量不同性质介质的方法。

16.3.1 非导电介质的液位测量

当测量石油类制品、某些有机液体等非导电介质时，电容传感器可以采用如图 16-21 所示的方法。它用一个电极作为内电极 1，用与它绝缘的同轴金属圆筒作为外电极 2，外电极上开有孔和槽，以便被测液体自由地流进或流出，内、外电极之间采用绝缘材料 3 进行绝缘固定。

动画 电容式液位计(被测介质为非导电介质)

当被测液位 $H=0$ 时，电容器内、外电极之间气体（最常见的是空气）的介电常数为 ε_0，电容器的电容量为：

$$C_0=\frac{2\pi\varepsilon_0 L}{\ln\frac{R}{r}}=\text{常数} \tag{16-24}$$

当液位为某一高度 H 时，电容器可以视为两部分电容的并联组合，即有：

$$C_x=\frac{2\pi\varepsilon_x H}{\ln\frac{R}{r}}+\frac{2\pi\varepsilon_0(L-H)}{\ln\frac{R}{r}} \tag{16-25}$$

式中 H——被液体浸没电极的高度；

ε_x——被测液体的介电常数；

ε_0——气体的介电常数。

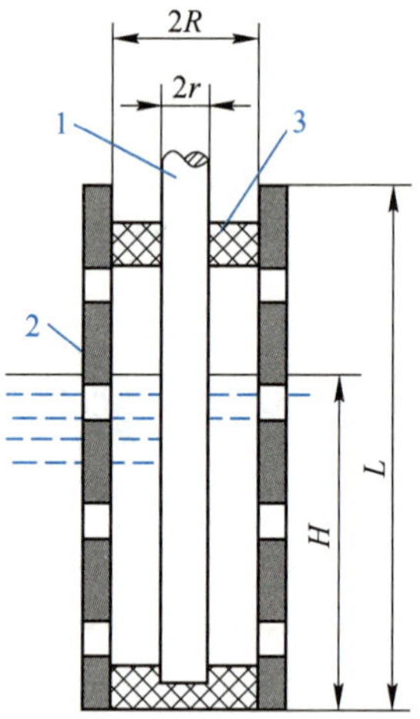

图 16-21 非导电介质的液位测量

1—内电极；2—外电极；3—绝缘材料

当液位变化时，引起电容的变化量为 $\Delta C=C_0-C_x$，由式（16-24）和式（16-25）可得：

$$\Delta C=\frac{2\pi(\varepsilon_x-\varepsilon_0)}{\ln\frac{R}{r}}H=KH \tag{16-26}$$

式中 K——电容-液位转换的灵敏系数，$K=\frac{2\pi(\varepsilon_x-\varepsilon_0)}{\ln\frac{R}{r}}$。

由此可见，介质介电常数与空气介电常数的差值越大，或内外电极的半径 R 和 r 越接近，传感器的灵敏度越高。因此，测量非导电液体的液位时，传感器一般不采用容器壁做外电极，而是采用直径较小的竖管做外电极，或将内电极安装在接近容器壁的位置，以提高测量灵敏度。

16.3.2 导电介质的液位测量

如果被测介质为导电液体，内电极要采用绝缘材料覆盖，测量导电介质液位的电容式液位计原理如图 16-22 所示。

图 16-22 中，直径为 $2r$ 的纯铜或不锈钢内电极，外套聚四氟乙烯塑料套管或涂以搪瓷作为电介质和绝缘层，内电极外径为 $2R$。直径为 $2R_0$ 的容器是用金属制作的。当容器中没有液体时，介电层为空气加塑料或搪瓷，电极覆盖长度为整个 L，如果导电液体液位高度为 H 时，则导电液体就是电容中另一极板的一部分。在高度范围内，作为电容器外电极的液体的内半径为 R，内电极半径为 r。因此整个电容量为：

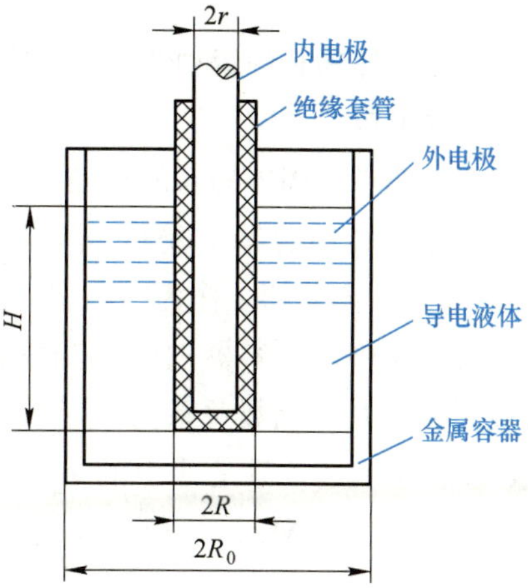

图 16-22 导电介质的液位测量

$$C_x = \frac{2\pi\varepsilon_x H}{\ln\dfrac{R}{r}} + \frac{2\pi\varepsilon_0(L - H)}{\ln\dfrac{R_0}{r}} \tag{16-27}$$

式中 H——被液体浸没电极的高度；

ε_x——绝缘套管或涂层的介电常数；

ε_0——电极绝缘层和容器内气体共同组成的电容器的等效介电常数。

当容器为空，即 $H=0$ 时，式（16-27）中的第二项就成为电极与容器组成的电容器，其电容量为：

$$C_0 = \frac{2\pi\varepsilon_0 L}{\ln\dfrac{R_0}{r}} \tag{16-28}$$

当液位 H 发生变化时，则有

$$C_x = \left(\frac{2\pi\varepsilon_x}{\ln\dfrac{R}{r}} + \frac{2\pi\varepsilon_0}{\ln\dfrac{R_0}{r}}\right)H + C_0 = KH + C_0 \tag{16-29}$$

式中 K——传感器的灵敏系数，$K = \dfrac{2\pi\varepsilon_x}{\ln\dfrac{R}{r}} + \dfrac{2\pi\varepsilon_0}{\ln\dfrac{R_0}{r}}$。

由于 $R_0 \gg r$，且 $\varepsilon_0 \ll \varepsilon_x$，忽略式（16-27）中的第二项，所以有：

$$K \approx \frac{2\pi\varepsilon_x}{\ln\dfrac{R}{r}} \tag{16-30}$$

$$\Delta C = C_x - C_0 = \frac{2\pi\varepsilon_x}{\ln\dfrac{R}{r}}H = KH \tag{16-31}$$

由式（16-31）可见，由于 ε_x、R 和 r 均为常数，测得 ΔC 即可获得被测液位 H。但此种方法不能适用于黏滞性介质，因为当液位变化时，黏滞性介质会黏附在内电极绝缘套管表面上，造成虚假的液位信号。

16.3.3 固体的料位测量

由于固体物料的流动性较差，故不宜采用如图 16-21 所示的双筒电极。

对于非导电固体物料的料位测量，通常采用一根不锈钢金属棒与金属容器器壁构成电容器的两个电极，如图 16-23 所示，金属棒 1 作为内电极，容器壁 2 作为外电极。将金属电极棒插入容器内的被测物料中，电容变化量 ΔC 与被测料位 H 的函数关系仍可用非导电液位的函数关系式（16-26）来表述，只是式中的 ε_x 代表固体物料的介电常数，R 代表容器器壁的内径，其他参数相同。

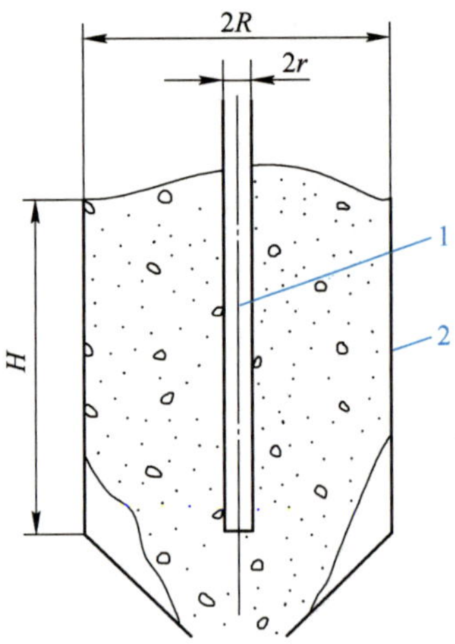

图 16-23　固体的料位测量
1—金属棒内电极；2—容器壁

如果测量导电的固体料位，则需要对图 16-23 中的金属棒内电极加上绝缘套管，测量原理同导电液位测量，也可用相同的函数表述。

同理，还可以用电容物位计测量导电和非导电液体之间及两种介电常数不同的非导电液体之间的分界面。

16.4 接近开关

位置检测在航空航天技术、机床以及其他过程工业生产、生活中都有广泛的应用，当前实现位置检测主要是使用各种接近开关。在日常生活、测量技术、控制技术和安全防盗方面，都应用接近开关来实现位置检测。

接近开关是利用位移传感器对接近物体的敏感特性，控制开关通断的一种装置。当有物体移向接近开关，并接近到一定距离时，位移传感器才有“感知”，开关才会动作，通常把这个距离称为检出距离。

位移传感器可由不同的原理和不同的工艺做成，而不同的位移传感器对物体的“感知”方法也不同。常见的接近开关见表 16-2。

表 16-2　常见的接近开关

接近开关类型	特　点
电感式接近开关	被测物体必须是导电体
电容式接近开关	被测物体不限于导电体，可以是绝缘的液体或粉状物
霍尔接近开关	被测物体必须是磁性物体
光电式接近开关	对环境要求严格，无粉尘，被测物对光的反射能力好
热释电式接近开关	被测物体的温度必须和环境温度有差异
超声波或微波接近开关	利用多普勒效应，可识别任何物体的移近

部分接近开关的图形符号如图 16-24 所示，其中图 16-24（a）~（c）三种情况均使用 NPN 型三极管集电极开路输出。

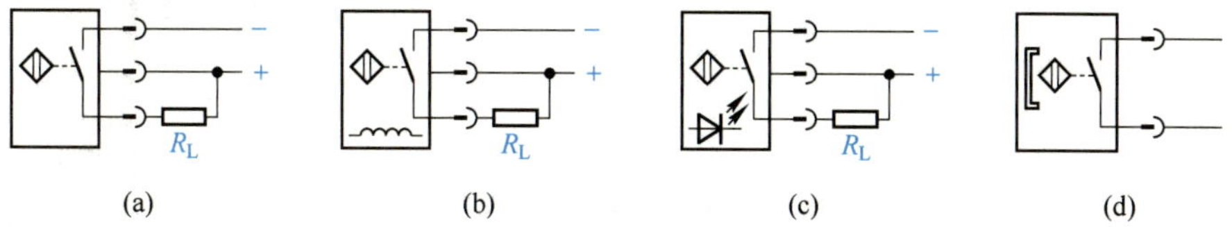

图 16-24　接近开关的图形符号
（a）通用图形符号；（b）电感式接近开关；（c）光电式接近开关；（d）磁性开关

在一般工业生产场所，电感式接近开关和电容式接近开关使用较多，这是因为这两种接近开关对环境的要求条件较低。当被测对象是导电物体或是可以固定在一块金属物上的物体时，一般都选用电感式接近开关，这是因为它的响应频率高、抗环境干扰性能好、应用范围广、价格较低。若所测对象是非金属（或金属）、液位高度、粉状物高度、塑料、烟草等，则应选用电容式接近开关。这种开关虽然响应频率低，但稳定性好。另外，在安装时应考虑环境因素的影响。若被测物为导磁材料，或者为了区别和它一起运动的物体而把磁钢埋在该被测物体内时，应选用霍尔接近开关，它的价格较低。在环境条件比较好、无粉尘污染的场合，可采用光电式接近开关，它在工作时对被测对象几乎无任何影响。因此，在要求较高的传真机和烟草机械中都被广泛地使用。在防盗系统中，自动门通常使用热释电式接近开关、超声波式接近开关、微波式接近开关。有时为了提高识别的可靠性，上述几种接近开关往往被复合使用。无论选用哪种接近开关，都应考虑工作电压、负载电流、响应频率、检测距离等各项具体的性能指标。

下面对电感式接近开关和光电式接近开关做简要介绍。

16.4.1 电感式接近开关

在实际的自动生产线上，电感（涡流）式接近开关具有较为广泛的应用。

电感式接近开关不与被测物体接触，依靠电磁场变化来检测，大大提高了检测的可靠性，也保证了电感式接近开关的使用寿命。所以，该类型接近开关在制造工业中，比如机床、汽车制造等行业使用频繁。

16.4.1.1 电感式接近开关的测量原理

电感式接近开关是一种利用电涡流效应制成的有开关量输出的位置传感器，它由 LC 高频振荡器和放大处理电路组成。当金属物体靠近接近开关时，振荡感应头（探头）产生电磁振荡，使金属物体内部产生涡流。金属物体产生的涡流反作用于接近开关，使接近开关振荡能力衰减，内部电路的参数发生变化，开关状态发生变化，从而识别出有无金属物体接近。电感式接近开关也常称为电涡流式接近开关，一般来说电感式接近开关只能够测量金属物体。电感式接近开关的原理框图如图 16-25 所示。

16.4.1.2 电感式接近开关的接线形式

不同的电感式接近开关提供的输出端口数量也是不一样的，有两线、三线、四线和五

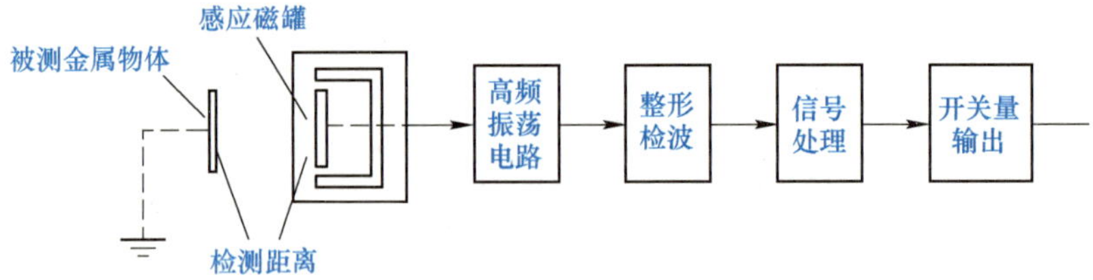

图 16-25 电感式接近开关的原理框图

线等，常用的接线方式如图 16-26 所示。在使用之前，一定要看接近开关上的铭牌，否则可能会因为电压不合适而烧坏设备。

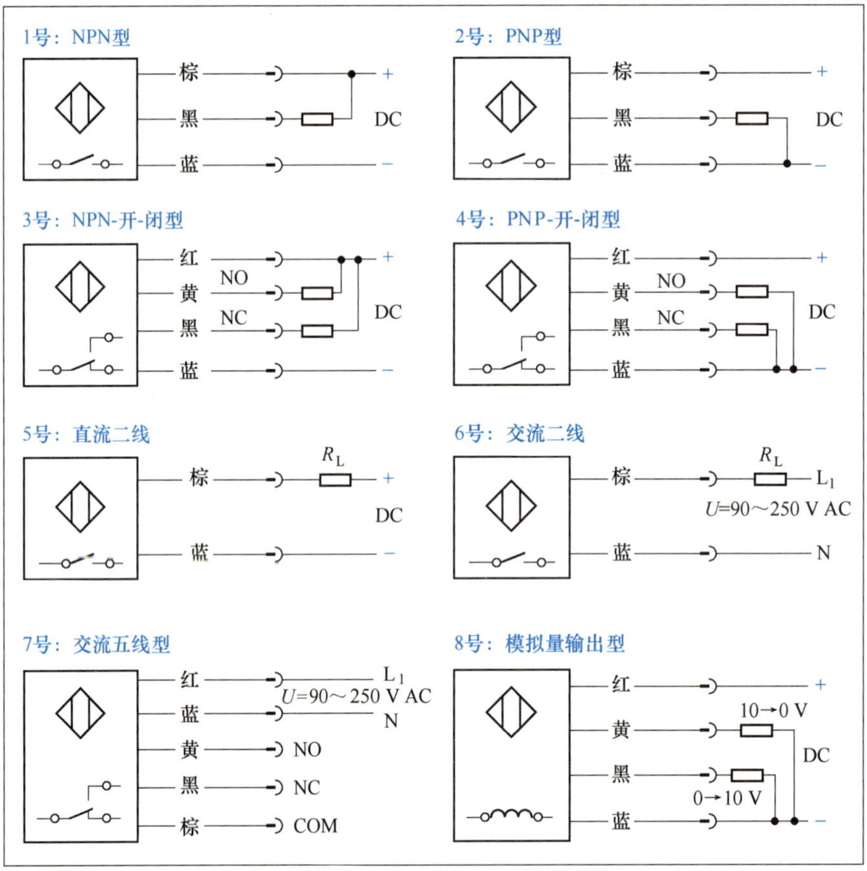

图 16-26 电感式接近开关的几种接线形式

两线制接近开关的接线比较简单，接近开关与负载串联后接到电源即可，直流电源产品需要区分红（棕）线接电源正端、蓝（黑）线接电源 0 V（负）端，交流电源产品则不需要。

三线制接近开关又分为 NPN 型和 PNP 型，它们的接线是不同的。

三线制接近开关通常有 3 条信号线：（1）V_{CC}即为电源，又称为+V，俗称电源正极，接红色或褐色线；(2) GND 即为接地线，又称为 0 V，俗称电源负极，接蓝色线;(3) OUT即为信号输出线，又称为负载，接黑色（或白色）线。其电气接线原理图如图 16-27 所示。

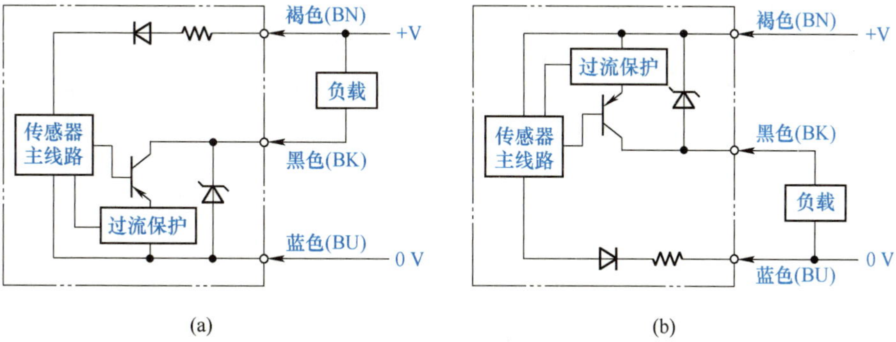

图 16-27 三线制接近开关的电气接线原理图
（a）NPN 型；（b）PNP 型

下面以输出信号类型为 NPN 型的四线制电感式接近开关为例进行说明。NPN 是指当有信号触发时，信号输出与电源负极连接，输出低电平。对于常开触点，在没有信号触发时，输出线是悬空的；有信号触发时，输出低电平。对于常闭触点，在没有信号触发时，输出低电平；有信号触发时，输出线是悬空的。

结合图 16-26 可知，当电感式接近开关检测到有金属物体靠近时，在黄色线上输出低电平，黑色线上输出高电平；相反地，没有金属物体靠近时，在黄色线上输出高电平，黑色线上输出低电平。

实际选用的接近开关一般是 24 V 直流供电。

16.4.2 光电式接近开关

光电开关是光电式接近开关的简称，它是利用被检测物对光束的遮挡或反射，由同步回路接通电路，从而检测物体的有无。物体不限于金属，所有能反射光线（或者对光线有遮挡作用）的物体均可以被检测。光电开关将输入电流在发射器上转换为光信号射出，接收器再根据接收到光线的强弱或有无对目标物体进行探测。

光电开关种类繁多，一般来说有镜反射式、漫射式、槽式、对射式、光纤式等。

16.4.2.1 槽式光电开关

松下 PM-L25 U 形光电传感器是一种对射式光电接近开关，又称为 U 形光电接近开关，其外观如图 16-28 所示。它主要由红外线发射管和红外线接收管组成，是以光为媒介，由发光体与受光体间红外光的接收与转换检测物体的位置，槽宽决定了感应接收信号的强弱与接收信号的距离。

PM-L25 U 形光电传感器采用 NPN 输出型，电路原理图如图 16-29 所示。其中，输出 1（黑色）为常开触点，输出 2（白色）为常闭触点，主要技术参数见表 16-3。

图 16-28 PM-L25 外观

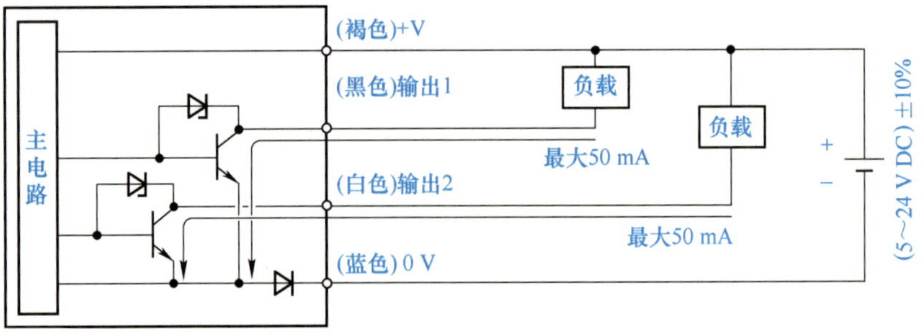

图 16-29 PM-L25 电路原理图

表 16-3 PM-L25 的主要技术参数

技术参数	数 值
检测距离	6 mm（固定）
最小检测物体	0.8 mm×1.2 mm（不透明体）
应差（迟滞）	0.05 mm 以下
重复精度	0.01 mm 以下
电源电压	(5~24V DC)±10%，脉动（P-P）10%以下
消耗电流	15 mA 以下

16.4.2.2 漫射式光电开关

漫射式光电开关是利用光照射到被测物体上后反射回来的光线而工作的，由于物体反射的光线为漫射光，故称为漫射式光电接近开关。它的光发射器与光接收器处于同一侧位置，且为一体化结构。在工作时，光发射器始终发射检测光，若接近开关前方一定距离内没有物体，则没有光被反射到接收器，接近开关处于常态而不动作；反之，若接近开关的前方一定距离内出现物体，只要反射回来的光强度足够，则接收器接收到足够的漫射光就会使接近开关动作而改变输出的状态。

SICK 公司产品 GTB6-N1211 型方形漫反射光电传感器和 GRTE18S-N1317 型圆柱形漫反射光电传感器，均使用 NPN 型三极管集电极开路输出，其外观如图 16-30 和图 16-31 所示，参数可以查阅 SICK 公司网站。

图 16-30 GTB6-N1211 外观

图 16-31 GRTE18S-N1317 外观

思考与练习

16-1 圆筒电容式液位计，当其他条件不变，外筒的直径 D 增大时，试说明液位计的灵敏度将如何变化？

16-2 用差压变送器测某储罐的液位，差压变送器的安装位置如图 16-32 所示。请导出变送器所测差压与液位之间的关系。讨论：变送器零点在什么条件下不需要迁移，在什么条件下需要正迁移，在什么条件下需要负迁移？

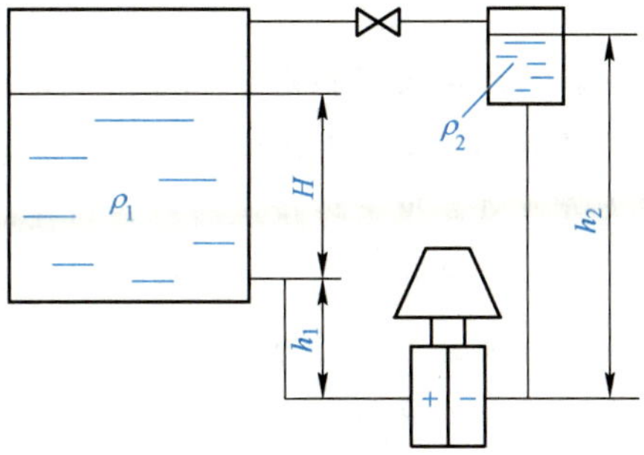

图 16-32 题 16-2 图

16-3 用差压变送器测某储罐的液位，差压变送器的安装位置如图 16-33 所示。请导出变送器所测差压 Δp 与液位 H 的关系。变送器零点需不需要迁移？若要迁移，是正迁移还是负迁移？

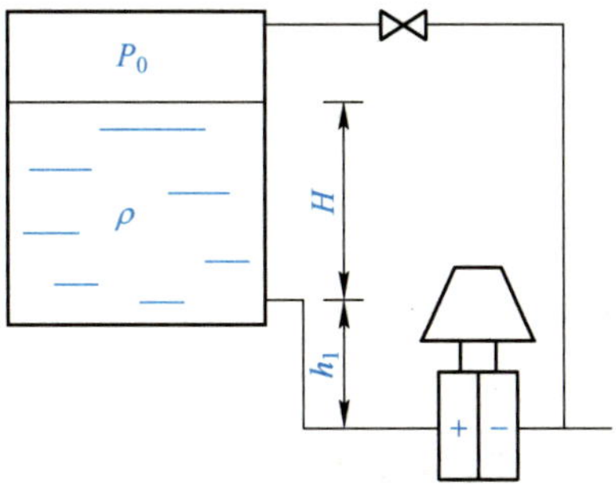

图 16-33 题 16-3 图

16-4 用带隔离罐的差压变送器测某储罐的液位，差压变送器的安装位置如图 16-34 所示。请导出变送器所测差压 Δp 与液位 H 的关系。变送器零点需不需要迁移？若要迁移，是何种迁移，迁移量是多少？

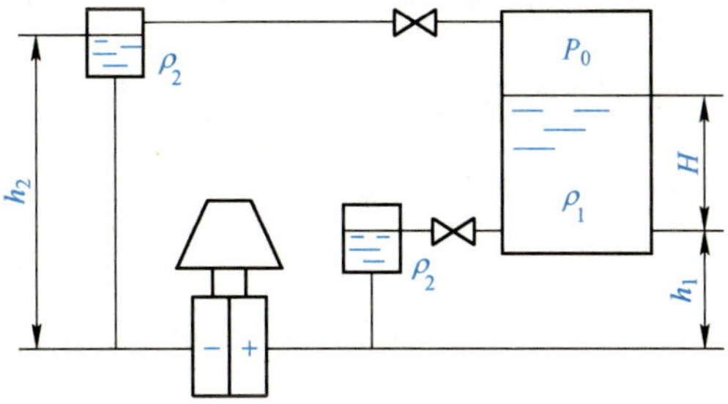

图 16-34 题 16-4 图

17 流量检测仪表

第17章 课件

素养提升

现象和本质是揭示客观事物的外部表现和内部联系相互关系的范畴，其中现象是事物的外部联系和表面特征。既然是外部联系和表面特征，那么现象是人可以用肉眼识别、用感官感觉的。本质是事物的内在联系和根本性质。因为是内在的，感官不能识别，所以它是人通过理性思维来把握的，比如苹果落地、水往低处流等，这些都是人可以看到的一些现象，而背后的本质则是人思考出来的万有引力规律。

在日常生活中，我们该怎么对待现象与本质呢？我们不能仅停留于现象，必须透过现象揭示事物的本质。我们看待任何一个事物，不能仅停留在对其外表的考察与观测上，还应该把握它内在的规律，揭示事物的本质。例如，流量计的种类很多，我们要善于把握这些流量计测量背后的本质和基本原理。

17.1 差压式流量计

17.1.1 差压式流量测量的基本原理

17 世纪，托里拆利奠定了差压式测量流量的理论基础。差压式流量计也称节流式流量计或 DPF，是利用流体流经节流装置产生压力差，将感受的流体流量转换成可用输出信号的传感器，由节流装置（节流件、导压管）、差压变送器等组成，其工作原理框图如图 17-1 所示。

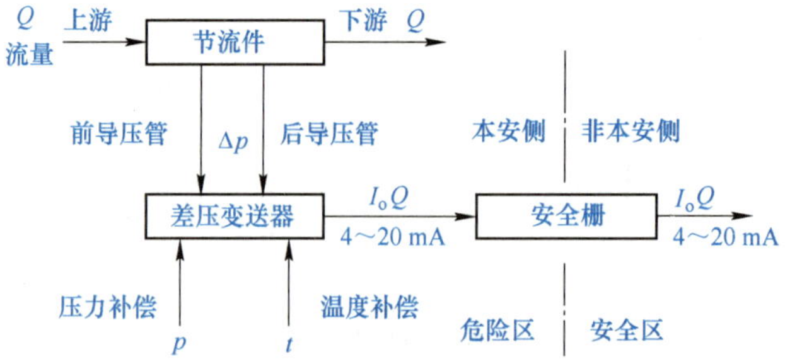

图 17-1 节流式流量计的工作原理框图

17.1.1.1 节流现象

利用流体流经节流装置产生压力差，将感受的流体流量转换成可用的输出信号。流体在装有节流装置的管道中流动时，在节流装置的前、后，流体的静压力产生差异的现象称为节流现象。节流装置是差压式流量传感器的流量敏感检测元件，是安装在流体流动的管道中的阻力元件。

当流体流经节流元件时，由于管道面积突然减小，流束呈局部收缩，部分压力能转化为动能，处于收缩截面处的流体平均流速增加。根据伯努利方程，管道中流体的流速越高，压力就越小，因此流体节流后的压力小于节流前的压力，在节流件的上游侧与下游侧之间产生差压 Δp。流经节流元件的流体流量与差压之间有确定的函数关系，若已知流体状态、节流件的形式，以及管道的尺寸，通过测量节流件前、后的差压，根据有关公式，就可以计算出流体的流量。

流体流经节流元件后，流束又逐渐扩大，流速减小。由于节流装置的工作是基于紊流的工况，流体流经节流元件时要克服摩擦力，而且在节流元件的下游侧存在局部涡流，也要消耗一部分能量，所以流体在管道的下游不能恢复到节流之前的压力，从而产生压力损失。

17.1.1.2　节流元件

节流元件是在管道中放置一个局部面积收缩的机械元件，简称节流件。

A　标准节流装置与标准节流元件

标准节流装置是有关计算数据都经国家相关部门试验而有统一的图表和计算公式，按统一标准规定设计、加工和安装的节流装置，不必经过个别标定就可以使用。

GB/T 2624—2010 中规定的标准节流装置有孔板、喷嘴和文丘里管，其中应用范围最广的是孔板，其次是喷嘴和文丘里管，它们的结构形式、相对尺寸、技术要求、管道条件和安装要求等均已标准化。

(1) 标准孔板是一块具有圆形开孔的金属薄板，其直角入口的边缘非常尖锐。圆孔壁与孔板前端面成直角，安装时孔板轴心与管道轴线应同心，如图 17-2 (a) 所示。

标准孔板结构简单，安装方便，但压力损失较大，直角入口边缘容易被流体中的杂质磨损而钝化，引起差压偏低，严重时需更换孔板。

标准孔板表面还可能黏结污垢，或者由于使用日久，在孔板前、后的角落处沉积杂质，或者由于腐蚀作用，使管道的流通截面积逐渐变小，造成测量误差。

利用标准孔板测量流量必须满足以下条件：1) 管道的直径必须大于 50 mm 且小于 1200 mm；2) 流体必须充满管道，并连续流动；3) 不应发生气、液物态变化（即需要保持单相流）；4) 流体流束必须与管道轴线平行，不应有旋转流或偏心流；5) 差压变送器的规格应与标准孔板的孔径匹配；6) 在计算蒸气和气体的流量时，必须针对流体的压力和密度实测值进行修正。

(2) 喷嘴的外形如图 17-2 (b) 所示。流体入口的圆弧曲面引导流体在喷嘴内收缩，减小了涡流区，压力损失比孔板小 20%左右。

(3) 文丘里管的外形如图 17-2 (c) 所示。它有一段扩展段，流体从收缩到扩展都有一定的型面引导，涡流比喷嘴小，压力损失是孔板的 1/6~1/3。

动画　文丘里流量计工作原理

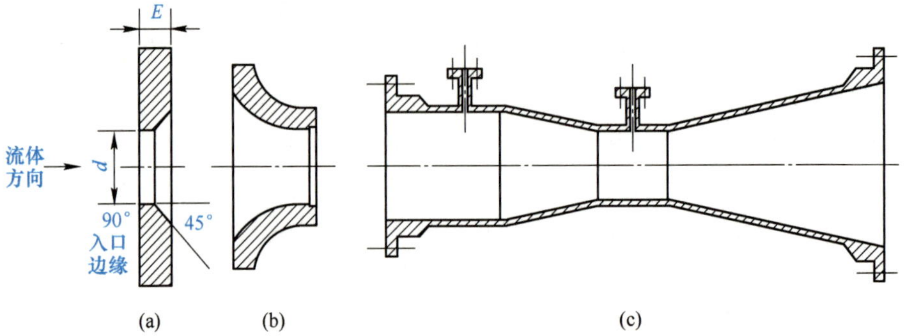

图 17-2 三种标准节流件

（a）标准孔板；（b）喷嘴；（c）文丘里管

文丘里管加工复杂，价格昂贵，多用于大管径以及要求节能的场合。

B 非国家标准节流元件

所谓非国家标准节流元件是指试验数据不够充分，设计、制造后必须经过个别标定才能使用的节流元件，它们各有特点，使用场合也不相同。非国家标准节流元件有双重孔板、双面孔板、偏心孔板、圆缺孔板、内藏孔板和1/4 圆喷嘴等。

17.1.1.3 标准孔板的流量基本方程

节流孔板用于流体的流量测量如图 17-3（a）所示。

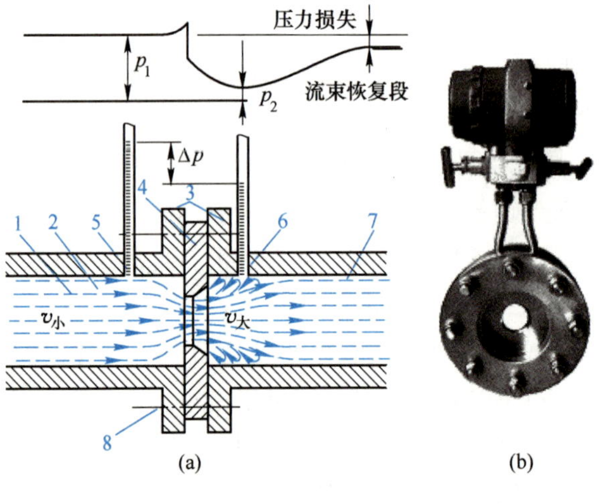

图 17-3 节流孔板用于流体的流量测量

（a）节流孔板附近管壁的流束压力分布示意图；（b）实物照片

1—上游管道；2—流体；3—法兰；4—节流孔板；5—前取压孔；6—后取压孔；7—下游管道；8—螺栓

流体通过标准孔板时，体积流量、质量流量与孔板上、下游的两个取压口之间的差压之间的关系为：

$$M = \alpha \varepsilon A_0 \sqrt{2\rho \Delta p} = K\sqrt{\rho \Delta p} \tag{17-1}$$

$$Q = \alpha\varepsilon A_0\sqrt{\frac{2\Delta p}{\rho}} = K\sqrt{\frac{\Delta p}{\rho}} \tag{17-2}$$

式中 α——流量系数；

ε——流体的膨胀系数，不可压缩流体（液体）的 $\varepsilon\approx1$，可压缩流体（气体）的 $\varepsilon<1$；

A_0——孔板前端的开口截面积，m^2；

Δp——孔板前、后的压力差，Pa；

ρ——流体密度，kg/m^3；

K——流量比例系数，$K=\sqrt{2}\alpha\varepsilon A_0$。

由此可知，当 α、ε、A_0 与 ρ 一定时，流量 Q 与压力差 Δp 的平方根成正比。测出 Δp 可反映流量 Q，这便是节流装置测量流量的基本原理。

式（17-2）中的 α 与 ε、A_0 的数值可以查表得到，但要根据现场的流量状态进行微调，计算结果只需保留 3~4 位有效数字。

当被测流体的密度变化时，质量流量与密度的算术平方根（以下简称平方根）成正比；体积流量与密度的平方根成反比。

$$\frac{M_1}{M_2} = \sqrt{\frac{\rho_1\Delta p_1}{\rho_2\Delta p_2}} \tag{17-3}$$

$$\frac{Q_1}{Q_2} = \sqrt{\frac{\rho_2\Delta p_1}{\rho_1\Delta p_2}} \tag{17-4}$$

17.1.2 应用实例

例 17-1 某节流式蒸气流量计中的差压变送器不带开平方器。原设计工况中的蒸气压力为 2.94 MPa，温度为 400 ℃。实际使用中的工况压力降为 2.84 MPa（温度不变），流量计的指示数值为 100 t/h（按原数学模型计算，未考虑压力因数的影响，与真实结果有较大误差），求：实际的质量流量为每小时多少吨？（注：在 2.94 MPa、400 ℃时，水蒸气密度 $\rho=9.8668\ kg/m^3$；在 2.84 MPa、400 ℃时，$\rho=9.5238\ kg/m^3$，并假设 α、ε、A_0 不变）

解：按照题意，实际工况 1 与设计工况 2 的比较是在差压相同时进行的，根据式（17-3）有：$\frac{M_1}{M_2}=\sqrt{\frac{\rho_1}{\rho_2}}$，所以实际的质量流量为：

$$M_{实际} = M_{设计}\sqrt{\frac{\rho_{实际}}{\rho_{设计}}} = 100\times\sqrt{\frac{9.5238}{9.8668}} = 98.2\ t/h$$

结论：当被测量的蒸气压力或温度发生变化时，将引起实际流量不等于显示的流量。本例中，每小时多计数 1.8 t，每天多计数 43 t，流体买入方的经济损失非常可观。

如果没有提供气体的密度值，可以根据设计温度值 $T_{设计}$（T 为绝对温度）、设计静压

力值 $p_{设计}$（绝对压力）、实际操作条件下的温度值 $T_{实际}$、实际压力值 $p_{实际}$（绝对压力），以及式（17-5）或式（17-6）来修正流量的计算结果。

$$\frac{M_{实际}}{M_{设计}}=\sqrt{\frac{p_{实际}T_{设计}\Delta p_{实际}}{p_{设计}T_{实际}\Delta p_{设计}}} \tag{17-5}$$

$$\frac{Q_{实际}}{Q_{设计}}=\sqrt{\frac{p_{设计}T_{实际}\Delta p_{实际}}{p_{实际}T_{设计}\Delta p_{设计}}} \tag{17-6}$$

例 17-2 用孔板流量计测量某气体的质量流量，已知原设计压力为 0.2 MPa（表压）、设计温度为 20 ℃，而实际压力为 0.15 MPa（表压）、实际温度为 30 ℃，二次仪表的质量流量显示值为 0~10 t/h，求差压相等情况下实际质量流量的修正系数 K。

解：

$$K=\frac{M_{实际}}{M_{设计}}\times 100\%=\sqrt{\frac{p_{实际}T_{设计}\Delta p_{实际}}{p_{设计}T_{实际}\Delta p_{设计}}}\times 100\%$$

$$=\sqrt{\frac{(0.15+0.098)\times(20+273.15)}{(0.20+0.098)\times(30+273.15)}}\times 100\%=89.7\%$$

例 17-3 与节流件配套的差压变送器的测量范围为0~20 kPa，二次仪表的质量流量显示范围为0~10 t/h。若被测流体的密度不变，二次仪表的指示处于50%位置，求此时差压变送器输入的差压 Δp 为多少千帕？

解：质量流量与密度、差压的比例关系为：$\frac{M_1}{M_2}=\sqrt{\frac{\rho_1\Delta p_1}{\rho_2\Delta p_2}}$，由于密度 ρ 相同，假设 α、ε 均为常数，当二次仪表的指示处于 50%位置时，$\frac{50\%}{100\%}=\sqrt{\frac{\Delta p_1}{\Delta p_2}}$，则有：

$$\Delta p_2=\left(\frac{5\ \mathrm{t/h}}{10\ \mathrm{t/h}}\right)^2\times 20\ \mathrm{kPa}=5\ \mathrm{kPa}$$

计算结果表明，若二次仪表的指示处于 50%位置时，差压只有原来的 25%。

例 17-4 用孔板及差压变送器测量流量，差压变送器的量程为 25 kPa，对应的最大体积流量为 60 m³/h，工艺要求在 1/3 量程时报警，变送器的输出电流为 4~20 mA，求：

（1）差压变送器带开平方器时，对应的报警输出电流值 I_1 设在多少毫安？

（2）差压变送器不带开平方器时，对应的报警输出电流 I_2 设在多少毫安？

解：报警点的体积流量：

$$Q_3=Q_{\max}/3=60\ \mathrm{m^3/h}\div 3=20\ \mathrm{m^3/h}$$

（1）变送器带开平方器时，因为输出电流与流量 Q 成正比，所以对应的报警输出电流为：

$$I_1=(20\ \mathrm{t/h}\div 60\ \mathrm{t/h})\times 16\ \mathrm{mA}+4\ \mathrm{mA}=9.33\ \mathrm{mA}$$

（2）变送器不带开平方器时，因为流量与差压的平方根成正比，所以对应于 20 m³/h 流量时的差压：

$$\Delta p_{20} = 25\ \text{kPa} \times (20/60)^2 = 2.78\ \text{kPa}$$

对应的报警输出电流为：

$$I_2 = (2.78\ \text{kPa} \div 25\ \text{kPa}) \times 16\ \text{mA} + 4\ \text{mA} = 5.78\ \text{mA}$$

例 17-5 有一差压变送器用于流量测量，量程为 40 kPa，对应的流量范围为 0~200 m^3/h。实际运行中发现常态流量经常处于 35~40 kPa，有时还超过 40 kPa，因此要求扩大差压量程，使常态流量在满量程的 2/3 附近，问差压变送器的量程应如何调校（调试和校验）？

解：按照题意，流量计调校后的量程：

$$Q = Q_{原} \times (3/2) = 200\ m^3/h \times (3/2) = 300\ m^3/h$$

已知原变送器量程为 40 kPa，当显示范围仅 0~200 m^3/h 时，则有：

$$(300/200)^2 = \Delta p_2 / 40\ \text{kPa}$$

$$\Delta p_2 = 40\ \text{kPa} \times (300/200)^2 = 90\ \text{kPa}$$

所以差压变送器的量程要调校为 0~90 kPa。

与上述流量偏大的情况相反，如果发现常态流量经常处于量程的 1/3 以下时，不允许用调校差压变送器的量程来增大流量值，而应更换小一级孔径的节流件，以增大差压。

例 17-6 一台 DDZ-Ⅱ型差压变送器与节流装置孔板配套测量流量，差压变送器的测量范围为 0~10000 Pa，对应输出信号 0~10 mA DC，对应流量 0~320 m^3/h。求输出信号为 6 mA DC 时差压是多少，相应的流量是多少？

解：（1）输出信号 6 mA 时，则有：

$$\Delta p = \frac{10000}{10} \times 6 = 6000\ \text{Pa}$$

（2）由 $Q = K \cdot \sqrt{\Delta p}$ 可知：

$$K = \frac{Q}{\sqrt{\Delta P}} = \frac{320}{\sqrt{10000}} = 3.2$$

当 $\Delta p = 6000$ Pa 时，则有：

$$Q = 3.2 \times \sqrt{6000} = 248\ m^3/h$$

例 17-7 一台 DDZ-Ⅲ型差压变送器与节流装置孔板配套测量流量，差压变送器的测量范围为 0~10000 Pa，对应输出信号 4~20 mA DC，对应流量 0~320 m^3/h。求输出信号为 6 mA DC 时差压是多少，相应的流量是多少？

解：（1）因为该差压变送器未说明线性度，可以默认输出电流与被测压力之间为线性关系，即 I 与 Δp 的数学关系为一次方程，所以有：

$$I = a_0 + a_1 \Delta p \tag{17-7}$$

式中 a_0，a_1——待求常数。

当 $\Delta p = 0$ 时，$a_0 = 4$ mA。

当 $\Delta p = 10000$ Pa 时，$I = 20$ mA，代入式（17-7）得 $a_1 = 1.6 \times 10^{-3}$ mA/Pa，所以该压力

变送器的输出、输入方程为：$I=4\ \mathrm{mA}+1.6\times10^{-3}(\mathrm{mA/Pa})\Delta p$。将 $I=6$ mA 代入得：

$$\Delta p=(I-a_0)/a_1=(6\ \mathrm{mA}-4\ \mathrm{mA})/(1.6\times10^{-3}\ \mathrm{mA/Pa})=1250\ \mathrm{Pa}$$

（2）由 $Q=K\cdot\sqrt{\Delta p}$ 可知：

$$K=\frac{Q}{\sqrt{\Delta p}}=\frac{320}{\sqrt{10000}}=3.2$$

当 $\Delta p=1250$ Pa 时，则有：

$$Q=3.2\times\sqrt{1250}\approx113\ \mathrm{m^3/h}$$

17.2 转子流量计

转子流量计也是根据节流原理测量流体流量的，但是它是改变流体的流通面积来保持转子上下的差压 $\Delta p=p_1-p_2$ 恒定，故又称为变流通面积恒差压流量计，也称为浮子流量计。转子流量计是工业上和实验室中最常用的一种测量流量仪表，它具有结构简单、直观、压力损失小，维护方便等优点，适用于直径 $D<150$ mm 管道的低流速、小流量的流体流量测量。

17.2.1 测量原理及结构

转子式流量计的测量主体由一根自下而上扩大的垂直锥形管和一只可以沿锥形管轴线向上、向下自由移动的转子组成，如图 17-4 所示。

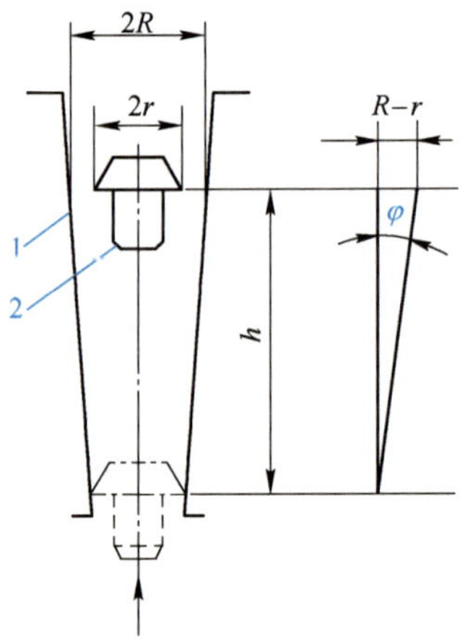

图 17-4 转子流量计的测量原理

1—锥形管；2—转子

流体由锥形管的下端进入，经过转子与锥形管间的环形流通面积从上端流出。当流体通过环形流通面积时，由于节流作用在转子上下端面形成差压 Δp，Δp 作用于转子而形成转子的上升力。当此上升力与转子在流体中的重力相等时，转子就稳定在一个平衡位置上，平衡位置的高度 h 与所通过的流量有对应关系，因此可用转子的平衡高度代表流量值。

根据转子在锥形管中的受力平衡条件，可写出平衡公式：

$$\Delta pA_f=V_f(\rho_f-\rho_L)g \tag{17-8}$$

式中 A_f，V_f——转子的截面积和体积；

ρ_f——转子密度；

ρ_L——被测流体的密度；

g——重力加速度。

将式（17-8）的恒差压 Δp 代入节流式流量计的流量式（17-2）得：

$$Q = \alpha\varepsilon A_0\sqrt{\frac{2V_f(\rho_f - \rho_L)g}{\rho A_f}} \tag{17-9}$$

式中 α——流量系数；

ε——流体的膨胀系数，不可压缩流体（液体）的 $\varepsilon\approx1$，可压缩流体（气体）的 $\varepsilon<1$；

A_0——转子高度为 h 时的环形流通面积。

设转子高度为 h 时，锥形管的半径为 R，转子的最大半径为 r，则环形流通面积 A_0 为：

$$A_0 = \pi(R^2 - r^2) \tag{17-10}$$

由图 17-4 可见，$R=r+h\tan\varphi$，其中 φ 为锥形管的夹角，代入式（17-10）并整理得：

$$A_0 = \pi h(R + r)\tan\varphi = Ch \tag{17-11}$$

式中，$C = \pi(R + r)\tan\varphi$ = 常数。

将式（17-11）代入式（17-9）得：

$$Q = \alpha\varepsilon Ch\sqrt{\frac{2V_f(\rho_f - \rho_L)g}{\rho A_f}} = kh \tag{17-12}$$

式中，k——比例系数，$k = \alpha\varepsilon\pi(R + r)\tan\varphi\sqrt{\frac{2V_f(\rho_f - \rho_L)g}{\rho A_f}}$ = 常数。

由此可见，转子流量计具有线性的流量特性。

转子流量计有玻璃管直读式和金属管电远传式两大类。前者将流量标尺直接刻在锥形管上，由转子高度直接读取流量值；后者利用差动变压器将转子的位移转换成 DC 4~20 mA统一标准信号，供显示或调节器对被控参数进行控制，其结构原理如图 17-5 所示。

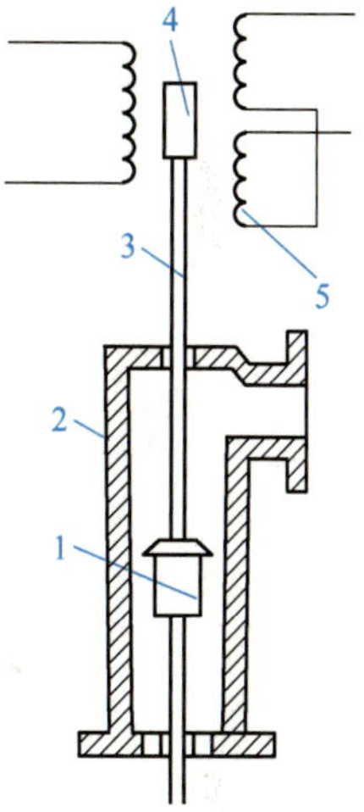

图 17-5 电远传式转子流量计的结构原理

1—转子；2—锥形管；3—连动杆；4—铁芯；5—差动线圈

17.2.2 转子流量计的使用

17.2.2.1 转子流量计的刻度换算

转子流量计在制造厂进行刻度时，是用水或空气在标准状态（293.15 K、101.325 kPa）下进行标定的。实际测量时，若被测介质不是水或空气，则流量计的指示值与实际流量间存在较大差别，因此必须进行刻度换算。

对于一般液体介质，当被测介质的密度 ρ_L 与标定介质密度 ρ_0 不一致时，必须进行校正，其校正公式为：

$$Q = Q_0\sqrt{\frac{(\rho_f - \rho_L)\rho_0}{(\rho_f - \rho_0)\rho_L}} \tag{17-13}$$

式中 Q，Q_0——被测介质的实际流量和按标定介质的流量计示值流量。

对于气体介质，由于$\rho_f \gg \rho_L$，$\rho_f \gg \rho_0$，式（17-13）可简化为：

$$Q = Q_0 \sqrt{\frac{\rho_0}{\rho_L}} \tag{17-14}$$

当已知被测介质的密度和流量测量范围后，可根据式（17-13）和式（17-14）选择合适量程的转子流量计。

17.2.2.2 转子流量计的量程改变

量程的改变可以采用不同材料的同形转子，增加转子的密度可以扩大量程；相反，减小转子的密度可以缩小量程。改变量程后的流量刻度与原来的流量刻度可用式（17-15）计算。

$$Q = Q_0 \sqrt{\frac{\rho'_f - \rho}{\rho_f - \rho}} \tag{17-15}$$

式中 Q，ρ'_f——改变量程后的流量和转子密度；

Q_0，ρ_f——改变量程前的流量和转子密度；

ρ——被测介质密度。

例 17-8 现有一台用于测量流量的转子流量计,测量范围为 0~50 m³/h，转子密度为 2.7 g/cm³，欲将此流量计的测量范围变更为 0~100 m³/h，需要对转子做何调整（已知水的密度为 1.0 g/cm³）?

解：根据 $Q = Q_0 \sqrt{\frac{\rho'_f - \rho}{\rho_f - \rho}}$，将已知条件代入得：

$$100\ \text{m}^3/\text{h} = 50\ \text{m}^3/\text{h} \sqrt{\frac{\rho'_f - 1.0\ \text{g/cm}^3}{2.7\ \text{g/cm}^3 - 1.0\ \text{g/cm}^3}}$$

$$\rho'_f = 7.8\ \text{g/cm}^3$$

因此，需要将转子更换成密度为 7.8 g/cm³ 的同形转子。

须知，量程扩大后流量计灵敏度降低；反之则灵敏度提高。质量改变前后的转子形状和几何尺寸要严格保持不变，且更换转子后，流量计应重新标定。

17.2.2.3 温度和压力的修正

由于液体介质是不可压缩流体，温度和压力的变化，对液体的黏度和密度变化极小，故不用修正。但是，由于气体是可压缩流体，若使用的工作压力 p 和热力学温度 T 与出厂标定时的标准压力 p_0（101.325 kPa）和热力学温度 T_0（293.15 K）不符，则会引起较大误差，因此必须修正。其修正公式为：

$$Q = Q_0 \sqrt{\frac{p_0 TK}{p T_0}} \tag{17-16}$$

式中 K——工作状态下气体的压缩系数。

式（17-16）是由 $\rho_L = \rho_0 \frac{pT_0}{p_0 TK}$ 和式（17-14）推导得出的。

例 17-9 有一个在标准状态(293.15 K，101.325 kPa）下用空气标定的转子流量计，现用来测量氮气流量。氮气的表压力为 31.992 kPa，温度为 40 ℃；在标准状态下空气与氮气的密度分别为 1.205 kg/m³ 和 1.165 kg/m³。试问当流量计指示值为 10 m³/h 时，氮气的实际流量是多少？

解：由题意可知：$Q_0=10\ \mathrm{m^3/h}$，$\rho_0=1.205\ \mathrm{kg/m^3}$，则：

$$\rho_L=\rho_0\frac{pT_0}{p_0TK}=1.165\times\frac{(101.325+31.992)\times 293.15}{101.325\times(273.15+40)\times 1}=1.435\ \mathrm{kg/m^3}$$

根据转子流量计气体流量修正公式 $Q=Q_0\sqrt{\dfrac{\rho_0}{\rho_L}}$，将有关参数代入此式，得到氮气实际流量为：

$$Q=10\times\sqrt{\frac{1.205}{1.435}}=9.164\ \mathrm{m^3/h}$$

注：K 为气体压缩系数，氮气的 $K<1$，因资料所限，本题简单取 $K=1$ 进行计算。

17.2.2.4 转子流量计的安装

转子流量计必须垂直安装在管道上，流体自下而上流过转子流量计。配管直径一般小于 50 mm，图 17-6 为垂直配管和水平配管的安装示意图。

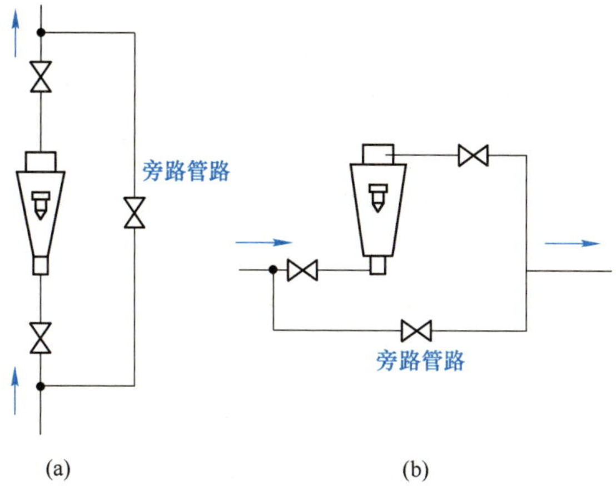

图 17-6 转子流量计的安装
（a）垂直配管；（b）水平配管

对于玻璃转子流量计，若被测介质温度高于 70 ℃，应另装保护罩，以防冷水溅于玻璃管上引起炸裂。测量时，被测流体的雷诺数 Re 应大于界限雷诺数 Re_{min}，流量计的最佳测量范围应为仪表量程上限的 1/3～2/3。

17.3 超声波式流量计

超声波式流量计又称 USF，其测量原理有传播时间差法、频率差法等。传播时间差超声波式流量计的工作原理与流体中的声速 c 有关，多数材料中的声速 c 随温度的升高而变化，误差较大，而频率差超声波式流量计的温度影响较小。

17.3.1 传播时间差法超声波式流量计

双声道 X 法安装形式的超声波式流量测量示意图如图 17-7（a）所示。在被测管道上、下游的一定距离上，分别安装两对超声波发射和接收探头（F_1，T_1）、（F_2，T_2）。其中，F_1 的超声波是顺流传播的，而 F_2 的超声波是逆流传播的，T_1、T_2 两个接收器接收到信号存在时间差。如果管径较小，可以采用图 17-7（b）所示的单声道 V 法夹装式超声波反射测量原理。其中的 F_1 与 F_2 轮流担任发射器与接收器。还有四通道、八通道等超声波式流量计，能够测量管道不同位置的流速，并按有关数学模型进行综合计算，测量准确度较高。

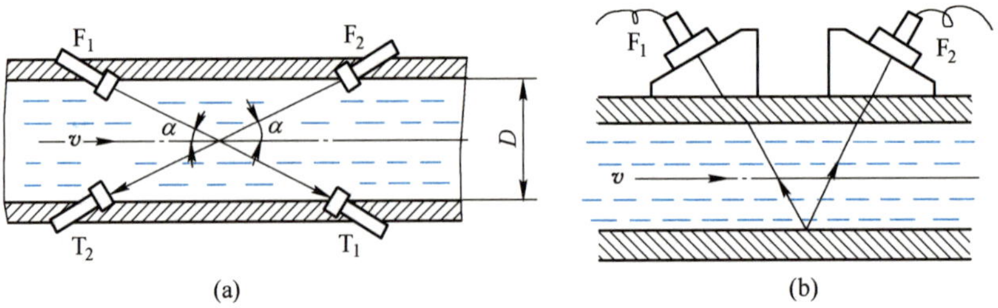

图 17-7 传播时间差法超声波式的流量测量示意图

（a）双声道 X 法安装型式；（b）单声道 V 法夹装式

图 17-7（a）中，设超声波传播方向与流体流动方向的夹角为 α，流体在管道内的平均流速为 v，超声波在静止流体中的声速为 c，管道的内径为 D，超声波由 F_1 至 T_1 的绝对传播速度为 $v_1=c+v\cos\alpha$，由 F_2 至 T_2 的绝对传播速度为 $v_2=c-v\cos\alpha$。

若不考虑管道壁厚，超声波顺流与逆流传播时间差为：

$$\Delta t=t_1-t_2=\frac{D/\sin\alpha}{c+v\cos\alpha}-\frac{D/\sin\alpha}{c-v\cos\alpha}=\frac{2Dv}{c^2-v^2\cos^2\alpha}\cot\alpha \tag{17-17}$$

由于 $c \gg v$，则有：

$$\Delta t\approx\frac{2Dv}{c^2}\cot\alpha \tag{17-18}$$

由于 $1/\cot\alpha=\tan\alpha$，则有：

$$v\approx\frac{c^2}{2D}\tan\alpha\Delta t \tag{17-19}$$

体积流量约为：

$$Q\approx\frac{\pi}{4}D^2v=\frac{\pi}{8}Dc^2\Delta t\tan\alpha \tag{17-20}$$

由式（17-19）和式（17-20）可知，平均流速 v 及流量 Q 均与时间差 Δt 成正比，时间差的测量可用标准脉冲计数器来实现。在时间差法测量中，流量与声速 c 有关，而声速一般随介质的温度变化而变化，因此必须进行温度补偿。

例 17-10 用传播时间差法超声波式流量计测量某管道中液体的流量,已知管道的直径为 600 mm，流体在管道中的流速为 10 m/s，超声波在该液体中的声速为 1500 m/s。如果超声波传播方向与流体流动方向的夹角 $\alpha=45°$，求超声波在顺流与逆流中传播的时间差为多少毫秒?

解: $\Delta t \approx \frac{2Dv}{c^2}\cot\alpha = \frac{2\times 0.6\ \text{m}\times 10\ \text{m/s}}{(1500\ \text{m/s})^2}\cot 45° = 5.3\times 10^{-3}\ \text{ms}$

时间差法的测量结果通常为微秒数量级，要求测量电路有较高的采样速度和时间测量准确度。

17.3.2 频率差法超声波式流量计

频率差法超声波式流量计的测量示意图如图 17-8（a）所示。在测试点上游和下游管壁的外侧，各用夹具夹装一个结构完全相同的超声斜探头 F_1、F_2。通过电子开关的控制，交替地作为超声波发射器与接收器使用。

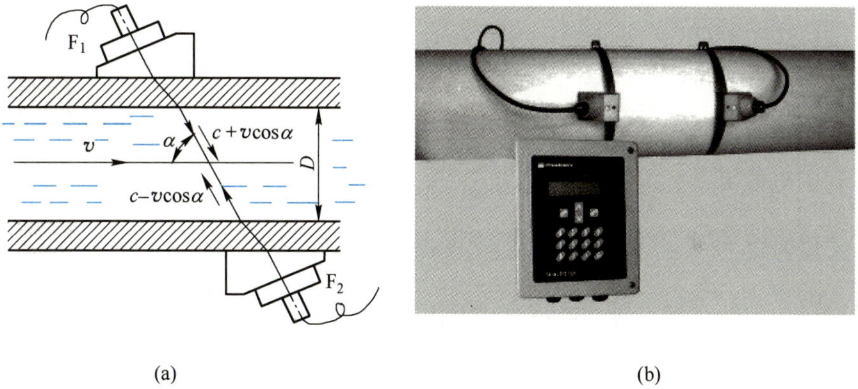

图 17-8 频率差法超声波式流量计的测量示意图

（a）原理图；（b）捆绑式超声波式流量计的外形

在一个固定的时间间隔 t 内，首先由 F_1 顺流发射出第一个超声脉冲群，它通过管壁、流体及另一侧管壁，被 F_2 接收。F_2 的输出电压经放大后，再次触发 F_1 的驱动电路，使 F_1 发射第二个超声脉冲群，以此类推。在 t 时间段结束后紧接下去的另一个相同的时间间隔内，与上述过程相反，由 F_2 逆流发射超声脉冲群，而 F_1 接收此脉冲群。若不考虑管道壁厚，则两个探头的超声脉冲群重复频率差 Δf 与流速 v 成正比。

$$\Delta f = f_1 - f_2 = \frac{c+v\cos\alpha}{D/\sin\alpha} - \frac{c-v\cos\alpha}{D/\sin\alpha} \approx \frac{\sin 2\alpha}{D}v \tag{17-21}$$

式中 α——超声波束与流体的夹角；

v——流体的流速，m/s；

D——管道的直径，m。

频率差法超声波式流量计测得的流速 v 约等于管道截面的平均流速，体积流量 Q 约为：

$$Q \approx \frac{\pi D^3}{4} \cdot \frac{\Delta f}{\sin 2\alpha} \tag{17-22}$$

由式（17-21）可知，Δf 仅与被测流体的平均流速成正比，而与声速 c 无关，因此频率差法测量流速的温漂较小。

由于流体中的气泡和杂物会干扰超声波的传播速度，并衰减超声波的能量，所以频率差法不适用于含有较多气泡和杂物的液体测量。

例 17-11 用频率差法超声波式流量计测量某管道中流体的流量，已知管道的直径为 600 mm，流体在管道中的流速为 10 m/s。如果超声波传播的方向与流体流动方向的夹角 $\alpha = 45°$，求超声波在顺流与逆流中传播的频率差为多少？

解：$\Delta f = \frac{\sin 2\alpha}{D} v = \frac{\sin(2 \times 45°)}{0.6\ \text{m}} \times 10\ \text{m/s} = 16.67\ \text{Hz}$

17.4 电磁流量计

在冶金生产过程中，有些液体具有导电性，例如，酸、碱、盐的溶液以及矿浆和水等，可以利用电磁流量计测量其流量。

17.4.1 工作原理

由电磁感应定律可知，导体在磁场中运动而切割磁力线时，在导体中便会有感应电势产生，这就是发电机原理。

电磁流量计是基于测速法测流量的。图 17-9 为电磁感应的电磁流量计原理图，主要由均匀磁场、不导磁不导电材料的管道或者管道内表面衬挂绝缘衬里（为了使磁力线穿透测量管道进入被测介质，防止磁力线被测量管道短路）、管道截面上的导电电极（电极与测量管道内壁必须绝缘，以防止感应电动势被测量管壁短路）和测量仪表四部分构成，其中磁场方向、电极连线和管道轴线在空间上互相垂直。

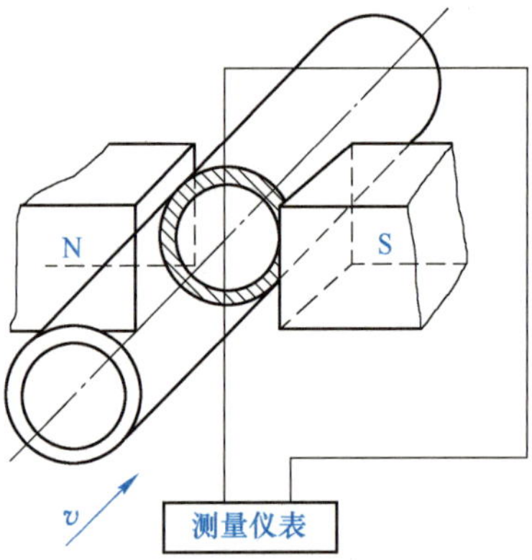

图 17-9 电磁流量计的工作原理图

当导电流体在管道里流动时，因其做切割磁力线运动，在与磁场和流动方向相垂直的方向上产生感应电动势，由设置在管道截面的导电电极导出。感应电动势的方向可以由右手定则判断，其大小为：

$$E = BDv \tag{17-23}$$

式中 E——感应电动势，V；

B——磁感应强度，T；

D——切割磁力线的导体长度（这里为管道内径），m；

v——流体在管道内的平均流速，m/s。

由式（17-23）可知，导电流体的体积流量为：

$$Q=\frac{\pi D^2 v}{4}=\frac{\pi DE}{4B} \tag{17-24}$$

由式（17-24）可知，流体的体积流量 Q 与感应电动势成正比，只要测得导电电极输出的电动势就可求出流体流量。但均匀磁场产生的感应电动势为直流，给测量带来了不便，同时也引起导电电极极化和导电流体发生电解，造成误差，因而实际常用交变磁场，即有：

$$B=B_{max}\sin\omega t \tag{17-25}$$

则感应电动势为：

$$E=DvB_{max}\sin\omega t \tag{17-26}$$

则导电流体的体积流量修改为：

$$Q=\frac{\pi D^2 v}{4}=\frac{\pi DE}{4B_{max}\sin\omega t} \tag{17-27}$$

电磁流量计由电磁流量变送器和转换器两部分组成，被测液体的流量经变送器转换成感应电势 E，再经变换器将感应电势转换成 0~10 mA DC 或 4~20 mA DC 的统一标准信号输出，以便进行流量的指示、记录，或与调节器配合使用，进行流量的自动控制。

17.4.2 电磁流量计的使用

（1）电磁流量计（一体式）形貌如图 17-10 所示。

图 17-10　电磁流量计形貌

（2）电磁流量计（一体式）的信号流程如图 17-11 所示。

（3）流量计接线图。

1）接线端子见表 17-1。

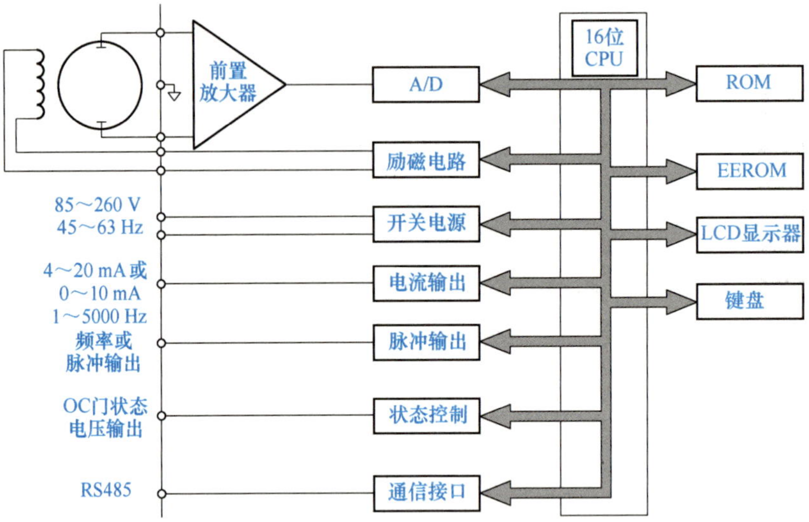

图 17-11 电磁流量计的信号流程

表 17-1 接线端子

代　号	功　能
I+	流量电流输出
COM	电流输出地
P +	双向流量频率（脉冲）输出
COM	频率（脉冲）输出地
AL	下限报警输出
AH	上限报警输出
COM	报警输出地
FUSE	输入电源保险丝
T+/TXD	RS485 通信信号 A/RS232 发送数据
T-/RXD	RS485 通信信号 B/RS232 接收数据
TCOM	RS232 通讯地
L1	220V（24V）电源输入
L2	220V（24V）电源输入

2）端子接线如下：

① 4～20 mA 电流输出如图 17-12 所示。

② 频率输出如图 17-13 所示。

③ 脉冲输出如图 17-14 所示。

④ RS232 输出如图 17-15 所示。

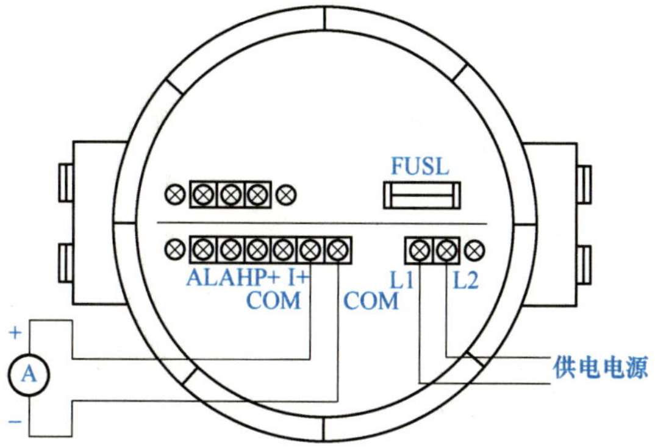

图 17-12　4~20 mA 电流输出

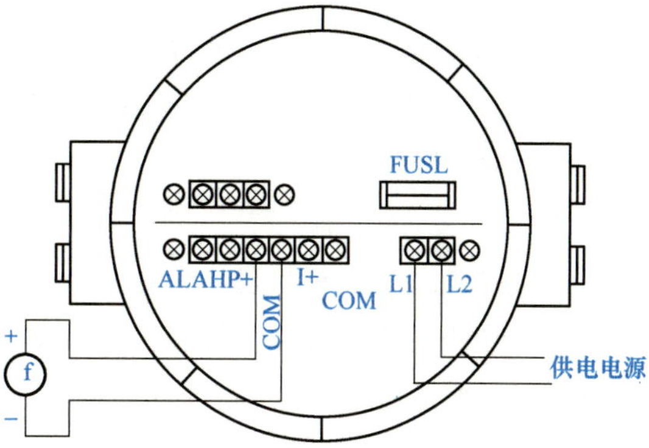

图 17-13　频率输出

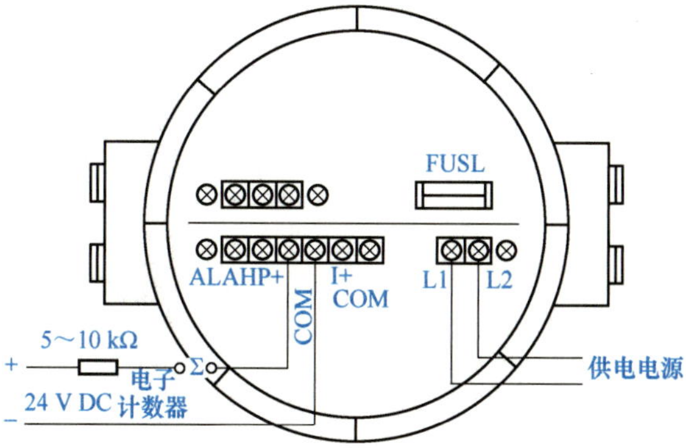

图 17-14　脉冲输出

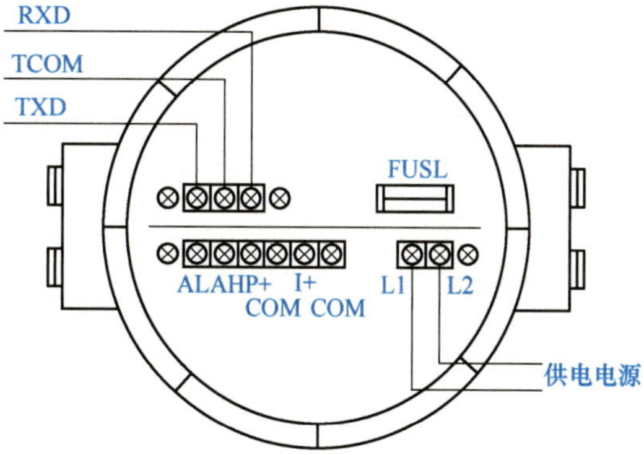

图 17-15　RS232 输出

(4) 按键说明与菜单调试方法如下：

1) 键盘与液晶显示如图 17-16 所示。

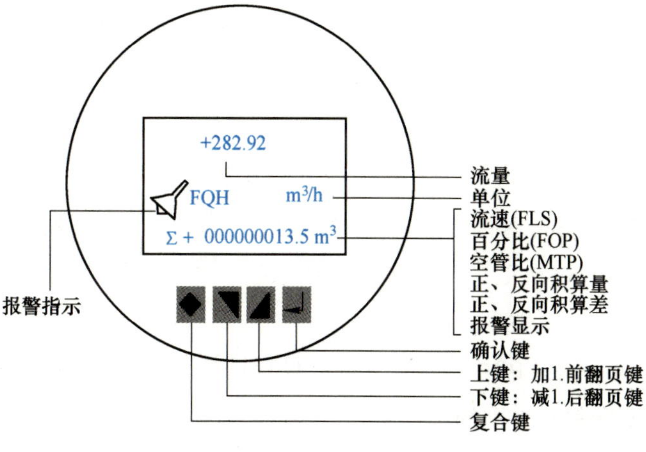

图 17-16　键盘与液晶显示

说明：

① 在测量状态下，按“复合键+确认键”出现转换器功能选择画面“参数设置”；

② 按一下“确认键”，仪表出现“输入密码”状态，根据保密级别，结合生产厂家提供的密码对应修改；

③ 按“复合键+确认键”，则进入需要的参数设置状态；

④ 如果想返回运行状态，请按住“确认键”数秒。

2）转换器参数及操作。仪表上电时，自动进入测量状态。在自动测量状态下，仪表自动完成各测量功能并显示相应的测量数据。在参数设置状态下，用户使用 4 个面板键，完成仪表参数设置。

① 自动测量状态下各键功能。

“上键”：循环选择屏幕下行显示内容。

“复合键+确认键”：进入参数设置状态。

“确认键”：返回自动测量状态。

在测量状态下，LCD 显示器对比度的调节方法，通过“复合键+上键”或“复合键+下键”来调节合适的对比度。

② 参数设置状态下各键功能。

“下键”：光标处数字减 1。

“上键”：光标处数字加 1。

“复合键+下键”：光标左移。

“复合键+上键”：光标右移。

“确认键”：进入/退出子菜单。

“确认键”：在任意状态，连续按 F 2 s，返回自动测量状态。

注：使用“复合键”时，应先按下“复合键”再同时按住“上键”或“下键”；在参数设置状态下，3 min 内没有按键操作，仪表自动返回测量状态；流量零点修正的流向选择，可将光标移至最左面的“+”或“-”下，用“上键”或“下键”切换使之与实际流向相反。

③ 参数设置功能及功能键操作。要进行仪表参数设定或修改，必须使仪表从测量状态进入参数设置状态。在测量状态按一下“复合键+确认键”，仪表进入到功能选择画面“参数设置”，然后按“确认键”进入输入密码状态，“00000”状态，输入密码后按一下“复合键+确认键”，进入参数设置画面。

仪表设计有 6 级密码，其中 4 级用户可以自行设置密码值，最高 2 级为固定密码值，6 级密码分别用于不同保密级别的操作者。

④ 功能选择画面。按一下“复合键+确认键”进入功能选择画面，然后再按“上键”或“下键”进行选择，在此画面里共有 3 项功能可选择，见表 17-2。

表 17-2 功能选择画面

参数编号	功能内容	功能说明
1	参数设置	进入参数设置画面
2	总量清零	进行仪表总量清零操作
3	系数更改记录	查看流量系数修改记录

参数设置：按一下“复合键+确认键”显示“参数设置”功能，仪表进入功能选择画面“参数设置”，然后按“确认键”进入输入密码状态，“00000”状态，输入密码后按一下“复合键+确认键”进入参数设置画面。

总量清零：按一下“复合键+确认键”显示“参数设置”功能，然后再按“上键”翻页到“总量清零”，输入总量清零密码，按一下“复合键+确认键”，当总量清零密码自动变成“00000”后，仪表的清零功能完成，仪表内部的总量为0。

系数更改记录：按一下“复合键+确认键”显示“参数设置”功能，然后再按“上键”翻页到“系数修改记录”。

⑤ 参数设置菜单。菜单共有54个参数，使用仪表时，用户应根据具体情况设置各参数（参数一览表略）。

仪表参数确定仪表的运行状态、计算方法、输出方式及状态，正确地选用和设置仪表参数，可使仪表运行于最佳状态，并得到较高的测量显示精度和测量输出精度。

仪表参数设置功能设有6级密码。其中，1～5级为用户密码，第6级为制造厂密码。用户可使用第5级密码来重新设置1～4级密码，无论使用哪级密码，用户均可以查看仪表参数。但用户若想改变仪表参数，则要使用不同级别的密码：

第1级密码（出厂值00521），用户只能查看仪表参数；

第2级密码（出厂值03210），用户能改变1～24仪表参数；

第3级密码（出厂值06108），用户能改变1～25仪表参数；

第4级密码（出厂值07206），用户能改变1～29仪表参数；

第5级密码（固定值），用户能改变1～52仪表参数。

建议由用户较高级别的人员掌握第5级密码，第4级密码主要用于设置总量，1～3级密码由用户决定何级别的人员掌握。

17.5 涡轮流量计

在化工、石油生产中广泛地采用涡轮流量计，它是利用流体动量原理实现流量测量的，是一种常见的速度式流量检测仪表。

涡轮流量计主要由涡轮及轴承、导流体、磁电感应转换器、外壳和前置信号放大器等部分组成。图17-17为涡轮流量计的内部结构，它在管道内安装一个可自由旋转的涡轮，当管道内有流体流过时，流体冲击涡轮使其旋转。在涡轮旋转的同时，高导磁性的涡轮叶片周期性地改变磁电系统的磁阻，使通过线圈的磁通量周期性地变化，因而在线圈两端产生感应电动势，该电动势经过放大、整形，便得到足以测出频率的方波脉冲，从而可获得流体的流量。流量越大、流速越高，则涡轮的旋转速度也越大；当流量减小时，流速降低，则涡轮的旋转速度也减小。因此，测出涡轮的转速就可测出流过管道流体的瞬时流量和总流量。

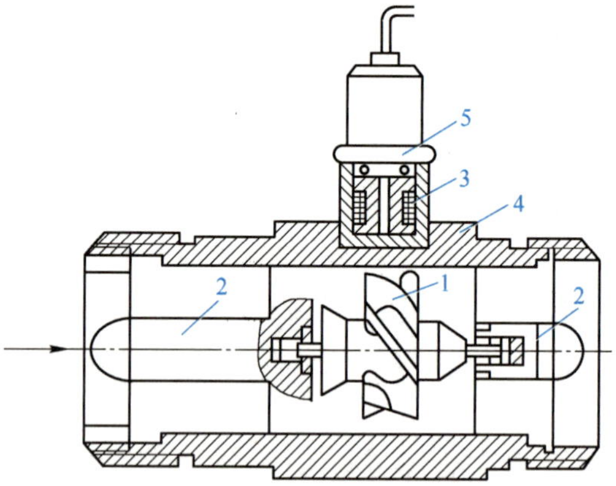

图 17-17　涡轮流量计的内部结构

1—涡轮；2—导流体；3—磁电感应转换器；4—外壳；5—前置信号放大器

（1）涡轮。涡轮是传感器的测量部件，一般采用高导磁性的不锈钢材料制造。涡轮与壳体同轴，由支架中的轴承支撑，叶轮心上装有螺旋形叶片，流体作用于叶片上时涡轮旋转，叶片数视口径大小而定。涡轮几何形状及尺寸对传感器性能有较大影响，应根据流体性质、流量范围、使用要求等设计。

（2）导流体。导流体对流体起导向和整流的作用，同时用于支撑涡轮。导流体通常安装在传感器进出口处，避免了流体由于自旋而改变流体对涡轮叶片的作用角度，保证了仪表的测量精度。

（3）磁电感应转换器。一般采用变磁阻式磁电感应转换器，由永久磁钢、导磁棒（铁芯）、磁电感应线圈等组成。涡轮转动时，线圈上感应出脉动电信号。

（4）轴和轴承。轴和轴承组成一对运动副，支撑和保证涡轮自由旋转。它必须有足够的刚度、强度、硬度、耐磨性以及耐腐性等，对传感器的可靠性和使用寿命起决定作用。

（5）外壳。外壳一般用非导磁材料制造，用于固定和保护内部各部件，并与流体管道相连，壳体外壁安装有前置信号放大器。

（6）前置信号放大器。前置信号放大器将磁电感应转换器输出的微弱脉动电信号进行前置放大、整形，然后输出幅值较大的电脉冲信号。

假设流体的速度为 v，涡轮叶片旋转的角速度为 ω，若涡轮叶片的平均半径为 r，倾斜角为 θ，如图 17-18 所示。

根据已知条件，可得涡轮叶片旋转的切线速度为：

$$v_\omega = r\omega \tag{17-28}$$

流速与涡轮叶片的角速度关系为：

$$v = v_\omega/\tan\theta = r\omega/\tan\theta \tag{17-29}$$

则瞬时体积流量为：

$$Q = Av = Ar\omega/\tan\theta \tag{17-30}$$

式中 A——涡轮的有效通道截面积。

由式（17-30）可知：

$$\omega/Q = \tan\theta/(rA) \tag{17-31}$$

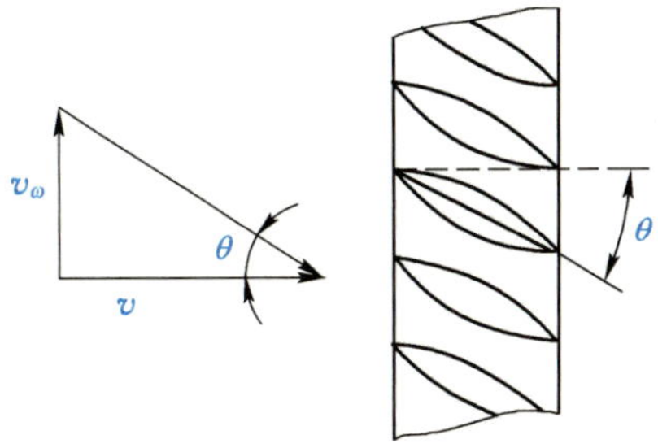

图 17-18 涡轮叶片及流体的速度

若涡轮上叶片总数为 z，则感应电动势的频率为：

$$f = 0.5\omega z/\pi \tag{17-32}$$

将式（17-32）代入式（17-31）可得涡轮流量计的线性灵敏度 S 为：

$$S = f/Q = z\tan\theta/(2\pi rA) \tag{17-33}$$

由式（17-31）和式（17-33）可知，对于确定的传感器，其 r、A、θ 均为常数，则可得涡轮叶片的角速度与流量 Q 成正比，涡轮流量计的线性灵敏度为常数。但在实际情况下，由于涡轮轴承的摩擦阻力、流体和涡轮叶片间摩擦阻力、磁电转换系统的电磁阻力等因素的影响，在整个流量测量范围内并不能保证以上各式的理想情况，需要对其做系数修正。修正后的公式分别为：

$$Q = Av/c = Ar\omega/(c\tan\theta) \tag{17-34}$$

$$\omega/Q = c\tan\theta/(rA) \tag{17-35}$$

$$S = f/Q = cz\tan\theta \tag{17-36}$$

式中 c——流量修正系数，$c<1$，流量越大时，其值越大。

17.6 涡街流量计

涡街流量计是利用流体振动原理测量流量的新型仪表，它一般用于测量气体和液体的流量，尤其适用于大管道上，例如煤气、烟道气和自来水等大流量的测量。这种流量计在管道内无可动部件，使用寿命长，压力损失小，精度高，量程比宽，并且测量几乎不受温度、压力、密度、黏度等变化的影响。仪表输出为频率信号，便于远传、流量的计算并且与计算机配合使用。

17.6.1 工作原理

图 17-19 是涡街流量计的原理图。

在流动流体前进的方向上垂直地放置一个圆柱体或三角柱体，则在圆柱体的后侧就发生旋涡，形成卡门涡街（见图 17-19），它是交替出现的非对称旋涡，两排旋涡很像街道两边的路灯。流体形成稳定涡街必须满足的关系式为 $h/l=0.281$。根据卡门涡街原理，单列

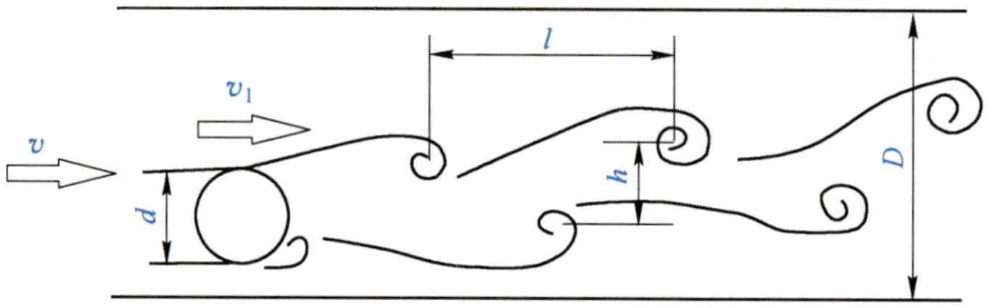

图 17-19 涡街流量计的原理图

涡街产生的频率 f 为：

$$f = S_t \frac{v_1}{d} = S_t \frac{v}{Md} \tag{17-37}$$

$$M = \frac{v}{v_1} \tag{17-38}$$

式中 v_1，v——圆柱两侧流体速度和管道流体的平均流速，m/s；

d——圆柱体直径，m；

S_t——斯特罗哈尔系数，在雷诺数 $Re=5\times10^2\sim15\times10^4$ 范围内 S_t 基本上是一个常数，对圆柱体 $S_t=0.21$，对三角柱体 $S_t=0.16$。

令 $\beta=d/D$（D 为管道直径），当 $\beta\leqslant0.35$ 时，$M=1-1.27\beta$，由式（17-37）得：

$$v = \frac{d}{S_t}Mf = \frac{d}{S_t}(1 - 1.27\beta)f \tag{17-39}$$

则流体的体积流量为：

$$Q = A_0 v = A_0 \frac{d}{S_t}(1 - 1.27\beta)f \tag{17-40}$$

式中 A_0——管道截面积，m^2。

可见，当管道内径和圆柱体几何尺寸确定后，体积流量只与涡街产生的频率成正比，而与流体的物理参数（温度、压力、密度、成分等）无关，因此可将式（17-40）写成如下形式：

$$Q = Kf \tag{17-41}$$

式中，$K = A_0 \frac{d}{S_t}(1 - 1.27\beta)$，称为仪表常数，一般通过实验确定。

如果采用如图 17-20 所示的三角柱体作为涡街发生体，并设三角柱体迎流面的边长（或宽度）为 d，则流体的体积流量 Q 为：

$$Q = A_0 \frac{d}{S_t}(1 - 1.5\beta)f \tag{17-42}$$

三角柱体涡街发生体产生旋涡强度较大，稳定性好，压力损失适中，应用较多。

17.6.2 涡街频率的检测方法

涡街频率的检测方法有热学法、电容法和差压法等几种，图 17-20 和图 17-21 是热学法。

如图 17-21 所示，涡街频率的检测采用铂电阻丝作为转换元件，圆柱体涡街发生体上有一段空腔（检测器），被隔板分成两侧；中心位置有一根铂电阻丝，它被加热到比所测流体温度略高 10 ℃，并保持温度一定。在产生旋涡的一侧，流体流速降低，静压升高，于是在有旋涡的一侧和无旋涡的一侧之间产生静压差使流体从空腔上的导压孔进入，从尚未产生旋涡的一侧流出。这样流体将铂电阻丝上的热量带走，使铂电阻丝温度下降，其阻值变小，随后旋涡离去，铂电阻丝温度又逐渐回升。这样，每产生一个旋涡，铂电阻丝阻值就变小一次。显然，铂电阻丝阻值变化的频率与旋涡产生的频率相对应，故可通过测量铂电阻丝阻值变化的频率来推算流量。

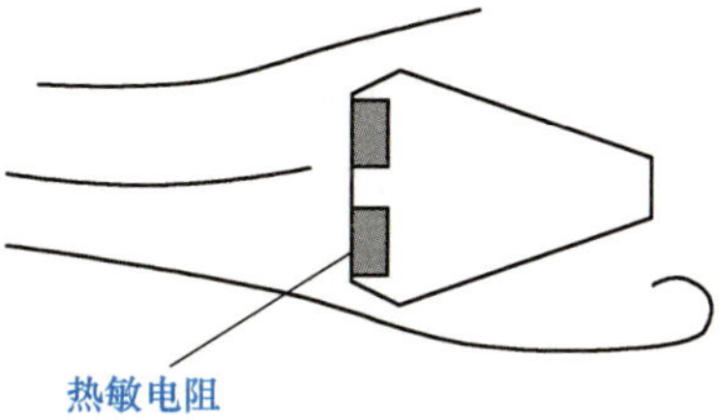

图 17-20　三角柱体涡街发生体

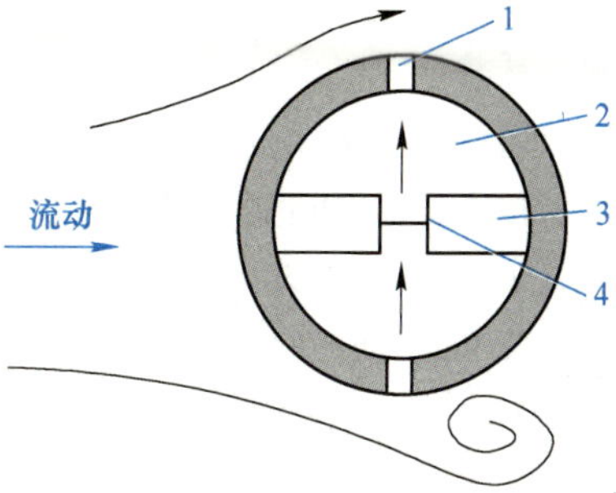

图 17-21　涡街频率的检测

1—导压孔；2—空腔：3—隔板；4—铂电阻丝

如图 17-20 所示，涡街频率的检测采用热敏电阻作为转换元件，三角柱体涡街发生体迎流面中间对称地嵌入两只热敏电阻，两只热敏电阻组成电桥的两臂，并供以微弱电流进行加热。当流体静止或未发生旋涡时，两只热敏电阻温度一致，阻值相等，电桥平衡。当两侧交替出现旋涡时，产生旋涡的一侧流体流速变小，被带走的热量减少，使热敏电阻温度升高，其阻值减小导致电桥失去平衡，于是有不平衡电压输出，电桥将输出一系列与旋涡发生频率相对应的电压脉冲。

图 17-21 中的铂电阻丝阻值的变化频率，也可采用电桥将其转换成电压的变化频率，经过放大整形后而转换成 4~20 mA DC 统一标准的电信号，远传给记录仪、显示仪或积算器进行流量显示或记录。

思考与练习

17-1　为什么说转子流量计是定压式流量计，而差压式流量计是变压降式流量计？

17-2　什么是标准节流装置？

参考文献

[1] 吴建平. 传感器原理及应用 [M]. 3版. 北京：机械工业出版社，2016.
[2] 胡向东，李锐，程安宇，等. 传感器与检测技术 [M]. 2版. 北京：机械工业出版社，2013.
[3] 陈晓军. 传感器与检测技术项目式教程 [M]. 北京：电子工业出版社，2014.
[4] 贾海瀛. 传感器技术与应用 [M]. 北京：高等教育出版社，2015.
[5] 梁福平. 传感器原理及检测技术 [M]. 2版. 武汉：华中科技大学出版社，2018.
[6] 杨少春. 传感器及检测技术应用 [M]. 3版. 北京：电子工业出版社，2021.
[7] 梁森，黄杭美，王明霄，等. 传感器与检测技术项目教程 [M]. 北京：机械工业出版社，2016.
[8] 樊春玲. 检测技术及仪表 [M]. 北京：机械工业出版社，2019.
[9] 马修水. 过程仪表及自动化 [M]. 北京：机械工业出版社，2017.
[10] 李学聪，林德杰. 化工仪表及自动化 [M]. 2版. 北京：机械工业出版社，2017.
[11] 王迪，吕国策. 传感器电路制作与调试项目教程 [M]. 3版. 北京：电子工业出版社，2021.
[12] 冯成龙. 传感器与检测电路设计项目化教程 [M]. 北京：机械工业出版社，2018.
[13] 林锦实，宋艳丽. 检测技术及仪表 [M]. 2版. 北京：机械工业出版社，2020.
[14] 金发庆. 传感器技术与应用 [M]. 3版. 北京：机械工业出版社，2017.
[15] 倪志莲，龚素文. 过程控制与自动化仪表 [M]. 北京：机械工业出版社，2020.
[16] 郭爱民. 冶金过程检测与控制 [M]. 3版. 北京：冶金工业出版社，2016.
[17] 秦洪浪，郭俊杰. 传感器与智能检测技术 [M]. 北京：机械工业出版社，2021.
[18] 于彤. 传感器原理及应用 [M]. 3版. 北京：机械工业出版社，2017.
[19] 管丰年，王文成. 过程控制系统及应用 [M]. 哈尔滨：哈尔滨工业大学出版社，2022.